James B.Rishel 著　刘　超译

水泵及泵系统

南京大学出版社

图书在版编目(CIP)数据

水泵及泵系统 /（美）詹姆斯·里瑟尔
(James B. Rishel) 著；刘超译. —— 南京：南京大学
出版社，2019.1
书名原文：Water Pumps and Pumping Systems
ISBN 978 - 7 - 305 - 19421 - 4

Ⅰ. ①水… Ⅱ. ①詹… ②刘… Ⅲ. ①水泵 Ⅳ.
①TH38

中国版本图书馆 CIP 数据核字(2017)第 247530 号

出版发行 南京大学出版社
社　　址 南京市汉口路 22 号　　　　　邮　编　210093
出 版 人 金鑫荣
书　　名 水泵及泵系统
著　　者 （美）詹姆斯·里瑟尔
译　　者 刘　超
责任编辑 郭艳娟
照　　排 南京南琳图文制作有限公司
印　　刷 南京爱德印刷有限公司
开　　本 718×1000　1/16　印张 36.5　字数 696 千
版　　次 2019 年 1 月第 1 版　2019 年 1 月第 1 次印刷
ISBN 978 - 7 - 305 - 19421 - 4
定　　价 146.00 元

网址：http://www.njupco.com
官方微博：http://weibo.com/njupco
官方微信号：njupress
销售咨询热线：(025) 83594756

James B. Rishel

Water Pumps and Pumping Systems

978 - 0071374910

Copyright @ 2002 by McGraw-Hill Education.

江苏省版权局著作权合同登记 图字:10 - 2015 - 312 号

目　录

译者的话 ……………………………………………………………… 1

前　言 ………………………………………………………………… 1

符号和术语 …………………………………………………………… 1

第一部分　设计的基本工具 ………………………………………… 1

　　第 1 章　数字电子技术与水泵及系统 ………………………… 3

　　第 2 章　水泵系统的物理数据 ………………………………… 8

　　第 3 章　系统摩阻 …………………………………………… 22

第二部分　泵及其性能 …………………………………………… 133

　　第 4 章　离心泵的基本设计 ………………………………… 135

　　第 5 章　供水离心泵的结构设计 …………………………… 159

　　第 6 章　离心泵性能 ………………………………………… 199

　　第 7 章　容积泵 ……………………………………………… 232

　　第 8 章　泵的驱动及变速运行 ……………………………… 243

第三部分　泵世界 ………………………………………………… 277

　　第 9 章　水的运动 …………………………………………… 279

　　第 10 章　水系统的配置组成 ………………………………… 288

　　第 11 章　离心泵水系统应用基础 …………………………… 307

　　第 12 章　离心泵进水设计 …………………………………… 352

第四部分　清水的泵送……………………………………… 365

第 13 章　水处理厂中的水泵 …………………………… 367

第 14 章　市政给水排水泵 ……………………………… 375

第 15 章　管道系统中的水泵 …………………………… 384

第 16 章　消防泵 ………………………………………… 405

第 17 章　农业用泵 ……………………………………… 421

第五部分　固体物处理的泵送………………………………… 435

第 18 章　容积泵的性能 ………………………………… 437

第 19 章　应用于污水收集系统的泵 …………………… 447

第 20 章　用于污水处理厂的泵 ………………………… 471

第 21 章　雨水泵简介 …………………………………… 483

第六部分　泵的安装、试验和运行…………………………… 497

第 22 章　水泵和泵系统的安装 ………………………… 499

第 23 章　水泵系统仪器介绍 …………………………… 508

第 24 章　水泵测试 ……………………………………… 521

第 25 章　水泵运行和维护 ……………………………… 529

第 26 章　工厂装配泵的简介 …………………………… 539

第 27 章　现有泵系统改造 ……………………………… 555

第 28 章　水系统能源评估总结 ………………………… 564

译者的话

　　水泵在国民经济诸多领域的应用非常广泛,其重要性不言而喻。然而作为一般的通用机械,无论是应用设计还是运行管理人员,往往疏于重视。因此,在泵的使用过程中存在大量的这样那样的问题。我国农用泵站的平均装置效率仅 40％—50％;城市供水系统的泵站过压运行浪费普遍,排水、排污系统的泵站效率可能更低;工厂企业的超压供水甚为突出,不得已而为之的余能回收发电也在兴起。所有这些恰恰说明人们对泵应用的知识还是比较缺乏的。前面提到的泵应用中的问题在国际上、在欧洲、在美国等发达国家,同样存在着。许多业内人士也在不断努力工作,以提高泵应用的效能,减少能源的消耗,推动技术进步,促进经济发展。国际上有不少关于泵的理论和应用的经典书籍,20 世纪有一批中译本,在我国相关领域的影响较大,对于学术技术交流,对我国泵的研究、教学和应用都起到了很好的作用。但是,近些年这方面的译本书籍明显少了。

　　《水泵及泵系统》(*Water Pump and Pumping System*)是美国麦格劳希尔集团(McGraw-Hill)出版的一本注重解决泵应用问题的实用性书籍。书中指出的许多问题,是过去存在现在依然存在的现实问题。针对这些问题,作者从理论分析到具体应用给出了有效的解决方法和大量的相关资料。全书分为六大部分 28 章,包括离心泵的水力和结构设计、泵的类型和性能、泵的驱动及变速运行、水系统的配置组成、水系统中泵的应用基础、进水设计;各种泵在水处理厂、市政给水排水系统、生活管道系统、消防系统、农业灌溉排水系统、污水收集系统中的应用;水泵和泵系统的安装、测试、运行和维护,还介绍了工厂装配泵及对现有泵系统的改造。阐述了泵和水系统的基础理论知识,结合众多的泵在水系统中应用的实例描述了合适的、可借鉴的设计和运行方法。内容全面,系统性、实用性好。可供从事水泵和各类水系统的设计、运行管理人员参考,也可以用作高等学校相关专业的教学、科研参考资料。

　　刘爱华编排了全书的电子文档和插图,编译了全部表格。杨华、金燕、杨帆参加本书翻译工作;宋希杰、许建、王芃也、徐磊、魏航、叶鹏、查智力、严天序和黄佳卫也参与翻译并绘制了插图。

　　刘超教授负责全书翻译和统校。

　　由于时间仓促,加之译者水平所限,书中错漏难免,恳望读者指出。译者联系邮箱:ydcliu@126.com。

　　原书中的附录略去未译。

　　本书得到"江苏高校优势学科建设工程资助项目(PAPD)"的资助。

前　言

本书的目的是提供有关水泵及其在水系统中应用的资料。本书是一本关于水系统设计者、所有者和运行者的泵资料手册。它不是一本泵设计者的参考书,泵的详细设计已经有很好的书籍。

本书包括许多关于泵送装置的描述,市政供水和污水,雨水,管道,消防和农业应用。提供有关离心泵和容积泵的设计、构造和运行的一般资料。

免责声明:本书没有提供关于如何设计特定水系统或其中泵应用的最终解决方案,而是技术数据的汇集。为这些行业中的特定泵送应用提供了答案。

关于泵及其应用的各个方面,有很多优秀的书籍。从很多方面来看,这本书都是这些书的概要。本书中包含的参考文献提供了广泛的、持续的阅读。其中许多资料应该在任何认真的设计者或泵用户的书库里。

本书的格式是为了提供工作手册而开发的。可能看起来有过多的交叉引用和相同公式的许多变化。这是为了能够快速查找所需的主题。使用本书的水系统设计者、所有者或运行员应该能够快速找到泵送科目,而无须通过几个章节进行搜索。内容后面包含一个名为"图的位置"的部分,以便更容易找到特定的插图。许多插图虽然位于某一章中,但也适用于其他章节中的泵和水系统。

将泵应用于这些系统所需的大部分技术数据包含在本书中,是希望它能成为水系统设计者的泵资料来源。随着这些行业的电子在线数据服务的出现,将继续向水泵的设计者或用户提供更多资料。

本书是在我们的技术信息交流方法发生重大变化时编写的。这项技术革命可能是自印刷机发明以来最大的技术革命。此外,数字电子设备正在为我们设计这些水系统的方式带来巨大的潜力,为它们选择设备,并控制其中的水流。认识到我们正在进行的电子革命,已经努力向读者指出在不久的将来会变得司空见惯的新信息传播方法。

水泵领域的另一个重要事件是实现变速泵在节约能源和改善水系统性能方面的巨大能力。到目前为止,这些行业中的变速泵大多已应用于更大的水系统。它们现时用在较小的系统上。不断增加的成本、电能的紧张和变速驱动器成本的持续降低将导致许多水泵在 21 世纪变速运行。

随着本书的准备,两个重大事实向前推进。它们是:

1. 用于设计水系统及其泵的数据有很多不精确之处。例如:

a. 当使用"水"这个词时,意思是什么?意思是蒸馏水还是纯净水?或者是指当地自来水公司提供的水?本书中提供的所有数据均未提及在定义诸如比重或粘度等属性时水是什么。假定所包含的科学数据与纯净水有关,但这并不是大多数这些水系统所能产生的。

b. 管道和配件摩阻充其量只是一门不精确的科学。水力研究所估计,粗钢系数的变化可以达到钢管的−5%到+10%之间,已列出的钢铁和铸铁配件损失可以在−10%到+35%之间变化。在撰写本文时,我们几乎没有关于流过渐缩三通或其他渐缩管(如 $12'' \times 10''$ 接头)的水的摩阻损失资料。目前正在努力提高我们对这种管道配件损失的了解。

c. 泵制造必须具有可接受的容差以实现任何合理的生产。在额定流量和效率下,这些容差基本上是在泵扬程的0%到8%之间变化。还要认识到泵在特定的吸入压力和温度下进行测试并在其他压力和温度下运行,显然,测试的泵性能与在一个水系统中运行的泵所实现的完全不同。

2. 意识到上述不准确问题,在以往,水系统设计者采用压力调节或安全阀,以及复杂的管道系统来消除设计超压并使系统正常。现在变速泵就可以消除设计条件中包含的许多溢流和超压因素。此外,变速驱动器可以免去以往使用的许多机械设备。

随着数字电子和变速泵的发展,我们现在拥有了在设计过程中解决上述不精确性问题并在设计中消除它的工具,可以省去用于消除多余泵压的复杂的旧机械。

第11章中的"泵送系统的总 kW 输入",使用总 kW 输入作为并联或串联的泵的控制程序,是本书中最重要的控制程序之一,这是一个相对较新的概念,用于泵开停的编程。它不仅适用于各种泵,也是一种有用的方法,可以对任何一起的设备进行分级。这可能包括风扇、鼓风机、过滤器、压力机、搅拌机或任何耗能设备,其中多个设备用在流体上。

变速驱动器和电机的 kW 输入很容易实现,并且可以在运行中使用不同数量的设备进行评估。如果设备维持过程变化,添加设备应显示总 kW 输入的减少;如果没有,则该设备不应该启动。类似的,如果停止设备没有显示总 kW 输入的减少,则不应该停止。这种"kW 输入"程序应该为许多泵系统的运行提供节能程序。

编写技术书籍时,使用的符号、缩写和名称非常重要。这里使用的符号和术语基本上是水工业中使用的符号和术语。包括描述这些符号和缩写的表格。已经做出了许多区别,即泵扬程始终定义为 h,而水系统扬程标记为 H,必须保持泵扬程和水系统扬程之间的这种区别,因为它们并不总是相同的。

因此,泵的马力表示为 P_p,水系统所需的工作或在其上完成的工作是水马力 P_w。

在整本书中,我们尽一切努力将泵特性与水系统的特性区分开来。这似乎很平常,但在所有水系统分析中,必须始终记住我们是在评估该系统的水系统还是泵。

鉴于为编写本手册而必须收集大量详细资料,已经要求一些在其工作领域被认可为权威的人员在其开发和写作中提供建议。本书获得的大部分资料来自制造商、咨询工程师、承包商、销售人员和服务部门技术人员的长期合作。他们的实践经验是本书的基础。

以下列出了一些知识渊博的人:俄亥俄州辛辛那提通用电气供应部的 Russell Fediuk;Ronald E. Kastner,俄亥俄州辛辛那提公司设备公司总裁;George Ries,副总裁(已退休),Peerless Pumps, Yorba Linda, CA;Richard H. Osman,宾夕法尼亚州匹兹堡 Robicon 副总裁;宾夕法尼亚州匹兹堡的 Keith H. Sueker, P. E。Lawrence Tillack, tekWorx, L. L. c., Cincinnati, OH;俄亥俄州辛辛那提市的 William F. Reeves, P. E。俄亥俄州辛辛那提市的 David Castelleni, P. E。感谢这些工程师和权威部门。

没有他们的帮助,这本手册是不可能的。

特别是,必须感谢水力研究所的 John H. Doolin 对手稿的仔细审查,提出了许多必要的修改,以消除印刷错误、错误的计算和错误的符号。作者还要感谢他对伟大的工程专业的赞赏,它提供了一个如此有益于知识和个人关系的工作领域。

符号和术语

以下是常用于泵行业的符号和术语。当使用这些术语时，一定要区分是被应用到一个水系统，还是泵本身。

符号	类型	单位	简称
A	面积	平方英寸	in^2
β（Beta）	计或孔比	无量纲	—
BHP	制动马力	马力	hp
d	直径	英尺	ft
D	直径	英寸	in
∈（epsilon）	绝对粗糙度	无量纲	—
f	摩阻系数	无量纲	—
Δ（delta）	差异或微分	—	—
η（eta）	效率	百分比	%
kW	千瓦	千瓦	kW
kWH	千瓦时	千瓦小时	kWH
η_D	变速传动效率	百分比	%
η_E	电动机效率	百分比	%
η_P	泵效率	百分比	%
η_S	系统效率	百分比	%
η_T	水轮机效率	百分比	%
η_{ws}	线轴效率	百分比	%
η_{ww}	线水效率	百分比	%
g	重力加速度	英尺/秒²	ft/sec^2
γ（gamma）	比重	磅/英尺²	Ib/ft^3
h	泵扬程	英尺	ft
H_s	设计点总系统扬程	英尺	ft

(续)

符号	类型	单位	简称
H_{CP}	水系统控制压力	英尺	ft
H_F	水系统摩阻头	英尺	ft
H_f	摩阻损失方程	英尺	ft
H_p	系统压力	英尺	ft
H_P	系统的摩阻损失或组件系统	英尺	ft
H_{PF}	泵配件损失	英尺	ft
K	管件系数	无量纲	—
L	管长度在数百 ft	英尺	ft
n	速度	内存/分钟	rpm
$NPSHA$	有效汽蚀余量	英尺	ft
$NPSHR$	必需汽蚀余量	英尺	ft
NS	比转速	无量纲	—
μ(mu)	绝对粘度	磅秒/平方英尺	Ib-sec/ft^2
ν(nu)	运动粘度	平方/英尺每秒	ft^2/sec
p	压力	磅/平方英寸	psi
psia	绝对压力	磅/平方英寸	psia
psig	表压	磅/平方英寸	psig
P_A	大气压力	磅/平方英寸	psi
P_a	大气压力	英尺水深	ft
$^\prime P_p$	塑料管道压力等级	磅/平方英寸	psi
P_V	水的蒸汽压	英尺深的水	ft
P_C	系统能量消耗	千瓦	kW
P_S	系统有用能源	千瓦	kW
P_W	水马力	马力	hp
P_P	制动马力	马力	hp
P_{kW}	电力	千瓦时	kWH
q	流量	立方英尺/秒	cfs
Q	流量	加仑每分钟	gpm
RE	雷诺数	无量纲	—
SDR	标准尺寸定量	无量纲	—
S	水力设计压力	磅/平方英寸	psi*

(续)

符号	类型	单位	简称
s	比重	无量纲	—
t	温度	华氏度的	°F
τ	扭矩	磅·英尺	lb-ft
v	速度	英尺/秒	ft/sec or fps
V	体积	立方英尺或加仑	ft³ or gal**
WHP	水马力	高压或大功率	hp
Z	高程或静压头	英尺	ft

注:*用于塑料管,**美国加仑

以上表中提供了书中使用的计量单位,作为各章节使用的标准,标题中包含的数据关键词应该提供的指南,统一使用这些数据。

第一部分

设计的基本工具

第 1 章
数字电子技术与水泵及系统

引　言

数字电子技术的出现在整个世界对工业社会有巨大的影响。在水系统行业,数字电子产品的发展已经结束了许多机械设备的使用。典型的是降低使用机械设备来控制水系统的压力。今天,内置智能的数字控制系统,可以更准确地评估系统条件和调整水泵运行,以满足所需的流量和压力条件。

绘图板和绘图仪已经从水系统工程师的设计房间消失,被计算机辅助绘图系统取代了。计算机程序开发迅速,具体设计应用程序准确地做着烦琐的计算,而这里曾经是手动完成的。所有的这一切给他们留下更多的时间进行创造性的工程设计,从而有利于客户。

水荷载和管道摩阻的计算机辅助计算

作为新的、复杂的计算机程序的结果,当今水系统从最初的设计到最后的调试的整个设计过程已经得到简化和改进。今天的技术,使知情的工程师在以图形方式设计管道系统的同时输入特定组件的摩阻数据。当设计完成时,这个软件能给出整个系统清晰的表述,工程师可以用来查找系统中任何特定点的数据。

水力梯度图

水力梯度图提供了水系统压力变化的可视化的描述。在过去,这些图大多数都是手工绘制。压力梯度图的实际图纸正在评估转换成为软件;当这项计划完成之后,工程师将能够进行复杂而快速的设计,达到前所未有的精度。该计划将进一步支持工程师们通过自动执行复杂的管道摩阻计算,并显示结果。

水力梯度图已经被证明是开发水系统的一个宝贵的工具。本书中，这种图将会用于各种类型的水系统。它的做法在第 10 章说明。水系统的压力梯度、能量和水力梯度之间的区别应当分清。能量梯度包括水系统的速度头，$v^2/2g$，而水力梯度只包含位能和压力。如图 1.1 所示。速度头通常不到 5 ft，它不是像位置水头和压头那样通过管道使用水。使用包括速度头的能量梯度会增加开发这些图的计算量，因此用水力梯度代之。然而，速度头不容忽视，因为它代表了管道中的水的动能。本书会强调速度头作为管道设计中的一个因素，尤其是对于设备相关的管道、管件和阀门的损失计算。

水系统电子设计的速度和准确度

电子设计使得工程师评估一个有多重不同约束的水系统能节省大量的时间。设计师可以将一组设计要求输入电脑，当计算机进行该项所有的详细计算时，工程师可以查看可能影响设计的变化。在所有的变化已经运行后，设计师可以选择满足客户规格要求，提供最优系统条件的一种。因此，设计师现在有时间通过演示"如果"达到最佳水系统的设计。在过去，工程师往往受时间驱动和被迫利用很多过去的设计，以达到当前项目的最后期限。现在工程师可以模拟若干不同负载条件下的泵送系统性能，获得泵送系统能源消耗的更完整文档。

设计师可以更准确地计算水系统的差异性。差异性是水系统的实际最大流量除以总相关负载。例如，假设水系统的总负载是 800 gpm，但系统的全部计算负载需要 1 000 gpm，这种情况下差异性为 800/1 000＝0.80，或 80%。

计算机求解方程

这里提供许多方程来准确求解水系统的压力、流量和能源消耗。这些方程一直遵守数学的代数水平，来帮助水系统设计师应用到计算机程序。现在已有商用计算机软件协助这些方程的求解。

生成数据库

在设计师完成水系统的综合评价后，生成数据库可以用来搜索过去的设计元素用于当前项目。数据库生成是一个编译的计算机内存的信息设计，可以完成回溯用于未来的项目。使用它，设计师可以输入关键因素描述当前项目，然后让计算机数据库搜索具有相同的定义元素的相似的、完全的设计。例如，没有生成数据库时，一个项目设计可能需 5 000 工作小时。搜索数据库后，将会发现，先前的设计可能只需 3 000 小时，为新设计项目留下 2 000 小时。当前项目完成后，就进入到数据库中，用作未来类似设计的参考。

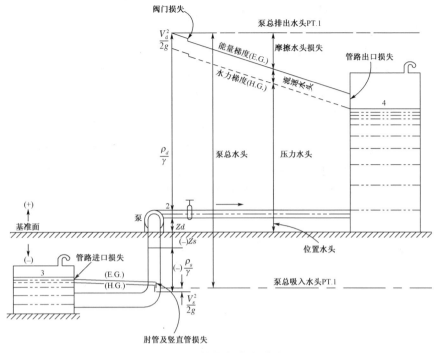

图 1.1　能量与水力梯度

电子通信

随着通信技术的进步,快速沟通可用于各种工程办公室和他们的客户之间。数据库可以在多个公司分支机构的主要办公室之间链接,可以建立所期望的各工程管理办事处之间的工作和数据等共享。电子邮件使用也加速了部门间的沟通,这种邮件可以减少询问重要问题和接收响应所需的时间。它减少了对文档整理和对应文件维护上的错误。

管道配件的电子设计

类似于负荷计算和一般的系统布局,数字电子技术已经大量进入水系统本身的实际配置,包括生成的方法、热的或冷的水、水的储存和系统中分配的水。水系统的分配不再依赖于机械调压阀、平衡阀和其他耗能的机械设备等,迫使水通过系统的某些部分。如何做到这一点,在这本书的相关章节中已考虑将详细地描述对水系统的每一具体设计。

抽水设备的电子选择

一个水系统设计师主要部分的工作是选择水系统的泵。在过去,设计师依赖制造商所给的目录来提供技术信息用以选择正确的水系统用泵。必须做到这一点，希望目录是当前的。现在有 cd-rom 光盘和在线数据服务提供当前的信息和快速选择能满足设计师要求的技术参数的泵。许多制造商将他们的技术目录转换为软件如 cd-rom 光盘，提供性能和尺寸两种数据。技术目录的时期几乎过去了。

抽水系统的电子控制

随着这些在机械设计方面的变化，水系统采用直接数字控制或可编程逻辑控制器形式的电子控制，差不多消除了旧的机械控制系统。通用协议的出现使大多数控制和设备制造商以共同接口进行单一安装。这使公司集中精力在某一方面的系统上，同时仍然向监督控制器提供必要的信息。

电子和抽水系统

如何执行这些抽水系统的所有的电子程序？高效泵的选择和运行取决于水系统要求的流量和泵扬程的精确计算。数字电子技术创造了更高的设计精度，保证更好的泵的选择。不正确的系统设计将导致（1）泵太小，系统无法满足需要或（2）泵太大，流量和扬程过剩，导致低效率的运行。使用电子辅助设计改善了为每个应用选择一个高效泵系统的机会。准确地计算流量和所需扬程，使恒速泵送系统降低了用以消除过度压力的调压阀门消耗的能源。

电子和变速泵送系统

电子技术对水系统的最大影响之一就是泵的变频调速系统的发展。恒速泵的固定扬程—流量曲线的时期即将结束，变速泵可以提供更容易适应系统条件的方法，使用更少的能源和施加较小的泵功率。随着上述恒速泵机械设备的应用，克服了恒速泵的富余压力和流量。带电子转速控制的变频驱动和泵编程即可匹配水系统所需的流量和扬程而无需压力阀门等机械设备。水系统设计师所考虑的包括管道老化、未来负荷增加等所有不可预见的费用不再存在，因为采用变速驱动的泵送系统运行可以提供实时管道和用水条件的所需的流量和扬程。

电子调试

电子产品应用于水系统的另一个突出的优点是在调试过程中的使用。从图纸和设备设计到水系统的启动和第一次运行的最终阶段总是会有变化。许多设备和软件的变化可以很容易通过使用便携式电脑或其他手持电子产品记录。确保"竣工"图纸正确的烦恼大大减少。

电子仪器和录音设备加速了水系统调试。这些工具加强了水系统设备的合规验证。

本 书 宗 旨

本书的基本目的之一,就是描述上述的电子产品用于水系统中泵的设计和运行。新的软件和设备的快速发展有可能在写作时将数字电子产品的任何描述降级为过时。在线数据服务的发展将进一步改变我们设计这些水系统的方式。

水系统设计工程师必须了解如何在当前办公室使用可用的电子设备和服务,确保以公司的最低成本提供现在的系统设计。那些不使用电子设备、网络办公或订阅在线数据服务的工程师们,将无法跟上他们的同时代人的设计精度和速度。

写这本书的原因之一是形成水泵和系统的一本手册,将提供基本设计和应用程序数据,以应对发生在水系统设计和运行方面丰富和快速的变化。这个手册为指导学生和缺乏经验的水系统设计人员,同时为知识渊博的设计师提供一些最新的改善水系统设计和运行的程序。希望它将作为其他文本的源资料,专注于特定方面的水泵设计和应用。

电子控制和变速泵的出现已淘汰很多旧式的水系统的设计。我们现在有机会产生高效的电子系统和跟踪它们的表现,确保在实际运行中达到设计的预期效果。

第 2 章
水泵系统的物理数据

引　言

　　人们可能对水系统和设备如水泵的设计和运行现存的标准感到困惑。设计师对标准的理解很重要,这些标准既针对泵送设备也针对供水系统本身。这些标准可以通过技术协会、政府机构、行业协会和各种管理机构作为规范建立。设计师必须了解管理各种应用的标准和规范。

　　本章包括抽水设备的标准运行条件。同时,本章汇集了大量的技术资料,涉及空气、水和电这些水系统设计和运行的必要条件。唯一不包括在这一章的资料是水管道摩阻,将在第 3 章中描述。

　　一些内容,如消防泵配置(第 16 章)或设计的进水结构(第 12 章),不能详细讨论。这些资料需要查找实际的引用文献。这里的信息只强调了这些标准的基本要求,目的并不是替换它们。

　　希望本书包含水系统设计师对于泵应用所需的大多数技术信息。横截面积的单位为平方英尺,体积的单位为加仑,商用管道和圆形的水箱的单位为线性英尺基准。对于设计师,这是计算水系统和蓄水池液体体积的有价值的资料。

标准的运行条件

　　水系统的所有设备和管道,是基于特定的运行条件如最高温度或压力设计的。通常,设计师指定这些条件,设备或管道制造商应该确认他们的产品符合这些水系统规范。设计工程师的职责是检查这些条件并确保它们与系统条件兼容。对所有运行设备进行供电及最大环境空气温度变化的验证非常重要。

标准空气条件

标准空气条件必须定义为环境空气和通风。所有水设备必须运行在环境周围的空气中。标准环境空气通常被列为 70 ℉，最高环境空气温度正常指定为 40 ℃（104 ℉）。这个温度是电气和电子设备的行业标准。安装在公共建筑锅炉房的抽水设备可以安装的环境空气标准，上限可以高达 60 ℃（140 ℉）。每个设计师义不容辞的责任是确保设备兼容这样的环境空气条件。

随着环境空气温度而来，设计师必须关注的是通风空气质量。这是用于冷却运行设备以及为建筑提供通风的空气。设计师必须确保设备的房间不受周围含有的有害物质的影响，包括以气体或颗粒物的形式出现的化学物质。氢硫化物对含铜的设备如电子产品，特别危险。污水处理运行会产生这种气体，所以，保护安装在污水处理设施的任何设备免受可能包含这种化学物质的环境空气损害是非常重要的。尘土飞扬的工业生产必须与设备房间分开，以保持设备清洁。落满尘埃的电动马达或电子产品对设备的性能和使用寿命将有实质性影响。设计师必须了解对设备有损害的任何此类物质的存在。

通风空气不影响泵本身的运行，但它确实影响变速驱动器。这是用来冷却电气设备的空气。为设备安装评估通风空气是设计过程和设备选型的重要组成部分。在大多数主要城市的天气数据中列出了室外空气数据，包括湿球和干球的最大温度。室内空气质量必须从化学成分基础和温度基础上加以验证。在设备室可能需要通风或机械冷却，消除设备室产生的热量以保证不超过设备的设计标准。

最近发生了一个情况，涉及污水处理厂和泵站中水泵应用的变速驱动器。在过去，开关设备安装在这些设施中，并不在意少量的硫化氢空气。假如变频驱动安装在相同的空气里运行，事实上这样就忽视了驱动所需的通风空气。这些驱动器由于硫化氢造成的腐蚀而导致失效。这说明对于考虑作为特定装置的新设备，应该谨慎确保其满意的环境条件。

运行压力

表压是由水压力计测量的抽水设备或管道压力。这是动态压力，不含水流的速度头，$v^2/2g$。它是水系统总动态压力。在这本书中，在水系统水力梯度在任何时候。以下是表压力、绝对压力和大气压力的基本方程：

$$psia = psig + p_A \qquad (2.1)$$

式中　　$psia$——绝对压力，磅每平方英寸

　　　　$psig$——表压，磅每平方英寸

　　　　p_A——大气压力，磅每平方英寸

　　例如，如果一个水系统运行在 75 psig 海拔 1 000 ft 的压力，从表 2.1，大气压力是 14.2 psi，所以绝对压力是 89.2 psia。

　　室外空气的气压随抽水设备安装的高度变化，必须在计算泵的有效汽蚀余量（NSPHA）时确认（参见第 4 章）。表 2.1 描述了随高度变化的大气压力。此表列出了用 ft 水柱（简写为 ft）表示的大气压力，P_A 单位为磅/平方英寸。水温度在 32 至 85 ℉ 的范围内，扬程 ft 可以被直接用于净正吸入压头（NPSH）和出现在第 4 章有关泵基本设计的空化方程。对于精确的计算和更高温度的水，必须根据工作温度下的水的比容来修正大气压力，单位为 psia，见式 4.5。修正的大气压力，ft，为在实际运行温度的水和泵系统海拔高度的数值。

表 2.1　大气压力随高度的变化

高度 （ft）	平均压力，P_A （psi）	平均压力，P_A （ft 水柱），上限 85℉
0	14.7	34.0
500	14.4	33.2
1 000	14.2	32.7
1 500	13.9	32.1
2 000	13.7	31.6
2 500	13.4	30.9
3 000	13.2	30.5
4 000	12.7	29.3
5 000	12.2	28.1
6 000	11.8	27.2
7 000	11.3	26.1
8 000	10.9	25.1
9 000	10.5	24.2
10 000	10.1	23.3
12 000	9.3	21.5
14 000	8.6	19.8

来源：卡梅伦水力数据，第 15 版。Ingersoll-Dresser Pumps，美国福斯公司，经允许使用。

热当量

对于水系统的设计有一些基本的热力和功率当量应该总结。这本书基于一个 BTU(英国热量单位)等于 778.26 ft-Ib。这符合基南和凯斯的热力学蒸汽的属性,同样定义了 BTU 为 778.26 ft-Ib。其他来源等同于改变制动马力或千瓦的热等效值的不同值。本书中将介绍以下热功率和功率等效值。

$$1 \text{ BTU(英国热量单位)} = 778.26 \text{ ft-Ib}$$
$$1 \text{ 制动马力(BHP)} = 33\,000 \text{ ft-Ib/min}$$
$$1 \text{ 制动马力小时(BHPHR)} = 2\,544 \text{ 英热单位/小时} = 0.746 \text{ 千瓦小时(kWH)}$$
$$1 \text{ 千瓦时} = 1.341 \text{ 制动马力} = 3\,411 \text{ 英热单位/小时}$$

水数据

水不像空气那样容易受到不同大气条件的影响,但它的温度和质量必须测量。标准的水温度可以表示为 32 ℉,39.2 ℉(密度最大的点),或 60 ℉。

表 2.2　液体粘度的水

水的温度(℉)	μ,绝对粘度(厘泊)	ν,运动粘度(ft^2/sec)
32	1.79	1.93×10^{-5}
40	1.55	1.67×10^{-5}
50	1.31	1.41×10^{-5}
60	1.12	1.21×10^{-5}
70	0.98	1.06×10^{-5}
80	0.86	0.93×10^{-5}
90	0.77	0.83×10^{-5}
100	0.68	0.74×10^{-5}
120	0.56	0.61×10^{-5}
140	0.47	0.51×10^{-5}
160	0.40	0.44×10^{-5}
180	0.35	0.39×10^{-5}
200	0.31	0.34×10^{-5}
212	0.28	0.32×10^{-5}
250	0.23	0.27×10^{-5}

来源:《系统和设备手册》,亚特兰大,乔治亚州,美国采暖、制冷与空调工程师协会,第 14.3 页,经允许使用。

表 2.3　近似粘度转换

通用赛氏秒(SSU)	运动粘度	
	厘泡	ft²/sec
31	1.00	1.076×10^{-5}
35	2.56	2.765×10^{-5}
40	4.30	4.629×10^{-5}
50	7.40	7.965×10^{-5}
60	10.3	1.109×10^{-4}
70	13.1	1.410×10^{-4}
80	15.7	1.690×10^{-4}
90	18.2	1.959×10^{-4}
100	20.6	2.217×10^{-4}
150	32.1	3.455×10^{-4}
200	43.2	4.650×10^{-4}
250	54.0	5.813×10^{-4}
300	65.0	6.997×10^{-4}
400	87.6	9.429×10^{-4}
500	110.0	1.184×10^{-3}
600	132	1.421×10^{-3}
700	154	1.658×10^{-3}
800	176	1.884×10^{-3}
900	198	2.131×10^{-3}
1 000	220	2.368×10^{-3}
1 500	330	3.552×10^{-3}
2 000	440	4.736×10^{-3}
2 500	550	5.920×10^{-3}
3 000	660	7.104×10^{-3}
4 000	880	9.472×10^{-3}
5 000	1 100	1.184×10^{-2}
6 000	1 320	1.420×10^{-2}
7 000	1 540	1.658×10^{-2}
8 000	1 760	1.836×10^{-2}
9 000	1 980	2.131×10^{-2}
10 000	2 200	2.368×10^{-2}
15 000	3 300	3.552×10^{-2}

资料来源:《卡梅伦水力数据》,美国福斯公司。

这些温度用于大多数水泵的计算不是非常重要的,因为全部水的密度近乎等于 1.0。运动粘度在这些温度范围的变化是从 1.93 到 1.21×10^{-5} ft²/sec。但这不应该影响这些水系统的大多数计算。水在温度高于 85 ℉下运行必须考虑比重和粘度。表 2.2 和 2.3 提供这些数据。

水的粘度

有两种基本类型的粘度:(1) 动力或绝对粘度,(2) 运动粘度。动力粘度表示为每平方长度的力—时间;在公制系统为厘泊。运动粘度是绝对粘度除以液体的质量密度。在抽水领域里,最常用粘度是运动粘度,公制单位 S 是厘泊,英制单位是每秒平方 ft 或 SSU(Saybold Seconds Universal)。本书讨论的供水系统中使用运动粘度(ft²/sec)来计算决定管道摩阻损失的雷诺数,这使得雷诺数成为无量纲。对大多数污泥运行系统则利用 SSU 确定粘性液体对效率的影响和抽送这些液体的泵的制动功率。

如果液体的粘度表示为厘泊的绝对粘度,那么运动粘度,平方英尺每秒,的转换公式是:

$$\nu = \frac{6.719\,7 \times 10^{-4} \times \mu}{\gamma} \tag{2.2}$$

式中:μ——绝对粘度,厘泊

γ——比重,Ib/ft³

如果粘度表示为公制的运动粘度,厘泊,则公制转换为英制系统的运动粘度公式是:

$$\nu(\text{ft}^2/\text{sec}) = 0.107\,64 \times \nu(厘泡) \tag{2.3}$$

相比于使用其他英制单位长度,运动粘度,ft²/sec 是最简单的表达式。流量和扬程用于抽水系统。如上所述,这是用英制单位计算雷诺数所需的术语。当代用于管道摩阻的计算机程序自动包括了这些涉水数据。表 2.2 提供了绝对粘度厘泊和运动粘度平方英尺每秒。

表 2.3 提供了三个最常见的粘度之间一些有用的、用于这些水行业的粘度转换。这个表应有助于计算污水污泥等液体管道的摩阻损失。

对于 70 厘泊和更高的粘度值,使用以下方程:

$$\text{SSU} = \nu(厘泡) \times 4.635 \tag{2.4}$$

汽化压力和水的比重（32 到 212 ℉）

不同温度下的水的汽化压力必须考虑,这些资料对评估可能发生空化是必要的。这在第 4 章泵的基本设计中,它也用于计算抽水装置的有效汽蚀余量 NPSHA。汽化压力是绝对压力,psia,在特定温度的此压力下,水会从液体变成蒸汽。每个温度的水有一个水从液体改变到气体的绝对压力。表 2.4 提供了高达至 212 ℉ 这样的温度的汽化压力以及水的比重。

表 2.4　水的汽化压力和比重(32 到 212 ℉)

温度 (℉)	汽化压力,值 p_v (ft 水柱)	比重,γ (Ib/ft³)
32	0.20	62.42
40	0.28	62.42
45	0.34	62.42
50	0.41	62.38
55	0.49	62.38
60	0.59	62.34
65	0.71	62.34
70	0.84	62.31
75	0.99	62.27
80	1.17	62.19
85	1.38	62.15
90	1.62	62.11
95	1.89	62.03
100	2.20	62.00
105	2.57	61.92
110	2.97	61.84
115	3.43	61.77
120	3.95	61.73
130	5.20	61.53
140	6.78	61.39
150	8.75	61.20
160	11.19	61.01
170	14.19	60.79
180	17.85	60.57
190	22.28	60.35
200	27.60	60.13
210	33.97	59.88
212	35.39	59.84

来源:《卡梅伦水力数据》,Ingersoll-Dresser Pumps,美国福斯公司,经允许使用。

在计算这些温度下的汽蚀余量时，所示的汽化压力单位是 ft 水柱，而不是磅每平方英寸。比重，磅/立方英尺，是在一个特定的温度下水的密度。

在水中的空气溶解度

重要的是要知道水系统的空气数量和来源。泵内的空气会影响泵的性能和使用寿命，因而泵内不希望有空气。

空气以夹带或溶解的方式进入水系统而不能从其他来源进入系统。空气在水里自然出现，表 2.5 提供了空气在水中的溶解度的基本数据。

表 2.5　空气在水中的最大的溶解度
［吸收的空气与水的体积比（表示为小数）］

温度 （℉）	系统表压（磅/平方英寸 psig）						
	0	20	40	60	80	100	120
40	0.025 8	0.061 3	0.096 7	0.132 1	0.167 6	0.203 0	0.238 4
50	0.022 3	0.052 9	0.083 6	0.114 3	0.144 9	0.175 6	0.206 3
60	0.019 7	0.046 9	0.074 2	0.101 4	0.129 6	0.155 9	0.183 1
70	0.017 7	0.042 3	0.066 9	0.091 6	0.116 2	0.140 8	0.165 4
80	0.016 1	0.038 7	0.061 4	0.084 0	0.106 7	0.129 3	0.152 0
90	0.014 7	0.035 8	0.056 9	0.075 0	0.099 0	0.120 1	0.141 2
100	0.013 6	0.033 4	0.053 2	0.073 0	0.092 8	0.112 6	0.132 4
110	0.012 6	0.031 4	0.050 1	0.068 9	0.087 7	0.106 5	0.125 2
120	0.011 7	0.029 6	0.047 5	0.065 4	0.083 3	0.101 2	0.119 1
130	0.010 7	0.028 0	0.045 2	0.062 4	0.079 6	0.096 8	0.114 0
140	0.009 8	0.026 5	0.043 2	0.059 8	0.076 5	0.093 1	0.109 8
150	0.008 9	0.025 1	0.041 3	0.057 4	0.073 6	0.089 8	0.106 0
160	0.007 9	0.023 7	0.039 5	0.055 3	0.071 1	0.086 9	0.102 7
170	0.006 8	0.022 3	0.037 8	0.053 4	0.068 9	0.084 4	0.100 0
180	0.005 5	0.020 8	0.036 1	0.051 4	0.066 7	0.082 0	0.097 3
190	0.004 1	0.019 2	0.034 4	0.049 6	0.064 7	0.079 9	0.095 0
200	0.002 4	0.017 5	0.032 6	0.047 7	0.062 8	0.077 9	0.093 0
210	0.000 4	0.015 5	0.030 6	0.045 7	0.060 7	0.075 8	0.090 9

来源：《技术通报 8-80》，西华立克，R I，Amtrol Inc.，第 14 页，1985 年，获得允许使用。

水中空气溶解度的变化比吸收空气的实际数量更加重要，这种变化发生在水系统的压力和温度增加或减少的时候。如图所示,重要的是在温度减少与系统压力增加时可以溶解在水中的空气量。这个图表展示了亨利定律,即在水中溶解的空气与水系统的压力成正比。这个图表应该取代类似的、用于开敞水池的图表,那里的压力只列出 0 psig 的大气压力。在这样的图表中溶解在水中的空气量在 212 ℉时接近 0。很明显,从这个图可知,在 0 psig 以上所有的表压时,这些系统中的水可以包含更大量的空气。图 2.1 是这个数据的图形表示,证明空气在水中的溶解度随着压力的增大而增加。同样,溶解度随水的温度而减少。当 50 psig 的水从 50 ℉温度加热到 140 ℉时,溶解度从气水比由 0.10 下降到 0.055。

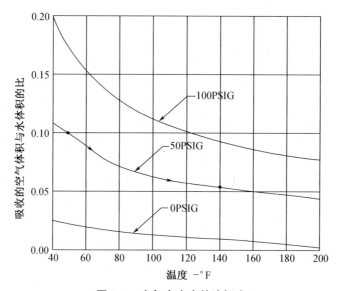

图 2.1　空气在水中的溶解度

下面是一个有趣而简单的实验来观察当水加热时空气的释放:

1. 拿一个煎锅,加入厨房冷水龙头的饮用水。

2. 将其放在炉子上,加热煮沸。

3. 注意一旦温度开始上升,气泡就会形成。这是空气从水中解析出来,因为水不能容纳更高温度的空气。

4. 当水接近 212 ℉时,水开始沸腾。

5. 让水冷却,然后再加热煮沸。

6. 注意,这个时候气泡不会出现,直到蒸汽开始形成。这表明在第一次煮沸期间水已经脱气。它还提供了在水系统中加热时冷水会发生什么的视觉示例。

虽然热水并不存在于这里考虑的任何系统,除了家用建筑物内水管道领域的系统,在泵吸水压力减少的位置同样会发生气体的释放。因为空气在水中的溶解度改变,使得空气可能影响从开敞箱吸水的泵的吸水扬程问题。

水中声速

由压力波造成的水锤是水泵和系统的一个重要的主题,因为它对泵和管道非常具有破坏性。这将在第 9 章(水的运动)详细讨论。通过认识到声音在水中比在空气中移动得更快,了解这种压力波的速度是有益的。图 2.2 比较了不同管道的水中声速,管直径从 6 到 78 英寸,管道壁厚均为¼英寸。6 英寸管,水中声音的速度大约是 4 200 ft/s,超过声音在海平面空气中速度的两倍。这说明控制可能造成压力波的阀门迅速打开和关闭或泵被突然启动或停止的必要性。

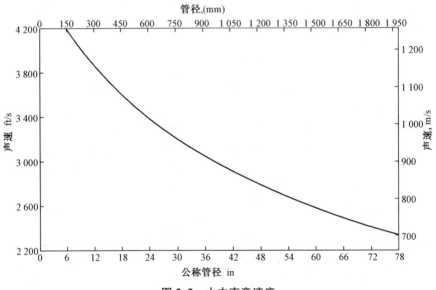

图 2.2　水中声音速度

钢管、水池的面积和体积

表 2.6 给出了这种管和罐的每英尺商业钢管和圆形罐的横截面积(等效平方英尺)和体积(加仑)。管或罐的容积可以通过将横截面积乘以长度或高度(英尺)来确定。提供加仑/长度可以简化水系统容积和储罐存储量的计算。

表 2.6　钢管和水箱的面积与体积

钢管			水箱		
内径	面积 (ft^2)	体积 (gal/ft)	内径	面积 (ft^2)	体积 (gal/ft)
$1.25''\sim1.380''$	0.010 4	0.078	$66''$	23.758	177.71
$1.5''\sim1.610''$	0.014 1	0.106	$72''$	28.274	211.49
$2''\sim2.067''$	0.023 3	0.174	$84''$	38.485	287.86
$2.5''\sim2.469''$	0.033 4	0.250	$90''$	44.179	330.46
$3''\sim3.068''$	0.051 2	0.383	$96''$	50.266	375.99
$4''\sim4.026''$	0.088 4	0.662	$102''$	56.745	424.45
$5''\sim5.047''$	0.138 9	1.039	$108''$	63.617	475.86
$6''\sim6.065''$	0.200 6	1.501	$114''$	70.882	530.20
$8''\sim7.981''$	0.347 4	2.599	$120''$	78.540	587.48
$10''\sim10.02''$	0.547 6	4.096	$12'$	113.097	845.97
$12''\sim11.938''$	0.777 3	5.814	$14'$	153.938	1 151.46
$14''\sim13.124''$	0.939 4	7.027	$16'$	201.062	1 503.94
$16''\sim15.000''$	1.227 2	9.180	$18'$	254.469	1 903.43
$18''\sim16.875''$	1.553 3	11.619	$20'$	314.159	2 349.91
$20''\sim18.812''$	1.930 2	14.438	$24'$	452.389	3 383.87
$24''\sim22.624''$	2.791 7	20.882	$30'$	706.858	5 287.30
$30''\sim29.00''*$	4.586 9	34.310	$36'$	1 017.87	7 613.71
$36''\sim36.0''^+$	7.068 6	52.873	$42'$	1 385.44	10 363.11
$42''\sim42.0''^+$	9.621 1	71.966	$48'$	1 809.55	13 535.49
$48''\sim48.0''^+$	12.566 4	93.997	$60'$	2 827.43	21 149.18

* 所有管道尺寸到24″编目40而30″编目20。
+ 管尺寸36、42和48″为名义内直径。

上述体积加仑转换为磅,需将加仑乘以$\frac{\gamma}{7.48}$,

γ是水在运行温度时的比重。

例如,水 60 °F 的比重为 62.34 Ib/ft³,所以 10″,40 号钢管有 4.096 gal/ft $\frac{62.34}{7.48}$ 或 34.14 Ib/ft 的长度。

电力数据

以下简要回顾供水泵用电。第 8 章提供了一个详细的电机评估。在美国电力的标准频率是 60 赫兹(Hz)或周期。许多外国国家电力标准为 50 Hz,美国的农村仍然可能会有一些地区运行 50 Hz 的电力。表 2.7 和表 2.8 提供 60 赫兹和 50 赫兹两种电机运行电压:名义配电电压和标准额定电压。允许用电设备相对于表中列出的配电系统电压有±5%的变化。

水泵应用最普遍的是三相 480 伏的功率。7.5 马力以上很少使用单相电源。来自星形变压器的 208 伏是可供的;这个电压可用于高达 60 马力的三相电机。2 400 和 4 160 的高电压一般用于 750 马力以上的电机。

表 2.7　标准 60-Hz 电压

电机额定电压	理论配电系统电压	
	125 马力以下	125 马力及以上
多相		
208	200	—
240	230	—
480	460	460
600	575	575
2 400	2 300	2 300
4 160	4 000	4 000
6 900		6 600
13 800		13 200
单相		
120	115	—
208	200	—
240	230	—

来源:《交流电动机选择和应用指南》,公告 GET‑6812b,通用电气公司,第 2 页。获得允许使用。

表 2.8　标准 50-Hz 电压

电机额定电压	理论配电系统电压	
	125 马力以下	125 马力及以上
见标注	200	—
	220	—
	380	380
	415	415
	440	440
	550	550
	3 000	3 000
单相		
见标注	110	—
	200	—
	220	—

标注:配电系统电压因国家而异,因此,电动机额定电压应根据所在国家选择。

来源:《交流电动机选择和应用指南》,公告 GET‐6812b,通用电气公司,第 2 页,获得允许使用。

电气机械,如电机和变速驱动器的电压容差可比家用电器大。电气设计的工程师必须开发建筑配电系统,以确保其电压降不超过电气设备的电压容差。一般来说,大多数电动机的电压容差为±10%,对大多数变速驱动器为+10 到−5%。水系统设计师应当验证该设备的实际容差。例如,一个变压器的实用电压 480 伏,可能变化±5% 为 456—504 伏。变速驱动器 460 伏的电压允许有 437 到 506 伏的电压变化。因此,必须设计建筑配电系统,在任何负载条件下变速驱动电源电压不低于 437 伏。

对公用设施或一定规模以上的电机可以根据国家法律设置功率因数校正设备。设计师应该在项目的开始着眼考虑。一般来说,在大多数地方的公用设施不需要功率因数校正,直到配电负载接近 500 kVA。

变频驱动的普及催生了公用设施的问题。这就是变频驱动器的正弦波交变造成的谐波失真。提供电力的公用设施项目可以规定最大的允许谐波失真的范围。设施的所有者可能会对谐波失真有一个容差。应该在电力分配系统项目设计的开始检查这些限制的可能性。

功率因数校正包括谐波失真的更多信息在第 8 章中叙述。

水系统的效率评价

与泵的选择和应用的有效性相关的几种效率表达式在以下章节将提供。这些包括:

1. 系统效率,其决定在水系统泵压头的使用质量。表示为千瓦/MGD。

2. 线—水效率(泵系统效率)或 kW/mgd,反映能源在泵送系统中的使用。

现在数字计算机可用来执行快速、准确地计算这种效率。这里包括水系统和设备的方程,使工厂或系统运行人员可以实时观察这些数据,确保水系统最佳效率地运行。

辅助读物

对于水系统设计师,在每个项目的安装点熟悉实地情况是十分重要的。必须检查最终设计与当地规程和服务的兼容性。本技术手册是很好的辅助读物,特别是对美国的水工程协会、水环境联合会、电气和电子研究所的工程师们。

个人图书馆的书籍

下列书籍为个人图书馆的核心收藏。

《卡梅伦水力数据》,Ingersoll-Dresser 泵,福斯公司。

加尼奇,希克斯,T. G. (eds),《基本工程信息和数据的手册》,麦格劳-希尔公司,纽约,1991 年。

Karassik, I. J. , et al. (eds),《泵手册》,第 3 版,麦格劳-希尔,纽约,2001 年。

Nayyar, Mohinder L. ,《管道手册》,第 6 版,麦格劳-希尔,纽约,2000 年。

Sanks, Robert L. (主编),《泵站设计》,Butterworth-Heinemann,波士顿,马萨诸塞州,1998 年。

第 3 章
系统摩阻

引　言

因为泵的尺寸主要取决于泵流量和扬程,有关管道摩阻综合性的一章包含在这本书中。一个不正确的系统摩阻的计算对泵的选择和运行会有灾难性的影响。水系统设计人员面临的关键问题不是为这些系统开发更好的水泵扬程计算程序。

水系统的设计者应该有美国水力研究所的工程数据手册 Hydraulic Institute's *Engineering Data Book* 的副本(第二版),和 Ingersoll-Dresser 泵,福斯公司最新一期发表的卡梅隆水力数据 *Cameron Hydraulic Data*。这两份文献在复杂管道摩阻方面做出了重大的贡献。

正如这本书引言所指出的,管道摩阻分析至多是一个不精确的科学。需要做很多工作来获得更好的管道和配件摩阻资料。能源成本的增加,可能促使这些水系统所有者和经营者致力于获得更好的管道摩阻数据和更好的管道设计。目前技术协会正在研究管道附件的损失数据,确保这些数据是合理的。

这一章讨论是基于水和污水,为牛顿液体。当液体的温度恒定时,这种液体不会由液体的任何运动引起粘度变化。污泥等非牛顿液体将在第 20 章讨论。

总 计 成 本

良好的管道设计总是先平衡初始成本与运营成本,需要考虑存在于每一个装置的所有因素。这是影响水行业管道尺寸的两个基本参数。

显然,对于相同的设计流量,管道直径增加意味着管道成本上升与电力成本下降。初始成本随管道尺寸增大而增加;维护成本可能会随管道尺寸增

而减少。最低的管道总体拥有成本决定经济管径大小,如图 3.1 和表 3.1
所示。

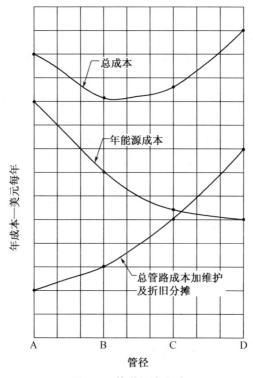

图 3.1　管道经济尺寸

表 3.1　管道的总拥有成本

管道内径(英寸)	年折旧成本	年运行成本	年总成本
12	$ 12 000	$ 16 000	$ 28 000
14	14 000	12 000	26 000
16	17 000	10 000	27 000

　　显然,管路系统的总计成本应该包括每个装置。数据的推导不在本书的
范围,但是有详细程序用于计算这些成本。(麦格劳-希尔 2000 年出版的《土
木工程计算手册》,提供有关工程信息经济学的信息)

实际管道的最大过流能力和流速

在水行业,关于管道中允许的水流速度存在"经验法则"。在某些领域,有的建议钢管容许流速最大值应该是 8 ft/s,而塑料管道行业一般建议 5 ft/s。噪音、侵蚀和水力冲击这些原因限制了管道内水的流速。

现有的资料表明,水系统中 10 到 17 ft/s 范围的流速不会在钢管中产生侵蚀或噪音。因此,对于钢管应该没有基于水流速度的限制。同样,对于短期的设备运行,在塑料管道中不应该有 5 ft/s 流速的限制。相反,总的来说,在管道设计中应控制与速度成指数增长的摩阻系数。管道摩阻为这些水系统运营成本的主要来源。

这些对钢、铸铁、铜和塑料管道的最大允许水流速度的意见,确认了商业管道的水力半径。管道的水力半径是管的面积除以它的内表面周长,圆形断面管道的水力半径按照下式计算:

$$面积 = \frac{\pi D^2}{4}$$
$$周长 = \pi D$$
$$水力半径 = \frac{面积}{周长} = \frac{D}{4} \tag{3.1}$$

式中:D—内径

显然,水力半径随管径的增加而增大。因此,容许的水流速度应与管道直径成比例增加。商业管道水力半径如表 3.2 所示。很明显,水力半径为 9.0 的 36″ID 管必须以水力半径为 0.8 的 3″40 号管的不同方式来评估速度。

水力半径是重新评估管道和管件中水流摩擦力的替代方法。目前关于管道摩阻和管道推荐速度的信息太依赖于在小管道,特别是小型管件上进行的测试。然后将数据外推给较大的管道。测试大型管如直径大于 24 英寸的管件是非常困难的。

钢和塑料管中水流容许速度的推荐有数种;有些基于特定的每 100 ft 管长最大摩阻损失。实际上,如在其他地方提到的,管道水流速度的最终确定权在设计人员,设计师对初始成本以及运营成本负责。设计师借助电脑确定管道尺寸是一个极好的机会。他或她可以使用数台计算机对几个不同大小的管道进行计算,得到经济上可取的管道尺寸。这应该用于主要管道如回路和总管道的计算。较小的分支管道的设计更多地依靠设计师的经验。

表 3.2　最大过流量和钢管的水力半径

管径尺寸	编目	最大流量 gpm	流速 ft/s	损失 ft/100 ft	水力半径 in
2″	40	45	4.3	3.85	0.5
2.5	40	75	5.0	4.10	0.6
3	40	130	5.6	3.92	0.8
4	40	260	6.6	4.03	1.0
6	40	800	8.9	4.03	1.5
8	40	1 600	10.3	3.82	2.0
10	40	3 000	12.2	4.06	2.5
12	40	4 700	13.4	3.98	3.0
14	40	6 000	14.2	3.95	3.3
16	40	8 000	14.5	3.49	3.8
18	40	10 000	14.3	2.97	4.2
20	40	12 000	13.8	2.44	4.5
24	40	18 000	14.4	2.10	5.7
30	20	26 000	15.7	1.24	7.3
36	36″ID	45 000	14.1	1.18	9.0
42	42″ID	60 000	13.9	0.95	10.5
48	48″ID	80 000	14.2	0.85	12.0
54	54″ID	100 000	14.0	0.72	13.5

表 3.2 为钢管内最大流速的一般推荐值。在其他材料如铜和热塑性管道中的水流速度将与其他性能标准一起讨论。

很明显,对于有见识的设计师,表 3.2 只是管道设计的初步路线图。就当前可用的资料而言,对于管道设计,他们在某种程度上必须依赖自己的实际经验。

确定管道流速是设计师的责任

从表 3.2 也非常明显地看出,所有管道尺寸的确定,特别是从 20″ 和更大直径范围的大型管道,需要详细分析整个管道系统特定的装置以实现经济尺寸。它不能基于每百英尺的流速或摩阻损失有关的任何规则。需要重申,确定管道尺寸和最大流速是设计师的责任。管径的最后选择不是一个简单的过程,需要进行很多的判断。一个假设的例子是,如果有每分钟 12 000 加仑的水流入一个泵集水管,若集水管长度为 30 ft,可以使用 20″ 直径钢管。这将降低泵连接管道和 T 形管的成本。另一方面,如果给 10 000 ft 远的建筑群供水,则可能需要使用24″或30″管,可以降低整体的摩阻损失。管道配件的成本和管的长度影响管道尺寸的最后确定。这些都是一个好的管道设计师必须做出的评价。

管道和装置规格

　　水系统通过管道连接在一起。在大多数情况下,管道材质是铸铁、钢、铜、或塑料。这些行业中用于低温应用的大多数钢管符合 ASTM 规范 A-53 或 A120。高温应用,例如在公共建筑热水,可能用铜材。应为特定的应用检查本地和 ASME(美国机械工程师协会)规范详细的管道,法兰,螺栓,配件规格。钢配件遵照 ANSI(美国国家标准学会)规范 B16.5,铸铁配件符合 ASTM(美国试验材料学会)规范 B16.4,塑料管道和配件符合各种 ASTM(美国试验材料学会)标准。

一般管道摩阻分析

　　摩阻是管道对水流通过产生的抵抗。克服这种摩阻需要能量,这种能量必须来自:(1) 泵,(2) 降低系统压力,或(3) 静压头的变化。如何计算这些能量,实际上需要由伯努利方程来评估基本流体系统。根据这个定理,在任何时候都可以计算管路系统的总能量。公式 3.2 描述了这个定理,对恒定流和海拔高度维持不变而言,简化了这个公式。摩阻水头导致系统压力减少。可以得出变流量和静压头类似的公式。如引入 H 表示系统扬程;这里不需要泵扬程 h。

$$H_s = Z + H_p + \frac{v^2}{2g} \tag{3.2}$$

式中:H_s—总系统扬程(ft)

　　Z—静压头(ft)

　　H_p—系统压力水头(ft)

　　$\frac{v^2}{2g}$—速度头(ft)

例,假设:

　　1. 钢管在 5 ft 的地下,地面被假定为所有测量能量的基准。通常,这是海拔高程,美国地质勘探局(USGS)。

　　2. 管道压力是 40 psig。

　　3. 200 gpm 的水在 50 ℉流入 4″直径管道。在这个流量下，速度头，$v^2/2g$
等于 0.4 ft。（表 3.4）。

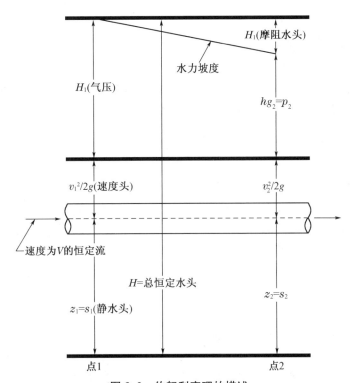

图 3.2　伯努利定理的描述

（Rishel,《空调泵手册》,麦格劳-希尔,获得允许使用。）

　　4. 总水头，H_s，对上述 4″管是 40×2.31－5＋0.4＝87.8 ft。这是在这个
管道的特定点的能量梯度。如果海平面是基准地面，对于海拔 400 ft，此点水
力梯度则是 400－5＋（40×2.31）＋0.4 或 487.8 ft。

　　方程 3.2 是水系统在任何时候的能量梯度。伯努利定理是用来计算水流
通过一个系统时总压头的变化。因为这本书不评估供水系统状态的改变，所
以常常发现伯努利定理中的其他术语不适用。流量和高程的变化，以及系统
中摩阻水头的损失，导致一个水系统每一点水力梯度的值不同。

　　伯努利定理必须认真研究，以确保完全理解它。这个定理简要说明任何
系统分析对每一个点都必须考虑总能量。本书所有的水系统均为供水或终端
开放式的类型。水很少再回到源头。可能会有一些在污水或水处理厂循环，
但只有系统总量的一小部分回到了这里。

　　应该注意在上面的例子中，速度头$v^2/2g$ 太小，很少用于水分布计算。因
此，它并不包含在本手册描述的水力梯度中。水系统的总能量梯度的确包括

速度头,不应该被完全忽视。因为这在确定泵周围的管内流动方面愈发重要。此外,它还是正确计算管件摩阻损失的依据。

管道摩阻公式

水流在管道内流动产生的摩阻,其数值已经由多位研究者确定。目前有两个主要公式确定管道摩阻。这就是达西-韦史巴赫公式和哈森-威廉姆斯公式:

达西-韦史巴赫公式:

$$H_f = f \times \frac{L}{d} \times \frac{v^2}{2g} \tag{3.3}$$

式中:H_f——摩阻损失(每 100 ft 的 ft 液体)

L——管道长度(100 ft)

D——平均内径(ft)

f——摩阻系数

摩阻系数 f 通常是来自科尔布鲁克公式

$$\frac{1}{f^{0.5}} = -2 \log_{10} \frac{\epsilon}{3.7d} + \frac{2.51}{R_E \times f^{0.5}} \tag{3.4}$$

式中:R_E——雷诺数

ϵ——绝对粗糙度参数(通常是 0.000 15 钢管和 0.000 4 柏油铸铁管)

出于实用目的,摩阻系数 f 可以由其后描述的穆迪图计算。

公式 3.4 提供了钢和铸铁管的摩阻损失,源自 Ingersoll-Dresser 泵,福斯公司发布在卡梅伦开发的水力数据。这表是基于达西-韦史巴赫和科尔布鲁克公式。他们认为粗糙度参数 ε,钢为 0.000 15 ft,铸铁为 0.000 4 ft。这个表没有考虑管道的老化,粗糙度的增加随位置地点的不同而变化。美国水力研究所建议表中的值应该增加 15% 后用于商业设施。强烈建议任何参与管道设计的人员参考使用《卡梅隆水力数据》和美国水力研究所的《工程数据》手册。

哈森-威廉姆斯公式

$$H_F = 0.002 083 \times L \times \frac{100^{1.85}}{C} \times \frac{gpm^{1.85}}{d^{4.8655}} \tag{3.5}$$

式中:C——确定管道类型的设计系数

d——管的内径(in)

对这些方程,有许多来源以表格或软件的形式获得数据。在使用任何管道摩阻数据之前,无论是表格还是计算机软件的形式,必须确保所考虑的管道内径和表中或计算机软件中的管道内径相同! 下列表格说明其中一些以表格形式列出的管道摩阻数据来源。

雷诺数和穆迪图

雷诺数是一个无量纲数,简化了不同流速和液体粘度管道摩阻的计算。

$$雷诺数,R=\frac{v\times d}{\nu} \tag{3.6}$$

式中:v——流速(ft/s)

　d——管径(ft)

　ν——运动粘度(ft^2/sec)

例如,假设 50 ℉水是流经 4″40 号钢管 200 gpm。

从表 3.4 中得到,流速是 5.04 ft/s,管子的直径是 4.026″或 0.336 ft。

由表 2.2 可知,50 ℉的运动粘度的水是 1.41×10^{-5} ft^2/sec

雷诺数是$\frac{5.04\times0.336}{1.41\times10^{-5}}=1.20\times10^5$

从穆迪图(图 3.3)查得,摩阻系数 f 是 0.019 5。

穆迪图,以其创始人的名字命名,描述在图 3.3 钢管和图 3.4 铸铁管的摩阻。(注意:这些图纸的比尺太小,建议使用美国水力研究所的《工程数据手册》,确保这些图是正常的大小)。这些图的雷诺数在较大范围变化,即较大的流速和液体粘度的变化范围内得出科尔布鲁克公式(Eq. 3.4)的摩阻系数 f 数据。这些图是基于相对粗糙度 0.000 15(钢管)和 0.000 4(铸铁管)常数,包括用于所有普遍使用的钢管和铸铁管的曲线。

表 3.3　哈森-威廉姆斯 C 系数

管道类型	新管,平均值	设计值
无涂层铸铁	130	100
沥青砂胶铁或钢	148	140
水泥衬里铁或钢	150	140
焊接或无缝钢	140	120
铜、黄铜、或玻璃	140	130
塑料管	150	150
混凝土	130	120

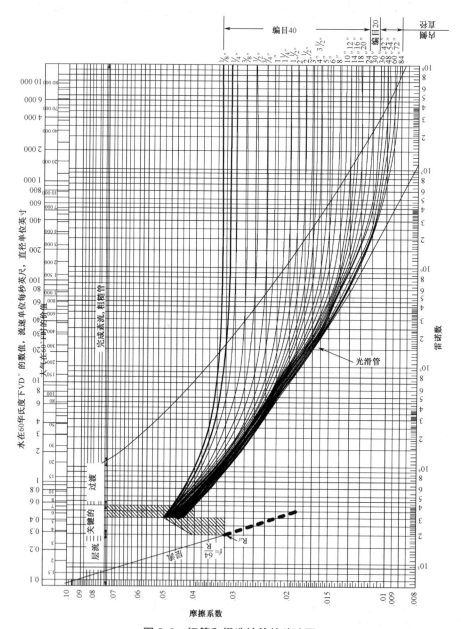

图 3.3 钢管和锻造铁管的穆迪图

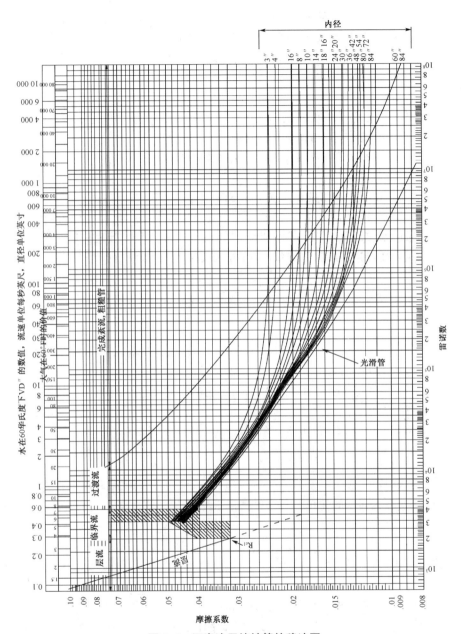

图 3.4　沥青涂层铸铁管的穆迪图

用于处理一系列粘度已知的液体运动的另一个图如图 3.5 所示。一旦得出管径和水流速以及液体粘度,就可以从这个图选择雷诺数。另外,如果液体的温度确定了,从这个图即可确定液体的运动粘度。

实际使用雷诺数和穆迪图可以通过下面的例子说明。

1. 假设:

    a. 热水系统温度为华氏 140 ℉。

    b. 流量是 750 gpm 6″直径钢管。

2. 问题:每 100 ft 长度是摩阻损失多少,ft?

3. 实例数据:

    a. 由表 2.2,水的粘度在 140 ℉时是 0.51×10^{-5}。

    b. 由表 3.4,内径 6″钢铁、40 号管是 6.065 英寸或 0.505 ft 的内径。

同时,从这个表,750 gpm 水流经此管,流速是 8.33 ft/s,流速头是 1.08 ft。

4. 现在根据已经收集的数据计算雷诺数:

$$R = \frac{8.33 \times 0.505}{0.51 \times 10^{-5}} = 8.25 \times 10^{5}$$

5. 摩阻系数可以从穆迪图(图 3.3)得出,在雷诺数为 8.25×10^{5} 时,摩阻系数 f,是 0.015 7。

6. 每 100 ft 的摩阻可以从达西-韦史巴赫方程(3.3)式计算。

$$H_f = \frac{0.015\ 7 \times 100 \times 1.08}{0.505} = 3.36 \text{ ft/100 ft}$$

该摩阻可与表 3.4 3.57 ft/100 ft 纯淡水(60 ℉)做比较。这个例子演示了雷诺数和穆迪图的使用。虽然差异并不大,它强调管道摩阻随水温的变化。

应用达西-韦史巴赫方程

对于那些想要进一步研究管道摩阻或用达西-韦史巴赫方程生成他们自己的管道摩阻计算机程序,上面的示例为这样做提供了指南。此外,从美国水力研究所《工程数据手册》(图 3.3、3.4 和 3.5)的三个图,应该可以理清雷诺数如何用于管道摩阻的计算。

表 3.4

新钢管水的摩阻损失
（基于达西公式）
¼英寸

| 流量 加仑 每分 | 标准重钢管编号 40 | | | 超强钢管编号 80 | | |
| | 内径 0.364″ | | | 内径 0.302″ | | |
	流速 英尺/秒	流速头 英尺	水头损失 /100 英尺	流速 英尺/秒	流速头 英尺	水头损失 /100 英尺
0.4	1.23	0.024	3.7	1.79	0.05	9.18
0.6	1.85	0.053	7.6	2.69	0.11	19.0
0.8	2.47	0.095	12.7	3.59	0.20	32.3
1.0	3.08	0.148	19.1	4.48	0.31	48.8
1.2	3.70	0.213	26.7	5.38	0.45	68.6
1.4	4.32	0.290	35.6	6.27	0.61	91.7
1.6	4.93	0.378	45.6	7.17	0.80	118.1
1.8	5.55	0.479	56.9	8.07	1.01	147.7
2.0	6.17	0.591	69.4	8.96	1.25	180.7
2.4	7.40	0.850	98.1	10.75	1.79	256
2.8	8.63	1.157	132	12.54	2.44	345

⅜英寸

| 流量 加仑 每分 | 标准重钢管编号 40 | | | 超强钢管编号 80 | | |
| | 内径 0.493″ | | | 内径 0.423″ | | |
	流速 英尺/秒	流速头 英尺	水头损失 /100 英尺	流速 英尺/秒	流速头 英尺	水头损失 /100 英尺
0.5	0.84	0.011	1.26	1.14	0.02	2.63
1.0	1.68	0.044	4.26	2.28	0.08	9.05
1.5	2.52	0.099	8.85	3.43	0.18	19.0
2.0	3.36	0.176	15.0	4.57	0.32	32.4
2.5	4.20	0.274	22.7	5.71	0.51	49.3
3.0	5.04	0.395	32.0	6.85	0.73	69.6
3.5	5.88	0.538	42.7	8.00	0.99	93.3
4.0	6.72	0.702	55.0	9.14	1.30	120
5.0	8.40	1.097	84.2	11.4	2.0	185
6.0	10.08	1.58	119	13.7	2.9	263

由英格索兰有限公司计算

注意：无使用年限、不同直径，或任何内部表面变化的折算。任何安全系数必须估计当地的特定安装条件和要求。建议对大多数商业设计目的，表中的数值增加 15%—20% 的安全系数。

表 3.4(续)

新钢管水的摩阻损失(续)
(基于达西公式)
½英寸

流量加仑每分	标准重钢管编号 40 内径 0.622″			超强钢管编号 80 内径 0.546″			编目 160 钢 内径 0.464″		
	流速英尺/秒	流速头英尺	水头损失/100英尺	流速英尺/秒	流速头英尺	水头损失/100英尺	流速英尺/秒	流速头英尺	水头损失/100英尺
0.7	0.739	.008	0.74	.96	.01	1.39			
1.0	1.056	.017	1.86	1.37	0.3	2.58	1.90	.056	1.68
1.5	1.58	.039	2.82	2.06	.07	5.34	2.85	.126	5.73
2.0	2.11	.069	4.73	2.74	.12	9.02	3.80	.224	12.0
2.5	2.64	.108	7.10	3.43	.18	13.6	4.74	.349	20.3
3.0	3.17	.156	9.94	4.11	.26	19.1	5.69	.503	30.8
3.5	3.70	.212	13.2	4.80	.36	25.5	6.64	.684	43.5
4.0	4.22	.277	17.0	5.48	.47	32.7	7.59	.894	58.2
4.5	4.75	.351	21.1	6.17	.59	40.9	8.54	1.13	75.0
5.0	5.28	.433	25.8	6.86	.73	50.0	9.49	1.40	94.0
5.5	5.81	.524	30.9	7.54	.88	59.9	10.44	1.69	115
6.0	6.34	.624	36.4	8.23	1.05	70.7	11.38	2.01	138
6.5	6.86	.732	42.4	8.91	1.23	82.4	12.33	2.36	163
7.0	7.39	.849	48.8	9.60	1.43	95.0	13.28	2.74	190
7.5	7.92	.975	55.6	10.3	1.6	109	14.23	3.14	220
8.0	8.45	1.109	63.0	11.0	1.9	123			
8.5	8.98	1.25	70.7	11.6	2.1	138			
9.0	9.50	1.40	78.9	12.3	2.4	154			
9.5	10.03	1.56	87.6	13.0	2.6	171			
10	10.56	1.73	96.6	13.7	2.9	189			

¾英寸

流量加仑每分	标准重钢管编号 40 内径 0.824″			超强钢管编号 80 内径 0.742″			编目 160 钢 内径 0.612″		
	流速英尺/秒	流速头英尺	水头损失/100英尺	流速英尺/秒	流速头英尺	水头损失/100英尺	流速英尺/秒	流速头英尺	水头损失/100英尺
1.5	0.90	.013	0.72	1.11	.02	1.19	1.64	.042	3.05
2.0	1.20	.023	1.19	1.48	.03	1.99	2.18	.074	5.12
2.5	1.50	.035	1.78	1.86	.05	2.97	2.73	.115	7.70

表 3.4(续)

新钢管水的摩阻损失(续)
(基于达西公式)
¾英寸

| 流量加仑每分 | 标准重钢管编号 40 | | | 超强钢管编号 80 | | | 编目 160 钢 | | |
| | 内径 0.824″ | | | 内径 0.742″ | | | 内径 0.612″ | | |
	流速英尺/秒	流速头英尺	水头损失/100英尺	流速英尺/秒	流速头英尺	水头损失/100英尺	流速英尺/秒	流速头英尺	水头损失/100英尺
3.0	1.81	.051	2.47	2.23	.08	4.14	3.27	.166	10.8
3.5	2.11	.069	3.26	2.60	.11	5.48	3.82	.226	14.3
4.0	2.41	.090	4.16	2.97	.14	7.01	4.36	.295	18.4
4.5	2.71	.114	5.17	3.34	.17	8.72	4.91	.374	22.9
5.0	3.01	.141	6.28	3.71	.21	10.6	5.45	.462	28.0
6	3.61	.203	8.80	4.45	.31	14.9	6.54	.665	39.5
7	4.21	.276	11.7	5.20	.42	19.9	7.64	.905	53.0
8	4.81	.360	15.1	5.94	.55	25.6	8.73	1.18	68.4
9	5.42	.456	18.8	6.68	.69	32.1	9.82	1.50	85.8
10	6.02	.563	23.0	7.42	.86	39.2	10.91	1.85	105
11	6.62	.681	27.6	8.17	1.04	47.0	12.00	2.23	126
12	7.22	.722	32.5	8.91	1.23	55.5	13.09	2.66	149
13	7.82	.951	37.9	9.63	1.44	64.8	14.18	3.13	175
14	8.42	1.103	43.7	10.4	1.7	74.7	15.27	3.62	202
16	9.63	1.44	56.4	11.9	2.2	96.7	17.45	4.73	261
18	10.8	1.82	70.8	13.4	2.8	121			
20	12.0	2.25	86.8	14.8	3.4	149			

1 英寸

| 流量加仑每分 | 标准重钢管编号 40 | | | 超强钢管编号 80 | | | 编目 160 钢 | | |
| | 内径 1.049″ | | | 内径 0.957″ | | | 内径 0.815″ | | |
	流速英尺/秒	流速头英尺	水头损失/100英尺	流速英尺/秒	流速头英尺	水头损失/100英尺	流速英尺/秒	流速头英尺	水头损失/100英尺
2	0.74	.009	.385	.89	.01	.599	1.23	.023	1.26
3	1.11	.019	.787	1.34	.03	1.19	1.85	.053	2.60
4	1.48	.034	1.270	1.79	.05	1.99	2.46	.094	4.40
5	1.86	.054	1.90	2.23	.08	2.99	3.08	.147	6.53
6	2.23	.077	2.65	2.68	.11	4.17	3.69	.211	9.30
8	2.97	.137	4.50	3.57	.20	7.11	4.92	.376	15.9

表 3. 4(续)

新钢管水的摩阻损失(续)
(基于达西公式)
1 英寸

流量加仑每分	标准重钢管编号 40 内径 1.049″			超强钢管编号 80 内径 0.957″			编目 160 钢 内径 0.815″		
	流速英尺/秒	流速头英尺	水头损失/100英尺	流速英尺/秒	流速头英尺	水头损失/100英尺	流速英尺/秒	流速头英尺	水头损失/100英尺
10	3.71	.214	6.81	4.46	.31	10.8	6.15	.587	24.3
12	4.45	.308	9.58	5.36	.45	15.2	7.38	.845	34.4
14	5.20	.420	12.8	6.25	.61	20.4	6.61	1.15	46.2
16	5.94	.548	16.5	7.14	.79	26.3	9.84	1.50	59.7
18	6.68	.694	20.6	8.03	1.00	32.9	11.07	1.90	74.9
20	7.42	.857	25.2	8.92	1.24	40.3	12.30	2.35	91.8
22	8.17	1.036	30.3	9.82	1.50	48.4	13.53	2.84	110
24	8.91	1.23	35.8	10.7	1.8	57.2	14.76	3.38	131
26	9.65	1.45	41.7	11.6	2.1	66.8	15.99	3.97	153
28	10.39	1.68	48.1	12.5	2.4	77.1			
30	11.1	1.93	55.0	13.4	2.8	88.2			
35	13.0	2.62	74.1	15.6	3.8	119			
40	14.8	3.43	96.1	17.9	5.0	154			
45	16.7	4.33	121	20.1	6.3	194			

1¼英寸

流量加仑每分	标准重钢管编号 40 内径 1.380″			超强钢管编号 80 内径 1.278″			编目 160 钢 内径 1.160″		
	流速英尺/秒	流速头英尺	水头损失/100英尺	流速英尺/秒	流速头英尺	水头损失/100英尺	流速英尺/秒	流速头英尺	水头损失/100英尺
4	.858	.011	.35	1.00	.015	.51	1.21	.023	.806
5	1.073	.018	.52	1.25	.024	.75	1.52	.036	1.20
6	1.29	.026	.72	1.50	.034	1.04	1.82	.051	1.61
7	1.50	.035	.95	1.75	.048	1.33	2.13	.070	2.14
8	1.72	.046	1.20	2.00	.062	1.69	2.43	.092	2.73
10	2.15	.072	1.74	2.50	.097	2.55	3.04	.143	4.12
12	2.57	.103	2.45	3.00	.140	3.57	3.64	.206	5.78
14	3.00	.140	3.24	3.50	.190	4.75	4.25	.280	7.72
16	3.43	.183	4.15	4.00	.249	6.10	4.86	.366	9.92

表 3.4(续)

新钢管水的摩阻损失(续)
(基于达西公式)
1¼英寸

| 流量加仑每分 | 标准重钢管编号 40 | | | 超强钢管编号 80 | | | 编目 160 钢 | | |
| | 内径 1.380″ | | | 内径 1.278″ | | | 内径 1.160″ | | |
	流速英尺/秒	流速头英尺	水头损失/100英尺	流速英尺/秒	流速头英尺	水头损失/100英尺	流速英尺/秒	流速头英尺	水头损失/100英尺
18	3.86	.232	5.17	4.50	.315	7.61	5.46	.463	12.4
20	4.29	.286	6.31	5.00	.388	9.28	6.07	.572	15.1
25	5.36	.431	9.61	6.25	.607	14.2	7.59	.894	23.2
30	6.44	.644	13.6	7.50	.874	20.1	9.11	1.29	32.9
35	7.51	.876	18.2	8.75	1.19	27.0	10.63	1.75	44.2
40	8.58	1.14	23.5	10.0	1.55	34.9	12.14	2.29	57.3
50	10.7	1.79	36.2	12.5	2.43	53.7	15.18	3.58	88.3
60	12.9	2.57	51.5	15.0	3.50	76.5	18.22	5.15	126
70	15.0	3.50	69.5	17.5	4.76	103	21.25	7.01	170
80	17.2	4.53	90.2	20.0	6.21	134	24.29	9.16	221
90	19.3	5.79	114	22.5	7.86	168	27.32	11.59	279

注意:无使用年限、不同直径,或任何内部表面变化的折算。任何安全系数必须估计当地的特定安装条件和要求。建议对大多数商业设计目的,表中的数值增加 15%—20%的安全系数。

1½英寸

| 流量加仑每分 | 标准重钢管编号 40 | | | 超强钢管编号 80 | | | 编目 160 钢 | | |
| | 内径 1.610″ | | | 内径 1.500″ | | | 内径 1.338″ | | |
	流速英尺/秒	流速头英尺	水头损失/100英尺	流速英尺/秒	流速头英尺	水头损失/100英尺	流速英尺/秒	流速头英尺	水头损失/100英尺
4	.63	.006	.166	.73	.01	.233	.913	.013	.404
5	.79	.010	.246	.91	.01	.346	1.14	.020	.601
6	.95	.014	.340	1.09	.02	.478	1.37	.029	.832
7	1.10	.019	.447	1.27	.03	.630	1.60	.040	1.10
8	1.26	.025	.567	1.45	.03	.800	1.83	.052	1.35
9	1.42	.031	.701	1.63	.04	.990	2.05	.065	1.67
10	1.58	.039	.848	1.82	.05	1.20	2.28	.081	2.03
12	1.89	.056	1.18	2.18	.07	1.61	2.74	.116	2.84
14	2.21	.076	1.51	2.54	.10	2.14	3.20	.158	3.78
16	2.52	.099	1.93	2.90	.13	2.74	3.65	.207	4.85

表 3. 4(续)

新钢管水的摩阻损失(续)
(基于达西公式)
1½英寸

流量 加仑 每分	标准重钢管编号 40			超强钢管编号 80			编目 160 钢		
	内径 1.610″			内径 1.500″			内径 1.338″		
	流速 英尺/秒	流速头 英尺	水头损 失/100 英尺	流速 英尺/秒	流速头 英尺	水头损 失/100 英尺	流速 英尺/秒	流速头 英尺	水头损 失/100 英尺
18	2.84	.125	2.40	3.27	.17	3.41	4.11	.262	6.04
20	3.15	.154	2.92	3.63	.20	4.15	4.56	.323	7.36
22	3.47	.187	3.48	3.99	.25	4.96	5.02	.391	8.81
24	3.78	.222	4.10	4.36	.30	5.84	5.48	.465	10.4
26	4.10	.261	4.76	4.72	.35	6.80	5.93	.546	12.1
28	4.41	.303	5.47	5.08	.40	7.82	6.39	.634	13.9
30	4.73	.347	6.23	5.45	.46	8.91	6.85	.727	15.9
32	5.04	.395	7.04	5.81	.52	10.1	7.30	.828	18.0
34	5.36	.446	7.90	6.17	.59	11.3	7.76	.934	20.2
36	5.67	.500	8.80	6.54	.66	12.6	8.22	1.05	22.5
38	5.99	.577	9.76	6.90	.74	14.0	8.67	1.17	25.0
40	6.30	.618	10.8	7.26	.82	15.4	9.13	1.29	27.6
42	6.62	.681	11.8	7.63	.90	16.9	9.58	1.43	30.3
44	6.93	.747	12.9	7.99	.99	18.5	10.04	1.57	33.1
46	7.25	.817	14.0	8.35	1.08	20.1	10.50	1.71	36.1
48	7.56	.889	15.2	8.72	1.18	21.8	10.95	1.86	39.2
50	7.88	.965	16.5	9.08	1.28	23.6	11.41	2.02	42.4
55	8.67	1.17	19.8	9.99	1.55	28.4	12.55	2.45	51.0
60	9.46	1.39	23.4	10.9	1.8	33.6	13.69	2.91	60.4
65	10.24	1.63	27.3	11.8	2.2	39.2	14.83	3.41	70.6
70	11.03	1.89	31.5	12.7	2.5	45.3	15.97	3.96	81.5
75	11.8	2.17	36.0	13.6	2.9	51.8	17.11	4.55	93.2
80	12.6	2.47	40.8	14.5	3.3	58.7	18.25	5.17	106
85	13.4	2.79	45.9	15.4	3.7	66.0	19.40	5.84	119
90	14.2	3.13	51.3	16.3	4.1	73.8	20.54	6.55	133
95	15.0	3.48	57.0	17.2	4.6	82.0	21.68	7.29	148
100	15.8	3.86	63.0	18.2	5.1	90.7	22.82	8.08	164
110	17.3	4.67	75.8	20.0	6.2	109.3	25.10	9.78	197
120	18.9	5.56	89.9	21.8	7.4	129.6	27.38	11.6	234
130	20.5	6.52	105	23.6	8.7	151.6	29.66	13.7	274
140	22.1	7.56	122	25.4	10.0	175			
150	23.6	8.68	139	27.2	11.5	201			
160	25.2	9.88	158	29.0	13.1	228			
170	26.8	11.15	178	30.9	14.8	257			
180	28.4	12.50	199	32.7	16.6	288			

表 3.4(续)

新钢管水的摩阻损失(续)
(基于达西公式)
2 英寸

| 流量
加仑
每分 | 标准重钢管编号 40 | | | 超强钢管编号 80 | | | 编目 160 钢 | | |
| | 内径 2.067″ | | | 内径 1.939″ | | | 内径 1.687″ | | |
	流速 英尺/秒	流速头 英　尺	水头损 失/100 英尺	流速 英尺/秒	流速头 英　尺	水头损 失/100 英尺	流速 英尺/秒	流速头 英　尺	水头损 失/100 英尺
5	.478	.004	.074	.54	.00	.101	.718	.008	.197
6	.574	.005	.102	.65	.01	.139	.861	.012	.271
7	.669	.007	.134	.76	.01	.182	1.01	.016	.357
8	.765	.009	.170	.87	.01	.231	1.15	.020	.452
9	.860	.012	.209	.98	.01	.285	1.29	.026	.559
10	.956	.014	.252	1.09	.02	.343	1.44	.032	.675
12	1.15	.021	.349	1.30	.03	.476	1.72	.046	.938
14	1.34	.028	.461	1.52	.04	.629	2.01	.063	1.20
16	1.53	.036	.586	1.74	.05	.800	2.30	.082	1.53
18	1.72	.046	.725	1.96	.06	.991	2.58	.104	1.90
20	1.91	.057	.878	2.17	.07	1.16	2.87	.128	2.31
22	2.10	.069	1.05	2.39	.09	1.38	3.16	.155	2.76
24	2.29	.082	1.18	2.61	.11	1.62	3.45	.184	3.25
26	2.49	.096	1.37	2.83	.12	1.88	3.73	.216	3.77
28	2.68	.111	1.57	3.04	.14	2.16	4.02	.251	4.33
30	2.87	.128	1.82	3.26	.17	2.46	4.31	.288	4.93
35	3.35	.174	2.38	3.80	.22	3.28	5.02	.392	6.59
40	3.82	.227	3.06	4.35	.29	4.21	5.74	.512	8.49
45	4.30	.288	3.82	4.89	.37	5.26	6.46	.648	10.6
50	4.78	.355	4.66	5.43	.46	6.42	7.18	.799	13.0
55	5.26	.430	5.58	5.98	.56	7.70	7.89	.967	15.6
60	5.74	.511	6.58	6.52	.66	9.09	8.61	1.15	18.4
65	6.21	.600	7.66	7.06	.77	10.59	9.33	1.35	21.5
70	6.69	.696	8.82	7.61	.90	12.2	10.05	1.57	24.8
75	7.17	.799	10.1	8.15	1.03	13.9	10.77	1.80	28.3
80	7.65	.909	11.4	8.69	1.17	15.8	11.48	2.05	32.1
85	8.13	1.03	12.8	9.03	1.27	17.7	12.20	2.31	36.1
90	8.60	1.15	14.3	9.78	1.49	19.8	12.92	2.59	40.3
95	9.08	1.28	15.9	10.3	1.6	22.0	13.64	2.89	44.8
100	9.56	1.42	17.5	10.9	1.8	24.3	14.35	3.20	49.5

表 3.4(续)

新钢管水的摩阻损失(续)
(基于达西公式)
2英寸

流量加仑每分	标准重钢管编号40 内径2.067″			超强钢管编号80 内径1.939″			编目160钢 内径1.687″		
	流速英尺/秒	流速头英尺	水头损失/100英尺	流速英尺/秒	流速头英尺	水头损失/100英尺	流速英尺/秒	流速头英尺	水头损失/100英尺
110	10.52	1.72	21.0	12.0	2.2	29.2	15.79	3.87	59.6
120	11.5	2.05	24.9	13.0	2.6	34.5	17.22	4.61	70.6
130	12.4	2.40	29.1	14.1	3.1	40.3	18.66	5.40	82.6
140	13.4	2.78	33.6	15.2	3.6	46.6	20.10	6.27	95.5
150	14.3	3.20	38.4	16.3	4.1	53.3	21.53	7.20	109
160	15.3	3.64	43.5	17.4	4.7	60.5	22.97	8.19	124
170	16.3	4.11	49.0	18.5	5.3	68.1	24.40	9.24	140
180	17.2	4.60	54.8	19.6	6.0	76.1	25.84	10.36	156
190	18.2	5.13	60.8	20.6	6.6	84.6	27.27	11.54	174
200	19.1	5.68	67.3	21.7	7.3	93.6	28.71	12.79	192
220	21.0	6.88	81.1	23.9	8.9	113			
240	22.9	8.18	96.2	26.9	10.6	134			
260	24.9	9.60	113	28.3	12.4	157			
280	26.8	11.14	130	30.4	14.4	181			
300	28.7	12.8	149	32.6	16.5	208			

注意:无使用年限、不同直径,或任何内部表面变化的折算。任何安全系数必须估计当地的特定安装条件和要求。建议对大多数商业设计目的,表中的数值增加15%—20%的安全系数。

2½英寸

流量加仑每分	标准重钢管编号40 内径2.469″			超强钢管编号80 内径2.323″			编目160钢 内径2.125″		
	流速英尺/秒	流速头英尺	水头损失/100英尺	流速英尺/秒	流速头英尺	水头损失/100英尺	流速英尺/秒	流速头英尺	水头损失/100英尺
8	.536	.005	.072	.61	.01	.097	.724	.008	.149
10	.670	.007	.107	.76	.01	.144	.905	.013	.221
12	.804	.010	.148	.91	.01	.199	1.09	.018	.305
14	.938	.014	.195	1.06	.02	.261	1.27	.025	.403
16	1.07	.018	.247	1.21	.02	.332	1.45	.033	.512
18	1.21	.023	.305	1.36	.03	.411	1.63	.041	.634

表 3.4(续)

新钢管水的摩阻损失(续)
(基于达西公式)
2½英寸

流量加仑每分	标准重钢管编号 40			超强钢管编号 80			编目 160 钢		
	内径2.469″			内径2.323″			内径2.125″		
	流速英尺/秒	流速头英尺	水头损失/100英尺	流速英尺/秒	流速头英尺	水头损失/100英尺	流速英尺/秒	流速头英尺	水头损失/100英尺
20	1.34	.028	.369	1.51	.04	.497	1.81	.051	.767
22	1.47	.034	.438	1.67	.04	.590	1.99	.061	.912
24	1.61	.040	.513	1.82	.05	.691	2.17	.073	1.03
26	1.74	.047	.593	1.97	.06	.800	2.35	.086	1.20
28	1.88	.055	.679	2.12	.07	.915	2.53	.100	1.37
30	2.01	.063	.770	2.27	.08	1.00	2.71	.114	1.56
35	2.35	.086	0.99	2.65	.11	1.33	3.17	.156	2.08
40	2.68	.112	1.26	3.03	.14	1.71	3.62	.203	2.66
45	3.02	.141	1.57	3.41	.18	2.13	4.07	.257	3.32
50	3.35	.174	1.91	3.79	.22	2.59	4.52	.318	4.05
55	3.69	.211	2.28	4.16	.27	3.10	4.98	.384	4.85
60	4.02	.251	2.69	4.64	.32	3.65	5.43	.457	5.72
65	4.36	.295	3.13	4.92	.38	4.25	5.88	.537	6.66
70	4.69	.342	3.60	5.30	.44	4.89	6.33	.622	7.67
75	5.03	.393	4.10	5.68	.50	5.58	6.79	.714	8.75
80	5.36	.447	4.64	6.05	.57	6.31	7.24	.813	9.90
85	5.70	.504	5.20	6.43	.64	7.08	7.69	.918	11.1
90	6.03	.565	5.80	6.81	.72	7.89	8.14	1.03	12.4
95	6.37	.630	6.43	7.19	.80	8.76	8.59	1.15	13.8
100	6.70	.698	7.09	7.57	.89	9.66	9.05	1.27	15.2
110	7.37	.844	8.51	8.33	1.08	11.6	9.95	1.54	18.3
120	8.04	1.00	10.1	9.08	1.28	13.7	10.86	1.83	21.6
130	8.71	1.18	11.7	9.84	1.50	16.0	11.76	2.15	25.2
140	9.38	1.37	13.5	10.6	1.7	18.5	12.67	2.49	29.1
150	10.05	1.57	15.5	11.3	2.0	21.1	13.57	2.86	33.3
160	10.7	1.79	17.5	12.1	2.3	23.9	14.47	3.25	37.8
170	11.4	2.02	19.7	12.9	2.6	26.9	15.38	3.67	42.5
180	12.1	2.26	22.0	13.6	2.9	30.1	16.28	4.12	47.5
190	12.7	2.52	24.4	14.4	3.2	33.4	17.19	4.59	52.8
200	13.4	2.79	27.0	15.1	3.5	36.9	18.09	5.08	58.4

表 3.4(续)

新钢管水的摩阻损失(续)
(基于达西公式)
2½英寸

流量加仑每分	标准重钢管编号 40 内径2.469″			超强钢管编号 80 内径2.323″			编目 160 钢 内径2.125″		
	流速英尺/秒	流速头英尺	水头损失/100英尺	流速英尺/秒	流速头英尺	水头损失/100英尺	流速英尺/秒	流速头英尺	水头损失/100英尺
220	14.7	3.38	32.5	16.7	4.3	44.4	19.90	6.15	70.3
240	16.1	4.02	38.5	18.2	5.1	52.7	21.71	7.32	83.4
260	17.4	4.72	45.0	19.7	6.0	61.6	23.52	8.59	97.6
280	18.8	5.47	52.3	21.2	7.0	71.2	25.33	9.96	113
300	20.1	6.28	59.9	22.7	8.0	81.6	27.14	11.43	129
350	23.5	8.55	80.6	26.5	10.9	110	31.66	15.56	175
400	26.8	11.2	105	30.3	14.3	144	36.19	20.32	228
450	30.2	14.1	132	34.1	18.1	181	40.71	25.72	288
500	33.5	17.4	163	37.9	22.3	223	45.23	31.75	354

沥青铸铁和新钢管水的摩阻损失(续)
(基于达西公式)
3 英寸

流量加仑每分	沥青铸铁管 内径3.0″			标准重钢管编号 40 内径3.068″			超强钢管编号 80 内径2.900″			编目 160 钢 内径2.624″		
	流速英尺/秒	流速头英尺	水头损失/100英尺	流速英尺/秒	流速头英尺	水头损失/100英尺	流速英尺/秒	流速头英尺	水头损失/100英尺	流速英尺/秒	流速头英尺	水头损失/100英尺
10	.454	.00	.042	.434	.003	.038	.49	.00	.050	.593	.005	.080
15	.681	.01	.088	.651	.007	.077	.73	.01	.101	.890	.012	.164
20	.908	.01	.149	.868	.012	.129	.97	.02	.169	1.19	.022	.275
25	1.13	.02	.225	1.09	.018	.192	1.21	.02	.253	1.48	.034	.411
30	1.36	.03	.316	1.30	.026	.267	1.45	.03	.351	1.78	.049	.572
35	1.59	.04	.421	1.52	.036	.353	1.70	.04	.464	2.08	.067	.757
40	1.82	.05	.541	1.74	.047	.449	1.94	.06	.592	2.37	.087	.933
45	2.04	.06	.676	1.95	.059	.557	2.18	.07	.734	2.67	.111	1.61
50	2.27	.08	.825	2.17	.073	.676	2.43	.09	.860	2.97	.137	1.41
55	2.50	10	.990	2.39	.089	.776	2.67	.11	1.03	3.26	.165	1.69
60	2.72	.12	1.17	2.60	.105	.912	2.91	.13	1.21	3.56	.197	1.99
65	2.95	.14	1.36	2.82	.124	1.06	3.16	.15	1.40	3.86	.231	2.31
70	3.18	.16	1.57	3.04	.143	1.22	3.40	.18	1.61	4.15	.268	2.65

表 3.4(续)

沥青铸铁和新钢管水的摩阻损失(续)
(基于达西公式)
3 英寸

流量加仑每分	沥青铸铁管 内径 3.0″			标准重钢管编号 40 内径 3.068″			超强钢管编号 80 内径 2.900″			编目 160 钢 内径 2.624″		
	流速英尺/秒	流速头英尺	水头损失/100英尺	流速英尺/秒	流速头英尺	水头损失/100英尺	流速英尺/秒	流速头英尺	水头损失/100英尺	流速英尺/秒	流速头英尺	水头损失/100英尺
75	3.40	.18	1.79	3.25	.165	1.38	3.64	.21	1.83	4.45	.307	3.02
80	3.63	.21	2.03	3.47	.187	1.56	3.88	.23	2.07	4.75	.350	3.41
85	3.86	.23	2.28	3.69	.211	1.75	4.12	.26	2.31	5.04	.395	3.83
90	4.08	.26	2.55	3.91	.237	1.95	4.37	.29	2.58	5.34	.443	4.27
95	4.31	.29	2.83	4.12	.264	2.16	4.61	.33	2.86	5.63	.493	4.73
100	4.54	.32	3.12	4.34	.293	2.37	4.85	.36	3.15	5.93	.546	5.21
110	4.99	.39	3.75	4.77	.354	2.84	5.33	.44	3.77	6.53	.661	6.25
120	5.45	.46	4.45	5.21	.421	3.35	5.81	.52	4.45	7.12	.787	7.38
130	5.90	.54	5.19	5.64	.495	3.90	6.30	.62	5.19	7.71	.923	8.61
140	6.35	.63	6.00	6.08	.574	4.50	6.79	.71	5.98	8.31	1.07	9.92
150	6.81	.72	6.87	6.51	.659	5.13	7.28	.82	6.82	8.90	1.23	11.3
160	7.26	.82	7.79	6.94	.749	5.80	7.76	.93	7.72	9.49	1.40	12.8
180	8.17	1.04	9.81	7.81	.948	7.27	8.72	1.01	9.68	10.68	1.77	16.1
200	9.08	1.28	12.1	8.68	1.17	8.90	9.70	1.46	11.86	11.87	2.19	19.8
220	9.98	1.55	14.5	9.55	1.42	10.7	10.7	1.78	14.26	13.05	2.64	23.8
240	10.9	1.84	17.3	10.4	1.69	12.7	11.6	2.07	16.88	14.24	3.15	28.2
260	11.8	2.16	20.2	11.3	1.98	14.8	12.6	2.46	19.71	15.43	3.69	32.9
280	12.7	2.51	23.4	12.2	2.29	17.1	13.6	2.88	22.77	16.61	4.28	38.0
300	13.6	2.88	26.8	13.0	2.63	19.5	14.5	3.26	26.04	17.80	4.92	43.5
320	14.5	3.28	30.4	13.9	3.00	22.1	15.5	3.77	29.53	18.99	5.59	49.4
340	15.4	3.70	34.3	14.8	3.38	24.9	16.5	4.22	33.24	20.17	6.32	55.6
360	16.3	4.15	38.4	15.6	3.79	27.8	17.5	4.73	37.16	21.36	7.08	62.2
380	17.2	4.62	42.7	16.5	4.23	30.9	18.4	5.27	41.31	22.55	7.89	69.2
400	18.2	5.12	47.3	17.4	4.68	34.2	19.4	5.81	45.67	23.73	8.74	76.5
420	19.1	5.65	52.1	18.2	5.16	37.6	20.4	6.43	50.25	24.92	9.64	84.2
440	20.0	6.20	57.1	19.1	5.67	41.2	21.4	7.13	55.05	26.11	10.58	92.2
460	20.9	6.77	62.4	20.0	6.19	44.9	22.3	7.75	60.06	27.29	11.56	101
480	21.8	7.38	67.9	20.8	6.74	48.8	23.3	8.37	65.30	28.48	12.59	109
500	22.7	8.00	73.6	21.7	7.32	52.9	24.2	9.15	70.75	29.66	13.66	119
550	25.0	9.68	88.9	23.9	8.85	63.8	26.7	11.1	85.33	32.63	16.53	143
600	27.2	11.5	106	26.0	10.5	75.7	29.1	13.1	101	35.60	19.67	170
650	29.5	13.5	124	28.2	12.4	88.6	31.6	15.5	119	38.56	23.08	199

注意:无使用年限、不同直径,或任何内部表面变化的折算。任何安全系数必须估计当地的特定安装条件和要求。建议对大多数商业设计目的,表中的数值增加 15%—20% 的安全系数。

表 3.4(续)

沥青铸铁和新钢管水的摩阻损失(续)
(基于达西公式)
3½英寸

流量加仑每分	沥青铸铁管 内径3.5″			标准重钢管编号40 内径3.548″			超强钢管编号80 内径3.364″		
	流速英尺/秒	流速头英尺	水头损失/100英尺	流速英尺/秒	流速头英尺	水头损失/100英尺	流速英尺/秒	流速头英尺	水头损失/100英尺
15	.500	.004	.043	.487	.004	.038	.54	.00	.050
20	.667	.007	.070	.649	.007	.064	.72	.01	.083
25	.834	.011	.105	.811	.010	.095	.90	.01	.123
30	1.000	.016	.146	.947	.015	.132	1.08	.02	.171
35	1.167	.021	.195	1.14	.020	.174	1.26	.02	.225
40	1.334	.028	.250	1.30	.026	.221	1.44	.03	.287
45	1.501	.035	.311	1.46	.033	.274	1.63	.04	.355
50	1.667	.043	.379	1.62	.041	.332	1.80	.05	.430
60	2.001	.062	.535	1.95	.059	.463	2.17	.07	.601
70	2.334	.085	.717	2.27	.080	.614	2.53	.10	.769
80	2.67	.110	.924	2.60	.105	.757	2.89	.13	.985
90	3.00	.140	.160	2.92	.133	.943	3.25	.16	1.23
100	3.34	.173	1.42	3.25	.164	1.15	3.61	.20	1.50
110	3.67	.209	1.70	3.57	.198	1.37	3.97	.24	1.79
120	4.00	.249	2.01	3.89	.236	1.62	4.33	.29	2.11
130	4.34	.292	2.35	4.22	.277	1.88	4.69	.34	2.46
140	4.67	.338	2.71	4.54	.321	2.16	5.05	.40	2.83
150	5.00	.388	3.10	4.87	.368	2.47	5.41	.45	3.22
160	5.34	.442	3.52	5.19	.419	2.79	5.78	.52	3.64
170	5.67	.499	3.96	5.52	.473	3.13	6.14	.59	4.09
180	6.00	.56	4.42	5.84	.530	3.49	6.50	.66	4.56
190	6.34	.62	4.92	6.17	.591	3.86	6.85	.73	5.06
200	6.67	.69	5.43	6.49	.655	4.26	7.22	.81	5.58
220	7.34	.84	6.55	7.14	.792	5.12	7.94	.98	6.70
240	8.00	.99	7.76	7.79	.943	6.04	8.66	1.17	7.92
260	8.67	1.17	9.08	8.44	1.11	7.05	9.38	1.37	9.24
280	9.34	1.35	10.5	9.09	1.28	8.13	10.1	1.6	10.66
300	10.0	1.55	12.0	9.74	1.47	9.29	10.8	1.8	12.2
320	10.7	1.77	13.7	10.4	1.68	10.5	11.5	2.1	13.8
340	11.3	2.00	15.4	11.0	1.89	11.8	12.3	2.4	15.5

表 3.4(续)

沥青铸铁和新钢管水的摩阻损失(续)
(基于达西公式)
3½英寸

流量加仑每分	沥青铸铁管 内径 3.5″			标准重钢管编号 40 内径 3.548″			超强钢管编号 80 内径 3.364″		
	流速 英尺/秒	流速头 英尺	水头损失/100 英尺	流速 英尺/秒	流速头 英尺	水头损失/100 英尺	流速 英尺/秒	流速头 英尺	水头损失/100 英尺
360	12.0	2.24	17.2	11.7	2.12	13.2	13.0	2.6	17.4
380	12.7	2.49	19.2	12.3	2.36	14.7	13.7	2.9	19.3
400	13.3	2.76	21.2	13.0	2.62	16.2	14.4	3.2	21.3
420	14.0	3.05	23.3	13.6	2.89	17.8	15.2	3.6	23.4
440	14.7	3.34	25.6	14.3	3.17	19.5	15.9	3.9	25.7
460	15.3	3.65	27.9	14.9	3.46	21.3	16.6	4.3	28.0
480	16.0	3.98	30.4	15.6	3.77	23.1	17.3	4.7	30.4
500	16.7	4.32	32.9	16.2	4.09	25.1	18.1	5.1	32.9
550	18.3	5.22	39.8	17.8	4.95	30.2	19.9	6.2	39.7
600	20.0	6.21	47.2	19.5	5.89	35.8	21.7	7.3	47.1
650	21.7	7.29	55.4	21.1	6.91	41.9	23.5	8.6	55.1
700	23.3	8.46	64.1	22.7	8.02	48.4	25.3	9.4	63.7
750	25.0	9.71	73.5	24.3	9.20	55.4	27.1	11.4	73.0
800	26.7	11.0	83.6	26.0	10.5	62.9	28.9	13.0	82.9
850	28.3	12.5	94.2	27.6	11.8	70.9	30.7	14.6	93.4

4 英寸

流量加仑每分	沥青铸铁管 内径 4.0″			标准重钢管编号 40 内径 4.026″			超强钢管编号 80 内径 3.826″			编目 160 钢 内径 3.438″		
	流速 英尺/秒	流速头 英尺	水头损失/100 英尺	流速 英尺/秒	流速头 英尺	水头损失/100 英尺	流速 英尺/秒	流速头 英尺	水头损失/100 英尺	流速 英尺/秒	流速头 英尺	水头损失/100 英尺
20	.511	.004	.038	.504	.004	.035	.56	.00	.045	.691	.007	.074
30	.766	.009	.076	.756	.009	.072	.84	.01	.092	1.04	.017	.154
40	1.02	.016	.128	1.01	.016	.120	1.12	.02	.153	1.38	.030	.258
50	1.28	.025	.194	1.26	.025	.179	1.40	.03	.230	1.73	.046	.387
60	1.53	.037	.273	1.51	.036	.250	1.67	.04	.320	2.07	.067	.540
70	1.79	.050	.365	1.76	.048	.330	1.95	.06	.424	2.42	.091	.691
80	2.04	.065	.470	2.02	.063	.422	2.23	.08	.541	2.77	.119	.885
90	2.30	.082	.588	2.27	.080	.523	2.51	.10	.649	3.11	.150	1.10
100	2.55	.101	.719	2.52	.099	.613	2.79	.12	.789	3.46	.185	1.34
110	2.81	.123	.862	2.77	.119	.732	3.07	.15	.943	3.80	.224	1.61
120	3.06	.146	1.02	3.02	.142	.861	3.35	.17	1.11	4.15	.267	1.89

表 3.4(续)

沥青铸铁和新钢管水的摩阻损失(续)
(基于达西公式)
4 英寸

流量加仑每分	沥青铸铁管			标准重钢管编号40			超强钢管编号80			编目160钢		
	内径4.0″			内径4.026″			内径3.826″			内径3.438″		
	流速英尺/秒	流速头英尺	水头损失/100英尺	流速英尺/秒	流速头英尺	水头损失/100英尺	流速英尺/秒	流速头英尺	水头损失/100英尺	流速英尺/秒	流速头英尺	水头损失/100英尺
130	3.32	.171	1.19	3.28	.167	1.00	3.63	.20	1.29	4.49	.313	2.20
140	3.57	.199	1.37	3.53	.193	1.15	3.91	.24	1.48	4.84	.363	2.53
150	3.83	.228	1.57	3.78	.222	1.31	4.19	.27	1.69	5.18	.417	2.89
160	4.08	.259	1.77	4.03	.253	1.48	4.47	.31	1.91	5.53	.475	3.26
170	4.34	.293	1.99	4.28	.285	1.66	4.75	.35	2.14	5.88	.536	3.66
180	4.60	.328	2.23	4.54	.320	1.85	5.02	.39	2.38	6.22	.601	4.09
190	4.85	.368	2.47	4.79	.356	2.05	5.30	.44	2.64	6.57	.669	4.53
200	5.11	.406	2.73	5.04	.395	2.25	5.58	.48	2.91	6.91	.742	5.00
220	5.62	.490	3.29	5.54	.478	2.70	6.14	.59	3.49	7.60	.897	6.00
240	6.13	.583	3.90	6.05	.569	3.19	6.70	.70	4.13	8.30	1.07	7.09
260	6.64	.685	4.55	6.55	.667	3.72	7.26	.82	4.81	8.99	1.25	8.27
280	7.15	.794	5.26	7.06	.774	4.28	7.82	.95	5.54	9.68	1.45	9.55
300	7.66	.912	6.02	7.56	.888	4.89	8.38	1.09	6.33	10.37	1.67	10.9
320	8.17	1.04	6.84	8.06	1.01	5.53	8.94	1.24	7.17	11.06	1.90	12.4
340	8.68	1.17	7.70	8.57	1.14	6.22	9.50	1.40	8.06	11.75	2.14	13.9
360	9.19	1.31	8.61	9.07	1.28	6.94	10.0	1.6	9.00	12.44	2.40	15.5
380	9.70	1.46	9.58	9.58	1.43	7.71	10.6	1.7	9.99	13.13	2.68	17.3
400	10.2	1.62	10.6	10.1	1.58	8.51	11.2	1.9	11.0	13.82	2.97	19.1
420	10.7	1.79	11.6	10.6	1.74	9.35	11.7	2.1	12.1	14.52	3.27	21.0
440	11.2	1.96	12.8	11.1	1.91	10.2	12.3	2.3	13.3	15.21	3.59	22.9
460	11.7	2.14	13.9	11.6	2.09	11.2	12.8	2.5	14.5	15.90	3.92	25.0
480	12.3	2.33	15.2	12.1	2.27	12.1	13.4	2.8	15.7	16.59	4.27	27.2
500	12.8	2.53	16.4	12.6	2.47	13.1	14.0	3.0	17.0	17.28	4.64	29.5
550	14.0	3.06	19.8	13.9	2.99	15.8	15.3	3.6	20.5	19.00	5.61	35.5
600	15.3	3.65	23.6	15.1	3.55	18.7	16.7	4.3	24.3	20.74	6.67	42.1
650	16.6	4.28	27.6	16.4	4.17	21.7	18.1	5.1	28.4	22.46	7.83	49.2
700	17.9	4.96	32.0	17.6	4.84	25.3	19.5	5.9	32.8	24.19	9.08	57.0
750	19.1	5.70	36.6	18.9	5.55	28.9	20.9	6.8	37.6	25.92	10.4	65.2
800	20.4	6.48	41.6	20.2	6.32	32.8	22.3	7.7	42.7	27.65	11.7	74.1
850	21.7	7.32	46.9	21.4	7.13	37.0	23.7	8.7	48.1	29.38	13.4	83.4
900	23.0	8.20	52.6	22.7	8.00	41.4	25.1	9.8	53.8	31.10	15.0	93.4
950	24.3	9.14	58.5	23.9	8.91	46.0	26.5	10.9	59.8	32.83	16.7	104
1 000	25.5	10.1	64.8	25.2	9.87	50.9	27.9	12.1	66.2	34.56	18.5	115
1 100	28.1	12.3	78.3	27.7	11.9	61.4	30.7	14.6	79.8	38.02	22.4	139

　　注意:无使用年限、不同直径,或任何内部表面变化的折算。任何安全系必须估计当地的特定安装条件和要求。建议对大多数商业设计目的,表中的数值增加 15%—20% 的安全系数。

表 3.4(续)

*新钢管水的摩阻损失(续)
(基于达西公式)
5 英寸

流量加仑每分	标准重钢管编号 40 内径 5.047"			超强钢管编号 80 内径 4.813"			编目 160 钢 内径 4.313"		
	流速 英尺/秒	流速头 英尺	水头损失/100 英尺	流速 英尺/秒	流速头 英尺	水头损失/100 英尺	流速 英尺/秒	流速头 英尺	水头损失/100 英尺
30	.481	.004	.024	.53	.00	.030	.659	.007	.051
40	.641	.006	.040	.71	.01	.051	.878	.012	.086
50	.802	.010	.060	.88	.01	.075	1.10	.019	.128
60	.962	.014	.083	1.06	.02	.105	1.32	.027	.178
70	1.12	.020	.110	1.23	.02	.138	1.54	.037	.236
80	1.28	.026	.140	1.41	.03	.176	1.76	.048	.301
90	1.44	.032	.173	1.59	.04	.218	1.98	.061	.373
100	1.60	.040	.210	1.76	.05	.265	2.20	.075	.453
120	1.92	.058	.293	2.11	.07	.370	2.64	.108	.812
140	2.25	.078	.389	2.47	.09	.491	3.07	.147	.816
160	2.57	.102	.480	2.82	.12	.607	3.51	.192	1.05
180	2.89	.129	.598	3.17	.16	.757	3.95	.243	1.31
200	3.21	.160	.728	3.52	.19	.922	4.39	.299	1.60
220	3.53	.193	.870	3.88	.23	1.10	4.83	.362	1.91
240	3.85	.230	1.03	4.23	.28	1.30	5.27	.431	2.25
260	4.17	.270	1.19	4.58	.33	1.51	5.71	.506	2.63
280	4.49	.313	1.37	4.94	.38	1.74	6.15	.587	3.02
300	4.81	.360	1.56	5.29	.43	1.99	6.59	.674	3.45
320	5.13	.409	1.77	5.64	.49	2.25	7.03	.766	3.91
340	5.45	.462	1.98	5.99	.56	2.52	7.47	.865	4.39
360	5.77	.518	2.21	6.35	.63	2.81	7.91	.970	4.90
380	6.09	.577	2.45	6.70	.70	3.12	8.35	1.08	5.43
400	6.41	.639	2.71	7.05	.77	3.44	8.78	1.20	6.00
420	6.74	.705	2.97	7.40	.85	3.78	9.22	1.32	6.59
440	7.06	.774	3.25	7.76	.94	4.13	9.66	1.45	7.21
460	7.38	.846	3.54	8.11	1.02	4.50	10.10	1.58	7.85
480	7.70	.921	3.84	8.46	1.11	4.88	10.54	1.73	8.53
500	8.02	.999	4.15	8.82	1.21	5.28	10.98	1.87	9.23
550	8.82	1.21	4.99	9.70	1.46	6.35	12.08	2.26	11.1
600	9.62	1.44	5.90	10.6	1.7	7.51	13.18	2.70	13.1

表 3. 4(续)

* 新钢管水的摩阻损失(续)
(基于达西公式)
5 英寸

流量加仑每分	标准重钢管编号40 内径5.047″			超强钢管编号80 内径4.813″			编目160钢 内径4.313″		
	流速 英尺/秒	流速头 英尺	水头损失/100英尺	流速 英尺/秒	流速头 英尺	水头损失/100英尺	流速 英尺/秒	流速头 英尺	水头损失/100英尺
650	10.4	1.69	6.89	11.5	2.1	8.77	14.27	3.16	15.4
700	11.2	1.96	7.95	12.3	2.4	10.1	15.37	3.67	17.8
750	12.0	2.25	9.09	13.2	2.7	11.6	16.47	4.21	20.3
800	12.8	2.56	10.3	14.1	3.1	13.1	17.57	4.79	23.0
850	13.6	2.89	11.6	15.0	3.5	14.8	18.67	5.41	25.9
900	14.4	3.24	13.0	15.9	3.9	16.5	19.76	6.06	29.0
950	15.2	3.61	14.4	16.7	4.3	18.4	20.86	6.76	32.3
1 000	16.0	4.00	15.9	17.6	4.8	20.3	21.96	7.49	36.7
1 100	17.6	4.84	19.2	19.4	5.8	24.5	24.16	9.06	43.0
1 200	19.2	5.76	22.7	21.1	6.9	29.0	26.35	10.78	51.0
1 300	20.8	6.75	26.6	22.9	8.2	34.0	28.55	12.65	59.8
1 400	22.5	7.83	30.7	24.7	9.5	39.3	30.74	14.67	69.2
1 500	24.1	8.99	35.2	26.4	10.8	45.0	32.94	16.84	79.2
1 600	25.7	10.2	40.0	28.2	12.4	51.1	35.14	19.16	90.0
1 700	27.3	11.6	45.1	30.0	14.0	57.6	37.33	21.63	101

* 无此尺寸铸铁管

6 英寸

流量加仑每分	沥青铸铁管 内径6.0″			标准重钢管编号40 内径6.065″			超强钢管编号80 内径5.761″			编目160钢 内径5.187″		
	流速 英尺/秒	流速头 英尺	水头损失/100英尺	流速 英尺/秒	流速头 英尺	水头损失/100英尺	流速 英尺/秒	流速头 英尺	水头损失/100英尺	流速 英尺/秒	流速头 英尺	水头损失/100英尺
50	.57	.005	.027	.56	.005	.025	.62	.01	.032	.759	.009	.053
60	.68	.007	.038	.67	.007	.034	.74	.01	.044	.911	.013	.073
70	.79	.010	.048	.78	.009	.045	.86	.01	.058	1.06	.018	.096
80	.91	.013	.062	.89	.012	.057	.98	.01	.074	1.22	.023	.123
90	1.02	.016	.077	1.00	.016	.071	1.11	.02	.091	1.37	.029	.152
100	1.13	.020	.094	1.11	.019	.086	1.23	.02	.110	1.52	.036	.184
120	1.36	.029	.132	1.33	.028	.120	1.48	.03	.154	1.82	.052	.256
140	1.59	.039	.176	1.55	.038	.158	1.72	.05	.203	2.13	.070	.340
160	1.82	.051	.226	1.78	.049	.202	1.97	.06	.260	2.43	.092	.435
180	2.04	.065	.283	2.00	.062	.251	2.22	.08	.323	2.73	.116	.522

表 3.4(续)

沥青铸铁和新钢管水的摩阻损失(续)
（基于达西公式）
6 英寸

流量加仑每分	沥青铸铁管 内径6.0″			标准重钢管编号40 内径6.065″			超强钢管编号80 内径5.761″			编目160钢 内径5.187″		
	流速英尺/秒	流速头英尺	水头损失/100英尺	流速英尺/秒	流速头英尺	水头损失/100英尺	流速英尺/秒	流速头英尺	水头损失/100英尺	流速英尺/秒	流速头英尺	水头损失/100英尺
200	2.27	.080	.346	2.22	.077	.304	2.46	.09	.392	3.04	.143	.635
220	2.50	.097	.415	2.44	.093	.363	2.71	.11	.451	3.34	.173	.760
240	2.72	.115	.490	2.66	.110	.411	2.96	.14	.530	3.64	.206	.895
260	2.95	.135	.571	2.89	.130	.477	3.20	.16	.616	3.95	.242	1.04
280	3.18	.157	.658	3.11	.150	.548	3.45	.19	.708	4.25	.281	1.20
300	3.40	.180	.752	3.33	.172	.624	3.69	.21	.807	4.56	.322	1.36
320	3.63	.205	.851	3.55	.196	.705	3.94	.24	.911	4.86	.366	1.54
340	3.86	.231	.957	3.78	.222	.790	4.19	.27	1.02	5.16	.414	1.73
360	4.08	.259	1.07	4.00	.240	.880	4.43	.31	1.14	5.47	.464	1.93
380	4.31	.289	1.19	4.22	.277	.975	4.68	.34	1.26	5.77	.517	2.14
400	4.54	.320	1.31	4.44	.307	1.07	4.93	.38	1.39	6.07	.572	2.36
450	5.10	.403	1.65	5.00	.388	1.34	5.54	.48	1.74	6.82	.725	2.95
500	5.67	.500	2.02	5.55	.479	1.64	6.16	.59	2.13	7.59	.894	3.61
550	6.24	.605	2.44	6.11	.580	1.97	6.77	.71	2.55	8.35	1.08	4.34
600	6.81	.720	2.89	6.66	.690	2.33	7.39	.85	3.02	9.11	1.29	5.13
650	7.37	.845	3.38	7.22	.810	2.71	8.00	.99	3.52	9.87	1.51	5.99
700	7.94	.980	3.90	7.77	.939	3.13	8.63	1.16	4.06	10.63	1.75	6.92
750	8.51	1.12	4.47	8.33	1.08	3.57	9.24	1.33	4.64	11.39	2.01	7.91
800	9.08	1.28	5.07	8.88	1.23	4.04	9.85	1.51	5.25	12.15	2.29	8.96
850	9.64	1.44	5.72	9.44	1.38	4.55	10.5	1.7	5.90	12.91	2.59	10.1
900	10.2	1.62	6.40	9.99	1.55	5.08	11.1	1.9	6.60	13.67	2.90	11.3
950	10.8	1.80	7.11	10.5	1.73	5.64	11.7	2.1	7.33	14.42	3.23	12.5
1 000	11.3	2.00	7.87	11.1	1.92	6.23	12.3	2.4	8.09	15.18	3.58	13.8
1 100	12.5	2.42	9.50	12.2	2.32	7.49	13.5	2.8	9.74	16.71	4.33	16.7
1 200	13.6	2.88	11.3	13.3	2.76	8.87	14.8	3.4	11.5	18.22	5.15	19.8
1 300	14.7	3.38	13.2	14.4	3.24	10.4	16.0	4.0	13.5	19.74	6.05	23.1
1 400	15.9	3.92	15.3	15.5	3.76	12.0	17.2	4.6	15.6	21.26	7.01	26.7
1 500	17.0	4.50	17.5	16.7	4.31	13.7	18.5	5.3	17.8	22.78	8.05	30.6
1 600	18.2	5.12	19.9	17.8	4.91	15.6	19.7	6.0	20.3	24.29	9.16	34.7
1 700	19.3	5.78	22.4	18.9	5.54	17.7	20.9	6.8	22.8	25.81	10.34	39.1
1 800	20.4	6.48	25.1	20.0	6.21	19.6	22.2	7.7	25.5	27.33	11.59	43.8
1 900	21.6	7.22	28.0	21.1	6.91	21.8	23.4	8.4	28.4	28.85	12.92	48.7
2 000	22.7	8.00	31.0	22.2	7.67	24.1	24.6	9.4	31.4	30.37	14.31	53.9
2 200	25.0	9.68	37.4	24.4	9.27	29.1	27.1	11.4	37.9	33.40	17.32	65.0
2 400	27.2	11.5	44.5	26.6	11.0	34.5	29.6	13.6	44.9	36.44	20.61	77.2

　　注:无使用年限、不同直径,或任何内部表面变化的折算。任何安全系数必须估计当地的特定安装条件和要求。建议对大多数商业设计目的,表中的数值增加 15%—20% 的安全系数。

表 3.4(续)

沥青铸铁和新钢管水的摩阻损失(续)
(基于达西公式)
8 英寸

流量 加仑 每分	沥青铸铁管 内径 8.0″			标准重钢管编号 40 内径 7.981″			超强钢管编号 80 内径 7.625″			编目 160 钢 内径 6.813″		
	流速 英尺 /秒	流速 头 英尺	水头损 失/100 英尺	流速 英尺 /秒	流速 头 英尺	水头损 失/100 英尺	流速 英尺 /秒	流速 头 英尺	水头损 失/100 英尺	流速 英尺 /秒	流速 头 英尺	水头损 失/100 英尺
130	.83	.011	.037	.83	.011	.036	.91	.01	.046	1.14	.020	.079
140	.89	.012	.042	.90	.013	.042	.98	.01	.052	1.23	.024	.090
150	.96	.014	.048	.96	.014	.047	1.05	.02	.059	1.32	.027	.102
160	1.02	.016	.054	1.03	.016	.053	1.12	.02	.066	1.41	.031	.115
170	1.08	.018	.060	1.09	.018	.059	1.19	.02	.074	1.50	.035	.128
180	1.15	.021	.067	1.15	.021	.066	1.26	.02	.082	1.58	.039	.142
190	1.21	.023	.074	1.22	.023	.073	1.33	.03	.091	1.67	.043	.157
200	1.28	.025	.082	1.28	.026	.080	1.41	.03	.099	1.76	.048	.172
220	1.40	.031	.098	1.41	.031	.095	1.55	.04	.118	1.94	.058	.205
240	1.53	.037	.115	1.54	.037	.111	1.69	.04	.139	2.11	.069	.241
260	1.66	.043	.134	1.67	.043	.128	1.83	.05	.161	2.29	.081	.279
280	1.79	.050	.154	1.80	.050	.147	1.97	.06	.184	2.46	.094	.320
300	1.91	.057	.175	1.92	.058	.167	2.11	.07	.209	2.64	.108	.350
350	2.23	.077	.235	2.24	.089	.222	2.46	.09	.278	3.08	.147	.467
400	2.55	.101	.303	2.57	.102	.284	2.81	.12	.343	3.52	.192	.601
450	2.87	.128	.380	2.89	.129	.341	3.16	.15	.428	3.96	.243	.750
500	3.19	.158	.485	3.21	.160	.416	3.51	.19	.522	4.40	.301	.916
550	3.51	.191	.559	3.53	.193	.497	3.86	.23	.625	4.84	.364	1.10
600	3.83	.228	.661	3.85	.230	.586	4.22	.28	.736	5.28	.433	1.30
650	4.15	.267	.772	4.17	.271	.682	4.57	.32	.857	5.72	.508	1.51
700	4.47	.310	.891	4.49	.313	.785	4.92	.38	.986	6.16	.589	1.74
750	4.79	.356	1.02	4.81	.360	.895	5.27	.43	1.13	6.60	.676	1.98
800	5.11	.405	1.16	5.13	.409	1.01	5.62	.49	1.27	7.04	.769	2.24
850	5.42	.457	1.30	5.45	.462	1.14	5.97	.55	1.43	7.48	.869	2.52
900	5.74	.513	1.45	5.77	.518	1.27	6.32	.62	1.59	7.92	.974	2.81
950	6.06	.571	1.61	6.09	.577	1.40	6.67	.69	1.77	8.36	1.09	3.12
1 000	6.38	.633	1.78	6.41	.639	1.55	7.03	.77	1.95	8.80	1.20	3.45
1 100	7.02	.766	2.15	7.05	.773	1.86	7.83	.95	2.34	9.68	1.46	4.14
1 200	7.66	.911	2.55	7.70	.920	2.20	8.43	1.10	2.77	10.56	1.73	4.91
1 300	8.30	1.07	2.98	8.34	1.08	2.56	9.13	1.30	3.23	11.44	2.03	5.73

表 3.4(续)

沥青铸铁和新钢管水的摩阻损失(续)
(基于达西公式)
8英寸

流量加仑每分	沥青铸铁管 内径8.0″			标准重钢管编号40 内径7.981″			超强钢管编号80 内径7.625″			编目160钢 内径6.813″		
	流速英尺/秒	流速头英尺	水头损失/100英尺	流速英尺/秒	流速头英尺	水头损失/100英尺	流速英尺/秒	流速头英尺	水头损失/100英尺	流速英尺/秒	流速头英尺	水头损失/100英尺
1 400	8.93	1.24	3.45	8.98	1.25	2.96	9.83	1.5	3.73	12.32	2.36	6.62
1 500	9.57	1.42	3.95	9.62	1.44	3.38	10.5	1.7	4.26	13.20	2.71	7.57
1 600	10.2	1.62	4.48	10.3	1.64	3.83	11.2	2.0	4.83	14.08	3.08	8.58
1 800	11.5	2.05	5.65	11.5	2.07	4.81	12.6	2.5	6.07	15.84	3.90	10.8
2 000	12.8	2.53	6.96	12.8	2.56	5.91	14.1	3.1	7.46	17.60	4.81	13.3
2 200	14.0	3.06	8.40	14.1	3.09	7.11	15.5	3.7	8.98	19.36	5.82	16.0
2 400	15.3	3.65	9.98	15.4	3.68	8.43	16.9	4.4	10.6	21.12	6.92	19.0
2 600	16.6	4.28	11.7	16.7	4.32	9.85	18.3	5.2	12.4	22.88	8.13	22.2
2 800	17.9	4.96	13.5	18.0	5.01	11.4	19.7	6.0	14.4	24.64	9.43	25.7
3 000	19.1	5.70	15.5	19.2	5.75	13.0	21.1	6.9	16.5	26.40	10.82	29.4
3 500	22.3	7.70	21.1	22.4	8.9	17.6	24.6	9.4	22.3	30.80	14.73	39.8
4 000	25.5	10.1	27.4	25.7	10.2	22.9	28.1	12.3	29.0	35.20	19.23	51.8
4 500	28.7	12.8	34.7	28.9	12.9	28.9	31.6	15.6	36.6	39.60	24.34	65.4
5 000	31.9	15.8	42.7	32.1	16.0	35.6	35.1	19.1	45.0	44.00	30.05	80.6
5 500	35.1	19.1	51.7	35.3	19.3	43.0	38.6	23.2	54.4	48.40	36.36	97.3

10英寸

流量加仑每分	沥青铸铁管 内径10.0″			标准重钢管编号40 内径10.020″			超强钢管编号80 内径9.562″			编目160钢 内径8.500″		
	流速英尺/秒	流速头英尺	水头损失/100英尺	流速英尺/秒	流速头英尺	水头损失/100英尺	流速英尺/秒	流速头英尺	水头损失/100英尺	流速英尺/秒	流速头英尺	水头损失/100英尺
180	.74	.008	.023	.73	.008	.022	.804	.010	.027	1.02	.016	.048
200	.82	.010	.028	.81	.010	.026	.894	.012	.033	1.13	.020	.059
220	.90	.013	.032	.90	.013	.031	.983	.015	.039	1.24	.024	.070
240	.98	.015	.038	.98	.015	.037	1.07	.018	.046	1.36	.029	.082
260	1.06	.018	.044	1.06	.017	.042	1.16	.021	.053	1.47	.034	.094
280	1.14	.020	.051	1.14	.020	.049	1.25	.024	.061	1.58	.039	.108
300	1.23	.023	.057	1.22	.023	.055	1.34	.028	.069	1.70	.045	.123
350	1.43	.032	.077	1.42	.032	.073	1.56	.038	.092	1.98	.061	.163
400	1.63	.042	.099	1.63	.041	.093	1.79	.050	.117	2.26	.079	.208
450	1.84	.053	.123	1.83	.052	.116	2.01	.063	.145	2.54	.100	.259
500	2.04	.065	.150	2.03	.064	.140	2.34	.077	.177	2.83	.124	.304

表 3.4(续)

沥青铸铁和新钢管水的摩阻损失(续)
(基于达西公式)
10 英寸

流量加仑每分	沥青铸铁管 内径 10.0″			标准重钢管编号 40 内径 10.020″			超强钢管编号 80 内径 9.562″			编目 160 钢 内径 8.500″		
	流速英尺/秒	流速头英尺	水头损失/100英尺	流速英尺/秒	流速头英尺	水头损失/100英尺	流速英尺/秒	流速头英尺	水头损失/100英尺	流速英尺/秒	流速头英尺	水头损失/100英尺
550	2.25	.079	.180	2.24	.078	.167	2.46	.094	.211	3.11	.150	.364
600	2.45	.093	.213	2.44	.093	.197	2.68	.112	.239	3.39	.179	.428
650	2.66	.110	.248	2.64	.109	.228	2.90	.131	.277	3.68	.210	.498
700	2.86	.127	.286	2.85	.126	.253	3.13	.152	.319	3.96	.243	.573
800	3.27	.166	.370	3.25	.165	.325	3.57	.198	.410	4.52	.318	7.38
900	3.68	.210	.464	3.66	.208	.405	4.02	.251	.512	5.09	.402	9.23
1 000	4.09	.259	.569	4.07	.257	.494	4.47	.310	.625	5.65	.496	1.13
1 100	4.49	.314	.685	4.48	.311	.592	4.92	.375	.749	6.22	.600	1.35
1 200	4.90	.373	.811	4.88	.370	.699	5.36	.446	.884	6.79	.714	1.60
1 300	5.31	.438	.947	5.29	.435	.814	5.81	.524	1.03	7.35	.839	1.86
1 400	5.72	.508	1.09	5.70	.504	.938	6.26	.607	1.19	7.92	.972	2.15
1 500	6.13	.584	1.25	6.10	.579	1.07	6.70	.697	1.35	8.48	1.12	2.46
1 600	6.54	.664	1.42	6.51	.659	1.21	7.15	.793	1.53	9.05	1.27	2.78
1 700	6.94	.749	1.60	6.92	.743	1.36	7.60	.895	1.72	9.61	1.43	3.13
1 800	7.35	.840	1.79	7.32	.834	1.52	8.04	1.00	1.92	10.18	1.61	3.49
1 900	7.76	.936	1.99	7.73	.929	1.68	8.49	1.12	2.13	10.74	1.79	3.88
2 000	8.17	1.04	2.20	8.14	1.03	1.86	8.94	1.24	2.36	11.31	1.99	4.29
2 200	8.99	1.26	2.65	8.95	1.25	2.24	9.83	1.50	2.83	12.44	2.40	5.16
2 400	9.80	1.49	3.15	9.76	1.48	2.64	10.72	1.79	3.35	13.57	2.86	6.11
2 600	10.6	1.75	3.68	10.6	1.74	3.09	11.62	2.09	3.92	14.70	3.35	7.14
2 800	11.4	2.03	4.26	11.4	2.02	3.57	12.51	2.43	4.52	15.83	3.89	8.25
3 000	12.3	2.33	4.88	12.2	2.32	4.08	13.40	2.79	5.17	16.96	4.47	9.44
3 200	13.1	2.66	5.54	13.0	2.63	4.62	14.30	3.17	5.87	18.09	5.08	10.7
3 400	13.9	3.00	6.25	13.8	2.97	5.20	15.19	3.58	6.60	19.22	5.74	12.1
3 600	14.7	3.36	6.99	14.6	3.33	5.81	16.08	4.02	7.38	20.35	6.43	13.5
3 800	15.5	3.74	7.79	15.5	3.71	6.46	16.98	4.47	8.21	21.49	7.17	15.0
4 000	16.3	4.15	8.62	16.3	4.12	7.14	17.87	4.96	9.07	22.62	7.94	16.6
4 500	18.4	5.25	10.9	18.3	5.21	8.99	20.11	6.27	11.4	25.44	10.05	20.9
5 000	20.4	6.48	13.4	20.3	6.43	11.1	22.34	7.75	14.1	28.27	12.40	25.7
5 500	22.5	7.85	16.2	22.4	7.78	13.3	24.57	9.37	17.0	31.10	15.01	31.1
6 000	24.5	9.34	19.2	24.4	9.26	15.8	26.81	11.15	20.1	33.92	17.86	36.9
6 500	26.6	11.0	22.6	26.4	10.9	18.5	29.04	13.09	23.6	36.75	20.96	43.2
7 000	28.6	12.7	26.1	28.5	12.6	21.4	31.28	15.18	27.3	39.58	24.31	50.0
7 500	30.6	14.6	30.0	30.5	14.5	24.5	33.51	17.43	31.2	42.41	27.91	57.3

注意:无使用年限、不同直径,或任何内部表面变化的折算。任何安全系数必须估计当地的特定安装条件和要求。建议对大多数商业设计目的,表中的数值增加 15%—20% 的安全系数。

表 3. 4(续)

沥青铸铁和新钢管水的摩阻损失(续)
(基于达西公式)
12 英寸

流量加仑每分	沥青铸铁管 内径 12.0″			标准重钢管编号 40 内径 11.938″			超强钢管编号 80 内径 11.374″			编目 160 钢 内径 10.126″		
	流速英尺/秒	流速头英尺	水头损失/100英尺	流速英尺/秒	流速头英尺	水头损失/100英尺	流速英尺/秒	流速头英尺	水头损失/100英尺	流速英尺/秒	流速头英尺	水头损失/100英尺
200	.57	.005	.011	.57	.005	.011	.632	.006	.014	.797	.010	.025
250	.71	.008	.017	.72	.008	.017	.789	.010	.021	.996	.015	.038
300	.85	.011	.024	.86	.012	.024	.947	.014	.030	1.20	.022	.052
350	.99	.015	.031	1.00	.016	.031	1.11	.019	.039	1.39	.030	.069
400	1.13	.020	.040	1.15	.020	.040	1.26	.025	.050	1.59	.039	.088
450	1.28	.025	.049	1.29	.026	.049	1.42	.031	.062	1.79	.050	.110
500	1.42	.031	.060	1.43	.032	.060	1.58	.039	.076	1.99	.062	.133
550	1.56	.038	.072	1.58	.039	.071	1.74	.047	.090	2.19	.075	.159
600	1.70	.045	.085	1.72	.046	.083	1.90	.056	.106	2.39	.089	.187
700	1.99	.061	.114	2.01	.063	.111	2.21	.076	.140	2.79	.121	.240
800	2.27	.080	.147	2.29	.082	.142	2.53	.099	.180	3.19	.158	.308
900	2.55	.101	.184	2.58	.103	.176	2.84	.125	.216	3.59	.200	.384
1 000	2.84	.125	.225	2.87	.128	.207	3.16	.155	.263	3.98	.246	.469
1 100	3.12	.151	.271	3.15	.154	.247	3.47	.187	.315	4.38	.298	.562
1 200	3.40	.180	.320	3.44	.184	.291	3.79	.223	.371	4.78	.355	.663
1 300	3.69	.211	.374	3.73	.216	.339	4.11	.262	.432	5.18	.416	.772
1 400	3.97	.245	.431	4.01	.250	.390	4.42	.303	.497	5.58	.483	.889
1 500	4.26	.281	.493	4.30	.287	.444	4.73	.348	.566	5.98	.554	1.02
1 600	4.54	.320	.558	4.59	.327	.502	5.05	.396	.640	6.37	.631	1.15
1 800	5.11	.405	.702	5.16	.414	.629	5.68	.501	.802	7.17	.798	1.44
2 000	5.67	.500	.862	5.73	.511	.769	6.32	.619	.981	7.97	.985	1.76
2 200	6.24	.605	1.04	6.31	.618	.923	6.95	.749	1.18	8.77	1.19	2.12
2 400	6.81	.720	1.23	6.88	.735	1.09	7.58	.891	1.39	9.56	1.42	2.51
2 600	7.38	.845	1.44	7.45	.863	1.27	8.21	1.05	1.62	10.36	1.67	2.93
2 800	7.94	.980	1.67	8.03	1.00	1.47	8.84	1.21	1.87	11.16	1.93	3.38
3 000	8.51	1.13	1.91	8.60	1.15	1.68	9.47	1.39	2.14	11.95	2.22	3.86
3 500	9.93	1.53	2.58	10.0	1.55	2.26	11.05	1.90	2.89	13.94	3.02	5.22
4 000	11.3	2.00	3.36	11.5	2.04	2.92	12.63	2.48	3.74	15.94	3.94	6.77
4 500	12.8	2.53	4.24	12.9	2.59	3.68	14.21	3.13	4.71	17.93	4.99	8.52
5 000	14.2	3.13	5.21	14.3	3.19	4.52	15.79	3.87	5.78	19.92	6.16	10.5

表 3.4(续)

沥青铸铁和新钢管水的摩阻损失(续)
(基于达西公式)
12 英寸

流量加仑每分	沥青铸铁管 内径12.0"			标准重钢管编号40 内径11.938"			超强钢管编号80 内径11.374"			编目160钢 内径10.126"		
	流速英尺/秒	流速头英尺	水头损失/100英尺	流速英尺/秒	流速头英尺	水头损失/100英尺	流速英尺/秒	流速头英尺	水头损失/100英尺	流速英尺/秒	流速头英尺	水头损失/100英尺
5 500	15.6	3.78	6.30	15.8	3.86	5.44	17.37	4.68	6.97	21.91	7.45	12.6
6 000	17.0	4.50	7.48	17.2	4.60	6.45	18.95	5.57	8.26	23.90	8.87	15.0
6 500	18.4	5.28	8.76	18.6	5.39	7.54	20.53	6.54	9.66	25.90	10.41	17.5
7 000	19.9	6.13	10.1	20.1	6.26	8.72	22.10	7.58	11.2	27.89	12.07	20.3
7 500	21.3	7.03	11.6	21.5	7.18	9.98	23.68	8.71	12.8	29.88	13.86	23.3
8 000	22.7	8.00	13.2	22.9	8.17	11.3	25.26	9.90	14.5	31.87	15.77	26.4
8 500	24.1	9.04	14.9	24.4	9.22	12.8	26.84	11.18	16.4	33.86	17.80	29.8
9 000	25.5	10.1	16.7	25.8	10.3	14.3	28.42	12.54	18.3	35.86	19.95	33.3
9 500	26.9	11.3	18.6	27.2	11.5	15.9	30.00	13.97	20.4	37.85	22.23	37.1
10 000	28.4	12.5	20.6	28.7	12.8	17.6	31.58	15.48	22.6	39.84	24.64	41.0
11 000	31.2	15.1	24.9	31.5	15.4	21.2	34.73	18.73	27.2	43.82	29.81	49.6
12 000	34.0	18.0	29.6	34.4	18.3	25.2	37.89	22.29	32.3	47.81	35.47	58.7
13 000	36.9	21.1	34.7	37.3	21.6	29.5	41.05	26.15	37.9	51.79	41.63	69.0
14 000	39.7	24.5	40.2	40.1	25.0	34.2	44.21	30.33	43.6	55.78	48.28	79.9
15 000	42.6	28.1	46.1	43.0	28.7	39.2	47.37	34.82	50.3	59.76	55.43	91.6

注意:无使用年限、不同直径,或任何内部表面变化的折算。任何安全系数必须估计当地的特定安装条件和要求。建议对大多数商业设计目的,表中的数值增加 15%—20%的安全系数。

14 英寸　　　　　　　　　　　　　16 英寸

流量加仑每分	沥青铸铁管 内径14.0"			新钢管编号40 内径13.124"			流量加仑每分	沥青铸铁管 内径16.0"			新钢管编号40 内径15.000"		
	流速英尺/秒	流速头英尺	水头损失/100英尺	流速英尺/秒	流速头英尺	水头损失/100英尺		流速英尺/秒	流速头英尺	水头损失/100英尺	流速英尺/秒	流速头英尺	水头损失/100英尺
300	.625	.006	.011	.712	.008	.015	500	.798	.010	.015	.908	.013	.020
400	.834	.011	.019	.949	.014	.025	600	.957	.014	.020	1.09	.018	.027
500	1.04	.017	.028	1.19	.022	.038	700	1.12	.019	.027	1.27	.025	.036
600	1.25	.024	.039	1.42	.031	.052	800	1.28	.025	.035	1.45	.033	.046
700	1.46	.033	.053	1.66	.043	.070	900	1.44	.032	.043	1.63	.041	.058
800	1.67	.043	.068	1.90	.056	.089	1 000	1.60	.040	.053	1.82	.051	.070
900	1.88	.055	.085	2.14	.071	.111	1 200	1.92	.057	.075	2.18	.074	.098

表 3.4(续)

沥青铸铁和新钢管水的摩阻损失(续)
(基于达西公式)

14 英寸 流量加仑每分	沥青铸铁管 内径14.0″ 流速英尺/秒	流速头英尺	水头损失/100英尺	新钢管编号40 内径13.124″ 流速英尺/秒	流速头英尺	水头损失/100英尺	16 英寸 流量加仑每分	沥青铸铁管 内径16.0″ 流速英尺/秒	流速头英尺	水头损失/100英尺	新钢管编号40 内径15.000″ 流速英尺/秒	流速头英尺	水头损失/100英尺
1 000	2.08	.067	.103	2.37	.087	.134	1 400	2.23	.077	.100	2.54	.100	.130
1 100	2.29	.082	.124	2.61	.106	.160	1 600	2.55	.101	.130	2.91	.131	.161
1 200	2.50	.097	.147	2.85	.126	.182	1 800	2.87	.128	.162	3.27	.166	.201
1 300	2.71	.114	.171	3.08	.148	.212	2 000	3.19	.158	.199	3.63	.205	.245
1 400	2.92	.132	.197	3.32	.171	.243	2 500	3.99	.247	.306	4.54	.320	.374
1 500	3.13	.152	.225	3.56	.196	.277	3 000	4.79	.356	.436	5.45	.460	.530
1 600	3.34	.173	.255	3.80	.223	.313	3 500	5.59	.484	.589	6.35	.627	.712
1 700	3.54	.195	.286	4.03	.252	.351	4 000	6.38	.632	.764	7.26	.819	.920
1 800	3.75	.218	.320	4.27	.283	.391	4 500	7.18	.800	.962	8.17	1.04	1.15
1 900	3.96	.243	.355	4.51	.315	.434	5 000	7.98	.988	1.18	9.08	1.28	1.42
2 000	4.17	.270	.392	4.74	.349	.478	6 000	9.57	1.42	1.69	10.89	1.84	2.01
2 500	5.21	.421	.605	5.93	.546	.732	7 000	11.17	1.94	2.29	12.71	2.51	2.72
3 000	6.25	.607	.864	7.12	.786	1.04	8 000	12.77	2.53	2.98	14.52	3.27	3.53
3 500	7.30	.826	1.17	8.30	1.07	1.40	9 000	14.36	3.20	3.77	16.34	4.14	4.44
4 000	8.34	1.08	1.52	9.49	1.40	1.81	10 000	15.96	3.95	4.64	18.16	5.12	5.45
4 500	9.38	1.37	1.91	10.67	1.77	2.27	11 000	17.55	4.78	5.60	19.97	6.19	6.58
5 000	10.42	1.69	2.35	11.86	2.18	2.79	12 000	19.15	5.69	6.65	21.79	7.37	7.80
6 000	12.51	2.43	3.37	14.23	3.14	3.98	13 000	20.74	6.68	7.98	23.60	8.65	9.13
7 000	14.6	3.30	4.49	16.60	4.28	5.37	14 000	22.3	7.75	9.03	25.42	10.03	10.6
8 000	16.7	4.32	5.86	18.97	5.59	6.98	15 000	23.9	8.89	10.4	27.23	11.51	12.1
9 000	18.8	5.47	7.39	21.35	7.07	8.79	16 000	25.5	10.1	11.8	29.05	13.10	13.7
10 000	20.8	6.75	9.11	23.72	8.73	10.8	17 000	27.1	11.4	13.3	30.86	14.79	15.5
11 000	22.9	8.17	11.0	26.09	10.56	13.0	18 000	28.7	12.8	14.9	32.68	16.58	17.3
12 000	25.0	9.71	13.3	28.46	12.57	15.5	20 000	31.9	15.8	18.3	36.31	20.46	21.3
13 000	27.1	11.4	15.3	30.83	14.75	18.1	22 000	35.1	19.1	22.2	38.94	24.76	25.8
14 000	29.2	13.2	17.7	33.20	17.11	21.0	24 000	38.3	22.8	26.4	45.57	29.47	30.6
15 000	31.3	15.2	20.3	35.58	19.64	24.0	26 000	41.5	26.7	30.9	47.20	34.58	35.9
16 000	33.3	17.3	23.1	37.95	22.31	27.3	28 000	44.7	31.0	35.8	50.84	40.11	41.5
17 000	35.4	19.5	26.1	40.32	25.23	30.6	30 000	47.9	35.6	41.1	54.47	46.04	47.6
18 000	37.5	21.8	29.7	42.69	28.27	34.5	32 000	51.1	40.5	46.7	58.10	52.39	54.1
20 000	41.7	27.0	36.0	47.43	34.92	42.9	34 000	54.3	45.7	52.7	61.73	59.14	61.0
22 000	45.9	32.7	43.5	52.18	42.26	51.3	36 000	57.4	51.2	59.1	65.36	66.30	68.4
24 000	50.0	38.8	52.7	56.92	50.29	61.0	38 000	60.6	57.1	65.8	68.99	73.88	76.1

注意:无使用年限、不同直径,或任何内部表面变化的折算。任何安全系数必须估计当地的特定安装条件和要求。建议对大多数商业设计目的,表中的数值增加 15%—20% 的安全系数。

表3.4(续)

沥青铸铁和新钢管水的摩阻损失(续)
(基于达西公式)

18英寸

流量加仑每分	沥青铸铁管 内径18.0″			新钢管编号40 内径16.876″		
	流速英尺/秒	流速头英尺	水头损失/100英尺	流速英尺/秒	流速头英尺	水头损失/100英尺
500	.630	.006	.008	.717	.008	.011
600	.756	.009	.012	.861	.011	.015
700	.883	.012	.016	1.00	.016	.020
800	1.01	.016	.019	1.15	.020	.026
900	1.14	.020	.024	1.29	.026	.032
1 000	1.26	.025	.029	1.43	.032	.039
1 200	1.51	.036	.041	1.72	.046	.055
1 400	1.77	.048	.056	2.08	.063	.073
1 600	2.02	.063	.072	2.96	.082	.093
1 800	2.27	.080	.090	2.58	.103	.116
2 000	2.52	.099	.110	2.87	.128	.137
2 500	3.15	.154	.168	3.59	.200	.208
3 000	3.78	.222	.239	4.30	.287	.294
3 500	4.41	.302	.323	5.02	.391	.394
4 000	5.04	.395	.418	5.74	.511	.508
4 500	5.67	.500	.526	6.46	.647	.637
5 000	6.30	.617	.647	7.17	.798	.780
6 000	7.57	.888	.924	8.61	1.15	1.11
7 000	8.83	1.21	1.25	10.0	1.57	1.49
8 000	10.1	1.58	1.63	11.5	2.04	1.94
9 000	11.3	2.00	2.05	12.9	2.59	2.43
10 000	12.6	2.47	2.52	14.3	3.19	2.99
12 000	15.1	3.55	3.62	17.2	4.60	4.27
14 000	17.7	4.84	4.91	20.1	6.26	5.77
16 000	20.2	6.32	6.40	22.9	8.18	7.51
18 000	22.7	7.99	8.08	25.8	10.3	9.46
20 000	25.2	9.87	9.96	28.7	12.8	11.6
22 000	27.7	11.9	12.0	31.6	15.5	14.1
24 000	30.3	14.2	14.3	34.4	18.4	16.7
26 000	32.8	16.7	16.8	37.3	21.6	19.5
28 000	35.3	19.3	19.4	40.2	25.0	22.6
30 000	37.8	22.2	22.3	43.0	28.7	25.9
32 000	40.3	25.3	25.3	45.9	32.7	29.5
34 000	42.9	28.5	28.6	48.8	36.9	33.2
36 000	45.4	32.0	32.0	51.6	41.4	37.2
38 000	47.9	35.6	35.7	54.5	46.1	41.4
40 000	50.4	39.5	39.5	57.4	51.1	45.9
42 000	53.0	43.5	43.6	60.2	56.3	50.5
44 000	55.5	47.8	47.8	63.1	61.8	55.4
46 000	58.0	52.2	52.2	66.0	67.6	60.5

20英寸

流量加仑每分	沥青铸铁管 内径20.0″			新钢管编号40 内径18.812″		
	流速英尺/秒	流速头英尺	水头损失/100英尺	流速英尺/秒	流速头英尺	水头损失/100英尺
800	.817	.010	.012	.923	.013	.015
1 000	1.02	.016	.017	1.15	.021	.023
1 200	1.23	.023	.025	1.39	.030	.032
1 400	1.43	.032	.033	1.62	.041	.043
1 600	1.63	.041	.042	1.85	.053	.055
1 800	1.84	.052	.053	2.08	.067	.068
2 000	2.04	.065	.065	2.31	.083	.083
2 400	2.45	.093	.091	2.77	.119	.112
2 800	2.86	.127	.123	3.23	.162	.150
3 200	3.27	.166	.159	3.69	.212	.193
3 600	3.68	.210	.199	4.16	.268	.241
4 000	4.09	.259	.245	4.62	.331	.295
5 000	5.10	.405	.377	5.77	.517	.452
6 000	6.13	.583	.539	6.93	.744	.641
7 000	7.15	.793	.728	8.08	1.01	.862
8 000	8.17	1.04	.946	9.23	1.32	1.12
9 000	9.19	1.31	1.19	10.4	1.68	1.40
10 000	10.2	1.62	1.47	11.5	2.07	1.72
12 000	12.3	2.33	2.10	13.9	2.98	2.45
14 000	14.3	3.17	2.85	16.2	4.05	3.32
15 000	15.3	3.64	3.27	17.3	4.65	3.79
16 000	16.3	4.14	3.71	18.5	5.29	4.31
18 000	18.4	5.25	4.68	20.8	6.70	5.42
20 000	20.4	6.48	5.77	23.1	8.27	6.67
22 000	22.5	7.84	6.97	25.4	10.0	8.05
24 000	24.5	9.32	8.29	27.7	11.9	9.55
26 000	26.6	10.9	9.71	30.0	14.0	11.2
28 000	28.6	12.7	11.3	32.3	16.2	12.9
30 000	30.6	14.6	12.9	34.6	18.6	14.8
32 000	32.7	16.6	14.7	36.9	21.2	16.9
34 000	34.7	18.7	16.6	39.2	23.9	19.0
36 000	36.8	21.0	18.5	41.6	26.8	21.3
38 000	38.8	23.4	20.7	43.9	29.9	23.7
40 000	40.9	25.9	22.9	46.2	33.1	26.2
45 000	46.0	32.8	28.9	51.9	41.9	33.1
50 000	51.1	40.5	35.7	57.7	51.7	40.8
55 000	56.2	49.0	43.1	63.5	62.6	49.3
60 000	62.3	58.3	51.3	69.3	74.5	58.6
65 000	66.4	68.4	60.2	75.0	87.4	68.6
70 000	71.5	79.3	69.8	80.8	101	79.5

表 3.4(续)

沥青铸铁和新钢管水的摩阻损失(续)
（基于达西公式）

	24 英寸						30 英寸					
	沥青铸铁管 内径 24.0″			新钢管编号 40 内径 22.624″				沥青铸铁管 内径 30.0″			新钢管编号 40 内径 28.750″		
流量 加仑 每分	流速 英尺 /秒	流速 头 英尺	水头损 失/100 英尺	流速 英尺 /秒	流速 头 英尺	水头损 失/100 英尺	流量 加仑 每分	流速 英尺 /秒	流速 头 英尺	水头损 失/100 英尺	流速 英尺 /秒	流速 头 英尺	水头损 失/100 英尺
800	.567	.005	.005	.638	.006	.006	1 000	.454	.003	.002	.494	.004	.003
1 000	.709	.008	.007	.798	.010	.009	1 200	.545	.005	.003	.593	.005	.004
1 200	.851	.011	.010	.958	.014	.013	1 400	.635	.006	.005	.692	.007	.005
1 400	.993	.015	.013	1.12	.019	.017	1 600	.726	.008	.006	.791	.010	.007
1 600	1.14	.020	.017	1.28	.025	.022	1 800	.817	.010	.007	.890	.012	.009
1 800	1.28	.025	.021	1.44	.032	.028	2 000	.908	.013	.009	.998	.015	.010
2 000	1.42	.031	.026	1.60	.040	.034	2 400	1.09	.018	.012	1.19	.022	.015
2 400	1.70	.045	.037	1.92	.057	.047	2 800	1.27	.025	.016	1.38	.030	.019
2 800	1.99	.061	.049	2.24	.078	.063	3 200	1.45	.033	.021	1.58	.039	.025
3 200	2.27	.080	.063	2.55	.101	.080	3 600	1.63	.041	.026	1.78	.049	.031
3 600	2.55	.101	.079	2.87	.128	.096	4 000	1.82	.051	.032	1.98	.061	.037
4 000	2.84	.125	.097	3.19	.158	.118	5 000	2.27	.080	.048	2.47	.095	.057
5 000	3.55	.195	.149	3.99	.247	.179	6 000	2.72	.115	.069	2.97	.136	.077
6 000	4.26	.281	.212	4.79	.356	.254	7 000	3.18	.157	.092	3.46	.186	.103
7 000	4.96	.383	.287	5.59	.484	.341	8 000	3.63	.205	.119	3.95	.243	.133
8 000	5.67	.500	.372	6.39	.633	.440	9 000	4.09	.259	.150	4.45	.307	.166
9 000	6.38	.632	.468	7.18	.801	.552	10 000	4.54	.320	.184	4.94	.379	.203
10 000	7.09	.781	.575	7.98	.989	.676	12 000	5.45	.460	.263	5.93	.546	.287
12 000	8.51	1.12	.823	9.58	1.42	.962	14 000	6.35	.627	.355	6.92	.743	.386
14 000	9.93	1.53	1.11	11.2	1.94	1.30	16 000	7.26	.819	.461	7.91	.970	.500
16 000	11.3	2.00	1.45	12.8	2.53	1.68	18 000	8.17	1.04	.581	8.90	1.23	.627
18 000	12.8	2.53	1.83	14.4	3.20	2.12	20 000	9.08	1.28	.714	9.88	1.52	.769
20 000	14.2	3.12	2.25	16.0	3.95	2.60	22 000	9.99	1.55	.861	10.9	1.84	.926
22 000	15.6	3.78	2.72	17.6	4.79	3.13	24 000	10.9	1.84	1.02	11.9	2.18	1.10
24 000	17.0	4.50	3.23	19.2	5.69	3.71	26 000	11.8	2.16	1.20	12.9	2.56	1.28
26 000	18.4	5.28	3.78	20.8	6.68	4.34	28 000	12.7	2.51	1.39	13.8	2.97	1.48
28 000	19.9	6.12	4.38	22.3	7.75	5.03	30 000	13.6	2.88	1.59	14.8	3.41	1.69
30 000	21.3	7.03	5.02	23.9	8.90	5.76	35 000	15.9	3.92	2.15	17.3	4.64	2.29
34 000	24.1	9.02	6.44	27.1	11.4	7.36	40 000	18.2	5.12	2.81	19.8	6.07	2.97
38 000	27.0	11.3	8.03	30.3	14.3	9.17	45 000	20.4	6.48	3.54	22.2	7.68	3.75
42 000	29.8	13.8	9.80	33.5	17.4	11.2	50 000	22.7	7.99	4.37	24.7	9.48	4.61
46 000	32.6	16.5	11.7	36.7	20.9	13.4	55 000	25.0	9.67	5.28	27.2	11.5	5.56
50 000	35.5	19.5	13.9	39.9	24.7	15.8	60 000	27.2	11.5	6.27	29.7	13.6	6.60
60 000	42.6	28.1	19.9	47.9	35.6	22.6	65 000	29.5	13.5	7.35	32.1	16.0	7.73
70 000	49.6	38.3	27.1	55.9	48.4	30.7	70 000	31.8	15.7	8.52	34.6	18.6	8.95
80 000	56.7	50.0	35.3	63.8	63.3	40.0	75 000	34.0	18.0	9.77	37.1	21.3	10.3
90 000	63.8	63.2	44.7	71.8	80.1	50.6	80 000	36.3	20.5	11.1	39.5	24.3	11.7
100 000	70.9	78.1	55.1	79.8	98.9	62.3	85 000	38.6	23.1	12.5	42.0	27.4	13.1
110 000	78.0	94.3	65.6	87.8	110	75.3	90 000	40.9	25.9	14.0	44.5	30.7	14.7
120 000	85.1	112	78.5	95.8	142	89.6	100 000	45.4	32.0	17.3	49.4	37.9	18.1

注意：无使用年限、不同直径，或任何内部表面变化的折算。任何安全系数必须估计当地的特定安装条件和要求。建议对大多数商业设计目的，表中的数值增加 15%—20%的安全系数。

表 3.4(续)

沥青铸铁和新钢管水的摩阻损失(续)
(基于达西公式)

36 英寸

流量加仑每分	沥青铸铁管 内径36.0″			新钢管编号40 内径34.500″		
	流速英尺/秒	流速头英尺	水头损失/100英尺	流速英尺/秒	流速头英尺	水头损失/100英尺
1 400	.441	.003	.002	.480	.004	.002
1 600	.504	.004	.002	.549	.005	.003
1 800	.567	.005	.003	.618	.006	.004
2 000	.630	.006	.004	.686	.007	.004
2 400	.756	.009	.005	.824	.011	.006
2 800	.883	.012	.007	.961	.014	.008
3 200	1.01	.016	.008	1.10	.019	.010
3 600	1.14	.020	.010	1.24	.024	.013
4 000	1.26	.025	.013	1.37	.029	.015
5 000	1.58	.039	.019	1.72	.046	.023
6 000	1.89	.056	.027	2.06	.066	.033
7 000	2.21	.076	.037	2.40	.090	.043
8 000	2.52	.099	.048	2.75	.117	.054
9 000	2.84	.125	.060	3.09	.148	.067
10 000	3.15	.154	.073	3.43	.183	.082
12 000	3.78	.222	.104	4.12	.263	.115
14 000	4.41	.302	.140	4.81	.358	.155
16 000	5.04	.395	.182	5.49	.468	.200
18 000	5.67	.500	.228	6.18	.592	.250
20 000	6.30	.617	.281	6.86	.731	.307
25 000	7.88	.962	.433	8.58	1.14	.471
30 000	9.46	1.39	.622	10.30	1.65	.671
35 000	11.0	1.89	.843	12.0	2.24	.906
40 000	12.6	2.47	1.10	13.7	2.93	1.18
50 000	15.8	3.86	1.70	17.2	4.57	1.82
60 000	18.9	5.55	2.45	20.6	6.58	2.60
70 000	22.1	7.56	3.32	24.0	8.96	3.52
80 000	25.2	9.87	4.33	27.5	11.7	4.58
90 000	28.4	12.5	5.47	30.9	14.8	5.77
100 000	31.5	15.4	6.74	34.3	18.3	7.11
110 000	34.7	18.7	8.15	37.7	22.1	8.58
120 000	37.8	22.2	9.69	41.2	26.3	10.2
130 000	41.0	26.1	11.4	44.6	30.9	11.9
140 000	44.1	30.2	13.2	48.0	35.8	13.8
150 000	47.3	34.7	15.1	51.5	41.1	15.8
160 000	50.4	39.5	17.2	54.9	46.8	18.0
170 000	53.6	44.6	19.4	58.3	52.8	20.3
180 000	56.7	50.0	21.7	61.8	59.2	22.8
190 000	59.9	55.7	24.2	65.2	66.0	25.3
200 000	63.0	61.7	26.8	68.6	73.1	28.0

42 英寸 （内径 42.0″）

流量加仑每分	流速英尺/秒	流速头英尺	沥青铸铁管 水头损失/100英尺	新钢管 水头损失/100英尺
2 000	.463	.003	.002	.002
3 000	.695	.007	.004	.003
4 000	.926	.013	.006	.006
5 000	1.16	.021	.009	.009
6 000	1.39	.030	.013	.012
7 000	1.62	.041	.017	.017
8 000	1.85	.053	.022	.021
9 000	2.08	.067	.027	.026
10 000	2.32	.083	.034	.032
11 000	2.55	.101	.040	.037
12 000	2.78	.120	.048	.043
14 000	3.24	.163	.064	.058
16 000	3.71	.213	.083	.075
18 000	4.17	.270	.104	.094
20 000	4.63	.333	.128	.114
25 000	5.79	.520	.198	.175
30 000	6.95	.749	.282	.249
35 000	8.11	1.02	.382	.335
40 000	9.26	1.33	.497	.434
45 000	10.4	1.69	.626	.545
50 000	11.6	2.08	.771	.669
60 000	13.9	3.00	1.11	.954
70 000	16.2	4.08	1.50	1.29
80 000	18.5	5.33	1.95	1.67
90 000	20.8	6.74	2.47	2.11
100 000	23.2	8.32	3.04	2.60
110 000	25.5	10.1	3.67	3.13
120 000	27.8	12.0	4.37	3.72
130 000	30.1	14.1	5.12	4.35
140 000	32.4	16.3	5.93	5.04
150 000	34.7	18.7	6.80	5.77
160 000	37.1	21.3	7.73	6.56
170 000	39.4	24.1	8.73	7.39
180 000	41.7	27.0	9.78	8.28
190 000	44.0	30.0	10.9	9.21
200 000	46.3	33.3	12.1	10.2
250 000	57.9	52.0	18.8	15.6
300 000	69.5	74.9	27.1	22.4
350 000	81.1	102	36.8	30.4
400 000	92.6	133	48.0	39.6

表 3. 4(续)

沥青铸铁和新钢管水的摩阻损失(续)
(基于达西公式)

48 英寸					54 英寸				
内径 48.0″					内径 54.0″				
流量加仑每分	流速英尺/秒	流速头英尺	沥青铸铁管 水头损失/100英尺	新钢管 水头损失/100英尺	流量加仑每分	流速英尺/秒	流速头英尺	沥青铸铁管 水头损失/100英尺	新钢管 水头损失/100英尺
2 000	.355	.002	.001	.001	10 000	1.40	.030	.010	.009
3 000	.532	.004	.002	.002	12 000	1.68	.044	.013	.013
4 000	.709	.008	.003	.003	14 000	1.96	.060	.018	.017
5 000	.887	.012	.005	.005	16 000	2.24	.078	.023	.022
6 000	1.06	.018	.007	.006	18 000	2.52	.099	.029	.027
7 000	1.24	.024	.009	.009	20 000	2.80	.122	.036	.033
8 000	1.42	.031	.011	.010	22 000	3.08	.147	.043	.039
9 000	1.60	.040	.014	.014	24 000	3.36	.175	.051	.047
10 000	1.77	.049	.017	.017	26 000	3.64	.206	.059	.054
12 000	2.13	.070	.024	.023	28 000	3.92	.239	.069	.062
14 000	2.48	.096	.033	.031	30 000	4.20	.274	.079	.071
16 000	2.84	.125	.042	.039	35 000	4.90	.373	.106	.096
18 000	3.19	.158	.053	.048	40 000	5.60	.487	.137	.123
20 000	3.55	.195	.065	.059	45 000	6.30	.617	.173	.154
25 000	4.43	.304	.100	.092	50 000	7.00	.761	.213	.189
30 000	5.32	.439	.143	.130	60 000	8.41	1.10	.304	.267
35 000	6.21	.598	.193	.175	70 000	9.81	1.49	.412	.360
40 000	7.09	.779	.251	.225	80 000	11.2	1.95	.536	.465
45 000	7.98	.987	.316	.279	90 000	12.6	2.47	.676	.584
50 000	8.87	1.22	.389	.340	100 000	14.0	3.05	.833	.717
55 000	9.75	1.47	.469	.406	110 000	15.4	3.69	1.01	.862
60 000	10.64	1.76	.556	.485	120 000	16.8	4.39	1.19	1.02
70 000	12.41	2.39	.754	.654	130 000	18.2	5.15	1.40	1.19
80 000	14.18	3.12	.982	.849	140 000	19.6	5.97	1.62	1.38
90 000	15.96	3.95	1.24	1.07	150 000	21.0	6.85	1.98	1.58
100 000	17.73	4.88	1.53	1.31	160 000	22.4	7.80	2.11	1.79
110 000	19.50	5.90	1.84	1.58	170 000	23.8	8.80	2.38	2.02
120 000	21.28	7.03	2.19	1.88	180 000	25.2	9.87	2.67	2.26
130 000	23.05	8.25	2.52	2.20	190 000	26.6	11.0	2.97	2.51
140 000	24.82	9.56	2.98	2.54	200 000	28.0	12.2	3.29	2.77
150 000	26.60	11.0	3.41	2.91	250 000	35.0	19.0	5.13	4.30
200 000	35.5	19.5	6.04	5.14	300 000	42.0	27.4	7.37	6.16
250 000	44.3	30.5	9.42	7.99	350 000	49.0	37.3	10.0	8.36
300 000	53.2	43.9	13.5	11.5	400 000	56.0	48.7	13.1	10.9
350 000	62.1	59.8	18.4	15.6	450 000	63.0	61.7	16.5	13.7
400 000	70.9	78.1	24.0	20.3	500 000	70.0	76.1	20.4	16.9
450 000	79.8	98.8	30.4	25.6	550 000	77.0	92.1	24.7	20.5
500 000	88.7	122	37.5	31.6	600 000	84.0	110	29.3	24.3
550 000	97.5	148	45.4	38.2	650 000	91.1	129	34.4	28.5
600 000	106	176	54.0	45.4	700 000	98.1	149	39.9	33.0

注意:无使用年限、不同直径,或任何内部表面变化的折算。任何安全系数必须估计当地的特定安装条件和要求。建议对大多数商业设计目的,表中的数值增加 15%—20% 的安全系数。

表 3.4(续)

新钢管水的摩阻损失(续)
(基于达西公式)

60 英寸				72 英寸				84 英寸			
流量加仑每分	公称尺寸 内径 60.0″			流量加仑每分	公称尺寸 内径 72.0″			流量加仑每分	公称尺寸 内径 84.0″		
	流速英尺/秒	流速头英尺	水头损失/100英尺		流速英尺/秒	流速头英尺	水头损失/100英尺		流速英尺/秒	流速头英尺	水头损失/100英尺
14.000	1.59	.039	.010	18.000	1.42	.031	.007	24.000	1.39	.030	.005
16.000	1.82	.051	.013	20.000	1.58	.039	.008	26.000	1.51	.035	.006
18.000	2.04	.065	.017	22.000	1.73	.047	.010	28.000	1.62	.041	.007
20.000	2.27	.080	.020	24.000	1.89	.056	.012	30.000	1.74	.047	.008
22.000	2.50	.097	.023	26.000	2.05	.065	.013	35.000	2.03	.064	.011
24.000	2.72	.115	.027	28.000	2.21	.076	.015	40.000	2.32	.083	.014
26.000	2.95	.135	.032	30.000	2.36	.087	.018	45.000	2.61	.105	.017
28.000	3.18	.157	.037	35.000	2.76	.118	.023	50.000	2.90	.130	.021
30.000	3.40	.180	.042	40.000	3.15	.154	.029	55.000	3.18	.157	.025
35.000	3.97	.245	.056	45.000	3.55	.195	.036	60.000	3.47	.187	.029
40.000	4.54	.320	.072	50.000	3.94	.241	.045	70.000	4.05	.255	.039
45.000	5.11	.405	.091	60.000	4.73	.347	.063	80.000	4.63	.333	.051
50.000	5.67	.500	.111	70.000	5.52	.472	.085	90.000	5.21	.421	.063
60.000	6.81	.719	.157	80.000	6.30	.617	.110	100.000	5.79	.520	.078
70.000	7.94	.979	.212	90.000	7.09	.781	.137	110.000	6.37	.629	.093
80.000	9.08	1.28	.274	100.000	7.88	.964	.168	120.000	6.95	.749	.110
90.000	10.2	1.62	.345	110.000	8.67	1.17	.203	130.000	7.53	.879	.129
100.000	11.3	2.00	.423	120.000	9.46	1.39	.240	140.000	8.11	1.02	.149
110.000	12.5	2.42	.509	130.000	10.2	1.63	.280	150.000	8.64	1.17	.170
120.000	13.6	2.88	.603	140.000	11.0	1.89	.323	160.000	9.26	1.33	.192
130.000	14.8	3.38	.705	150.000	11.8	2.17	.370	170.000	9.84	1.50	.216
140.000	15.9	3.92	.815	160.000	12.6	2.47	.419	180.000	10.4	1.69	.242
150.000	17.0	4.50	.933	170.000	13.4	2.89	.472	190.000	11.0	1.88	.269
160.000	18.2	5.12	1.06	180.000	14.2	3.12	.528	200.000	11.6	2.08	.297
170.000	19.3	5.78	1.19	190.000	15.0	3.48	.587	250.000	14.5	3.25	.459
180.000	20.4	6.48	1.33	200.000	15.8	3.86	.648	300.000	17.4	4.68	.655
190.000	21.6	7.21	1.48	250.000	19.7	6.02	1.00	350.000	20.3	6.37	.886
200.000	22.7	7.99	1.64	300.000	23.6	8.67	1.44	400.000	23.2	8.32	1.15
250.000	28.4	12.5	2.55	350.000	27.6	11.8	1.95	450.000	26.1	10.5	1.45
300.000	34.0	18.0	3.65	400.000	31.5	15.4	2.53	500.000	28.9	13.0	1.79
350.000	39.7	24.5	4.95	450.000	35.5	19.5	3.20	550.000	31.8	15.7	2.16
400.000	45.4	32.0	6.45	500.000	39.4	24.1	3.94	600.000	34.7	18.7	2.56
450.000	51.1	40.5	8.14	550.000	43.3	29.2	4.75	650.000	37.6	22.0	3.00
500.000	56.7	50.0	10.0	600.000	47.3	34.7	5.65	700.000	40.5	25.5	3.48
550.000	62.4	60.5	12.1	650.000	51.2	40.7	6.62	750.000	43.4	29.3	3.99
600.000	68.1	71.9	14.4	700.000	55.2	47.2	7.68	800.000	46.3	33.3	4.53
650.000	73.8	84.4	16.9	750.000	59.1	54.2	8.79	850.000	49.2	37.6	5.11
700.000	79.4	97.9	19.7	800.000	63.0	61.7	9.99	900.000	52.1	42.1	5.72
750.000	85.1	112	22.4	850.000	67.0	69.6	11.3	950.000	55.0	46.9	6.37
800.000	90.8	128	25.5	900.000	70.9	78.1	12.6	1 000.000	57.9	52.0	7.05

注意:无使用年限、不同直径,或任何内部表面变化的折算。任何安全系数必须估计当地的特定安装条件和要求。建议对大多数商业设计目的,表中的数值增加 15%—20% 的安全系数。

表 3.4(续)

新钢管水的摩阻损失(续)
(基于达西公式)

96 英寸 流量 加仑 每分	公称尺寸 内径 96.0" 流速 英尺/秒	流速头 英尺	水头损失/100英尺	108 英寸 流量 加仑 每分	公称尺寸 内径 108.0" 流速 英尺/秒	流速头 英尺	水头损失/100英尺	120 英寸 流量 加仑 每分	公称尺寸 内径 120.0" 流速 英尺/秒	流速头 英尺	水头损失/100英尺
12.000	.532	.004	.001	15.000	.525	.004	.001	20.000	.567	.005	.001
14.000	.621	.006	.001	20.000	.700	.008	.001	30.000	.851	.011	.001
16.000	.709	.008	.001	25.000	.876	.012	.002	40.000	1.14	.020	.002
18.000	.798	.010	.002	30.000	1.05	.017	.002	50.000	1.42	.031	.004
20.000	.887	.012	.002	35.000	1.23	.023	.003	60.000	1.70	0.45	.005
22.000	.975	.015	.002	40.000	1.40	.030	.004	70.000	1.99	.061	.007
24.000	1.06	.018	.003	45.000	1.58	.039	.005	80.000	2.27	.080	.009
26.000	1.15	.021	.003	50.000	1.75	.048	.006	90.000	2.55	.101	.011
28.000	1.24	.024	.004	60.000	2.10	.069	.009	100.000	2.84	.125	.013
30.000	1.33	.027	.004	70.000	2.45	.093	.011	110.000	3.12	.151	.016
40.000	1.77	.049	.007	80.000	2.80	.122	.015	120.000	3.40	.180	.019
50.000	2.22	.076	.011	90.000	3.15	.154	.018	130.000	3.69	.211	.022
60.000	2.66	.110	.015	100.000	3.50	.190	.022	140.000	3.97	.245	.025
70.000	3.10	.149	.020	110.000	3.85	.230	.027	150.000	4.26	.281	.028
80.000	3.55	.195	.026	120.000	4.20	.274	.031	160.000	4.54	.320	.032
90.000	3.99	.247	.033	130.000	4.55	.322	.037	170.000	4.83	.361	.036
100.000	4.43	.305	.040	140.000	4.90	.373	.042	180.000	5.11	.405	.040
110.000	4.88	.369	.048	150.000	5.25	.428	.048	190.000	5.39	.451	.045
120.000	5.32	.439	.056	160.000	5.60	.487	.054	200.000	5.67	.500	.049
130.000	5.76	.515	.066	170.000	5.95	.550	.061	250.000	7.09	.781	.076
140.000	6.21	.598	.076	180.000	6.30	.617	.068	300.000	8.51	1.12	.108
150.000	6.65	.686	.087	190.000	6.65	.687	.076	350.000	9.93	1.53	.145
160.000	7.09	.781	.098	200.000	7.00	.761	.084	400.000	11.3	2.00	.188
170.000	7.54	.881	.110	250.000	8.76	1.19	.129	450.000	12.8	2.53	.237
180.000	7.98	.988	.123	300.000	10.5	1.71	.183	500.000	14.2	3.12	.291
190.000	8.42	1.10	.137	350.000	12.3	2.33	.247	600.000	17.0	4.50	.416
200.000	8.87	1.22	.151	400.000	14.0	3.05	.321	700.000	19.9	6.12	.562
250.000	11.1	1.91	.233	450.000	15.8	3.86	.404	800.000	22.7	7.99	.731
300.000	13.3	2.74	.333	500.000	17.5	4.76	.497	900.000	25.5	10.1	.922
350.000	15.5	3.74	.449	600.000	21.0	6.85	.710	1 000.000	28.4	12.5	1.14
400.000	17.7	4.88	.584	700.000	24.5	9.33	.962	1 100.000	31.2	15.1	1.37
450.000	19.9	6.18	.735	800.000	28.0	12.2	1.25	1 200.000	34.0	18.0	1.63
500.000	22.2	7.62	.905	900.000	31.5	15.4	1.58	1 300.000	36.9	21.1	1.91
600.000	26.6	11.0	1.30	1 000.000	35.0	19.0	1.94	1 400.000	39.7	24.5	2.21
700.000	31.0	14.9	1.76	1 100.000	38.5	23.0	2.35	1 500.000	42.6	28.1	2.53
800.000	35.5	19.5	2.29	1 200.000	42.0	27.4	2.79	1 600.000	45.4	32.0	2.87
900.000	39.9	24.7	2.88	1 300.000	45.5	32.2	3.27	1 700.000	48.2	36.1	3.24
1 000.000	44.3	30.5	3.55	1 400.000	49.0	37.3	3.78	1 800.000	51.1	40.5	3.63
1 100.000	48.8	36.9	4.29	1 500.000	52.5	42.8	4.34	1 900.000	53.9	45.1	4.04
1 200.000	53.2	43.9	5.10					2 000.000	56.7	50.0	4.47

注意:无使用年限、不同直径,或任何内部表面变化的折算。任何安全系数必须估计当地的特定安装条件和要求。建议对大多数商业设计目的,表中的数值增加 15%—20%的安全系数。

表 3.4(续)

新钢管水的摩阻损失(续)
(基于达西公式)

	144 英寸				168 英寸				192 英寸		
	公称尺寸 内径 144.0″				公称尺寸 内径 168.0″				公称尺寸 内径 192.0″		
流量 加仑 每分	流速 英尺 /秒	流速 头 英尺	水头损 失/100 英尺	流量 加仑 每分	流速 英尺 /秒	流速 头 英尺	水头损 失/100 英尺	流量 加仑 每分	流速 英尺 /秒	流速 头 英尺	水头损 失/100 英尺
30.000	.591	.005	.001	50.000	.724	.008	.001	60.000	.665	.007	.001
40.000	.788	.010	.001	60.000	.868	.012	.001	80.000	.887	.012	.001
50.000	.985	.015	.002	70.000	1.01	.016	.001	100.000	1.11	.019	.001
60.000	1.18	.022	.002	80.000	1.16	.021	.002	120.000	1.33	.027	.002
70.000	1.38	.030	.003	90.000	1.30	.026	.002	140.000	1.55	.037	.003
80.000	1.58	.039	.004	100.000	1.45	.033	.003	150.000	1.66	.043	.003
90.000	1.77	.049	.005	120.000	1.74	.047	.004	160.000	1.77	.049	.003
100.000	1.97	.060	.006	140.000	2.03	.064	.005	180.000	2.00	.062	.004
110.000	2.17	.073	.006	150.000	2.17	.073	.005	200.000	2.22	.076	.005
120.000	2.36	.087	.008	160.000	2.32	.083	.006	220.000	2.44	.092	.006
130.000	2.56	.102	.009	180.000	2.61	.105	.008	240.000	2.66	.110	.007
140.000	2.76	.118	.010	200.000	2.90	.130	.009	250.000	2.77	.119	.007
150.000	2.96	.136	.011	220.000	3.18	.157	.011	260.000	2.88	.129	.008
160.000	3.15	.154	.013	240.000	3.47	.187	.013	280.000	3.10	.149	.009
170.000	3.35	.174	.015	250.000	3.62	.203	.014	300.000	3.32	.172	.010
180.000	3.55	.195	.016	260.000	3.76	.220	.015	350.000	3.88	.233	.014
190.000	3.74	.217	.018	280.000	4.05	.255	.018	400.000	4.43	.305	.018
200.000	3.94	.241	.020	300.000	4.34	.293	.020	450.000	5.00	.386	.022
250.000	4.93	.376	.030	350.000	5.07	.398	.027	500.000	5.54	.476	.027
300.000	5.91	.542	.043	400.000	5.79	.520	.035	600.000	6.65	.686	.039
350.000	6.90	.738	.058	450.000	6.51	.658	.043	700.000	7.76	.934	.052
400.000	7.88	.964	.075	500.000	7.24	.813	.053	800.000	8.87	1.22	.068
450.000	8.87	1.22	.094	600.000	8.68	1.17	.076	900.000	9.97	1.54	.085
500.000	9.85	1.51	.116	700.000	10.1	1.59	.102	1 000.000	11.1	1.91	.104
600.000	11.8	2.17	.165	800.000	11.6	2.08	.133	1 200.000	13.3	2.74	.149
700.000	13.8	2.95	.223	900.000	13.0	2.63	.167	1 400.000	15.5	3.74	.201
800.000	15.8	3.86	.289	1 000.000	14.5	3.25	.205	1 600.000	17.7	4.88	.261
900.000	17.7	4.88	.364	1 200.000	17.4	4.68	.293	1 800.000	19.9	6.18	.329
1 000.000	19.7	6.02	.448	1 400.000	20.3	6.37	.396	2 000.000	22.2	7.62	.405
1 200.000	23.6	8.67	.641	1 600.000	23.7	8.73	.547	2 200.000	24.4	9.22	.488
1 400.000	27.6	11.8	.869	1 800.000	26.7	11.1	.690	2 400.000	26.6	11.0	.580
1 500.000	29.6	13.6	.995	2 000.000	29.6	13.6	.850	2 600.000	28.8	12.9	.679
1 600.000	31.5	15.4	1.13	2 200.000	32.6	16.5	1.03	2 800.000	31.0	14.9	.786
1 800.000	35.5	19.5	1.43	2 400.000	35.6	19.6	1.22	3 000.000	33.2	17.2	.900
2 000.000	39.4	24.1	1.76	2 600.000	38.5	23.1	1.43	3 200.000	35.5	19.5	1.02
2 200.000	43.3	29.2	2.12	2 800.000	41.5	26.7	1.85	3 400.000	37.7	22.0	1.15
2 400.000	47.3	34.7	2.52	3 000.000	44.5	30.7	1.89	3 600.000	39.9	24.7	1.29
2 500.000	49.3	37.6	2.73	3 200.000	47.4	34.9	2.15	3 800.000	42.1	27.5	1.44
2 600.000	51.2	40.7	2.95	3 400.000	50.4	39.4	2.43	4 000.000	44.3	30.5	1.59
2 800.000	55.2	47.2	3.42	3 600.000	53.4	44.2	2.72	4 500.000	49.9	38.6	2.01

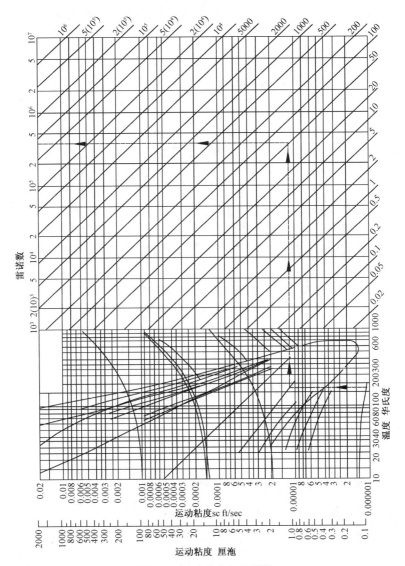

图 3.5　运动粘度与雷诺数

注:对管道老化,管径差异,或管内表面的任何异常情况未做修正。任何安全系数必须从当地的条件和要求的每个特定的装置进行估算。对于大多数商业设计用途,建议将表中的数值增加 15%—20% 的安全系数。

表 3.4 和达西-韦史巴赫卡梅隆水力数据的源数据由 Ingersoll-Dresser 泵集团的福斯公司出版;美国水力研究所工程数据手册也是管道和水数据的一个很好的来源,对任何严谨的管道设计师是必要的参考手册。

这些表中两种源数据不包括对任何管道老化、管道生产或现场装配的偏差所做的修正。美国水力研究所建议对这些因素增加15%的修正。

应用哈森-威廉姆斯公式

哈森-威廉姆斯公式在土木工程领域中很受欢迎,如果对其正确理解可以用于管道设计。这个公式基于涉及相关管道粗糙度的设计因素。这些设计因素被称为C因素,出现在上述方程,范围从80到160,80为粗糙管,160为光滑管。

表3.3是一个综合的值来自卡梅隆水力数据,Karassik et al 的泵手册和由包括各类管的C因素的塑料管道制造商的文档。如果140的C系数用于钢管、哈森-威廉姆斯公式,它将产生的摩擦数据有点媲美达西来公式,如上文所建议取老化系数为15%。

在业界有一些关于哈森-威廉姆斯公式使用的困惑。它非常适合冷水;它可能很难适应粘度或比重的修正。已经有进行哈森-威廉姆斯作为管道装置特定公式应用的研究。这些研究的结果在文献中可以找到,但作者未知。

表3.3中列出的是水行业普遍接受的数值。应该向所考虑的实际管道制造商咨询其管道的数据。使用无涂覆的铸铁或钢管需要承受水的氧化作用,恶化C系数值低至70~80。以下是摩阻表中的数据的乘数,从一个C系数转换到另一个。

值C	150	140	130	120	110	100	90	80	70	60
乘数	0.47	0.54	0.62	0.71	0.84	1.00	1.22	1.50	1.93	2.57

(统一以100为基础)

管道摩阻表

管道摩阻表用于沥青浸渍铸铁、新钢、塑料和铜管。像铜管和细管那样,铸铁和钢管的直径和壁厚是标准化的。塑料管道工业已经建立了一种改变壁厚的方法,以便为所有尺寸的管道提供恒定的压力等级。因此,塑料管的壁厚需要仔细评估。如其他地方所述,在不确保内径的情况下,不应使用管道摩阻表。

表3.4包括沥青涂层铸铁和新钢管,表3.7,40号PVC或CPVC塑料管,表3.8一览表80 PVC或CPVC塑料管,HDPE塑料管道表3.10,表3.11铜管材。

沥青涂层铸铁管和钢管道摩阻表

前面已经指出,管道摩阻并不是一门精确的科学。一些研究文献给出了包括制造公差和特定老化过程影响在内的管道摩擦阻力的可能变化。例如,美国水力研究所估计,摩阻系数的变化,钢管可达－5 至＋10％,沥青涂层铸铁管道可达－5 至＋5％。这导致一些设计师对管道设计采用更大的安全系数。

这些摩阻系数的变化并不起因于老化。由于老化而增加的摩阻损失,没有一般的估计可以提供。管道的老化或直径或内壁粗糙度的变化受当地条件影响,对此,管道设计师必须做出评估。

美国钢铁协会编制了钢管的手册,提供钢管内水流流动的资料。本手册是基于系数 C 为 140 的哈森-威廉姆斯管道摩阻公式。这对不暴露在含氧水中的新管是合理的,且对抗腐蚀的涂覆钢管是可以接受的。本手册对于钢管的使用和安装确实提供了很好的资料。

塑料管

大多数供水企业都在使用塑料管道。就成本而论,它在一些装置上可以显示独特的优势。对于可能使钢管易于生锈的富氧水系统它有确定的优势。从这些管道的主要制造商那里,可以获得塑料管材和管件的压力/温度等级。水系统使用的热塑性塑料管道由管 PVC(聚氯乙烯)40 号和 80 号、CPVC(氯化聚氯乙烯)40 号和 80 号管和高密度聚乙烯(HDPE)制成。

塑料管道的水流阻力低于钢管。塑料管行业的标准采用系数 C 为 150 的哈森-威廉姆斯公式,计算管道摩阻。管件损失以当量管道长度计算。正在对管件进行仔细研究。许多尖锐半径的配件可以生成大于同类钢管配件的附件损失。这项研究详见在本章后面的"塑料管道配件"一节。

以下是水系统中比较常见的塑料管道类型。

PVC:聚氯乙烯管:ASTM(美国试验材料学会)D - 1784 类　12454 - B 类
CPVC:氯化聚氯乙烯管:ASTM(美国试验材料学会)D - 1784 类 23447 - B
HDPE:高密度聚乙烯管:ASTM(美国试验材料学会)3408

PVC 和 CPVC 塑料管道

　　PVC 管多年来一直是市政供水系统首选塑料管。装置运行温度升高时，CPVC 提供了一个很好的管道材料。这类塑料管道的压力/温度的关系如表 3.5 所示。

　　水力冲击和环境温度是塑料管必须考虑的因素；相对于设计同等大小的钢管，设计塑料管必须更为谨慎细心。

　　像其他类型的管道一样，查询管道摩阻表之前必须核对管道的内径。表 3.6 提供了 40 号和 80 号的 PVC、CPVC 管的内径。40 号 PVC、CPVC 管道的摩阻损失如表 3.7 所示，80 号 PVC 和 CPVC 管道在表 3.8。表 3.9 提供了 HDPE 管的额定压力，表 3.10 则是铸铁管道的额定压力。

HDPE(高密度聚乙烯)管

　　HDPE 管已经发展为提供具有不同物理功能的塑料管道，并在市政供水等方面广泛应用。ASTM(美国试验材料学会)3408 给出各种 HDPE 管道在不同温度下的额定压力，如表 3.9 所示。这适用于所有尺寸的管道，一个 16″设计成 SDR 11(标准尺寸比)管道与一个 1¼″的用于建筑的 SDR 11 管道的额定压力等级相同。

表 3.5　最大运行压力(表压力)(psig 磅/平方英寸)和温度(℉)

运行温度	PVC	CPVC
100	150	150
110	135	140
120	110	130
130	75	120
140	50	110
150	N. R.	100
160	N. R.	90
170	N. R.	80
180	N. R.	70
190	N. R.	60
200	N. R.	50

表 3.6　PVC、CPVC 塑料内管直径(略)。

表 3.7　40 号 PVC and CPVC，IPS-OD 管的摩擦损失

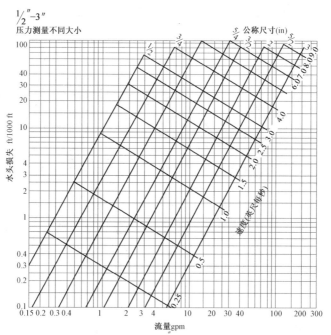

建议的最大速度为5fps的管子。
咨询管制造商需要更高的速度装置。

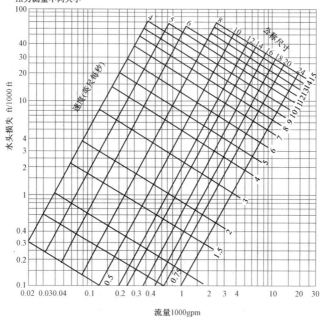

建议的最大速度为5fps的管子。
咨询管制造商需要更高的速度装置。

表 3.8　80 号 PVC and CPVC，IPS-OD 管道摩擦损失
（转载的权限"工程与技术规格手册"，IPEX，Inc.，2000 年）

$\frac{1}{2}''$–3″

压力测量不同大小　　　　　　　　　　　公称尺寸(in)

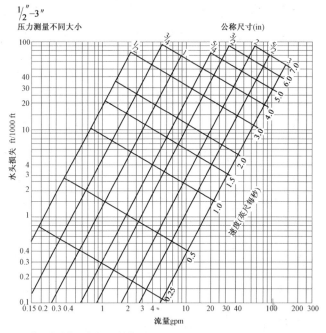

建议的最大速度为5fps的管子。
咨询管制造商需要更高的速度装置。

4″–24″

压力测量不同大小

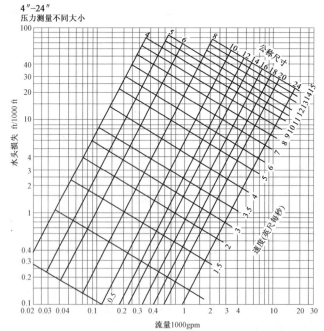

建议的最大速度为5fps的管子。
咨询管制造商需要更高的速度装置。

管道的最大推荐流速是 5 ft/s。已经咨询要求更高流速装置的管道制造商。

典型的是提供不同管壁厚度的 HDPE 管道,提出各种尺寸比(直径厚度比)或相同的外部直径、不同的管壁厚度的塑料管道。这个尺寸比,DR,在业内被称为标准的尺寸比 SDR。SDR 公式是:

$$SDR = \frac{OD}{t} \tag{3.7}$$

式中:OD——管外径(英寸)

　　　t——管壁厚(英寸)

SDR 的使用导致管道尺寸不影响管道的压力等级。对所有 SDR 相同的管道,都具有相同的额定压力。

这个管道的最大推荐流速是 5 ft/s。已经咨询要求更高流速装置的管道制造商。

ASTM 和塑料管材研究所提出以下公式(Eq. 3.8)计算额定压力。

$$p_p = \frac{2S}{SDR - 1} \text{ in psig} \tag{3.8}$$

式中 S 是水压设计应力的基本管材,对 HDPE 管,PE 3408,其数值为 800 psig。

本章图表提供的数据可以用于管道设计过程参考,这些数据可以通过现有的软件计算得到,避免了在计算管道摩阻时大部分的繁重劳动。

表 3.9　HDPE、PE 管压力等级 3 408(psi)和温度(°F)

温度	压力	管道 SDR(标准尺寸比,即外径壁厚比)									
°F	psia	32.5	26	21	19	17	15.5	13.5	11	9	7
50	1 820	58	73	91	101	114	126	146	182	228	303
60	1 730	55	69	87	96	108	119	138	173	216	288
73.4	1 600	51	64	80	89	100	110	128	160	200	267
80	1 520	48	61	76	84	95	105	122	152	190	253
90	1 390	44	56	70	77	87	96	111	139	174	232
100	1 260	40	50	63	70	79	87	101	126	158	210
110	1 130	36	45	57	63	71	78	90	113	141	188
120	1 000	32	40	50	56	63	69	80	100	125	167
130	900	29	36	45	50	56	62	72	90	113	150
140	800	25	32	40	44	50	55	64	80	100	133

标准软件包以合理的成本被商品化。重要的是在一个项目中使用此类软

件之前,要求完全理解其设计基础。设计师要熟悉软件和电脑,可以通过利用上面的方程开发自己的计算机程序。

　　表 3.10 列出各种大小、不同的 *SDR* 的 HDPE 管道直径和摩阻损失的资料。这些数据来自塑料管道研究所的公告 TRI4,1992 年版。确定这些摩阻的公式见其网站,www. plasticpipe. org。如上所述,钢、铸铁、铜管数据是基于达西-韦史巴赫公式;塑料管一般公式基于哈森-威廉姆斯公式。钢、铸铁和铜管的内部直径是标准化的,但塑料管道的内径是依赖所使用的材料类型和工作压力。在尝试任何摩擦计算之前,必须核查用于具体项目塑料管材的实际直径类型。

铜管道和细管

　　铜管材被广泛地用于水系统。管材的损失如表 3.11 所示。这是基于达西-韦史巴赫公式可靠的数据。这个表也是从 Ingersoll-Dresser 泵,福斯公司发布的卡梅隆水力数据中得到。

管件的损失

　　水管道摩阻损失的一个重要部分是由用于连接不同管道的配件所产生。有一些非常不可接受的做法用于计算拟合损失。例如,一些建议按照管道摩阻损失百分比添加为管件的损失。这是一个非常差、不精确的计算摩阻损失的方法。计算拟合损失的正确方法是尽可能准确地确定每个管道配件的损失。对此应该添加一个或然项考虑配件制造的偏差。美国水力研究所的工程数据手册估计系数 K 对钢和铸铁配件有所不同,变化幅度可能在±35％。再者,卡梅隆水力数据管道对配件和阀门的损失计算也是一个很好的来源。这个摩擦数据大部分来自许多年前进行的测试,一些很大的变化就归因于这些摩阻系数。

　　大多数配件的损失都以流入管道的水流速度头 $\frac{V^2}{2g}$ 为参照进行表示。上面的管道摩阻表中列出了管道不同流量下的流速头。K 系已经开发用于许多普通的管件,因此通过配件的损失 H_f 是:

$$H_f = K \times \frac{V^2}{2g} \tag{3.9}$$

表 3.10　铸铁管

基于外径控制的铁管尺寸

公称尺寸 (in.)	外径 (in.)	SDR 7		SDR 7.3		SDR 9		SDR 9.33	
		最小壁厚 (in.)	内径 (in.)	最小壁厚 (in.)	内径 (in.)	最小壁厚 (in.)	内径 (in.)	最小壁厚 (in.)	内径 (in.)
½	0.840	0.120	0.586	0.115	0.596	0.093	0.642	0.090	0.649
¾	1.050	0.150	0.732	0.144	0.745	0.117	0.803	0.113	0.811
1	1.315	0.188	0.917	0.180	0.933	0.146	1.005	0.141	1.016
1~¼	1.660	0.237	1.157	0.227	1.178	0.184	1.269	0.178	1.283
1~½	1.900	0.271	1.325	0.260	1.348	0.211	1.452	0.204	1.468
2	2.375	0.339	1.656	0.325	1.685	0.264	1.816	0.255	1.835
3	3.500	0.500	2.440	0.479	2.484	0.389	2.676	0.375	2.705
4	4.500	0.643	3.137	0.616	3.194	0.500	3.440	0.482	3.477
5	5.563	0.795	3.878	0.762	3.948	0.618	4.253	0.596	4.299
6	6.625	0.946	4.619	0.908	4.700	0.736	5.064	0.710	5.120
7	7.125	1.018	4.967	0.976	5.056	0.792	5.447	0.764	5.506
8	8.625	1.232	6.013	1.182	6.119	0.958	6.593	0.924	6.665
10	10.750	1.536	7.494	1.473	7.627	1.194	8.218	1.152	8.308
12	12.750	1.821	8.889	1.747	9.046	1.471	9.747	1.367	9.853
13	13.375	1.911	9.324	1.832	9.491	1.486	10.244	1.434	10.366
14	14.000	2.000	9.760	1.918	9.934	1.556	10.702	1.501	10.819
16	16.000					2.778	12.231	1.715	12.364
18	18.000					2.000	13.760	1.929	13.910
20	20.000								
22	22.000								
24	24.000								
28	28.000								
30	30.000								
32	32.000								
36	36.000								
42	42.000								
48	48.000								

表 3.10(续)

基于外径控制的铁管尺寸(续)

公称尺寸 (in.)	外径 (in.)	SDR 11		SDR 13.5		SDR 15.5		SDR 17	
		最小壁厚 (in.)	内径 (in.)	最小壁厚 (in.)	内径 (in.)	最小壁厚 (in.)	内径 (in.)	最小壁厚 (in.)	内径 (in.)
1/2	0.840	0.076	0.678	0.062	0.708	0.054	0.725	0.049	0.735
¾	1.050	0.095	0.848	0.078	0.885	0.068	0.906	0.062	0.919
1	1.315	0.120	1.062	0.097	1.108	0.085	1.135	0.077	1.151
1~¼	1.660	0.151	1.340	0.123	1.399	0.107	1.433	0.098	1.453
1~½	1.900	0.173	1.534	0.141	1.602	0.123	1.640	0.112	1.663
2	2.375	0.216	1.917	0.176	2.002	0.153	1.050	0.140	2.079
3	3.500	0.318	2.825	0.259	2.950	0.226	3.021	0.206	3.064
4	4.500	0.409	3.633	0.333	3.793	0.290	3.885	0.265	3.939
5	5.563	0.506	4.491	0.412	4.689	0.359	4.802	0.327	4.869
6	6.625	0.602	5.348	0.491	5.585	0.427	5.719	0.390	5.799
7	7.125	0.648	5.752	0.528	6.006	0.460	6.150	0.419	6.236
8	8.625	0.784	6.963	0.639	7.27	0.556	7.445	0.507	7.549
10	10.750	0.977	8.678	0.796	9.062	0.694	9.280	0.632	9.409
12	12.750	1.159	10.293	0.944	10.748	0.823	11.006	0.750	11.160
13	13.375	1.216	10.797	0.991	11.275	0.862	11.546	0.787	11.707
14	14.000	1.273	11.302	1.037	11.801	0.903	12.085	0.824	12.254
16	16.000	1.455	12.916	1.185	13.487	1.032	13.812	0.941	14.005
18	18.000	1.636	14.531	1.333	15.173	1.161	15.538	1.059	15.755
20	20.000	1.818	16.145	1.481	16.859	1.290	17.265	1.176	17.506
22	22.000	2.000	17.760	1.630	18.545	1.419	18.991	1.294	19.256
24	24.000	2.182	19.375	1.778	20.231	1.548	20.717	1.412	21.007
28	28.000							1.647	24.508
30	30.000							1.765	26.259
32	32.000							1.882	28.009
36	36.000								
42	42.000								
48	48.000								

表 3.10(续)

基于外径控制的铁管尺寸(续)

公称尺寸 (in.)	外径 (in.)	SDR 21		SDR 26		SDR 32.5	
		最小壁厚 (in.)	内径 (in.)	最小壁厚 (in.)	内径 (in.)	最小壁厚 (in.)	内径 (in.)
1/2	0.840						
3/4	1.050						
1	1.315						
1～¼	1.660						
1～½	1.900						
2	2.375	0.113	2.135				
3	3.500	0.167	3.147	0.135	3.215	0.108	3.272
4	4.500	0.214	4.046	0.173	4.133	0.138	4.206
5	5.563	0.265	5.001	0.214	5.109	0.171	5.200
6	6.625	0.315	5.956	0.255	6.085	0.204	6.193
7	7.125	0.339	6.406	0.274	6.544	0.219	6.660
8	8.625	0.411	7.754	0.332	7.922	0.265	8.062
10	10.750	0.512	9.665	0.413	9.873	0.331	10.049
12	12.750	0.607	11.463	0.490	11.710	0.392	11.918
13	13.375	0.637	12.025	0.514	12.284	0.412	12.503
14	14.000	0.667	12.587	0.538	12.858	0.431	13.067
16	16.000	0.762	14.385	0.615	14.695	0.492	14.956
18	18.000	0.857	16.183	0.692	16.532	0.554	16.826
20	20.000	0.952	17.981	0.769	18.369	0.615	18.695
22	22.000	1.048	19.779	0.846	20.206	0.667	20.565
24	24.000	1.143	21.577	0.923	22.043	0.738	22.434
28	28.000	1.333	25.173	1.077	25.77	0.862	26.174
30	30.000	1.429	26.971	1.154	27.564	0.923	28.043
32	32.000	1.524	28.770	1.231	29.391	0.985	29.913
36	36.000	1.714	32.366	1.385	33.065	1.108	33.652
42	42.000	2.000	37.760	1.615	38.575	1.292	39.260
48	48.000	2.286	43.154	1.846	44.036	1.477	44.869

表 3. 10(续)

¾″铸铁管水头损失和流速(威廉公式)

流量 (US GPM)	SDR 17 内径=0.919		SDR 15.5 内径=0.906		SDR 13.5 内径=0.885		SDR 11 内径=0.848	
	流速 (FPS)	水头损失 (FT/100′)	流速 (FPS)	水头损失 (FT/100′)	流速 (FPS)	水头损失 (FT/100′)	流速 (FPS)	水头损失 (FT/100′)
1	0.48	0.15	0.50	0.16	0.52	0.18	0.57	0.22
2	0.97	0.54	1.00	0.57	1.04	0.64	1.14	0.79
3	1.45	1.13	1.49	1.22	1.56	1.36	1.70	1.68
4	1.93	1.93	1.99	2.07	2.09	2.32	2.27	2.86
5	2.42	2.92	2.49	3.13	2.61	3.51	2.84	4.32
6	2.90	4.09	2.99	4.39	3.13	4.92	3.41	6.05
7	3.39	5.45	3.48	5.84	3.65	6.54	3.98	8.06
8	3.87	6.98	3.98	7.48	4.17	8.38	4.54	10.32
9	4.35	8.68	4.48	9.30	4.69	10.42	5.11	12.83
10	4.84	10.55	4.98	11.30	5.22	12.67	5.68	15.59
15	7.26	22.34	7.46	23.95	7.82	26.84	8.52	33.04

流量 (US GPM)	SDR 9 内径=0.803		SDR 7 内径=0.732	
	流速 (FPS)	水头损失 (FT/100′)	流速 (FPS)	水头损失 (FT/100′)
1	0.63	0.29	0.76	0.45
2	1.27	1.03	1.52	1.62
3	1.90	2.19	2.29	3.43
4	2.53	3.73	3.05	5.85
5	3.17	5.63	3.81	8.84
6	3.80	7.89	4.57	12.39
7	4.43	10.50	5.34	16.48
8	5.07	13.45	6.10	22.10
9	5.70	16.73	6.86	26.25
10	6.34	20.33	7.62	31.90
15	9.50	43.08	11.44	67.59

表 3.10(续)

1″铸铁管水头损失和流速（威廉公式）							
	SDR 17 内径＝1.151		SDR 15.5 内径＝1.135		SDR 13.5 内径＝1.108		SDR 11 内径＝1.062
流量 (US GPM)	流速 (FPS)	水头损失 (FT/100′)	流速 (FPS)	水头损失 (FT/100′)	流速 (FPS)	水头损失 (FT/100′)	流速 (FPS)	水头损失 (FT/100′)
1	0.31	0.05	0.32	0.05	0.33	0.06	0.36	0.07
2	0.62	0.18	0.63	0.19	0.67	0.22	0.72	0.26
3	0.93	0.38	0.95	0.41	1.00	0.46	1.09	0.56
4	1.23	0.65	1.27	0.69	1.33	0.78	1.45	0.96
5	1.54	0.98	1.59	1.05	1.66	1.18	1.81	1.45
10	3.08	3.53	3.17	3.78	3.33	4.24	3.62	5.22
15	4.63	7.47	4.76	8.00	4.99	8.99	5.43	11.06
20	6.17	12.73	6.34	13.63	6.65	15.32	7.24	18.84
30	9.25	26.98	9.51	28.88	9.98	32.47	10.87	39.91
50	15.42	69.49	15.86	74.38	16.64	83.63	18.11	102.79

	SDR 9 内径＝1.005		SDR 7 内径＝0.917	
流量 (US GPM)	流速 (FPS)	水头损失 (FT/100′)	流速 (FPS)	水头损失 (FT/100′)
1	0.40	0.10	0.49	0.15
2	0.81	0.35	0.97	0.54
3	1.21	0.73	1.46	1.15
4	1.62	1.25	1.94	1.95
5	2.02	1.89	2.43	2.95
10	4.04	6.82	4.86	10.66
15	6.07	14.46	7.29	22.58
20	8.09	24.63	9.72	38.47
30	12.13	52.20	14.57	81.52
50	20.22	134.44	24.29	209.97

表 3.10(续)

			1-¼″铸铁管水头损失和流速(威廉公式)					
	SDR 17 内径=1.453		SDR 15.5 内径=1.433		SDR 13.5 内径=1.399		SDR 11 内径=1.340	
流量 (US GPM)	流速 (FPS)	水头损失 (FT/100′)	流速 (FPS)	水头损失 (FT/100′)	流速 (FPS)	水头损失 (FT/100′)	流速 (FPS)	水头损失 (FT/100′)
5	0.97	0.31	0.99	0.34	1.04	0.38	1.14	0.47
10	1.93	1.14	1.99	1.21	2.09	1.36	2.28	1.68
15	2.90	2.41	2.98	2.57	3.13	2.89	3.41	3.57
20	3.87	4.10	3.98	4.38	4.17	4.93	4.55	6.08
25	4.84	6.20	4.97	6.63	5.22	7.45	5.69	9.19
30	5.80	8.68	5.97	9.29	6.26	10.44	6.83	12.88
35	6.77	11.55	6.96	12.36	7.31	13.89	7.96	17.13
40	7.74	14.79	7.96	15.83	8.35	17.79	9.10	21.94
45	8.71	18.40	8.95	19.68	9.39	22.12	10.24	27.28
50	9.67	22.36	9.95	23.92	10.44	26.89	11.38	33.16

	SDR 9.33 内径=1.283		SDR 9 内径=1.269		SDR 7.3 内径=1.178		SDR 7 内径=1.157	
流量 (US GPM)	流速 (FPS)	水头损失 (FT/100′)	流速 (FPS)	水头损失 (FT/100′)	流速 (FPS)	水头损失 (FT/100′)	流速 (FPS)	水头损失 (FT/100′)
5	1.24	0.58	1.27	0.61	1.47	0.87	1.53	0.95
10	2.48	2.08	2.54	2.19	2.94	3.15	3.05	3.44
15	3.72	4.41	3.81	4.65	4.42	6.68	4.58	7.29
20	4.96	7.51	5.07	7.92	5.89	11.37	6.10	12.41
25	6.20	11.35	6.34	11.97	7.36	17.19	7.63	18.77
30	7.44	15.91	7.61	16.78	8.83	24.10	9.15	26.31
35	8.69	21.16	8.88	22.32	10.30	32.06	10.68	35.00
40	9.93	27.10	10.15	28.59	11.78	41.06	12.21	44.82
45	11.17	33.71	11.42	35.56	13.25	51.07	13.73	55.74
50	12.41	40.97	12.68	43.22	14.72	62.07	15.26	67.75

表 3.10(续)

1-1½″铸铁管水头损失和流速(威廉公式)								
	SDR 17 内径＝1.663		SDR 15.5 内径＝1.640		SDR 13.5 内径＝1.602		SDR 11 内径＝1.534	
流量 (US GPM)	流速 (FPS)	水头损失 (FT/100′)	流速 (FPS)	水头损失 (FT/100′)	流速 (FPS)	水头损失 (FT/100′)	流速 (FPS)	水头损失 (FT/100′)
5	0.74	0.16	0.76	0.17	0.80	0.20	0.87	0.24
10	1.48	0.59	1.52	0.63	1.59	0.71	1.74	0.87
15	2.22	1.25	2.28	1.33	2.39	1.50	2.60	1.85
20	2.95	2.12	3.04	2.27	3.18	2.55	3.47	3.15
30	4.43	4.50	4.56	4.82	4.78	5.40	5.21	6.67
40	5.91	7.67	6.08	8.21	6.37	9.20	6.94	11.36
50	7.39	11.60	7.59	12.41	7.96	13.91	8.68	17.18
60	8.86	16.25	9.11	17.39	9.55	19.49	10.42	24.08
70	10.34	21.62	10.63	23.14	11.14	25.94	12.15	32.03
80	11.82	27.69	12.15	29.63	12.73	33.21	13.89	41.02

	SDR 9 内径＝1.452		SDR 7 内径＝1.325	
流量 (US GPM)	流速 (FPS)	水头损失 (FT/100′)	流速 (FPS)	水头损失 (FT/100′)
5	0.97	0.32	1.16	0.49
10	1.94	1.14	2.33	1.78
15	2.91	2.41	3.49	3.77
20	3.88	4.11	4.65	6.42
30	5.81	8.71	6.98	13.60
40	7.75	14.84	9.31	23.17
50	9.69	22.44	11.63	35.03
60	11.63	31.45	13.96	49.10
70	13.56	41.84	16.29	65.32
80	15.50	53.58	18.61	83.65

表 3.10(续)

<table>
<tr><th colspan="7">2″铸铁管水头损失和流速(威廉公式)</th></tr>
<tr>
<th></th>
<th colspan="2">SDR 21
内径＝2.135</th>
<th colspan="2">SDR 17
内径＝2.079</th>
<th colspan="2">SDR 15.5
内径＝2.050</th>
</tr>
<tr>
<th>流量
(US GPM)</th>
<th>流速
(FPS)</th>
<th>水头损失
(FT/100′)</th>
<th>流速
(FPS)</th>
<th>水头损失
(FT/100′)</th>
<th>流速
(FPS)</th>
<th>水头损失
(FT/100′)</th>
</tr>
<tr><td>10</td><td>0.90</td><td>0.17</td><td>0.95</td><td>0.20</td><td>0.97</td><td>0.21</td></tr>
<tr><td>15</td><td>1.34</td><td>0.37</td><td>1.42</td><td>0.42</td><td>1.46</td><td>0.45</td></tr>
<tr><td>20</td><td>1.79</td><td>0.63</td><td>1.89</td><td>0.72</td><td>1.94</td><td>0.77</td></tr>
<tr><td>30</td><td>2.69</td><td>1.34</td><td>2.84</td><td>1.52</td><td>2.92</td><td>1.63</td></tr>
<tr><td>40</td><td>3.58</td><td>2.27</td><td>3.78</td><td>2.59</td><td>3.89</td><td>2.77</td></tr>
<tr><td>50</td><td>4.48</td><td>3.44</td><td>4.73</td><td>3.91</td><td>4.86</td><td>4.19</td></tr>
<tr><td>75</td><td>6.72</td><td>7.29</td><td>7.09</td><td>8.29</td><td>7.29</td><td>8.88</td></tr>
<tr><td>100</td><td>8.96</td><td>12.41</td><td>9.45</td><td>14.13</td><td>9.72</td><td>15.13</td></tr>
<tr><td>125</td><td>11.20</td><td>18.77</td><td>11.81</td><td>21.36</td><td>12.15</td><td>22.87</td></tr>
<tr><td>150</td><td>13.44</td><td>26.30</td><td>14.18</td><td>29.93</td><td>14.58</td><td>32.05</td></tr>
</table>

<table>
<tr>
<th></th>
<th colspan="2">SDR 13.5
内径＝2.002</th>
<th colspan="2">SDR 11
内径＝1.917</th>
</tr>
<tr>
<th>流量
(US GPM)</th>
<th>流速
(FPS)</th>
<th>水头损失
(FT/100′)</th>
<th>流速
(FPS)</th>
<th>水头损失
(FT/100′)</th>
</tr>
<tr><td>10</td><td>1.02</td><td>0.24</td><td>1.11</td><td>0.29</td></tr>
<tr><td>15</td><td>1.53</td><td>0.51</td><td>1.67</td><td>0.62</td></tr>
<tr><td>20</td><td>2.04</td><td>0.86</td><td>2.22</td><td>1.06</td></tr>
<tr><td>30</td><td>3.06</td><td>1.83</td><td>3.33</td><td>2.25</td></tr>
<tr><td>40</td><td>4.08</td><td>3.11</td><td>4.45</td><td>3.84</td></tr>
<tr><td>50</td><td>5.10</td><td>4.70</td><td>5.56</td><td>5.81</td></tr>
<tr><td>75</td><td>7.64</td><td>9.96</td><td>8.34</td><td>12.31</td></tr>
<tr><td>100</td><td>10.19</td><td>16.97</td><td>11.12</td><td>20.96</td></tr>
<tr><td>125</td><td>12.74</td><td>25.66</td><td>13.89</td><td>31.69</td></tr>
<tr><td>150</td><td>15.29</td><td>35.97</td><td>16.67</td><td>44.42</td></tr>
</table>

<table>
<tr>
<th></th>
<th colspan="2">SDR 9
内径＝1.816</th>
<th colspan="2">SDR 7
内径＝1.656</th>
</tr>
<tr>
<th>流量
(US GPM)</th>
<th>流速
(FPS)</th>
<th>水头损失
(FT/100′)</th>
<th>流速
(FPS)</th>
<th>水头损失
(FT/100′)</th>
</tr>
<tr><td>10</td><td>1.24</td><td>0.38</td><td>1.49</td><td>0.60</td></tr>
<tr><td>15</td><td>1.86</td><td>0.81</td><td>2.23</td><td>1.27</td></tr>
<tr><td>20</td><td>2.48</td><td>1.38</td><td>2.98</td><td>2.17</td></tr>
<tr><td>30</td><td>3.72</td><td>2.93</td><td>4.47</td><td>4.60</td></tr>
<tr><td>40</td><td>4.95</td><td>5.00</td><td>5.96</td><td>7.83</td></tr>
<tr><td>50</td><td>6.19</td><td>7.56</td><td>7.45</td><td>11.84</td></tr>
<tr><td>75</td><td>9.29</td><td>16.01</td><td>11.17</td><td>25.08</td></tr>
<tr><td>100</td><td>12.39</td><td>27.28</td><td>14.90</td><td>42.73</td></tr>
<tr><td>125</td><td>15.48</td><td>41.24</td><td>18.62</td><td>64.60</td></tr>
<tr><td>150</td><td>18.58</td><td>57.80</td><td>22.34</td><td>90.54</td></tr>
</table>

表 3.10(续)

<table>
<tr><td colspan="9" align="center">3″铸铁管水头损失和流速(威廉公式)</td></tr>
<tr>
<td></td>
<td colspan="2" align="center">SDR 32.5
内径=3.272</td>
<td colspan="2" align="center">SDR 26
内径=3.215</td>
<td colspan="2" align="center">SDR 21
内径=3.147</td>
<td colspan="2" align="center">SDR 17
内径=3.064</td>
</tr>
<tr>
<td>流量
(US GPM)</td>
<td>流速
(FPS)</td>
<td>水头损失
(FT/100′)</td>
<td>流速
(FPS)</td>
<td>水头损失
(FT/100′)</td>
<td>流速
(FPS)</td>
<td>水头损失
(FT/100′)</td>
<td>流速
(FPS)</td>
<td>水头损失
(FT/100′)</td>
</tr>
<tr><td>25</td><td>0.95</td><td>0.12</td><td>0.99</td><td>0.13</td><td>1.03</td><td>0.14</td><td>1.09</td><td>0.16</td></tr>
<tr><td>50</td><td>1.91</td><td>0.43</td><td>1.98</td><td>0.47</td><td>2.06</td><td>0.52</td><td>2.18</td><td>0.59</td></tr>
<tr><td>75</td><td>2.86</td><td>0.91</td><td>2.96</td><td>0.99</td><td>3.09</td><td>1.10</td><td>3.26</td><td>1.26</td></tr>
<tr><td>100</td><td>3.82</td><td>1.56</td><td>3.95</td><td>1.69</td><td>4.12</td><td>1.88</td><td>4.35</td><td>2.14</td></tr>
<tr><td>125</td><td>4.77</td><td>2.35</td><td>4.94</td><td>2.56</td><td>5.16</td><td>2.84</td><td>5.44</td><td>3.24</td></tr>
<tr><td>150</td><td>5.72</td><td>3.30</td><td>5.93</td><td>3.59</td><td>6.19</td><td>3.98</td><td>6.53</td><td>4.54</td></tr>
<tr><td>175</td><td>6.68</td><td>4.38</td><td>6.92</td><td>4.78</td><td>7.22</td><td>5.30</td><td>7.61</td><td>6.03</td></tr>
<tr><td>200</td><td>7.63</td><td>5.61</td><td>7.90</td><td>6.11</td><td>8.25</td><td>6.79</td><td>8.70</td><td>7.73</td></tr>
<tr><td>250</td><td>9.54</td><td>8.49</td><td>9.88</td><td>9.24</td><td>10.37</td><td>10.26</td><td>10.88</td><td>11.68</td></tr>
<tr><td>300</td><td>11.45</td><td>11.90</td><td>11.86</td><td>12.96</td><td>12.37</td><td>14.38</td><td>13.05</td><td>16.37</td></tr>
<tr>
<td></td>
<td colspan="2" align="center">SDR 15.5
内径=3.021</td>
<td colspan="2" align="center">SDR 13.5
内径=2.950</td>
<td colspan="2" align="center">SDR 11
内径=2.825</td>
<td colspan="2"></td>
</tr>
<tr>
<td>流量
(US GPM)</td>
<td>流速
(FPS)</td>
<td>水头损失
(FT/100′)</td>
<td>流速
(FPS)</td>
<td>水头损失
(FT/100′)</td>
<td>流速
(FPS)</td>
<td>水头损失
(FT/100′)</td>
<td colspan="2"></td>
</tr>
<tr><td>25</td><td>1.12</td><td>0.18</td><td>1.17</td><td>0.20</td><td>1.28</td><td>0.24</td><td colspan="2"></td></tr>
<tr><td>50</td><td>2.24</td><td>0.64</td><td>2.35</td><td>0.71</td><td>2.56</td><td>0.88</td><td colspan="2"></td></tr>
<tr><td>75</td><td>3.36</td><td>1.35</td><td>3.52</td><td>1.51</td><td>3.84</td><td>1.87</td><td colspan="2"></td></tr>
<tr><td>100</td><td>4.48</td><td>2.29</td><td>4.69</td><td>2.57</td><td>5.12</td><td>3.18</td><td colspan="2"></td></tr>
<tr><td>125</td><td>5.60</td><td>3.47</td><td>5.87</td><td>3.89</td><td>6.40</td><td>4.80</td><td colspan="2"></td></tr>
<tr><td>150</td><td>6.71</td><td>4.86</td><td>7.04</td><td>5.45</td><td>7.68</td><td>6.73</td><td colspan="2"></td></tr>
<tr><td>175</td><td>7.83</td><td>6.46</td><td>8.21</td><td>7.26</td><td>8.96</td><td>8.96</td><td colspan="2"></td></tr>
<tr><td>200</td><td>8.95</td><td>8.28</td><td>9.39</td><td>9.29</td><td>10.24</td><td>11.47</td><td colspan="2"></td></tr>
<tr><td>250</td><td>11.19</td><td>12.51</td><td>11.74</td><td>14.05</td><td>12.80</td><td>17.34</td><td colspan="2"></td></tr>
<tr><td>300</td><td>13.43</td><td>17.54</td><td>14.08</td><td>19.69</td><td>15.36</td><td>24.31</td><td colspan="2"></td></tr>
<tr>
<td></td>
<td colspan="2" align="center">SDR 9
内径=2.676</td>
<td colspan="2" align="center">SDR 7
内径=2.440</td>
<td colspan="4"></td>
</tr>
<tr>
<td>流量
(US GPM)</td>
<td>流速
(FPS)</td>
<td>水头损失
(FT/100′)</td>
<td>流速
(FPS)</td>
<td>水头损失
(FT/100′)</td>
<td colspan="4"></td>
</tr>
<tr><td>25</td><td>1.12</td><td>0.18</td><td>1.28</td><td>0.24</td><td colspan="4"></td></tr>
<tr><td>50</td><td>2.24</td><td>0.64</td><td>2.56</td><td>0.88</td><td colspan="4"></td></tr>
<tr><td>75</td><td>3.36</td><td>1.35</td><td>3.81</td><td>1.87</td><td colspan="4"></td></tr>
<tr><td>100</td><td>4.48</td><td>2.29</td><td>5.12</td><td>3.18</td><td colspan="4"></td></tr>
<tr><td>125</td><td>5.60</td><td>3.47</td><td>6.40</td><td>4.80</td><td colspan="4"></td></tr>
<tr><td>150</td><td>6.71</td><td>4.86</td><td>7.63</td><td>6.73</td><td colspan="4"></td></tr>
<tr><td>175</td><td>7.83</td><td>6.46</td><td>8.96</td><td>8.96</td><td colspan="4"></td></tr>
<tr><td>200</td><td>8.95</td><td>8.28</td><td>10.24</td><td>11.47</td><td colspan="4"></td></tr>
<tr><td>250</td><td>11.18</td><td>12.51</td><td>12.80</td><td>17.34</td><td colspan="4"></td></tr>
<tr><td>300</td><td>13.43</td><td>17.54</td><td>15.35</td><td>24.31</td><td colspan="4"></td></tr>
</table>

表 3.10(续)

4″铸铁管水头损失和流速(威廉公式)

流量	SDR 32.5 内径=4.206		SDR 26 内径=4.133		SDR 21 内径=4.046		SDR 17 内径=3.939	
(US GPM)	流速 (FPS)	水头损失 (FT/100′)	流速 (FPS)	水头损失 (FT/100′)	流速 (FPS)	水头损失 (FT/100′)	流速 (FPS)	水头损失 (FT/100′)
50	1.15	0.13	1.20	0.14	1.25	0.15	1.32	0.17
75	1.73	0.27	1.79	0.29	1.87	0.32	1.97	0.37
100	2.31	0.46	2.39	0.50	2.50	0.55	2.63	0.63
125	2.89	0.69	2.99	0.75	3.12	0.84	3.29	0.95
150	3.46	0.97	3.59	1.06	3.74	1.17	3.95	1.34
175	4.04	1.29	4.19	1.41	4.37	1.56	4.61	1.78
200	4.62	1.65	4.78	1.80	4.99	2.00	5.27	2.28
250	5.77	2.50	5.98	2.72	6.24	3.02	6.58	3.44
300	6.93	3.51	7.17	3.82	7.49	4.23	7.90	4.82
350	8.08	4.66	8.37	5.08	8.73	5.63	9.21	6.42

流量	SDR 15.5 内径=3.885		SDR 13.5 内径=3.793		SDR 11 内径=3.633	
(US GPM)	流速 (FPS)	水头损失 (FT/100′)	流速 (FPS)	水头损失 (FT/100′)	流速 (FPS)	水头损失 (FT/100′)
50	1.35	0.19	1.42	0.21	1.55	0.26
75	2.03	0.40	2.13	0.44	2.32	0.55
100	2.71	0.67	2.84	0.76	3.10	0.93
125	3.38	1.02	3.55	1.15	3.87	1.41
150	4.06	1.43	4.26	1.61	4.64	1.98
175	4.74	1.90	4.97	2.14	5.42	2.63
200	5.41	2.43	5.68	2.74	6.19	3.37
250	6.77	3.68	7.10	4.14	7.74	5.10
300	8.12	5.16	8.52	5.80	9.29	7.15
350	9.47	6.86	9.94	7.71	10.83	9.51

流量	SDR 9 内径=3.440		SDR 7 内径=3.137	
(US GPM)	流速 (FPS)	水头损失 (FT/100′)	流速 (FPS)	水头损失 (FT/100′)
50	1.73	0.34	2.08	0.53
75	2.59	0.72	3.11	1.12
100	3.45	1.22	4.15	1.91
125	4.32	1.84	5.19	2.89
150	5.18	2.58	6.23	4.04
175	6.04	3.44	7.26	5.38
200	6.90	4.40	8.30	6.89
250	8.63	6.65	10.38	0.42
300	10.36	9.32	12.45	4.60
350	12.08	12.40	14.53	9.43

表 3.10(续)

<table>
<tr><td colspan="9" align="center">6″铸铁管水头损失和流速(威廉公式)</td></tr>
<tr>
<td></td>
<td colspan="2" align="center">SDR 32.5
内径＝6.193</td>
<td colspan="2" align="center">SDR 26
内径＝6.085</td>
<td colspan="2" align="center">SDR 21
内径＝5.956</td>
<td colspan="2" align="center">SDR 17
内径＝5.799</td>
</tr>
<tr>
<td>流量
(US GPM)</td>
<td>流速
(FPS)</td>
<td>水头损失
(FT/100′)</td>
<td>流速
(FPS)</td>
<td>水头损失
(FT/100′)</td>
<td>流速
(FPS)</td>
<td>水头损失
(FT/100′)</td>
<td>流速
(FPS)</td>
<td>水头损失
(FT/100′)</td>
</tr>
<tr><td>100</td><td>1.07</td><td>0.07</td><td>1.10</td><td>0.08</td><td>1.15</td><td>0.08</td><td>1.21</td><td>0.10</td></tr>
<tr><td>150</td><td>1.60</td><td>0.15</td><td>1.65</td><td>0.16</td><td>1.73</td><td>0.18</td><td>1.82</td><td>0.20</td></tr>
<tr><td>200</td><td>2.13</td><td>0.25</td><td>2.21</td><td>0.27</td><td>2.30</td><td>0.30</td><td>2.43</td><td>0.35</td></tr>
<tr><td>250</td><td>2.66</td><td>0.38</td><td>2.76</td><td>0.41</td><td>2.88</td><td>0.46</td><td>3.04</td><td>0.52</td></tr>
<tr><td>300</td><td>3.20</td><td>0.53</td><td>3.31</td><td>0.58</td><td>3.45</td><td>0.65</td><td>3.64</td><td>0.73</td></tr>
<tr><td>350</td><td>3.73</td><td>0.71</td><td>3.86</td><td>0.77</td><td>4.03</td><td>0.86</td><td>4.25</td><td>0.98</td></tr>
<tr><td>400</td><td>4.26</td><td>0.91</td><td>4.41</td><td>0.99</td><td>4.61</td><td>1.10</td><td>4.86</td><td>1.25</td></tr>
<tr><td>500</td><td>5.33</td><td>1.37</td><td>5.52</td><td>1.50</td><td>5.76</td><td>1.66</td><td>6.07</td><td>1.89</td></tr>
<tr><td>600</td><td>6.39</td><td>1.93</td><td>6.62</td><td>2.10</td><td>6.91</td><td>2.33</td><td>7.29</td><td>2.65</td></tr>
<tr><td>700</td><td>7.46</td><td>2.56</td><td>7.72</td><td>2.79</td><td>8.06</td><td>3.10</td><td>8.50</td><td>3.53</td></tr>
<tr>
<td></td>
<td colspan="2" align="center">SDR 15.5
内径＝5.719</td>
<td colspan="2" align="center">SDR 13.5
内径＝5.585</td>
<td colspan="2" align="center">SDR 11
内径＝5.348</td>
<td></td><td></td>
</tr>
<tr>
<td>流量
(US GPM)</td>
<td>流速
(FPS)</td>
<td>水头损失
(FT/100′)</td>
<td>流速
(FPS)</td>
<td>水头损失
(FT/100′)</td>
<td>流速
(FPS)</td>
<td>水头损失
(FT/100′)</td>
<td></td><td></td>
</tr>
<tr><td>100</td><td>1.25</td><td>0.10</td><td>1.31</td><td>0.12</td><td>1.43</td><td>0.14</td><td></td><td></td></tr>
<tr><td>150</td><td>1.87</td><td>0.22</td><td>1.96</td><td>0.24</td><td>2.14</td><td>0.30</td><td></td><td></td></tr>
<tr><td>200</td><td>2.50</td><td>0.37</td><td>2.62</td><td>0.42</td><td>2.86</td><td>0.51</td><td></td><td></td></tr>
<tr><td>250</td><td>3.12</td><td>0.56</td><td>3.27</td><td>0.63</td><td>3.57</td><td>0.78</td><td></td><td></td></tr>
<tr><td>300</td><td>3.75</td><td>0.79</td><td>3.93</td><td>0.88</td><td>4.28</td><td>1.09</td><td></td><td></td></tr>
<tr><td>350</td><td>4.37</td><td>1.05</td><td>4.58</td><td>1.17</td><td>5.00</td><td>1.45</td><td></td><td></td></tr>
<tr><td>400</td><td>5.00</td><td>1.34</td><td>5.24</td><td>1.50</td><td>5.71</td><td>1.86</td><td></td><td></td></tr>
<tr><td>500</td><td>6.24</td><td>2.02</td><td>6.55</td><td>2.27</td><td>7.14</td><td>2.81</td><td></td><td></td></tr>
<tr><td>600</td><td>7.49</td><td>2.84</td><td>7.86</td><td>3.18</td><td>8.57</td><td>3.93</td><td></td><td></td></tr>
<tr><td>700</td><td>8.74</td><td>3.78</td><td>9.17</td><td>4.24</td><td>10.00</td><td>5.23</td><td></td><td></td></tr>
<tr>
<td></td>
<td colspan="2" align="center">SDR 9
内径＝5.064</td>
<td colspan="2" align="center">SDR 7
内径＝4.619</td>
<td></td><td></td><td></td><td></td>
</tr>
<tr>
<td>流量
(US GPM)</td>
<td>流速
(FPS)</td>
<td>水头损失
(FT/100′)</td>
<td>流速
(FPS)</td>
<td>水头损失
(FT/100′)</td>
<td></td><td></td><td></td><td></td>
</tr>
<tr><td>100</td><td>1.59</td><td>0.19</td><td>1.91</td><td>0.29</td><td></td><td></td><td></td><td></td></tr>
<tr><td>150</td><td>2.39</td><td>0.39</td><td>2.87</td><td>0.62</td><td></td><td></td><td></td><td></td></tr>
<tr><td>200</td><td>3.19</td><td>0.67</td><td>3.83</td><td>1.05</td><td></td><td></td><td></td><td></td></tr>
<tr><td>250</td><td>3.98</td><td>1.01</td><td>4.79</td><td>1.59</td><td></td><td></td><td></td><td></td></tr>
<tr><td>300</td><td>4.78</td><td>1.42</td><td>5.74</td><td>2.22</td><td></td><td></td><td></td><td></td></tr>
<tr><td>350</td><td>5.58</td><td>1.89</td><td>6.70</td><td>2.96</td><td></td><td></td><td></td><td></td></tr>
<tr><td>400</td><td>6.37</td><td>2.42</td><td>7.66</td><td>3.79</td><td></td><td></td><td></td><td></td></tr>
<tr><td>500</td><td>7.96</td><td>3.66</td><td>9.57</td><td>5.72</td><td></td><td></td><td></td><td></td></tr>
<tr><td>600</td><td>9.56</td><td>5.13</td><td>11.49</td><td>8.02</td><td></td><td></td><td></td><td></td></tr>
<tr><td>700</td><td>11.15</td><td>6.82</td><td>13.40</td><td>10.67</td><td></td><td></td><td></td><td></td></tr>
</table>

表 3.10(续)

8″铸铁管水头损失和流速(威廉公式)

流量 (US GPM)	SDR 32.5 内径=8.062		SDR 26 内径=7.922		SDR 21 内径=7.754		SDR 17 内径=7.549	
	流速 (FPS)	水头损失 (FT/100′)	流速 (FPS)	水头损失 (FT/100′)	流速 (FPS)	水头损失 (FT/100′)	流速 (FPS)	水头损失 (FT/100′)
200	1.26	0.07	1.30	0.08	1.36	0.08	1.43	0.10
300	1.89	0.15	1.95	0.16	2.04	0.18	2.15	0.20
400	2.51	0.25	2.60	0.27	2.72	0.30	2.87	0.35
500	3.14	0.38	3.25	0.41	3.40	0.46	3.58	0.52
600	3.77	0.53	3.91	0.58	4.08	0.65	4.30	0.74
700	4.40	0.71	4.56	0.77	4.76	0.86	5.02	0.98
800	5.03	0.91	5.21	0.99	5.44	1.10	5.73	1.25
900	5.66	1.13	5.86	1.23	6.11	1.37	6.45	1.56
1 000	6.29	1.37	6.51	1.50	6.79	1.66	7.17	1.89
1 100	6.91	1.64	7.16	1.79	7.47	1.98	7.89	2.26

流量 (US GPM)	SDR 15.5 内径=7.445		SDR 13.5 内径=7.271		SDR 11 内径=6.963	
	流速 (FPS)	水头损失 (FT/100′)	流速 (FPS)	水头损失 (FT/100′)	流速 (FPS)	水头损失 (FT/100′)
200	1.47	0.10	1.55	0.12	1.69	0.14
300	2.21	0.22	2.32	0.24	2.53	0.30
400	2.95	0.37	3.09	0.42	3.37	0.51
500	3.68	0.56	3.86	0.63	4.21	0.78
600	4.42	0.79	4.64	0.88	5.06	1.09
700	5.16	1.05	5.41	1.17	5.90	1.45
800	5.90	1.34	6.18	1.50	6.74	1.86
900	6.63	1.67	6.95	1.87	7.58	2.31
1 000	7.37	2.03	7.73	2.27	8.43	2.81
1 100	8.11	2.42	8.50	2.71	9.27	3.35

流量 (US GPM)	SDR 9 内径=6.593		SDR 7 内径=6.013	
	流速 (FPS)	水头损失 (FT/100′)	流速 (FPS)	水头损失 (FT/100′)
200	1.88	0.19	2.26	0.29
300	2.82	0.39	3.39	0.52
400	3.76	0.67	4.52	1.05
500	4.70	1.01	5.65	1.59
600	5.64	1.42	6.78	2.22
700	6.58	1.89	7.91	2.96
800	7.52	2.42	9.04	3.79
900	8.46	3.01	10.17	4.71
1 000	9.40	3.66	11.30	5.73
1 100	10.34	4.36	12.43	6.83

表 3.10(续)

10″铸铁管水头损失和流速(威廉公式)							
SDR 32.5		SDR 26		SDR 21		SDR 17	
内径＝10.049		内径＝9.873		内径＝9.665		内径＝9.049	
流量	流速	水头损失	流速	水头损失	流速	水头损失	流速	水头损失
(US GPM)	(FPS)	(FT/100′)	(FPS)	(FT/100′)	(FPS)	(FT/100′)	(FPS)	(FT/100′)
500	2.02	0.13	2.10	0.14	2.19	0.16	2.31	0.18
600	2.43	0.18	2.51	0.20	2.62	0.22	2.77	0.25
700	2.83	0.24	2.93	0.26	3.06	0.29	3.23	0.33
800	3.24	0.31	3.35	0.34	3.50	0.38	3.69	0.43
900	3.64	0.39	3.77	0.42	3.94	0.47	4.15	0.53
1 000	4.05	0.47	4.19	0.51	4.37	0.57	4.61	0.65
1 100	4.45	0.56	4.61	0.61	4.81	0.68	5.08	0.77
1 200	4.85	0.66	5.03	0.72	5.25	0.80	5.54	0.91
1 300	5.26	0.77	5.45	0.83	5.69	0.92	6.00	1.05
1 400	5.66	0.88	5.87	0.96	6.12	1.06	6.46	1.21

	SDR 15.5		SDR 13.5		SDR 11	
	内径＝9.280		内径＝9.062		内径＝8.678	
流量	流速	水头损失	流速	水头损失	流速	水头损失
(US GPM)	(FPS)	(FT/100′)	(FPS)	(FT/100′)	(FPS)	(FT/100′)
500	2.37	0.19	2.49	0.22	2.71	0.27
600	2.85	0.27	2.98	0.30	3.25	0.37
700	3.32	0.36	3.48	0.40	3.80	0.50
800	3.79	0.46	3.98	0.51	4.34	0.64
900	4.27	0.57	4.48	0.64	4.88	0.79
1 000	4.74	0.69	4.97	0.78	5.42	0.96
1 100	5.22	0.83	5.47	0.93	5.97	1.15
1 200	5.69	0.97	5.97	1.09	6.51	1.35
1 300	6.17	1.13	6.47	1.27	7.05	1.56
1 400	6.64	1.29	6.96	1.45	7.59	1.79

	SDR 9		SDR 7	
	内径＝8.218		内径＝7.494	
流量	流速	水头损失	流速	水头损失
(US GPM)	(FPS)	(FT/100′)	(FPS)	(FT/100′)
500	3.02	0.35	3.64	0.54
600	3.63	0.49	4.36	0.76
700	4.23	0.65	5.09	1.01
800	4.84	0.83	5.82	1.30
900	5.44	1.03	6.55	1.61
1 000	6.05	1.25	7.27	1.96
1 100	6.65	1.49	8.00	2.34
1 200	7.26	1.76	8.73	2.75
1 300	7.86	2.04	9.46	3.19
1 400	8.47	2.34	10.18	3.66

表 3.10(续)

12″铸铁管水头损失和流速(威廉公式)

| | SDR 32.5
内径＝11.918 | | SDR 26
内径＝11.710 | | SDR 21
内径＝11.463 | | SDR 17
内径＝11.160 | |
流量 (US GPM)	流速 (FPS)	水头损失 (FT/100′)	流速 (FPS)	水头损失 (FT/100′)	流速 (FPS)	水头损失 (FT/100′)	流速 (FPS)	水头损失 (FT/100′)
600	1.73	0.08	1.79	0.09	1.87	0.10	1.97	0.11
700	2.01	0.11	2.09	0.12	2.18	0.13	2.30	0.15
800	2.30	0.14	2.38	0.15	2.49	0.16	2.62	0.19
900	2.59	0.17	2.68	0.18	2.80	0.20	2.95	0.23
1 000	2.88	0.21	2.98	0.22	3.11	0.25	3.28	0.28
1 100	3.16	0.24	3.28	0.27	3.42	0.30	3.61	0.34
1 200	3.45	0.29	3.57	0.31	3.73	0.35	3.94	0.40
1 300	3.74	0.33	3.87	0.36	4.04	0.40	4.26	0.46
1 400	4.03	0.38	4.17	0.42	4.35	0.46	4.59	0.53
1 500	4.31	0.43	4.47	0.47	4.66	0.53	4.92	0.60

| | SDR 15.5
内径＝11.006 | | SDR 13.5
内径＝10.748 | | SDR 11
内径＝10.293 | |
流量 (US GPM)	流速 (FPS)	水头损失 (FT/100′)	流速 (FPS)	水头损失 (FT/100′)	流速 (FPS)	水头损失 (FT/100′)
600	2.02	0.12	2.12	0.13	2.31	0.16
700	2.36	0.16	2.48	0.18	2.70	0.22
800	2.70	0.20	2.83	0.22	3.08	0.28
900	3.04	0.25	3.18	0.28	3.47	0.34
1 000	3.37	0.30	3.54	0.34	3.86	0.42
1 100	3.71	0.36	3.89	0.40	4.24	0.50
1 200	4.05	0.42	4.24	0.48	4.63	0.59
1 300	4.38	0.49	4.60	0.55	5.01	0.68
1 400	4.72	0.56	4.95	0.63	5.40	0.78
1 500	5.06	0.64	5.30	0.72	5.78	0.89

| | SDR 9
内径＝9.747 | | SDR 7
内径＝8.889 | |
流量 (US GPM)	流速 (FPS)	水头损失 (FT/100′)	流速 (FPS)	水头损失 (FT/100′)
600	2.50	0.21	3.10	0.33
700	3.01	0.28	3.62	0.44
800	3.44	0.36	4.14	0.57
900	3.87	0.45	4.65	0.70
1 000	4.30	0.55	5.17	0.85
1 100	4.73	0.65	5.69	1.02
1 200	5.16	0.77	6.20	1.20
1 300	5.59	0.89	6.72	1.39
1 400	6.02	1.02	7.24	1.59
1 500	6.45	1.16	7.75	1.81

表 **3.10**(续)

14″铸铁管水头损失和流速(威廉公式)

流量 (US GPM)	SDR 32.5 内径=13.087		SDR 26 内径=12.858		SDR 21 内径=12.587		SDR 17 内径=12.254	
	流速 (FPS)	水头损失 (FT/100′)	流速 (FPS)	水头损失 (FT/100′)	流速 (FPS)	水头损失 (FT/100′)	流速 (FPS)	水头损失 (FT/100′)
800	1.91	0.09	1.98	0.09	2.06	0.10	2.18	0.12
900	2.15	0.11	2.22	0.12	2.32	0.13	2.45	0.15
1 000	2.39	0.13	2.47	0.14	2.58	0.16	2.72	0.18
1 100	2.62	0.16	2.72	0.17	2.84	0.19	2.99	0.21
1 200	2.86	0.18	2.97	0.20	3.09	0.22	3.26	0.25
1 300	3.10	0.21	3.21	0.23	3.35	0.26	3.54	0.29
1 400	3.34	0.24	3.46	0.26	3.61	0.29	3.81	0.33
1 500	3.58	0.28	3.71	0.30	3.87	0.33	4.08	0.38
1 600	3.82	0.31	3.95	0.34	4.13	0.38	4.35	0.43
1 700	4.05	0.35	4.20	0.38	4.38	0.42	4.62	0.48

流量 (US GPM)	SDR 15.5 内径=12.085		SDR 13.5 内径=11.801		SDR 11 内径=11.302	
	流速 (FPS)	水头损失 (FT/100′)	流速 (FPS)	水头损失 (FT/100′)	流速 (FPS)	水头损失 (FT/100′)
800	2.24	0.13	2.35	0.14	2.56	0.18
900	2.52	0.16	2.64	0.18	2.88	0.22
1 000	2.80	0.19	2.93	0.22	3.20	0.27
1 100	3.08	0.23	3.23	0.26	3.52	0.32
1 200	3.36	0.27	3.52	0.30	3.84	0.37
1 300	3.64	0.31	3.81	0.35	4.16	0.43
1 400	3.92	0.36	4.11	0.40	4.48	0.50
1 500	4.20	0.41	4.40	0.46	4.80	0.56
1 600	4.48	0.46	4.69	0.51	5.12	0.63
1 700	4.75	0.51	4.99	0.58	5.44	0.71

流量 (US GPM)	SDR 9 内径=10.702		SDR 7 内径=9.760	
	流速 (FPS)	水头损失 (FT/100′)	流速 (FPS)	水头损失 (FT/100′)
800	2.85	0.23	3.43	0.36
900	3.21	0.29	3.86	0.45
1 000	3.57	0.35	4.29	0.54
1 100	3.92	0.41	4.72	0.65
1 200	4.28	0.49	5.15	0.76
1 300	4.64	0.56	5.57	0.88
1 400	4.99	0.65	6.00	1.01
1 500	5.35	0.73	6.43	1.15
1 600	5.71	0.83	6.86	1.30
1 700	6.06	0.93	7.29	1.45

表 3. 10(续)

16″铸铁管水头损失和流速(威廉公式)							
	SDR 32. 5 内径=14.956		SDR 26 内径=14.695		SDR 21 内径=14.385		SDR 17 内径=14.005	
流量 (US GPM)	流速 (FPS)	水头损失 (FT/100′)	流速 (FPS)	水头损失 (FT/100′)	流速 (FPS)	水头损失 (FT/100′)	流速 (FPS)	水头损失 (FT/100′)
500	0.91	0.02	0.95	0.02	0.99	0.02	1.04	0.03
1 000	1.83	0.07	1.89	0.07	1.97	0.08	2.08	0.09
1 500	2.74	0.14	2.84	0.16	2.96	0.17	3.12	0.20
2 000	3.65	0.25	3.78	0.27	3.95	0.30	4.17	0.34
2 250	4.11	0.31	4.26	0.33	4.44	0.37	4.69	0.42
2 500	4.57	0.37	4.73	0.40	4.94	0.45	5.21	0.51
2 750	5.02	0.44	5.20	0.48	5.43	0.54	5.73	0.61
3 000	5.48	0.52	5.68	0.57	5.92	0.63	6.25	0.72
3 250	5.94	0.60	6.15	0.66	6.42	0.73	6.77	0.83
3 500	6.39	0.69	6.62	0.75	6.91	0.84	7.29	0.95
3 750	6.85	0.79	7.09	0.86	7.40	0.95	7.81	1.08
4 000	7.31	0.89	7.57	0.97	7.90	1.07	8.33	1.22
4 500	8.22	1.10	8.51	1.20	8.88	1.33	9.37	1.52
5 000	9.13	1.34	9.46	1.46	9.87	1.62	10.41	1.84

	SDR 13. 5 内径=13.487		SDR 11 内径=12.916		SDR 9 内径=12.231	
流量 (US GPM)	流速 (FPS)	水头损失 (FT/100′)	流速 (FPS)	水头损失 (FT/100′)	流速 (FPS)	水头损失 (FT/100′)
500	1.12	0.03	1.22	0.04	1.37	0.05
1 000	2.25	0.11	2.45	0.14	2.73	0.18
1 500	3.37	0.24	3.67	0.29	4.10	0.38
2 000	4.49	0.41	4.90	0.50	5.46	0.65
2 250	5.05	0.50	5.51	0.62	6.14	0.81
2 500	5.61	0.61	6.12	0.76	6.83	0.99
2 750	6.18	0.73	6.73	0.90	7.51	1.18
3 000	6.74	0.86	7.35	1.06	8.19	1.38
3 250	7.30	1.00	7.96	1.23	8.87	1.61
3 500	7.86	1.14	8.57	1.41	9.56	1.84
3 750	8.42	1.30	9.18	1.61	10.24	2.09
4 000	8.98	1.47	9.79	1.81	10.92	2.36
4 500	10.11	1.82	11.02	2.25	12.29	2.93
5 000	11.23	2.22	12.24	2.73	13.65	3.56

表 3.10(续)

18″铸铁管水头损失和流速(威廉公式)

流量 (US GPM)	SDR 32.5 内径＝16.826		SDR 26 内径＝16.532		SDR 21 内径＝16.183		SDR 17 内径＝15.755	
	流速 (FPS)	水头损失 (FT/100′)	流速 (FPS)	水头损失 (FT/100′)	流速 (FPS)	水头损失 (FT/100′)	流速 (FPS)	水头损失 (FT/100′)
1 000	1.44	0.04	1.49	0.04	1.56	0.05	1.65	0.05
1 500	2.16	0.08	2.24	0.09	2.34	0.10	2.47	0.11
2 000	2.89	0.14	2.99	0.15	3.12	0.17	3.29	0.19
2 500	3.61	0.21	3.74	0.23	3.90	0.25	4.11	0.29
3 000	4.33	0.29	4.48	0.32	4.68	0.35	4.94	0.40
3 500	5.05	0.39	5.23	0.43	5.46	0.47	5.76	0.54
4 000	5.77	0.50	5.98	0.54	6.24	0.60	6.58	0.69
4 500	6.49	0.62	6.73	0.68	7.02	0.75	7.41	0.86
5 000	7.21	0.76	7.47	0.82	7.80	0.91	8.23	1.04
5 500	7.94	0.90	8.22	0.98	8.58	1.09	9.05	1.24
6 000	8.66	1.06	8.97	1.15	9.36	1.28	9.87	1.46
6 500	9.38	1.23	9.72	1.34	10.14	1.48	10.70	1.69
7 000	10.10	1.41	10.46	1.53	10.92	1.70	11.52	1.94
7 500	10.82	1.60	11.21	1.74	11.70	1.93	12.34	2.20

流量 (US GPM)	SDR 13.5 内径＝15.173		SDR 11 内径＝14.531		SDR 9 内径＝13.760	
	流速 (FPS)	水头损失 (FT/100′)	流速 (FPS)	水头损失 (FT/100′)	流速 (FPS)	水头损失 (FT/100′)
1 000	1.77	0.06	1.93	0.08	2.16	0.10
1 500	2.66	0.13	2.90	0.17	3.24	0.22
2 000	3.55	0.23	3.87	0.28	4.32	0.37
2 500	4.44	0.35	4.84	0.43	5.39	0.56
3 000	5.32	0.48	5.80	0.60	6.47	0.78
3 500	6.21	0.65	6.77	0.80	7.55	1.04
4 000	7.10	0.83	7.74	1.02	8.63	1.33
4 500	7.98	1.03	8.71	1.27	9.71	1.65
5 000	8.87	1.25	9.67	1.54	10.79	2.01
5 500	9.74	1.49	10.64	1.84	11.87	2.40
6 000	10.65	1.75	11.61	2.16	12.95	2.82
6 500	11.53	2.03	12.58	2.51	14.02	3.27
7 000	12.42	2.33	13.54	2.87	15.10	3.75
7 500	13.31	2.65	14.51	3.27	16.18	4.26

表 3. 10(续)

24″铸铁管水头损失和流速(威廉公式)

流量 (US GPM)	SDR 32.5 内径=22.434 流速 (FPS)	水头损失 (FT/100′)	SDR 26 内径=22.043 流速 (FPS)	水头损失 (FT/100′)	SDR 21 内径=21.577 流速 (FPS)	水头损失 (FT/100′)	SDR 17 内径=21.007 流速 (FPS)	水头损失 (FT/100′)
2 000	1.62	0.03	1.68	0.04	1.75	0.04	1.85	0.05
3 000	2.44	0.07	2.52	0.08	2.63	0.09	2.78	0.10
4 000	3.25	0.12	3.36	0.13	3.51	0.15	3.70	0.17
4 500	3.65	0.15	3.78	0.17	3.95	0.19	4.17	0.21
5 000	4.06	0.19	4.20	0.20	4.39	0.23	4.63	0.26
5 500	4.46	0.22	4.62	0.24	4.83	0.27	5.09	0.31
6 000	4.87	0.26	5.04	0.28	5.26	0.32	5.55	0.36
6 500	5.28	0.30	5.46	0.33	5.70	0.37	6.02	0.42
7 000	5.68	0.35	5.89	0.38	6.14	0.42	6.48	0.48
7 500	6.09	0.39	6.31	0.43	6.58	0.48	6.94	0.54
8 000	6.49	0.44	6.73	0.48	7.02	0.54	7.41	0.61
9 000	7.31	0.55	7.57	0.60	7.90	0.67	8.33	0.76
10 000	8.12	0.67	8.41	0.73	8.77	0.81	9.26	0.93
15 000	12.18	1.43	12.61	1.55	13.16	1.72	13.89	1.96

流量 (US GPM)	SDR 15.5 内径=20.717 流速 (FPS)	水头损失 (FT/100′)	SDR 13.5 内径=20.231 流速 (FPS)	水头损失 (FT/100′)	SDR 11 内径=19.375 流速 (FPS)	水头损失 (FT/100′)
2 000	1.90	0.05	2.00	0.06	2.18	0.07
3 000	2.86	0.11	2.99	0.12	3.26	0.15
4 000	3.81	0.18	3.99	0.20	4.35	0.25
4 500	4.28	0.23	4.49	0.25	4.90	0.37
5 000	4.76	0.27	4.99	0.31	5.44	0.38
5 500	5.23	0.33	5.49	0.37	5.99	0.45
6 000	5.71	0.38	5.99	0.43	6.53	0.53
6 500	6.19	0.45	6.49	0.50	7.07	0.62
7 000	6.66	0.51	6.99	0.57	7.62	0.71
7 500	7.14	0.58	7.49	0.65	8.16	0.81
8 000	7.61	0.66	7.98	0.74	8.71	0.91
9 000	8.57	0.82	8.98	0.91	9.79	1.13
10 000	9.52	0.99	9.98	1.11	10.88	1.37
15 000	14.28	2.10	14.97	2.36	16.32	2.91

表 3. 10(续)

	30″铸铁管水头损失和流速(威廉公式)							
	SDR 32.5 内径＝28.043		SDR 26 内径＝27.554		SDR 21 内径＝26.971		SDR 17 内径＝26.259	
流量 (US GPM)	流速 (FPS)	水头损失 (FT/100′)	流速 (FPS)	水头损失 (FT/100′)	流速 (FPS)	水头损失 (FT/100′)	流速 (FPS)	水头损失 (FT/100′)
2 000	1.04	0.01	1.08	0.01	1.12	0.01	1.18	0.02
3 000	1.56	0.02	1.61	0.03	1.68	0.03	1.78	0.03
4 000	2.08	0.04	2.15	0.05	2.25	0.05	2.37	0.06
5 000	2.60	0.06	2.69	0.07	2.81	0.08	2.96	0.09
6 000	3.12	0.09	3.23	0.10	3.37	0.11	3.55	0.12
7 000	3.64	0.12	3.77	0.13	3.93	0.14	4.15	0.16
8 000	4.16	0.15	4.30	0.16	4.49	0.18	4.74	0.21
9 000	4.68	0.19	4.84	0.20	5.05	0.23	5.33	0.26
10 000	5.19	0.23	5.38	0.25	5.62	0.27	5.92	0.31
11 000	5.71	0.27	5.92	0.30	6.18	0.33	6.52	0.37
12 000	6.23	0.32	6.46	0.35	6.74	0.38	7.11	0.44
13 000	6.75	0.37	6.99	0.40	7.30	0.45	7.70	0.51
14 000	7.27	0.42	7.53	0.46	7.86	0.51	8.29	0.58
15 000	7.79	0.48	8.07	0.52	8.42	0.58	8.89	0.66
16 000	8.31	0.54	8.61	0.59	8.98	0.66	9.48	0.75
17 000	8.83	0.61	9.15	0.66	9.55	0.73	10.07	0.84
18 000	9.35	0.67	9.68	0.73	10.11	0.82	10.66	0.93
19 000	9.87	0.75	10.22	0.81	10.67	0.90	11.26	1.03
20 000	10.39	0.82	10.76	0.89	11.23	0.99	11.85	1.13
21 000	10.91	0.90	11.30	0.98	11.79	1.08	12.44	1.24
22 000	11.43	0.98	11.84	1.07	12.35	1.18	13.03	1.35
23 000	11.95	1.06	12.38	1.16	12.92	1.28	13.63	1.46
24 000	12.47	1.15	12.91	1.25	13.48	1.39	14.22	1.58
25 000	12.99	1.24	13.45	1.35	14.04	1.50	14.81	1.71
30 000	15.58	1.74	16.14	1.89	16.85	2.10	17.77	2.39

表 3.10(续)

	36″铸铁管水头损失和流速(威廉公式)					
	SDR 32.5 内径=33.652		SDR 26 内径=33.065		SDR 21 内径=32.366	
流量 (US GPM)	流速 (FPS)	水头损失 (FT/100′)	流速 (FPS)	水头损失 (FT/100′)	流速 (FPS)	水头损失 (FT/100′)
5 000	1.80	0.03	1.87	0.03	1.95	0.03
6 000	2.16	0.04	2.24	0.04	2.34	0.04
7 000	2.53	0.05	2.62	0.05	2.73	0.06
8 000	2.89	0.06	2.99	0.07	3.12	0.07
9 000	3.25	0.08	3.36	0.08	3.51	0.09
10 000	3.61	0.09	3.74	0.10	3.90	0.11
11 000	3.97	0.11	4.11	0.12	4.29	0.13
12 000	4.33	0.13	4.48	0.14	4.68	0.16
13 000	4.69	0.15	4.86	0.17	5.07	0.18
14 000	5.05	0.17	5.23	0.19	5.46	0.21
15 000	5.41	0.20	5.60	0.22	5.85	0.24
16 000	5.77	0.22	5.98	0.24	6.24	0.27
17 000	6.13	0.25	6.35	0.27	6.63	0.30
18 000	6.49	0.28	6.73	0.30	7.02	0.34
19 000	6.85	0.31	7.10	0.33	7.41	0.37
20 000	7.21	0.34	7.47	0.37	7.80	0.41
21 000	7.58	0.37	7.85	0.40	8.19	0.45
22 000	7.94	0.40	8.22	0.44	8.58	0.49
23 000	8.30	0.44	8.59	0.48	8.97	0.53
24 000	8.66	0.47	8.97	0.52	9.36	0.57
25 000	9.02	0.51	9.34	0.56	9.75	0.62
26 000	9.38	0.55	9.71	0.60	10.14	0.66
28 000	10.10	0.63	10.46	0.69	10.92	0.76
30 000	10.82	0.72	11.21	0.78	11.70	0.86
35 000	12.63	0.95	13.08	1.04	13.65	1.15

表 3.10(续)

42″铸铁管水头损失和流速(威廉公式)					
	SDR 32.5 内径＝39.260		SDR 26 内径＝38.575		SDR 21 内径＝37.760
流量 (US GPM)	流速 (FPS)	水头损失 (FT/100′)	流速 (FPS)	水头损失 (FT/100′)	流速 (FPS)	水头损失 (FT/100′)
5 000	1.33	0.01	1.37	0.01	1.43	0.01
10 000	2.65	0.04	2.75	0.05	2.87	0.05
15 000	3.98	0.09	4.12	0.10	4.30	0.11
16 000	4.24	0.11	4.39	0.11	4.58	0.13
17 000	4.51	0.12	4.67	0.13	4.87	0.14
18 000	4.77	0.13	4.94	0.14	5.16	0.16
19 000	5.04	0.15	5.22	0.16	5.44	0.18
20 000	5.30	0.16	5.49	0.17	5.73	0.19
21 000	5.57	0.17	5.77	0.19	6.02	0.21
22 000	5.83	0.19	6.04	0.21	6.30	0.23
23 000	6.10	0.21	6.31	0.23	6.59	0.25
24 000	6.36	0.22	6.59	0.24	6.88	0.27
25 000	6.63	0.24	6.86	0.26	7.16	0.29
26 000	6.89	0.26	7.14	0.28	7.45	0.31
28 000	7.42	0.30	7.69	0.32	8.02	0.36
30 000	7.95	0.34	8.24	0.37	8.60	0.41
35 000	9.28	0.45	9.61	0.49	10.03	0.54
40 000	10.60	0.58	10.98	0.63	11.46	0.70
45 000	11.93	0.72	12.35	0.78	12.89	0.87
50 000	13.25	0.87	13.73	0.95	14.33	1.05
55 000	14.58	1.04	15.10	1.13	15.76	1.26
60 000	15.90	1.22	16.47	1.33	17.09	1.47

表 3.10(续)

48″铸铁管水头损失和流速(威廉公式)						
	SDR 32.5 内径＝44.869		SDR 26 内径＝44.086		SDR 21 内径＝43.154	
流量 (US GPM)	流速 (FPS)	水头损失 (FT/100′)	流速 (FPS)	水头损失 (FT/100′)	流速 (FPS)	水头损失 (FT/100′)
5 000	1.01	0.01	1.05	0.01	1.10	0.01
10 000	2.03	0.02	2.10	0.03	2.19	0.03
15 000	3.04	0.05	3.15	0.05	3.29	0.06
16 000	3.25	0.06	3.36	0.06	3.51	0.07
17 000	3.45	0.06	3.57	0.07	3.73	0.07
18 000	3.65	0.07	3.78	0.07	3.95	0.08
19 000	3.86	0.08	3.99	0.08	4.17	0.09
20 000	4.06	0.08	4.20	0.09	4.39	0.10
21 000	4.26	0.09	4.41	0.10	4.61	0.11
22 000	4.46	0.10	4.62	0.11	4.83	0.12
23 000	4.67	0.11	4.83	0.12	5.05	0.13
24 000	4.87	0.12	5.04	0.13	5.26	0.14
25 000	5.07	0.13	5.25	0.14	5.48	0.15
26 000	5.28	0.14	5.46	0.15	5.70	0.16
28 000	5.68	0.16	5.89	0.17	6.14	0.19
30 000	6.09	0.18	6.31	0.19	6.58	0.21
35 000	7.10	0.23	7.36	0.26	7.68	0.28
40 000	8.12	0.30	8.41	0.33	8.77	0.36
45 000	9.13	0.37	9.46	0.41	9.87	0.45
50 000	10.15	0.45	10.51	0.50	10.97	0.55
60 000	12.17	0.64	12.61	0.69	13.16	0.77
70 000	14.20	0.85	14.71	0.92	15.35	1.02
80 000	16.23	1.09	16.81	1.18	17.55	1.31
90 000	18.26	1.35	18.92	1.47	19.74	1.63

资料来源:PPT 通讯 TR14,1992 版

光滑的细管和管道的摩阻损失

铜管(类型 K、L 和 M)—S.P.S,铜和黄铜管、塑料、玻璃管。

对光滑的铜细管和管道、黄铜管、塑料和玻璃管有各种尺寸和类型,以满足个性化需求为指定的可能不同于标准尺寸的管道。为了避免需要插值,将修正系数用于计算铸铁和钢管的值。在表3-5至表3-10这里包括一组用于铜管和黄铜管的特殊的表。这些表格计算的是用基于绝对粗糙度参数0.000 0005和达西-韦史巴赫公式[式(3-3)]。因为此粗糙度参数适用于非常光滑圆管或细管,安全系数应该应用在那些情况下,以弥补可能存疑的条件,正如前后的讨论;建议对于大多数商业设计用途的管道,安全系数取15%—20%,照此增加表中的水头损失值。

应该指出的是,该水头损失数据可以适用于具有运动粘度 $\nu=0.000\,012\,16\ \text{ft}^2/\text{s}$ (1.130 厘)的任何流体,此为纯水在 60 °F 时的粘度。较高的粘度(冷水)会增加摩阻;而较低的粘度(温水)将减少摩阻。

那些表中列出的细管和管道不同尺寸之间的摩阻损失可使用直径比的5次方以合理的精度来确定,例如:

$$期望的管道摩阻损失 \ B=已知管道摩阻损失 \ A\left(\frac{\text{Dia A}}{\text{Dia B}}\right)^5$$

表 3.11　钢管和细管的摩阻损失

有版权的资料"卡梅隆液压数据"福斯公司允许复制

水的摩阻
(基于达西公式)
细钢管——*S.P.S. 铜和黄铜管
⅜英寸

流量加仑每分	K 型管 内径0.402″ 壁厚0.049″		L 型管 内径0.430″ 壁厚0.035″		M 型管 内径0.450″ 壁厚0.025″		*管 内径0.494″ 壁厚0.090 5″		流量加仑每分
	流速英尺/秒	水头损失/100英尺	流速英尺/秒	水头损失/100英尺	流速英尺/秒	水头损失/100英尺	流速英尺/秒	水头损失/100英尺	
0.2	0.51	0.66	0.44	0.48	0.40	0.39	0.34	0.26	0.2
0.4	1.01	2.15	0.88	1.57	0.81	1.27	0.67	0.82	0.4
0.6	1.52	4.29	1.33	3.12	1.21	2.52	1.00	1.63	0.6
0.8	2.02	7.02	1.77	5.11	1.61	4.12	1.34	2.66	0.8
1	2.52	10.32	2.20	7.50	2.01	6.05	1.68	3.89	1
1½	3.78	20.86	3.30	15.15	3.02	12.21	2.51	7.84	1½

表 3. 11(续)

水的摩阻(续)
(基于达西公式)
细钢管——*S. P. S. 铜和黄铜管
⅜英寸

流量 加仑 每分	K 型管 内径 0.402″ 壁厚 0.049″		L 型管 内径 0.430″ 壁厚 0.035″		M 型管 内径 0.450″ 壁厚 0.025″		* 管 内径 0.494″ 壁厚 0.090 5″		流量 加仑 每分
	流 速 英尺/秒	水头损失 /100 英尺	流 速 英尺/秒	水头损失 /100 英尺	流 速 英尺/秒	水头损失 /100 英尺	流 速 英尺/秒	水头损失 /100 英尺	
2	5.04	34.48	4.40	20.03	4.02	20.16	3.35	12.94	2
2½	6.30	51.03	5.50	37.01	5.03	29.80	4.19	19.11	2½
3	7.55	70.38	6.60	51.02	6.04	41.07	5.02	26.32	3
3½	8.82	92.44	7.70	66.98	7.04	53.90	5.86	34.52	3½
4	10.1	117.1	8.80	84.85	8.05	68.26	6.70	43.70	4
4½	11.4	144.4	9.90	104.6	9.05	84.11	7.53	53.82	4½
5	12.6	174.3	11.0	126.1	10.05	101.4	8.36	64.87	5

注意:无使用年限、不同直径,或任何内部表面变化的折算。任何安全系数必须估计当地的特定安装条件和要求。建议对大多数商业设计目的,表中的数值应增加15%—20%的安全系数。

½英寸

流量 加仑 每分	K 型管 内径 0.527″ 壁厚 0.049″		L 型管 内径 0.545″ 壁厚 0.040″		M 型管 内径 0.569″ 壁厚 0.028″		* 管 内径 0.625″ 壁厚 0.107 5″		流量 加仑 每分
	流 速 英尺/秒	水头损失 /100 英尺	流 速 英尺/秒	水头损失 /100 英尺	流 速 英尺/秒	水头损失 /100 英尺	流 速 英尺/秒	水头损失 /100 英尺	
½	0.74	0.88	0.69	0.75	0.63	0.62	0.52	0.40	½
1	1.47	2.87	1.38	2.45	1.26	2.00	1.04	1.28	1
1½	2.20	5.77	2.06	4.93	1.90	4.02	1.57	2.58	1½
2	2.94	9.52	2.75	8.11	2.53	6.61	2.09	4.24	2
2½	3.67	14.05	3.44	11.98	3.16	9.76	2.61	6.25	2½
3	4.40	19.34	4.12	16.48	3.79	13.42	3.13	8.59	3
3½	5.14	25.36	4.81	21.61	4.42	17.59	3.66	11.25	3½
4	5.87	32.09	5.50	27.33	5.05	22.25	4.18	14.22	4
4½	6.61	39.51	6.19	33.65	5.68	27.39	4.70	17.50	4½
5	7.35	47.61	6.87	40.52	6.31	32.99	5.22	21.07	5
6	8.81	65.79	8.25	56.02	7.59	45.57	6.25	29.09	6
7	10.3	86.57	9.62	73.69	8.84	59.93	7.31	38.23	7
8	11.8	109.9	11.0	93.50	10.1	76.03	8.35	48.47	8
9	13.2	135.6	12.4	115.4	11.4	93.82	9.40	59.79	9
10	14.7	163.8	13.8	139.4	12.6	113.3	10.4	72.16	10

表 3.11(续)

水的摩阻(续)
(基于达西公式)
细钢管——＊S.P.S.铜和黄铜管
⅝英寸

流量 加仑 每分	K 型管 内径 0.652″ 壁厚 0.049″		L 型管 内径 0.666″ 壁厚 0.042″		M 型管 内径 0.690″ 壁厚 0.030″		＊管		流量 加仑 每分
	流速 英尺/秒	水头损失 /100 英尺	流速 英尺/秒	水头损失 /100 英尺	流速 英尺/秒	水头损失 /100 英尺			
½	0.48	0.31	0.46	0.29	0.43	0.24			½
1	0.96	1.05	0.92	0.95	0.86	0.76			1
1½	1.44	2.11	1.38	1.91	1.29	1.53			1½
2	1.92	3.47	1.84	3.14	1.72	2.51			2
2½	2.40	5.11	2.30	4.62	2.14	3.68			2½
3	2.88	7.02	2.75	6.35	2.57	5.07			3
3½	3.36	9.20	3.21	8.32	3.00	6.64			3½
4	3.84	11.63	3.67	10.51	3.43	8.40			4
4½	4.32	14.30	4.13	12.93	3.86	10.35			4½
5	4.80	17.22	4.59	15.56	4.29	12.49			5
6	5.75	23.76	5.51	21.47	5.15	17.21			6
7	6.71	31.22	6.42	28.21	6.00	22.58			7
8	7.67	39.58	7.35	35.75	6.85	28.54			8
9	8.64	48.81	8.25	44.09	7.71	35.35			9
10	9.60	58.90	9.18	53.19	8.57	42.48			10
11	10.6	69.83	10.1	63.06	9.43	50.47			11
12	11.5	81.59	11.0	73.67	10.3	59.1			12
13	12.5	94.18	11.9	85.03	11.2	68.8			13

¾英寸

流量 加仑 每分	K 型管 内径 0.745″ 壁厚 0.065″		L 型管 内径 0.785″ 壁厚 0.045″		M 型管 内径 0.811″ 壁厚 0.032″		＊管 内径 0.822″ 壁厚 0.114″		流量 加仑 每分
	流速 英尺/秒	水头损失 /100 英尺	流速 英尺/秒	水头损失 /100 英尺	流速 英尺/秒	水头损失 /100 英尺	流速 英尺/秒	水头损失 /100 英尺	
1	0.74	0.56	0.66	0.44	0.62	0.38	0.60	0.35	1
2	1.47	1.84	1.33	1.44	1.24	1.23	1.21	1.16	2
3	2.21	3.73	1.99	2.91	1.86	2.49	1.81	2.34	3
4	2.94	6.16	2.65	4.81	2.48	4.12	2.42	3.86	4
5	3.67	9.12	3.31	7.11	3.10	6.09	3.02	5.71	5
6	4.41	12.57	3.98	9.80	3.72	8.39	3.62	7.86	6
7	5.14	16.51	4.64	12.86	4.34	11.01	4.23	10.32	7

表 3.11(续)

水的摩阻(续)
(基于达西公式)
细钢管——*S. P. S. 铜和黄铜管
¾英寸

流量加仑每分	K 型管 内径 0.745″ 壁厚 0.065″		L 型管 内径 0.785″ 壁厚 0.045″		M 型管 内径 0.811″ 壁厚 0.032″		*管 内径 0.822″ 壁厚 0.114″		流量加仑每分
	流速 英尺/秒	水头损失/100 英尺	流速 英尺/秒	水头损失/100 英尺	流速 英尺/秒	水头损失/100 英尺	流速 英尺/秒	水头损失/100 英尺	
8	5.88	20.91	5.30	16.28	4.96	13.94	4.83	13.07	8
9	6.61	25.77	5.96	20.06	5.59	17.17	5.44	16.10	9
10	7.35	31.08	6.82	24.19	6.20	20.70	6.04	19.41	10
11	6.09	36.83	7.29	28.66	6.82	24.52	6.64	22.99	11
12	8.83	43.01	7.95	33.47	7.44	28.63	7.25	26.84	12
13	9.56	49.62	8.61	38.61	8.06	33.02	7.85	30.96	13
14	10.3	56.66	9.27	44.07	8.68	37.69	8.45	35.33	14
15	11.0	64.11	9.94	49.86	9.30	42.64	9.05	39.97	15
16	11.8	71.97	10.6	55.97	9.92	47.86	9.65	44.86	16
17	12.5	80.24	11.25	62.39	10.55	53.35	10.25	50.00	17
18	13.2	88.92	11.92	69.13	11.17	59.10	10.85	55.40	18

1英寸

流量加仑每分	K 型管 内径 0.995″ 壁厚 0.065″		L 型管 内径 1.025″ 壁厚 0.050″		M 型管 内径 1.055″ 壁厚 0.035″		*管 内径 1.062″ 壁厚 0.126 5″		流量加仑每分
	流速 英尺/秒	水头损失/100 英尺	流速 英尺/秒	水头损失/100 英尺	流速 英尺/秒	水头损失/100 英尺	流速 英尺/秒	水头损失/100 英尺	
2	0.82	0.47	0.78	0.41	0.73	0.36	0.72	0.35	2
3	1.24	0.95	1.17	0.82	1.10	0.72	1.08	0.70	3
4	1.65	1.56	1.56	1.35	1.47	1.18	1.45	1.14	4
5	2.06	2.30	1.95	2.00	1.83	1.74	1.81	1.69	5
6	2.48	3.17	2.34	2.75	2.20	2.40	2.17	2.32	6
7	2.89	4.15	2.72	3.60	2.56	3.14	2.53	3.04	7
8	3.30	5.25	3.11	4.56	2.93	3.97	2.89	3.85	8
9	3.71	6.47	3.50	5.61	3.30	4.89	3.25	4.74	9
10	4.12	7.79	3.89	6.76	3.66	5.89	3.61	5.71	10
12	4.95	10.76	4.67	9.33	4.40	8.08	4.34	7.88	12
14	5.77	14.15	5.45	12.27	5.13	10.69	5.05	10.36	14
16	6.60	17.94	6.22	15.56	5.86	13.55	5.78	13.13	16
18	7.42	22.14	7.00	19.20	6.60	16.72	6.50	16.20	18
20	8.24	26.73	7.78	23.18	7.33	20.18	7.22	19.55	20

表 3.11(续)

水的摩阻(续)
(基于达西公式)
细钢管——*S.P.S.铜和黄铜管
1 英寸

流量 加仑 每分	K 型管 内径 0.995″ 壁厚 0.065″		L 型管 内径 1.025″ 壁厚 0.050″		M 型管 内径 1.055″ 壁厚 0.035″		* 管 内径 1.062″ 壁厚 0.126 5″		流量 加仑 每分
	流速 英尺/秒	水头损失 /100 英尺	流速 英尺/秒	水头损失 /100 英尺	流速 英尺/秒	水头损失 /100 英尺	流速 英尺/秒	水头损失 /100 英尺	
25	10.30	39.87	9.74	34.56	9.16	30.09	9.03	29.15	25
30	12.37	55.33	11.68	47.96	11.00	41.74	10.84	40.43	30
35	14.42	73.06	13.61	63.31	12.82	55.09	12.65	53.37	35
40	16.50	93.00	15.55	80.58	14.66	70.11	14.45	67.90	40
45	18.55	115.1	17.50	99.72	16.50	86.75	16.25	84.02	45
50	20.60	139.4	19.45	120.7	18.32	105.0	18.05	101.7	50

注意:无使用年限、不同直径,或任何内部表面变化的折算。任何安全系数必须估计当地的特定安装条件和要求。建议对大多数商业设计目的,表中的数值应增加 15%—20%的安全系数。

1¼英寸

流量 加仑 每分	K 型管 内径 1.245″ 壁厚 0.065″		L 型管 内径 1.265″ 壁厚 0.055″		M 型管 内径 1.291″ 壁厚 0.042″		* 管 内径 1.368″ 壁厚 0.146″		流量 加仑 每分
	流速 英尺/秒	水头损失 /100 英尺	流速 英尺/秒	水头损失 /100 英尺	流速 英尺/秒	水头损失 /100 英尺	流速 英尺/秒	水头损失 /100 英尺	
5	1.31	0.79	1.28	0.74	1.22	0.67	1.09	0.51	5
6	1.58	1.09	1.53	1.01	1.47	0.92	1.31	0.70	6
7	1.84	1.43	1.79	1.32	1.71	1.20	1.53	0.91	7
8	2.11	1.81	2.04	1.67	1.96	1.52	1.75	1.15	8
9	2.37	2.22	2.30	2.06	2.20	1.87	1.96	1.42	9
10	2.63	2.67	2.55	2.48	2.45	2.25	2.18	1.71	10
12	3.16	3.69	3.06	3.42	2.93	3.10	2.62	2.35	12
15	3.95	5.47	3.83	5.07	3.66	4.60	3.27	3.49	15
20	5.26	9.13	5.10	8.46	4.89	7.67	4.36	5.81	20
25	6.58	13.59	6.38	12.59	6.11	11.42	5.46	8.65	25
30	7.90	18.83	7.65	17.44	7.33	15.82	6.55	11.98	30
35	9.21	24.83	8.94	23.00	8.55	20.86	7.65	15.79	35
40	10.5	31.57	10.2	29.24	9.77	26.51	8.74	20.06	40
45	11.8	38.03	11.5	36.15	11.0	32.77	9.83	24.80	45
50	13.2	47.20	12.8	43.71	12.2	39.63	10.9	29.98	50
60	15.8	65.65	15.3	60.78	14.7	55.10	13.1	41.66	60
70	18.4	86.82	17.9	80.38	17.1	72.86	15.3	55.07	70
80	21.1	110.7	20.4	102.5	19.6	92.85	17.5	70.16	80
90	23.7	137.2	23.0	127.9	22.0	115.1	19.6	86.91	90
100	26.3	166.3	25.5	153.9	24.4	139.4	21.8	105.3	100

表 3.11(续)

水的摩阻(续)
(基于达西公式)
细钢管——*S.P.S.铜和黄铜管
1½英寸

流量加仑每分	K 型管内径 1.481″壁厚 0.072″		L 型管内径 1.505″壁厚 0.060″		M 型管内径 1.527″壁厚 0.049″		* 管内径 1.600″壁厚 0.150″		流量加仑每分
	流速英尺/秒	水头损失/100 英尺	流速英尺/秒	水头损失/100 英尺	流速英尺/秒	水头损失/100 英尺	流速英尺/秒	水头损失/100 英尺	
8	1.49	0.79	1.44	0.73	1.40	0.68	1.27	0.55	8
9	1.67	0.97	1.62	0.90	1.57	0.84	1.43	0.67	9
10	1.86	1.17	1.80	1.08	1.75	1.01	1.59	0.81	10
12	2.23	1.61	2.16	1.49	2.10	1.39	1.91	1.12	12
15	2.79	2.39	2.70	2.21	2.63	2.07	2.39	1.65	15
20	3.72	3.98	3.60	3.68	3.50	3.44	3.19	2.75	20
25	4.65	5.91	4.51	5.48	4.38	5.11	3.98	4.09	25
30	5.58	8.19	5.41	7.58	5.25	7.07	4.78	5.65	30
35	6.51	10.79	6.31	9.99	6.13	9.31	5.58	7.45	35
40	7.44	13.70	7.21	12.68	7.00	11.83	6.37	9.45	40
45	8.37	16.93	8.11	15.67	7.88	14.61	7.16	11.68	45
50	9.30	20.46	9.01	18.94	8.76	17.66	7.96	14.11	50
60	11.2	28.42	10.8	26.30	10.5	24.53	9.56	19.59	60
70	13.0	37.55	12.6	34.74	12.3	32.40	11.2	25.87	70
80	14.9	47.82	14.4	44.24	14.0	41.25	12.8	32.93	80
90	16.7	59.21	16.2	54.78	15.8	51.07	14.4	40.76	90
100	18.6	71.70	18.0	66.34	17.5	61.84	15.9	49.34	100
110	20.5	85.29	19.8	78.90	19.3	73.55	17.5	58.67	110
120	22.3	99.95	21.6	92.46	21.0	86.18	19.1	68.74	120
130	24.2	115.7	23.4	107.0	22.8	99.73	20.7	78.53	130

2 英寸

流量加仑每分	K 型管内径 1.959″壁厚 0.083″		L 型管内径 1.985″壁厚 0.070″		M 型管内径 2.009″壁厚 0.058″		* 管内径 2.062″壁厚 0.156 5″		流量加仑每分
	流速英尺/秒	水头损失/100 英尺	流速英尺/秒	水头损失/100 英尺	流速英尺/秒	水头损失/100 英尺	流速英尺/秒	水头损失/100 英尺	
10	1.07	0.31	1.04	0.29	1.01	0.27	.96	0.24	10
12	1.28	0.43	1.24	0.40	1.21	0.38	1.15	0.33	12
14	1.49	0.56	1.45	0.52	1.42	0.50	1.34	0.44	14
16	1.70	0.71	1.66	0.66	1.62	0.63	1.53	0.55	16
18	1.92	0.87	1.87	0.82	1.82	0.77	1.72	0.68	18

表 3.11(续)

水的摩阻(续)

(基于达西公式)

细钢管——*S.P.S.铜和黄铜管

2 英寸

流量 加仑 每分	K 型管 内径1.959″ 壁厚0.083″		L 型管 内径1.985″ 壁厚0.070″		M 型管 内径2.009″ 壁厚0.058″		*管 内径2.062″ 壁厚0.156 5″		流量 加仑 每分
	流　速 英尺/秒	水头损失 /100 英尺	流　速 英尺/秒	水头损失 /100 英尺	流　速 英尺/秒	水头损失 /100 英尺	流　速 英尺/秒	水头损失 /100 英尺	
20	2.13	1.05	2.07	0.98	2.02	0.93	1.92	0.82	20
25	2.66	1.55	2.59	1.46	2.53	1.38	2.39	1.22	25
30	3.19	2.15	3.11	2.01	3.03	1.90	2.87	1.68	30
35	3.73	2.82	3.62	2.65	3.54	2.50	3.35	2.21	35
40	4.26	3.58	4.14	3.36	4.05	3.17	3.83	2.80	40
45	4.79	4.42	4.66	4.15	4.55	3.92	4.30	3.46	45
50	5.32	5.34	5.17	5.01	5.05	4.73	4.80	4.17	50
60	6.39	7.40	6.21	6.95	6.06	6.56	5.75	5.79	60
70	7.45	9.76	7.25	9.16	7.07	8.65	6.70	7.63	70
80	8.52	12.47	8.28	11.65	8.09	11.00	7.65	9.70	80
90	9.58	15.36	9.31	14.41	9.10	13.60	8.61	12.00	90
100	10.65	18.58	10.4	17.43	10.1	16.45	9.57	14.51	100
110	11.71	22.07	11.4	20.71	11.1	19.55	10.5	17.24	110
120	12.78	25.84	12.4	24.24	12.1	22.88	11.5	20.18	120
130	13.85	29.88	13.4	28.04	13.1	26.45	12.5	23.33	130
140	14.9	34.18	14.5	32.07	14.2	30.26	13.4	26.69	140
150	16.0	38.75	15.5	36.36	15.2	34.30	14.4	30.25	150
160	17.0	43.58	16.5	40.89	16.2	38.58	15.3	34.01	160
170	18.1	48.67	17.6	45.66	17.2	43.08	16.3	37.98	170
180	19.2	54.01	18.6	50.67	18.2	47.81	17.2	42.15	180
190	20.2	59.61	19.6	55.92	19.2	52.76	18.2	46.51	190
200	21.3	65.46	20.7	61.41	20.2	57.94	19.2	51.07	200
210	22.4	71.57	21.7	67.14	21.2	63.34	20.1	55.83	210
220	23.4	77.93	22.8	73.10	22.2	68.96	21.0	60.78	220
230	24.5	84.53	23.8	79.29	23.2	74.80	22.0	65.93	230
240	25.6	91.38	24.8	85.72	24.3	80.86	23.0	71.26	240
250	26.6	98.43	25.9	92.37	25.3	87.14	23.9	76.79	250
260	27.7	105.8	26.9	99.26	26.3	93.63	24.9	82.51	260
270	28.8	113.4	27.9	106.4	27.3	100.3	25.8	88.42	270
280	29.8	121.3	29.0	113.7	28.3	107.3	26.8	94.52	280
290	30.9	129.3	30.0	121.3	29.4	114.4	27.8	100.8	290
300	32.0	137.6	31.1	129.1	30.4	121.8	28.7	107.3	300

　　注意:无使用年限、不同直径、或任何内部表面变化的折算。任何安全系数必须估计当地的特定安装条件和要求。建议对大多数商业设计目的,表中的数值应增加15%—20%的安全系数。

表 3. 11(续)

水的摩阻(续)
(基于达西公式)
细钢管——*S. P. S. 铜和黄铜管
2½英寸

流量加仑每分	K 型管 内径 2.435″ 壁厚 0.095″		L 型管 内径 2.465″ 壁厚 0.080″		M 型管 内径 2.495″ 壁厚 0.065″		* 管 内径 2.500″ 壁厚 0.187 5″		流量加仑每分
	流速 英尺/秒	水头损失 /100 英尺	流速 英尺/秒	水头损失 /100 英尺	流速 英尺/秒	水头损失 /100 英尺	流速 英尺/秒	水头损失 /100 英尺	
20	1.38	0.37	1.34	0.35	1.31	0.33	1.31	0.33	20
25	1.72	0.55	1.68	0.52	1.64	0.49	1.63	0.49	25
30	2.07	0.76	2.02	0.72	1.97	0.68	1.96	0.67	30
35	2.41	1.00	2.35	0.94	2.30	0.89	2.29	0.88	35
40	2.76	1.26	2.69	1.19	2.62	1.13	2.61	1.12	40
45	3.10	1.56	3.02	1.47	2.95	1.39	2.94	1.38	45
50	3.45	1.88	3.36	1.77	3.28	1.68	3.26	1.66	50
60	4.14	2.61	4.03	2.46	3.93	2.32	3.92	2.30	60
70	4.82	3.43	4.70	3.24	4.59	3.06	4.57	3.03	70
80	5.51	4.36	5.37	4.12	5.25	3.88	5.22	3.85	80
90	6.20	5.39	6.04	5.08	5.90	4.80	5.88	4.75	90
100	6.89	6.52	6.71	6.15	6.55	5.80	6.53	5.74	100
110	7.58	7.74	7.38	7.30	7.21	6.89	7.19	6.82	110
120	8.27	9.06	8.05	8.54	7.86	8.05	7.84	7.98	120
130	8.96	10.46	8.73	9.87	8.52	9.31	8.49	9.22	130
140	9.65	11.97	9.40	11.28	9.18	10.64	9.14	10.54	140
150	10.35	13.56	10.1	12.78	9.83	12.06	9.79	11.94	150
160	11.0	15.24	10.8	14.36	10.5	13.55	10.45	13.42	160
170	11.7	17.01	11.4	16.03	11.1	15.12	11.1	14.98	170
180	12.4	18.87	12.1	17.79	11.8	16.78	11.8	16.61	180
190	13.1	20.81	12.8	19.62	12.5	18.51	12.4	18.33	190
200	13.8	22.85	13.4	21.54	13.1	20.31	13.1	20.12	200
220	15.2	27.18	14.8	25.61	14.4	24.16	14.4	23.93	220
240	16.5	31.84	16.1	30.01	15.7	28.31	15.7	28.03	240
260	17.9	36.85	17.5	34.73	17.1	32.75	17.0	32.44	260
280	19.3	42.19	18.8	39.76	18.4	37.50	18.3	37.13	280
300	20.7	47.86	20.1	45.10	19.7	42.53	19.6	42.12	300
320	22.1	53.86	21.5	50.75	21.0	47.86	20.9	47.40	320
340	23.4	60.18	22.8	56.71	22.3	53.48	22.2	52.96	340
360	24.8	66.83	24.2	62.97	23.6	59.38	23.5	58.81	300
380	26.2	73.80	25.5	69.54	24.9	65.57	24.8	64.94	380
400	27.6	81.09	26.9	76.41	26.2	72.04	26.1	71.35	400
420	29.0	88.70	28.2	83.57	27.5	78.80	27.4	78.04	420
440	30.3	96.62	29.5	91.04	28.8	85.83	28.7	85.00	440
460	31.7	104.9	30.9	98.80	30.2	93.15	30.0	92.24	460
480	33.1	113.4	32.2	106.8	31.5	100.7	31.4	99.76	480
500	34.5	122.3	33.6	115.2	32.8	108.6	32.6	107.5	500

注意:无使用年限、不同直径,或任何内部表面变化的折算。任何安全系数必须估计当地的特定安装条件和要求。建议对大多数商业设计目的,表中的数值增加 15%—20%的安全系数。

表 3. 11(续)

水的摩阻(续)
(基于达西公式)
细钢管——*S. P. S. 铜和黄铜管
3 英寸

流量加仑每分	K 型管 内径2.907″ 壁厚0.109″		L 型管 内径2.945″ 壁厚0.090″		M 型管 内径2.981″ 壁厚0.072″		* 管 内径3.062″ 壁厚0.219″		流量加仑每分
	流速英尺/秒	水头损失/100英尺	流速英尺/秒	水头损失/100英尺	流速英尺/秒	水头损失/100英尺	流速英尺/秒	水头损失/100英尺	
20	0.96	0.16	0.94	0.15	0.92	0.14	0.87	0.13	20
30	1.45	0.33	1.41	0.31	1.37	0.29	1.30	0.25	30
40	1.93	0.54	1.88	0.51	1.83	0.48	1.74	0.42	40
50	2.41	0.81	2.35	0.76	2.29	0.72	2.17	0.63	50
60	2.89	1.12	2.82	1.05	2.75	0.99	2.61	0.87	60
70	3.38	1.47	3.29	1.38	3.20	1.30	3.04	1.15	70
80	3.86	1.87	3.76	1.75	3.66	1.65	3.48	1.45	80
90	4.34	2.30	4.23	2.16	4.12	2.04	3.91	1.80	90
100	4.82	2.78	4.70	2.61	4.59	2.47	4.35	2.17	100
110	5.30	3.30	5.17	3.10	5.05	2.93	4.79	2.57	110
120	5.79	3.86	5.64	3.63	5.50	3.42	5.21	3.01	120
130	6.27	4.46	6.11	4.19	5.95	3.95	5.65	3.47	130
140	6.75	5.10	6.58	4.79	6.41	4.52	6.09	3.97	140
150	7.24	5.77	7.05	5.42	6.87	5.12	6.52	4.50	150
160	7.72	6.49	7.52	6.09	7.34	5.75	6.95	5.05	160
170	8.20	7.24	7.99	6.80	7.79	6.41	7.39	5.64	170
180	8.69	8.03	8.46	7.54	8.25	7.11	7.82	6.25	180
190	9.16	8.85	8.93	8.32	8.70	7.84	8.25	6.89	190
200	9.64	9.71	9.40	9.13	9.16	8.61	8.70	7.56	200
220	10.6	11.55	10.3	10.85	10.1	10.23	9.56	8.99	220
240	11.6	13.52	11.3	12.70	11.0	11.98	10.4	10.52	240
260	12.6	15.64	12.2	14.69	11.9	13.85	11.3	12.17	260
280	13.5	17.90	13.2	16.81	12.8	15.85	12.2	13.93	280
300	14.5	20.30	14.1	19.06	13.7	17.97	13.0	15.79	300
320	15.4	22.83	15.0	21.44	14.7	20.22	13.9	17.76	320
340	16.4	25.50	16.0	23.95	15.6	22.58	14.8	19.83	340
360	17.4	28.30	16.9	26.34	16.5	25.06	15.7	22.01	360
380	18.3	31.24	17.9	29.34	17.4	27.56	16.5	24.29	380
400	19.3	34.32	18.8	32.22	18.3	30.38	17.4	26.68	400
450	21.7	42.58	21.2	39.98	20.6	37.69	19.6	33.09	450
500	24.1	51.65	23.5	48.50	22.9	45.72	21.7	40.14	500
550	26.6	61.54	25.8	57.77	25.2	54.46	23.9	47.81	550
600	29.0	72.22	28.2	67.80	27.5	63.91	26.1	56.10	600
650	31.4	83.69	30.6	78.56	29.8	74.05	28.2	65.00	650
700	33.8	95.95	32.9	90.06	32.1	84.89	30.4	74.50	700
750	36.2	109.0	35.2	102.3	34.4	96.41	32.6	84.61	750
800	38.6	122.8	37.6	115.3	36.6	108.6	34.8	95.31	800

注意:无使用年限、不同直径,或任何内部表面变化的折算。任何安全系数必须估计当地的特定安装条件和要求。建议对大多数商业设计目的,表中的数值增加 15%—20% 的安全系数。

表 3.11(续)

水的摩阻(续)

（基于达西公式）

细钢管——* S. P. S. 铜和黄铜管

3½英寸

流量加仑每分	K 型管 内径 3.385″ 壁厚 0.120″		L 型管 内径 3.425″ 壁厚 0.100″		M 型管 内径 3.459″ 壁厚 0.083″		* 管 内径 3.500″ 壁厚 0.250″		流量加仑每分
	流　速 英尺/秒	水头损失 /100 英尺	流　速 英尺/秒	水头损失 /100 英尺	流　速 英尺/秒	水头损失 /100 英尺	流　速 英尺/秒	水头损失 /100 英尺	
60	2.14	0.54	2.09	0.51	2.05	0.49	2.00	0.46	60
70	2.49	0.71	2.44	0.67	2.39	0.64	2.33	0.60	70
80	2.84	0.90	2.78	0.85	2.73	0.81	2.66	0.77	80
90	3.20	1.11	3.13	1.05	3.07	1.00	3.00	0.95	90
100	3.56	1.34	3.48	1.27	3.41	1.21	3.33	1.14	100
110	3.92	1.59	3.82	1.50	3.76	1.43	3.67	1.35	110
120	4.26	1.86	4.18	1.76	4.10	1.68	4.00	1.58	120
130	4.62	2.15	4.52	2.03	4.45	1.93	4.33	1.83	130
140	4.98	2.45	4.87	2.32	4.79	2.21	4.66	2.09	140
150	5.34	2.78	5.21	2.62	5.12	2.50	5.00	2.36	150
160	5.69	3.12	5.56	2.95	5.46	2.81	5.33	2.66	160
170	6.05	3.48	5.91	3.29	5.80	3.14	5.66	2.96	170
180	6.40	3.86	6.26	3.64	6.16	3.48	6.00	3.28	180
190	6.76	4.25	6.60	4.02	6.49	3.83	6.33	3.62	190
200	7.11	4.67	6.95	4.41	6.82	4.20	6.66	3.97	200
220	7.82	5.54	7.65	5.24	7.51	4.99	7.33	4.72	220
240	8.54	6.49	8.35	6.13	8.19	5.85	8.00	5.52	240
260	9.25	7.50	9.05	7.09	8.87	6.76	8.66	6.39	260
280	9.95	8.58	9.74	8.11	9.55	7.73	9.33	7.30	280
300	10.7	9.73	10.4	9.19	10.2	8.78	10.0	8.28	300
350	12.5	12.87	12.2	12.16	11.9	11.80	11.7	10.95	350
400	14.2	16.42	13.9	15.51	13.7	14.79	13.3	13.97	400
450	16.0	20.36	15.6	19.23	15.4	18.33	15.0	17.32	450
500	17.8	24.68	17.4	23.32	17.1	22.23	16.7	20.99	500
550	19.6	29.39	19.1	27.76	18.8	26.46	18.3	24.99	550
600	21.4	34.47	20.9	32.56	20.5	31.04	20.0	29.31	600
650	23.1	39.92	22.2	37.71	22.2	35.94	21.6	33.95	650
700	24.9	45.75	24.4	43.21	23.9	41.18	23.3	38.89	700
750	26.6	51.94	26.1	49.05	25.6	46.75	25.0	44.15	750
800	28.4	58.49	27.8	55.24	27.3	52.65	26.6	49.72	800
850	30.2	65.40	29.6	61.77	29.0	58.87	28.3	55.59	850
900	32.0	72.68	31.3	68.63	30.7	65.41	30.0	61.77	900
950	33.8	80.31	33.0	75.84	32.4	72.27	31.6	68.24	950
1 000	35.6	88.29	34.8	83.37	34.1	79.46	33.3	75.02	1 000
1 100	39.2	105.3	38.2	99.45	37.6	94.77	36.7	89.47	1 100
1 200	42.6	123.7	41.8	116.8	41.0	111.3	40.0	105.1	1 200
1 300	46.2	143.5	45.2	135.5	44.5	129.1	43.3	121.9	1 300
1 400	49.8	164.7	48.7	155.5	47.9	148.2	46.6	139.9	1 400

表 3.11(续)

水的摩阻(续)
(基于达西公式)
细钢管——*S. P. S. 铜和黄铜管
4 英寸

流量 加仑 每分	K 型管 内径 3.857″ 壁厚 0.134″		L 型管 内径 3.905″ 壁厚 0.110″		M 型管 内径 3.935″ 壁厚 0.095″		* 管 内径 4.000″ 壁厚 0.250″		流量 加仑 每分
	流速 英尺/秒	水头损失 /100 英尺	流速 英尺/秒	水头损失 /100 英尺	流速 英尺/秒	水头损失 /100 英尺	流速 英尺/秒	水头损失 /100 英尺	
100	2.74	0.72	2.68	0.68	2.64	0.65	2.55	0.60	100
110	3.02	0.85	2.94	0.80	2.90	0.77	2.81	0.71	110
120	3.29	0.99	3.21	0.94	3.16	0.90	3.06	0.83	120
130	3.57	1.15	3.48	1.08	3.42	1.04	3.31	0.96	130
140	3.84	1.31	3.74	1.23	3.69	1.19	3.57	1.10	140
150	4.11	1.48	4.01	1.40	3.95	1.35	3.83	1.25	150
160	4.39	1.67	4.28	1.57	4.21	1.51	4.08	1.39	160
170	4.66	1.86	4.55	1.75	4.48	1.69	4.33	1.56	170
180	4.94	2.06	4.81	1.94	4.74	1.87	4.58	1.73	180
190	5.21	2.27	5.08	2.14	5.00	2.06	4.84	1.91	190
200	5.49	2.49	5.35	2.35	5.27	2.26	5.10	2.09	200
220	6.04	2.96	5.89	2.79	5.80	2.68	5.61	2.48	220
240	6.59	3.46	6.42	3.26	6.32	3.14	6.12	2.90	240
260	7.14	4.00	6.95	3.77	6.85	3.63	6.63	3.36	260
280	7.69	4.57	7.49	4.31	7.38	4.15	7.14	3.84	280
300	8.24	5.18	8.02	4.88	7.90	4.70	7.65	4.35	300
350	9.60	6.85	9.36	6.46	9.22	6.22	8.92	5.75	350
400	11.0	8.74	10.7	8.23	10.5	7.93	10.2	7.33	400
450	12.4	10.83	12.0	10.20	11.9	9.83	11.5	9.08	450
500	13.7	13.12	13.4	12.36	13.2	11.91	12.8	11.00	500
550	15.1	15.61	14.7	14.71	14.5	14.17	14.1	13.09	550
600	16.5	18.31	16.0	17.24	15.8	16.61	15.3	15.35	600
650	17.9	21.19	17.4	19.96	17.1	19.23	16.6	17.77	650
700	19.2	24.28	18.7	22.86	18.4	22.03	17.9	20.35	700
750	20.6	27.55	20.1	25.95	19.8	25.00	19.1	23.09	750
800	22.0	31.01	21.4	29.21	21.1	28.14	20.4	25.99	800
850	23.3	34.67	22.8	32.65	22.4	31.46	21.7	29.05	850
900	24.7	38.51	24.1	36.27	23.7	34.94	23.0	32.27	900
950	26.1	42.54	25.4	40.06	25.0	38.60	24.2	35.64	950
1 000	27.4	46.76	26.8	44.03	26.4	42.42	25.5	39.17	1 000
1 100	30.2	55.74	29.4	52.48	29.0	50.56	28.1	46.69	1 100
1 200	32.9	65.45	32.1	61.62	31.6	59.37	30.6	54.82	1 200
1 300	35.7	75.89	34.8	71.45	34.2	68.83	33.1	63.55	1 300
1 400	38.4	87.05	37.4	81.95	36.9	78.95	35.7	72.89	1 400
1 500	41.1	98.23	40.1	93.13	39.5	89.71	38.3	82.82	1 500
1 600	43.9	111.5	42.8	105.0	42.1	101.1	40.8	93.34	1 600
1 800	49.4	138.8	48.1	130.6	47.4	125.8	45.8	116.1	1 800
2 000	54.9	168.9	53.5	158.9	52.7	153.1	51.0	141.3	2 000
2 200	60.4	201.7	58.9	189.8	58.0	182.8	56.1	168.7	2 200

注意:无使用年限、不同直径,或任何内部表面变化的折算。任何安全系数必须估计当地的特定安装条件和要求。建议对大多数商业设计目的,表中的数值增加 15%—20% 的安全系数。

表 3. 11(续)

水的摩阻(续)
(基于达西公式)
细钢管——*S. P. S. 铜和黄铜管
5 英寸

流量加仑每分	K 型管 内径 4.805″ 壁厚 0.160″		L 型管 内径 4.875″ 壁厚 0.125″		M 型管 内径 4.907″ 壁厚 0.109″		*管 内径 5.063″ 壁厚 0.250″		流量加仑每分
	流速英尺/秒	水头损失/100 英尺	流速英尺/秒	水头损失/100 英尺	流速英尺/秒	水头损失/100 英尺	流速英尺/秒	水头损失/100 英尺	
150	2.64	0.52	2.58	0.48	2.53	0.47	2.38	0.40	150
160	2.82	0.58	2.75	0.54	2.70	0.52	2.54	0.45	160
170	3.00	0.65	2.92	0.60	2.87	0.58	2.70	0.50	170
180	3.17	0.72	3.09	0.67	3.04	0.65	2.86	0.56	180
190	3.35	0.79	3.26	0.74	3.21	0.71	3.02	0.61	190
200	3.53	0.87	3.44	0.81	3.38	0.78	3.18	0.67	200
220	3.88	1.03	3.78	0.96	3.72	0.93	3.50	0.80	220
240	4.24	1.20	4.12	1.12	4.05	1.09	3.81	0.94	240
260	4.59	1.39	4.46	1.30	4.39	1.26	4.14	1.08	260
280	4.94	1.59	4.81	1.48	4.73	1.43	4.45	1.23	280
300	5.29	1.80	5.15	1.68	5.07	1.63	4.76	1.40	300
350	6.17	2.38	6.01	2.22	5.91	2.15	5.56	1.85	350
400	7.05	3.03	6.87	2.82	6.75	2.73	6.35	2.35	400
450	7.94	3.75	7.73	3.49	7.60	3.39	7.15	2.91	450
500	8.81	4.54	8.59	4.23	8.45	4.10	7.95	3.53	500
550	9.70	5.40	9.45	5.03	9.29	4.88	8.75	4.19	550
600	10.6	6.32	10.3	5.90	10.1	5.71	9.54	4.91	600
650	11.5	7.32	11.2	6.82	11.0	6.61	10.3	5.68	650
700	12.4	8.37	12.0	7.81	11.8	5.57	11.1	6.50	700
750	13.2	9.50	12.9	8.86	12.7	8.58	11.9	7.38	750
800	14.1	10.69	13.7	9.97	13.5	9.65	12.7	8.30	800
850	15.0	11.94	14.6	11.13	14.4	10.79	13.5	9.27	850
900	15.9	13.26	15.5	12.36	15.2	11.98	14.3	10.29	900
950	16.8	14.64	16.3	13.67	16.1	13.22	15.1	11.36	950
1 000	17.6	16.08	17.2	14.99	16.9	14.52	15.9	12.48	1 000
1 100	19.4	19.16	18.9	17.86	18.6	17.30	17.5	14.86	1 100
1 200	21.2	22.48	20.6	20.95	20.3	20.30	19.1	17.44	1 200
1 300	22.9	26.04	22.4	24.27	22.0	23.51	20.6	20.20	1 300
1 400	24.7	29.85	24.0	27.82	23.7	26.95	22.2	23.15	1 400
1 500	26.4	33.89	25.8	31.59	25.4	30.60	23.8	26.28	1 500
1 600	28.2	38.18	27.5	35.59	27.0	34.47	25.4	29.60	1 600
1 800	31.8	47.46	30.9	44.23	30.4	42.85	28.6	36.79	1 800
2 000	35.3	57.68	34.4	53.75	33.8	52.06	31.8	44.70	2 000
2 200	38.8	68.82	37.8	64.13	37.2	62.12	35.0	53.32	2 200
2 400	42.4	80.89	41.2	75.37	40.5	73.00	38.1	62.65	2 400
2 600	45.9	93.86	44.6	87.45	44.0	84.70	41.4	72.69	2 600
2 800	49.4	107.7	48.1	100.4	47.3	97.21	44.5	83.42	2 800
3 000	52.9	122.5	51.5	114.1	50.7	110.5	47.6	94.84	3 000

表 3.11(续)

水的摩阻(续)
(基于达西公式)
细钢管——* S. P. S. 铜和黄铜管
6 英寸

流量 加仑 每分	K 型管		L 型管		M 型管		* 管		流量 加仑 每分
	内径 5.741″ 壁厚 0.192″		内径 5.845″ 壁厚 0.140″		内径 5.881″ 壁厚 0.122″		内径 6.125″ 壁厚 0.250″		
	流　速 英尺/秒	水头损失 /100 英尺	流　速 英尺/秒	水头损失 /100 英尺	流　速 英尺/秒	水头损失 /100 英尺	流　速 英尺/秒	水头损失 /100 英尺	
240	2.98	0.51	2.87	0.47	2.84	0.46	2.61	0.38	240
260	3.22	0.59	3.11	0.54	3.07	0.53	2.83	0.43	260
280	3.48	0.67	3.35	0.62	3.31	0.60	3.05	0.49	280
300	3.72	0.76	3.58	0.70	3.54	0.68	3.26	0.56	300
350	4.35	1.01	4.19	0.93	4.14	0.90	3.81	0.74	350
400	4.97	1.28	4.79	1.18	4.72	1.14	4.35	0.94	400
450	5.59	1.59	5.38	1.46	5.31	1.42	4.90	1.16	450
500	6.20	1.92	5.98	1.76	5.90	1.71	5.44	1.41	500
550	6.82	2.29	6.57	2.10	6.50	2.04	5.98	1.67	550
600	7.45	2.68	7.17	2.46	7.10	2.38	6.53	1.96	600
650	8.07	3.10	7.76	2.84	7.68	2.76	7.07	2.27	650
700	8.69	3.54	8.36	3.25	8.27	3.15	7.61	2.59	700
750	9.31	4.02	8.96	3.68	8.86	3.57	8.15	2.94	750
800	9.93	4.52	9.56	4.14	9.45	4.02	8.70	3.31	800
850	10.6	5.05	10.2	4.63	10.0	4.49	9.25	3.69	850
900	11.2	5.60	10.8	5.14	10.6	4.99	9.79	4.10	900
950	11.8	6.18	11.4	5.67	11.2	5.50	10.3	4.52	950
1 000	12.4	6.79	12.0	6.23	11.8	6.04	10.9	4.97	1 000
1 100	13.7	8.08	13.2	7.41	13.0	7.19	12.0	5.91	1 100
1 200	14.9	9.48	14.3	8.69	14.2	8.44	13.1	6.93	1 200
1 300	16.1	10.98	15.5	11.06	15.4	9.77	14.1	8.02	1 300
1 400	17.4	12.58	16.7	11.53	16.5	11.19	15.2	9.19	1 400
1 500	18.6	14.28	17.9	13.09	17.7	12.70	16.3	10.43	1 500
1 600	19.9	16.07	19.1	14.73	18.9	14.30	17.4	11.74	1 600
1 800	22.4	19.96	21.5	18.30	21.2	17.76	19.6	14.58	1 800
2 000	24.8	24.24	23.9	22.22	23.6	21.56	21.8	17.70	2 000
2 200	27.3	24.91	26.3	26.49	26.0	25.71	23.9	21.10	2 200
2 400	29.8	33.95	28.7	31.11	28.4	30.19	26.1	24.77	2 400
2 600	32.3	39.37	31.1	36.07	30.7	35.01	28.3	28.72	2 600
2 800	34.8	45.16	33.5	41.37	33.1	40.15	30.4	32.94	2 800
3 000	37.2	51.32	35.8	47.02	35.4	46.63	32.6	37.42	3 000
3 200	39.7	57.85	38.2	53.00	37.8	51.43	34.8	42.18	3 200
3 400	42.2	64.75	40.6	59.31	40.1	57.56	37.0	47.20	3 400
3 600	44.7	72.01	43.0	65.96	42.5	64.01	39.2	52.48	3 600
3 800	47.1	79.63	45.4	72.94	44.9	70.78	41.4	58.03	3 800
4 000	49.6	87.62	47.8	80.25	47.2	77.87	43.5	63.83	4 000
4 200	52.1	95.96	50.1	87.89	49.6	85.28	45.7	69.90	4 200
4 400	54.6	104.7	52.5	95.85	52.0	93.01	47.9	76.23	4 400

　　注意:无使用年限、不同直径,或任何内部表面变化的折算。任何安全系数必须估计当地的特定安装条件和要求。建议对大多数商业设计目的,表中的数值增加 15%—20% 的安全系数。

表 3.11(续)

水的摩阻(续)
(基于达西公式)
细钢管——*S. P. S. 铜和黄铜管
8 英寸

流量 加仑 每分	K 型管 内径 7.583″ 壁厚 0.271″		L 型管 内径 7.725″ 壁厚 0.200″		M 型管 内径 7.785″ 壁厚 0.170″		* 管 内径 8.000″ 壁厚 0.312 5″		流量 加仑 每分
	流 速 英尺/秒	水头损失 /100 英尺	流 速 英尺/秒	水头损失 /100 英尺	流 速 英尺/秒	水头损失 /100 英尺	流 速 英尺/秒	水头损失 /100 英尺	
500	3.55	0.50	3.42	0.46	3.37	0.44	3.19	0.39	500
550	3.91	0.60	3.76	0.55	3.71	0.53	3.51	0.46	550
600	4.26	0.70	4.10	0.64	4.05	0.62	3.83	0.54	600
650	4.61	0.81	4.44	0.74	4.39	0.71	4.15	0.63	650
700	4.97	0.93	4.78	0.85	4.72	0.82	4.46	0.72	700
750	5.32	1.05	5.12	0.96	5.06	0.92	4.79	0.81	750
800	5.68	1.18	5.46	1.08	5.40	1.04	5.10	0.91	800
850	6.04	1.32	5.80	1.20	5.73	1.16	5.42	1.02	850
900	6.39	1.46	6.15	1.34	6.06	1.29	5.74	1.13	900
950	6.75	1.61	6.49	1.47	6.40	1.42	6.05	1.25	950
1 000	7.10	1.77	6.84	1.62	6.74	1.56	6.38	1.37	1 000
1 100	7.81	2.11	7.52	1.93	7.42	1.85	7.01	1.63	1 100
1 200	8.52	2.47	8.20	2.26	8.10	2.17	7.65	1.91	1 200
1 300	9.24	2.86	8.88	2.61	8.76	2.51	8.30	2.20	1 300
1 400	9.95	3.27	9.56	2.99	9.44	2.88	8.93	2.52	1 400
1 500	10.7	3.71	10.3	3.39	10.1	3.27	9.56	2.86	1 500
1 600	11.4	4.17	10.9	3.81	10.8	3.67	10.2	3.22	1 600
1 800	12.8	5.18	12.3	4.73	12.1	4.56	11.5	4.00	1 800
2 000	14.2	6.28	13.7	5.74	13.5	5.53	12.8	4.85	2 000
2 200	15.6	7.48	15.0	6.84	14.9	6.59	14.0	5.77	2 200
2 400	17.0	8.78	16.4	8.02	16.2	7.73	15.3	6.77	2 400
2 600	18.5	10.17	17.8	9.29	17.5	8.95	16.6	7.84	2 600
2 800	19.9	11.66	19.2	10.65	18.9	10.26	17.9	8.99	2 800
3 000	21.3	13.24	20.5	12.10	20.2	11.65	19.1	10.21	3 000
3 200	22.7	14.91	21.9	13.62	21.6	13.12	20.4	11.49	3 200
3 400	24.2	16.68	23.2	15.24	22.9	14.67	21.7	12.85	3 400
3 600	25.6	18.53	24.6	16.93	24.3	16.31	23.0	14.28	3 600
3 800	27.0	20.48	26.0	18.71	25.6	18.02	24.2	15.78	3 800
4 000	28.4	22.52	27.3	20.57	27.0	19.81	25.5	17.35	4 000
4 200	29.8	24.65	28.7	22.52	28.3	21.68	26.8	18.99	4 200
4 400	31.2	28.87	30.0	24.54	29.7	23.64	28.0	20.70	4 400
4 600	32.7	29.17	31.4	26.65	31.0	25.66	29.4	22.47	4 600
4 800	34.1	31.57	32.8	28.84	32.4	27.77	30.6	24.32	4 800
5 000	35.5	34.08	34.2	31.11	33.7	29.96	31.9	26.23	5 000
5 500	39.1	40.65	37.6	37.13	37.1	35.75	35.1	31.30	5 500
6 000	42.6	47.80	41.0	43.65	40.5	42.03	38.3	36.79	6 000
6 500	46.1	55.48	44.4	50.67	43.8	48.76	41.5	42.70	6 500
7 000	49.7	63.70	47.9	58.17	47.2	56.01	44.6	49.02	7 000

表 3.11(续)

<h1 style="text-align:center">水的摩阻(续)</h1>

(基于达西公式)
细钢管——*S. P. S. 铜和黄铜管
10 英寸

流量加仑每分	K 型管 内径 9.449"		L 型管 内径 9.625"		M 型管 内径 9.700"		*管 内径 10.020"		流量加仑每分
	流速 英尺/秒	水头损失 /100 英尺	流速 英尺/秒	水头损失 /100 英尺	流速 英尺/秒	水头损失 /100 英尺	流速 英尺/秒	水头损失 /100 英尺	
500	2.29	0.18	2.21	0.16	2.17	0.15	2.03	0.13	500
550	2.52	0.21	2.43	0.19	2.39	0.18	2.24	0.16	550
600	2.75	0.24	2.65	0.22	2.61	0.21	2.44	0.18	600
650	2.97	0.28	2.87	0.26	2.82	0.25	2.65	0.21	650
700	3.20	0.32	3.09	0.29	3.04	0.28	2.85	0.24	700
750	3.43	0.36	3.31	0.33	3.26	0.32	3.05	0.27	750
800	3.66	0.41	3.53	0.37	3.47	0.36	3.26	0.31	800
850	3.89	0.46	3.75	0.42	3.69	0.40	3.46	0.34	850
900	4.12	0.51	3.97	0.46	3.91	0.45	3.66	0.38	900
950	4.35	0.56	4.19	0.51	4.13	0.49	3.87	0.42	950
1 000	4.56	0.61	4.41	0.56	4.34	0.54	4.07	0.46	1 000
1 100	5.03	0.73	4.48	0.67	4.78	0.64	4.32	0.50	1 100
1 200	5.49	0.85	5.29	0.78	5.21	0.75	4.71	0.59	1 200
1 300	5.95	0.99	5.73	0.90	5.64	0.87	5.10	0.68	1 300
1 400	6.41	1.13	6.17	1.03	6.08	1.00	5.50	0.78	1 400
1 500	6.86	1.28	6.61	1.17	6.51	1.13	5.89	0.89	1 500
1 600	7.32	1.44	7.06	1.32	6.95	1.27	6.28	1.00	1 600
1 800	8.24	1.79	7.94	1.63	7.82	1.57	7.32	1.35	1 800
2 000	9.15	2.17	8.82	1.98	8.68	1.91	8.14	1.63	2 000
2 200	10.1	2.58	9.70	2.36	9.55	2.27	8.95	1.94	2 200
2 400	11.0	3.02	10.6	2.76	10.4	2.66	9.77	2.28	2 400
2 600	11.9	3.50	11.5	3.20	11.3	3.08	10.6	2.63	2 600
2 800	12.8	4.01	12.3	3.67	12.2	3.53	11.4	3.02	2 800
3 000	13.7	4.55	13.2	4.16	13.0	4.01	12.2	3.42	3 000
3 500	16.0	6.04	15.4	5.52	15.2	5.32	14.2	4.55	3 500
4 000	18.3	7.72	17.6	7.06	17.4	8.80	16.3	5.81	4 000
4 500	20.6	9.60	19.8	8.78	19.5	8.45	18.3	7.22	4 500
5 000	22.9	11.66	22.0	10.66	21.7	10.26	20.3	8.77	5 000
5 500	25.2	13.91	24.3	12.71	23.9	12.24	22.4	10.45	5 500
6 000	27.5	16.34	26.5	14.93	26.1	14.38	24.4	12.28	6 000
6 500	29.7	18.95	28.7	17.32	28.2	16.68	26.4	14.24	6 500
7 000	32.0	21.74	30.9	19.87	30.4	19.13	28.5	16.33	7 000
7 500	34.3	24.71	33.1	22.59	32.6	21.75	30.5	18.56	7 500
8 000	36.6	27.86	35.3	25.46	34.7	24.52	32.6	20.92	8 000
8 500	38.9	31.19	37.5	28.50	36.9	27.44	34.6	23.42	8 500
9 000	41.2	34.69	39.7	31.70	39.1	30.52	36.6	26.05	9 000
9 500	43.5	38.37	41.9	35.06	41.2	33.75	38.7	28.80	9 500
10 000	45.6	42.22	44.1	38.57	43.4	37.14	40.7	31.69	10 000

注意:无使用年限、不同直径,或任何内部表面变化的折算。任何安全系数必须估计当地的特定安装条件和要求。建议对大多数商业设计目的,表中的数值增加 15%—20%的安全系数。

表 3.11(续)

水的摩阻(续)
（基于达西公式）
细钢管——*S.P.S. 铜和黄铜管
12 英寸

流量 加仑 每分	K 型管 内径 11.315″		L 型管 内径 11.565″		M 型管 内径 11.617″		*管 内径 12.000″		流量 加仑 每分
	流 速 英尺/秒	水头损失 /100 英尺	流 速 英尺/秒	水头损失 /100 英尺	流 速 英尺/秒	水头损失 /100 英尺	流 速 英尺/秒	水头损失 /100 英尺	
800	2.55	0.17	2.44	0.16	2.42	0.15	2.27	0.13	800
900	2.87	0.21	2.75	0.19	2.72	0.19	2.55	0.16	900
1 000	3.19	0.26	3.05	0.23	3.03	0.23	2.84	0.19	1 000
1 100	3.51	0.31	3.36	0.28	3.33	0.27	3.12	0.23	1 100
1 200	3.83	0.36	3.67	0.32	3.63	0.32	3.40	0.27	1 200
1 300	4.15	0.41	3.97	0.37	3.94	0.36	3.69	0.31	1 300
1 400	4.47	0.47	4.28	0.43	4.24	0.42	3.97	0.36	1 400
1 500	4.79	0.54	4.58	0.48	4.54	0.47	4.26	0.40	1 500
1 600	5.11	0.60	4.89	0.54	4.84	0.53	4.54	0.45	1 600
1 800	5.74	0.75	5.50	0.67	5.45	0.66	5.11	0.56	1 800
2 000	6.38	0.91	6.11	0.82	6.05	0.80	5.67	0.68	2 000
2 200	7.02	1.08	6.72	0.97	6.66	0.95	6.24	0.81	2 200
2 400	7.66	1.26	7.33	1.14	7.27	1.11	6.81	0.95	2 400
2 600	8.30	1.46	7.94	1.32	7.87	1.29	7.38	1.10	2 600
2 800	8.93	1.68	8.55	1.51	8.48	1.48	7.94	1.26	2 800
3 000	9.57	1.90	9.16	1.71	9.08	1.67	8.51	1.43	3 000
3 500	11.2	2.52	10.7	2.27	10.6	2.22	9.93	1.90	3 500
4 000	12.8	3.22	12.2	2.90	12.1	2.84	11.3	2.42	4 000
4 500	14.4	4.00	13.7	3.60	13.6	3.52	12.8	3.01	4 500
5 000	16.0	4.86	15.3	4.37	15.1	4.27	14.2	3.65	5 000
5 500	17.5	5.79	16.8	5.21	16.6	5.10	15.6	4.35	5 500
6 000	19.1	6.80	18.3	6.11	18.2	5.98	17.0	5.11	6 000
6 500	20.7	7.88	19.9	7.09	19.7	6.93	18.4	5.92	6 500
7 000	22.3	9.04	21.4	8.13	21.2	7.95	19.6	6.79	7 000
7 500	23.9	10.27	22.9	9.23	22.7	9.03	21.3	7.71	7 500
8 000	25.5	11.57	24.4	10.40	24.2	10.18	22.7	8.69	8 000
8 500	27.1	12.95	26.0	11.64	25.7	11.39	24.1	9.72	8 500
9 000	28.7	14.39	27.5	12.94	27.2	12.66	25.5	10.81	9 000
9 500	30.3	15.91	29.0	14.31	28.8	14.00	27.0	11.95	9 500
10 000	31.9	17.50	30.5	15.73	30.7	15.39	28.4	13.14	10 000
10 500	33.5	19.17	32.1	17.23	31.8	16.85	29.8	14.39	10 500
11 000	35.1	20.90	33.6	18.78	33.3	18.38	31.2	15.69	11 000
11 500	36.7	22.70	35.1	20.40	34.8	19.96	32.6	17.04	11 500
12 000	38.3	24.57	36.7	22.08	36.3	21.60	34.0	18.44	12 000
12 500	39.9	26.51	38.2	23.83	37.8	23.31	35.5	19.89	12 500
13 000	41.5	28.52	39.7	25.63	39.4	25.08	36.9	21.40	13 000
14 000	44.7	32.75	42.8	29.43	42.4	28.79	39.7	24.57	14 000
15 000	47.9	37.25	45.8	33.47	45.4	32.75	42.6	27.94	15 000

钢和铸铁管件

表 3.12 列出了一些摩阻系数。这些都是源自美国水力研究所工程数据手册的 K 系数图表。这些充其量是近似值。不幸的是,在撰写本书时,许多普遍应用的配件,如变径肘管或三通管,尚没有摩阻数据。另外,变径焊接钢管摩阻损失很大,目前还没有可靠的数据。

表 3.12 中列出了一些适用于所有材料的管件的 K 系数,不仅是钢和铸铁。典型的入口损失是从水箱流入管道的水流损失。

球阀、闸阀和蝶阀的阻力系数应该由阀门制造商确保他们的数据经过认证测试。这是作者的经验,阀门制造商具有这些阀门的摩阻损失最准确的信息,为最佳来源。他们大多人有非常准确的测试装置。

杂项 K 系数

联轴器和接头　联轴器和接头取决于制造的质量。假设平均导热系数为 0.05。

减少套管和联轴器　降低套管的 K 系数可以从 0.05 变化到 2.0。应尽可能用螺纹锥度配件替换它们。

突然扩大　突然扩大,如异径法兰,K 系数可以高达 1.0。要尽可能用锥形配件。

锥形配件　有许多测试和方程计算锥形配件 K 系数。像其他拟合计算,在最好的情况下充其量也是近似的。最合理的两个公式是那些包含在卡梅隆水力数据的公式。这些公式是:

锥形,渐缩配件

$$K=0.8 \sin \frac{\theta}{2}\left(1-\frac{d_1^2}{d_2^2}\right) \qquad (3.10)$$

式中:θ——渐缩的总角度
　　　d_1——小端、流出的管径
　　　d_2——大端、流入的管径

锥形,渐扩配件

$$K = 2.6 \sin \frac{\theta}{2} \left(1 - \frac{d_1^2}{d_2^2} \right) \tag{3.11}$$

式中：θ——扩大的总角度

　　　　d_1——小端、流出的管径

　　　　d_2——大端、进入的管径

表 3.12　阻力系数 K,钢和铸铁管件和连接(见 3.9)式

入口,从开敞式贮水池流入管道

喇叭口进口:$K=0.05$
方形边入口:$K=0.5$
向内突出管:$K=1.0*$

肘管 90 度弯头的 K 系数

尺寸	规则螺丝拧紧	长半径螺丝拧紧	常规螺纹法兰凸缘	长半径螺纹法兰凸缘
0.5″	2.1	—	—	—
0.75	1.7	0.85	—	—
1	1.5	0.76	0.43	—
1.25	1.3	0.65	0.40	0.37
1.5	1.2	0.53	0.39	0.35
2	1.0	0.43	0.37	0.31
2.5	0.85	0.36	0.35	0.27
3	0.76	0.29	0.33	0.25
4	0.65	0.23	0.32	0.22
6	—	—	0.29	0.18
8	—	—	0.27	0.15
10	—	—	0.25	0.14
12	—	—	0.24	0.13
14	—	—	0.23	0.12
16	—	—	0.23	0.11
18	—	—	0.22	0.10
20	—	—	0.22	0.09
24	—	—	0.21	—

肘管 45 度的 K 系数

尺寸	规则螺丝拧紧	长半径螺丝拧紧
0.5″	0.36	—
0.75	0.35	—
1	0.33	0.21
1.25	0.32	0.20

表 3. 12(续)

肘管 45 度的 K 系数

尺寸	规则螺丝拧紧	长半径螺丝拧紧
1. 5	0. 31	0. 18
2	0. 30	0. 17
2. 5	0. 29	0. 15
3	0. 28	0. 14
4	0. 27	0. 14
6	—	0. 13
8	—	0. 12
10	—	0. 11
12	—	0. 10
14	—	0. 09
16	—	0. 08

K 系数

螺丝拧紧型,线路流通量:0. 90　K 适用所有尺寸

尺寸	螺丝拧紧型支流	法兰凸缘型线路流通量	法兰凸缘型支流
0. 5″	2. 4	—	—
0. 75	2. 1	—	—
1	1. 9	0. 27	1. 0
1. 25	1. 7	0. 25	0. 94
1. 5	1. 6	0. 23	0. 90
2	1. 4	0. 20	0. 83
2. 5	1. 3	0. 18	0. 80
3	1. 2	0. 17	0. 75
4	1. 1	0. 15	0. 70
6	—	0. 12	0. 61
8	—	0. 10	0. 58
10	—	0. 09	0. 54
12	—	0. 09	0. 52
14	—	0. 08	0. 51
16	—	0. 08	0. 47
18	—	0. 07	0. 44
20	—	0. 07	0. 42

★ 对任何圆的边缘,K 随着圆边厚度的增加而减少。

这些公式不应该用于异径钢配件,因为它们不是锥形。它们有一个反向s形曲线,造成更大的摩阻损失。除非有更好的数据可用,对缩小或扩大的钢配件摩阻损失应使用以下公式:

$$H_{f=}\frac{(v_1^2-v_2^2)}{2g} \tag{3.12}$$

式中:v_1——较小的管道内流速

v_2——较大的管道内流速

表 3.13 是市场上可获得的缩小和扩大铸铁锥形的配件。

管道当量 ft 的应用作为计算配件和阀门摩阻的一种手段,似乎并没有提供如式 3.9 K 系数那样准确的结果。在最好的情况下,如上所示,数据拟合损失也是近似的。

表 3.13　铸铁锥形配件 K 系数

管的尺寸		K 系数	
管的大端	管的小端	异径接头管	异径管
2.5	1.5	0.11	0.05
2.5	2	0.02	0.01
3	1.5	0.18	0.07
3	2	0.07	0.04
3	2.5	0.01	0.01
4	1.5	0.34	0.12
4	2	0.21	0.08
4	2.5	0.10	0.05
4	3	0.04	0.02
5	2.5	0.23	0.09
5	3	0.13	0.06
5	4	0.02	0.02
6	2.5	0.34	0.13
6	3	0.24	0.10
6	4	0.09	0.05
6	5	0.01	0.01
8	4	0.26	0.11
8	5	0.13	0.07
8	6	0.05	0.03

表 3. 13(续)

管的尺寸		K 系数	
管的大端	管的小端	异径接头管	异径管
10	6	0.18	0.08
10	8	0.03	0.02
12	6	0.31	0.13
12	8	0.11	0.06
12	10	0.02	0.02
14	6	0.42	0.16
14	8	0.22	0.10
14	10	0.08	0.05
14	12	0.01	0.01
16	10	0.16	0.08
16	12	0.05	0.04
16	14	0.01	0.01

注意:从方程式 3.10 和 3.11 计算。

下面列出的是水系统中常见的产生摩阻的管道配件、阀门和设备:

1. 三通,等径管或收缩管,水流通过干管和通过分支。

2. 肘管:等径管或不同半径的收缩弯管。

3. 阀门:闸阀,球阀,或蝶阀。

4. 异径接管,锥形管。

5. 过滤器。

6. 流量计。

7. 水池入口和出口的损失。

应该注意,以下设备不包括在上述配件的列表中。所有这些设备应避免浪费能源,如果可能只有作为最后的手段使用:

1. 突然扩大,如在小管上的螺纹衬套或大管道上的缩小类型法兰

2. 平衡阀:手动或自动类型

3. 减压阀门

4. 调压阀

5. 平板箱形孔型三通连接(大小三通)

上面的第 5 项是指连接管道三通,每次运行从三通供水,从分支出水的连接。这是一个浪费的连接,应该避免。尚没有三通管的通常引用的摩阻损失,包括任何数据,已知这个连接有相当大的摩阻损失。

近期实验室检测的配件的结果

　　美国采暖、制冷和空调工程师学会（ASHRAE）认识到管道配件的水摩阻损失数据已经陈旧。他们已经开始了一个昂贵的计划来测试钢铁和塑料管件，以验证和更新这些摩阻损失资料。他们用自己的费用进行测试，尽管这对许多专业协会和整个管道行业将都是很有价值的。ASHRAE 将提供以呈现这些测试结果的论文形式出售这些资料。他们可以从在佐治亚州亚特兰大的 ASHRAE 引用下面的研究项目编号获得。时至今日共有五个不同的项目开展测试。它们是：

项目编号	配件尺寸	材料	状态
RP - 968	2 和 4″	钢铁	报告完成
1034 - RP	12、16、20 和 24″	钢	报告完成
1035 - RP	4″	钢	报告完成
1116 - RP	6、8、10″	钢铁	测试在进行中
1193 - RP	6、8、10″	PVC 原理图.80	测试开始

　　* 这个测试的目的是确定紧密连接配件的影响。测试包括四个不同的配置中连接两个焊接钢的肘管管（1）在平面中，"Z"形连接，（2）在平面中，"U"形连接，（3）在平面外，扭转连接，（4）在平面外，摇摆连接。

　　从这些测试有一些非常重要的发现。以下是简介：如上所述，实际的、完全的测试报告可以并从总部设在亚特兰大的美国采暖、制冷和空调工程师学会 ASHRAE 获得。

RP - 968

　　（1）这些配件的系数 K 在流速从 2 到 12 ft/s 时表现出明显的变化。图 3.6 中描述了标准 2″ 和 4″ 钢肘管的这种变化。2″ 和 4″ 渐缩异径弯管的变化情况如图 3.7 所示。

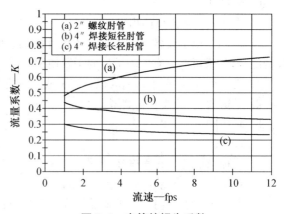

图 3.6　弯管的损失系数

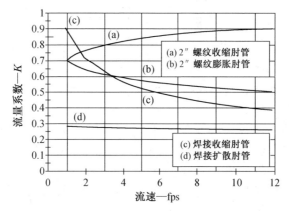

图 3.7　收缩弯管的损失系数

（2）实际的系数 K 与公布的数据相比如表 3.14 所示。新数据渐缩肘管以渐缩和渐扩模式表示。

1034-RP

（1）对于尺寸较大的配件，系数 K 的变化并不像尺寸较小的配件那样明显。表 3.14 描述了这种变化并将这些配件测试数据与过去的数值比较。对渐缩配件以渐缩和渐扩的模式提供了重要的新数据。

表 3.14　测试数据汇总：斜纹管、扩散管、收缩管

	过去的	USU 4 fps	USU 8 fpss	USU 12 fps
2″S. R. Ell(R/D=1)螺线	0.60 到 1.0 (1.0)*	0.60	0.68	0.736
4″S. R. Ell(R/D=1)焊接	0.30 到 0.34	0.37	0.34	0.33
1″L. R. Ell(R/D=1.5)焊接	0.39 到 1.0	………	………	………
2″L. R. Ell(R/D=1.5)焊接	0.50 到 0.7	………	………	………
4″L. R. Ell(R/D=1.5)焊接	0.22 到 0.33 (.22)*	0.26	0.24	0.23
6″L. R. Ell(R/D=1.5)焊接	0.25	………	………	………
8″L. R. Ell(R/D=1.5)焊接	0.20 到 0.26	………	………	………
10″L. R. Ell(R/D=1.5)焊接	0.17	………	………	………
12″L. R. Ell(R/D=1.5)焊接	0.16	0.17	0.17	0.17
16″L. R. Ell(R/D=1.5)焊接	0.12	0.12	0.2	0.11
20″L. R. Ell(R/D=1.5)焊接	0.09	0.12	0.10	0.10
24″L. R. Ell(R/D=1.5)焊接	0.07	0.098	0.089	0.089

表 3. 14(续)

	过去的	USU 4 fps	USU 8 fpss	USU 12 fps
收缩管(2″×1.5″)螺线	……	0.53	0.28	0.20
收缩管(4″×3″)焊接	0.22	0.23	0.14	0.10
收缩管(12″×10″)焊接	……	0.14	0.14	0.14
收缩管(16″×12″)焊接	……	0.17	0.16	0.17
收缩管(20″×16″)焊接	……	0.16	0.13	0.13
收缩管(24″×20″)焊接	……	0.053	0.053	0.055
扩散管(1.5″×2″)螺线	……	0.16	0.13	0.02
扩散管(3″×4″)焊接	……	0.11	0.11	0.11
扩散管(10″×12″)焊接	……	0.11	0.11	0.11
扩散管(12″×16″)焊接	……	0.073	0.076	0.073
扩散管(16″×20″)焊接	……	0.024	0.021	0.022
扩散管(20″×24″)焊接	……	0.020	0.023	0.020

过去发布的数据(弗里曼,起重机,水力学研究所)

USU(犹他州立大学数据)

( )＊发表在美国采暖、制冷和空调工程师学会 ASHRAE 的基础数据

S. R.——短半径或普通斜纹　 L. R——长半径斜纹

1999 年版权。美国供热、制冷和空调工程师协会,inc。www. ashrae. org 转载的 ASHRAE 许可交易,105 卷,第 1 部分。

1035 - RP

这些测试证明紧密连接的收缩配件的摩阻损失有所减小。一个错误的认识是配件靠在一起使整个摩阻损失增加。这种观念已在泵测试装置上被证明是错误的。这份报告提供了具体的关于这方面的资料,如图 3.8 是这些典型的发现。这些都是非常重要的测试,泵行业的某些部分拒绝预组装系统的发展。他们使用的理论认为紧密组装管件增加了泵系统摩阻损失。这些测试证明组装泵系统可能是节能的。

钢配件制作对损失的影响

钢管接头摩阻损失的巨大差异,在某种程度上源于制造钢管组件的方法。上面列出的拟合损失,预成型配件如三通和肘管。图 3.9 描述了三种方法制造三通。这些是:(1) 工厂预制,尺寸符合 ANSI 规范 816.5,(2) "fishmouth" "鱼嘴"制造的支管,其末端切割成等于主要管内径的曲线,和(3) 不可接受的

制造,不应该被使用。不幸的是,如果检查的环节有问题,这种类型的制造还是可能出现。

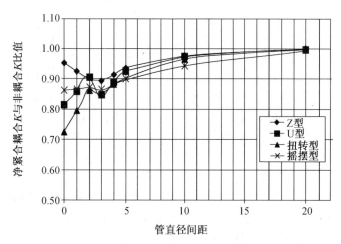

图 3.8　4″管径配合的影响

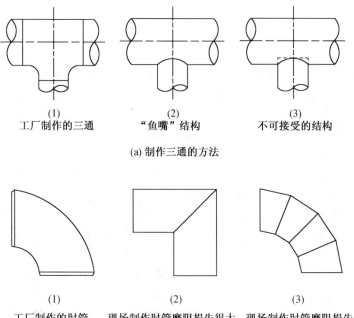

(1)　　　　　　　　　(2)　　　　　　　　　(3)
工厂制作的三通　　　"鱼嘴"结构　　　　不可接受的结构

(a) 制作三通的方法

(1)　　　　　　　　(2)　　　　　　　(3)
工厂制作的肘管　　现场制作肘管摩阻损失很大　现场制作肘管摩阻损失合理

(b) 制作钢肘管的方法

图 3.9　附件的制造(a 三通,b 弯管)

图 3.9 配件的制造(从 Rishel《空调泵手册》,麦格劳-希尔使用许可)

很明显,工厂预制三通的摩阻损失将小于现场制作的三通,尤其是类型 3 的三通支管突入主管道。后者的损失可能是工厂预制三通的两到三倍。工厂制造的三通交接圆顺,比 2 型锐缘三通和 3 型凹角三通的摩阻损失明显减少。

配件制造的另一个情况是 45 和 90 度肘管弯头。在图 3.9b 中,(1) 描述了一个标准生产的弯管;(2) 描述了一个糟糕的弯管;(3) 如果可保持相当大的弯管半径,用四段斜接制作弯管,其摩阻损失将类似于预制肘管。通常情况下,设计师通过采用指定弯曲半径较大的长肘管减少配件水头损失。

现场制作和配件的选择对整个水系统的管道摩阻有很大的影响。应持续关注提供现场制作配件的质量维护,消除螺纹衬套的使用,并减少法兰。

铜配件

对通过铜细管或管道配件的摩阻损失,似乎没有来自控制测试的数据。水系统设计师有规则可循。有些假设铜配件的摩阻损失和钢铁一样。铜配件的内表面光滑,但肘管的半径和三通较小。摩阻损失可以等同于等效长度的管道,然后就等于长度 ft 数乘以铜细管或管道的摩阻损失 ft/100 ft。最有经验的设计师在过去的项目中使用他们的经验来确定铜细管或管道的泵装置扬程。

塑料管件

塑料管件为工厂模具制作或用管子的片块制造。必须检查其上的任何摩阻损失数据以确定制造方法。美国采暖、制冷与空调工程师学会研究 1193 - RP,现正在实施测试 80 号,大小 6、8、10″ 的 PVC 塑料配件。评估模塑、拼接三通和收缩管的制作。完成的测试结果显示,塑料配件比钢铁配件摩阻损失高得多。这个测试项目的一部分将描述 6″ 塑料肘管的损失,并和之前在同一测试台测试的 4″ 钢肘管的损失比较。钢和塑料配件的内径差异很大,如图 3.10 所示。相比钢肘管的光滑曲线塑料配件有突变台肩。同时,不同厂家制造的塑料肘管外半径也不同,如图 3.10 所示。相同的变化也发生在收缩管。这些测试获得 5 个塑料配件生产厂家的收缩管的损失。其中一些收缩管与钢铁配件相似,而另一些则承插的,图 3.11 所示。制造商 A 的收缩管可能产生的摩阻损失小于或等于钢收缩管。其他收缩管可能产生的摩阻损失将明显高于制造商 A 或钢铁收缩管。每个配件的中心至承插孔座长度都对摩阻损失有显著的影响。ASHRAE 塑料管件测试的最终报告产生 PVC,CPVC 塑料管件摩阻损失详细资料,80 号。

尽管这些测试可能表明塑料管件系数 K 比等效钢配件高,应该记住,一般塑料管道流速比钢管低得多。因此,大多数塑料管的应用中,流速头 $v^2/2g$

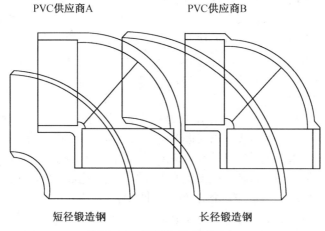

PVC供应商A　　　　　　　　PVC供应商B

短径锻造钢　　　　　　　　长径锻造钢

图 3.10　钢管和 PVC 管比较

$k=0.124$　　　　$k=0.675$　　　　$k=0.411$

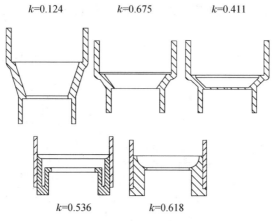

$k=0.536$　　　　$k=0.618$

图 3.11　塑料收缩管的形状

很小。

　　通过这些测试这个初步的数据产生了重要的信息,被美国采暖、制冷与空调工程师学会签署。测试所有的结果可从美国采暖、制冷与空调工程师学会2002 年获取。

水力梯度图

　　最先提到水力梯度图是在第 1 章。它在本书中作为一种工具来描述水系统各种泵送和回路程序。应该指出,这些水力梯度图只包含静态和物理压力。流速头是一个动压头,因此,不包含在压力梯度图,而包含在总能量梯度中。

水力梯度图是一个很好的检查水系统中能源转换的方法。这有点是利用图示的形式表示伯努利定理。这些图的垂直尺寸(纵坐标)比尺通常所示为 ft 水头(1 psig＝2.31 ft 水头,比重为 1.0)。水平尺寸(横坐标)比尺应考虑适用于水系统。

泵扬程通常是垂直向上表示的,摩阻损失可以表示为垂直向下或表示为对角。现正开发计算机程序以促进发展类似于本手册中所示的图。

应该开发水系统零流量的水力梯度图,即水泵关阀扬程或零流量条件下运行的水力梯度图。这种情况提供了作用于系统可能最大的压头。水力梯度图第二个条件应该在系统完全流量或设计工况下。

通过水系统的最大运行压力加上泵关阀压头可以很容易计算出系统的最大压力。在图 3.12 中水系统的高点是最低点以上的 200 ft(静扬程＝200 ft),和所需的最低压力在最高点是 30 psig。泵送系统的摩阻损失是 6 ft,总系统摩阻 23 ft。25 psig 最低供应压力,最大的压力是 50 psig。(磅/平方英寸,表压力)

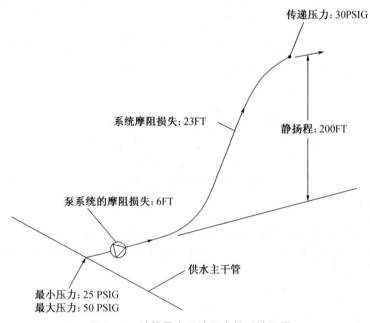

图 3.12　计算最大系统压力的系统配置

在设计流量下泵扬程必须由最低可用的主干管道提供的压力 25 psig 计算。泵扬程等于设计静压头加上摩阻头和在最高点最低供应压力之间的差

异,30 psig,减去供应压力最小值 25 psig。因此,在设计流量下泵扬程是
200＋6＋23＋(30－25)×2.31 或 241 ft。

如果泵关阀扬程(零流量条件)是 305 ft,可作用于水系统任何部分的最
大压力是最大的供应压力,加上在零流量条件下泵扬程或 50＋305/2.31 或
182 psig(图 3.13)。仅仅因为泵是变速的并不意味着不应该作计算。如果泵
变速控制失效,泵可能以最大转速运行。

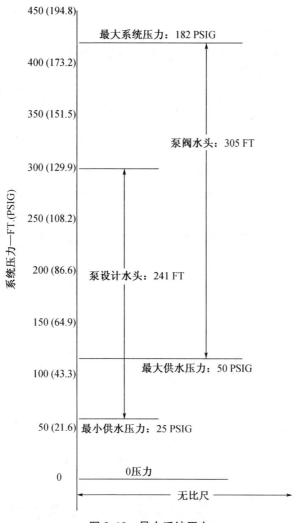

图 3.13　最大系统压力

　　压力梯度图的例子包含在整个书中。这是一个非常有用的计算运行压力的工具，也可用来确定由于管道或泵的错误设计可能出现的系统超压。压力梯度图显示的任何超压，演示了可以通过泵或管道的修正调节来达到节能的可能性。

管道网络分析

　　有并联供水总管和分支的水系统由于发生在并联和串联回路中的变流量，可能引起水力分析问题。这些系统都是典型的市政供水和污水收集系统。

　　在计算机出现之前的 1936 年，伊利诺伊大学哈迪先生就研发了这类管道网络的摩阻计算。原来是用于市政系统水分配的计算，被称为弯矩分配方法。实际市政系统的分析水力学依靠手工的计算很是乏味，也很不实用。

　　现在已经开发了计算如此复杂供水系统摩阻损失的专门软件。这个软件现在可以在个人电脑上使用。典型的是 KYPIPE 方法，并命名为 KYPIPE2000 的水力建模软件，由肯塔基大学开发。

　　图 3.14 展示了用于工程计算的管道网络建模软件的应用。该系统由回路、支管、高架储水箱、水泵、阀门、龙头组成。其实，这是一个只有 21 个管道和 16 个节点简化的例子，但它包含更大、更复杂系统的特点。

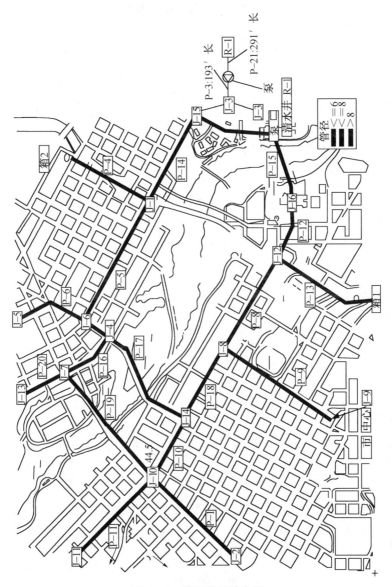

图 3.14 管网的系统布置

分析这个网络所需的数据列在表 3.15 中,包括管直径、长度和基于哈森-威廉姆斯公式的粗糙度系数和配件的微小损失系数。同时,需要加上泵的扬程—流量数据的供应水库和水池水位。有必要确定管道流和节点压力,平衡水池和供应水库之间及所有回路的能量关系,并在所有节点满足水流连续性。

表 3. 15　管道网络分析数据

管道名和信息

管名	节点编号		长度 （ft）	直径 （英寸）	粗糙度 多项式 系数	次要损 失多项 式系数
	#1	#2				
P - 1	J - 2	J - 10	2 844. 00	6. 00	130. 000 0	0. 00
P - 10	J - 10	J - 14	1 649. 00	8. 00	140. 000 0	0. 00
P - 11	J - 10	J - 11	2 800. 00	6. 00	130. 000 0	0. 00
P - 12	J - 12	J - 16	1 370. 00	8. 00	140. 000 0	0. 00
P - 13	J - 12	T - 1	2 428. 00	8. 00	140. 000 0	3. 40
P - 14	J - 15	J - 1	2 547. 00	8. 00	140. 000 0	0. 00
P - 15	J - 16	J - 3	1 764. 00	10. 00	120. 000 0	0. 00
P - 16	J - 4	J - 7	1 550. 00	8. 00	140. 000 0	0. 00
P - 17	J - 4	J - 14	2 948. 00	8. 00	140. 000 0	0. 00
P - 18	J - 14	J - 8	1 940. 00	8. 00	140. 000 0	0. 00
P - 19	J - 7	J - 10	3 408. 00	8. 00	140. 000 0	0. 00
P - 2	J - 3	J - 15	2 072. 00	10. 00	120. 000 0	0. 00
P - 20	J - 7	J - 13	1 221. 00	6. 00	130. 000 0	0. 00
P - 21	Pump - 1	R - 1	291. 00	12. 00	120. 000 0	7. 50
P - 3	J - 3	Pump - 1	193. 00	12. 00	120. 000 0	6. 40
P - 4	J - 1	T - 2	2 321. 00	8. 00	140. 000 0	1. 90
P - 5	J - 1	J - 6	3 298. 00	8. 00	140. 000 0	0. 00
P - 6	J - 6	J - 5	1 983. 00	6. 00	130. 000 0	0. 00
P - 7	J - 6	J - 4	678. 00	8. 00	140. 000 0	0. 00
P - 8	J - 8	J - 12	2 632. 00	8. 00	140. 000 0	0. 00
P - 9	J - 8	J - 9	3 124. 00	6. 00	130. 000 0	0. 00

表 3. 16 提供节点的数据。这实际上涉及 21 个联立方程的解决方案和一个使用手工而不是电脑计算的非常乏味的任务。

表 3. 16　终端节点的数据

节点名称	标题	外部需求 （加仑/分钟）	节点高程 ft	外部分级 ft
J - 1		9. 00	607. 00	
J - 10		15. 00	611. 00	
J - 11		45. 00	610. 00	
J - 12		0. 00	610. 00	

表 3.16(续)

节点名称	标题	外部需求 (加仑/分钟)	节点高程 ft	外部分级 ft
J-13		60.00	630.00	
J-14		0.00	610.00	
J-15		0.00	605.00	
J-16		0.00	605.00	
J-2		75.00	617.00	
J-3		0.00	605.00	
J-4		0.00	602.00	
J-5		45.00	613.00	
J-6		21.00	611.00	
J-7		0.00	613.00	
J-8		18.00	611.00	
J-9		30.00	615.00	
Pump-1		0.00	610.00	
R-1		—	605.00	610.00
T-1		—	630.00	750.00
T-2		—	625.00	749.00

从这个资料可以建立系统中典型的流动和模拟运行来确定泵和每一个节点的压力。表 3.17 是泵在设计流量 1 007 gpm 的运行结果。流向节点为正，流出节点为负。图 3.15 提供了每个节点的压力 psig，模拟节点 1。

这个数据可以生成系统压头曲线。在本例中零流量压力是从湿井水位到出水箱最高水位的静扬程。这两个水位被认为是正常的运行水位。如果涉及其他水位必须计算相应的静扬程和不同的零流量压力。这将导致在本书的不同章节中讨论系统压头的范围。

可以使用标准摩阻公式生成在其他流量的压头。在这里，设计流量 1 007 gpm 的泵扬程是 158.7 ft。

表 3.18 提供了系统中每个节点基于标准压力的流量。

表 3.19 提供了相同的系统负载下第二次模拟，但泵是关闭的。现在所有的系统负载由两个高架水箱供水。图 3.16 提供了每个节点的压力 psig。

第三个仿真停泵情况下可以运行 800 gpm 火灾荷载，在节点 J-13。每个节点的压力如表 3.20 和图 3.17 所示。

这些表和数据展示在解决因系统的负荷变化的一个复杂系统的摩阻损失时，计算机分析的灵活性。任何可能的负载分布可以用于水系统，并计算由此产生的系统所有部分压力。

小　结

在决定未来水系统的管道摩阻时,谨慎怎么强调都不为过! 有很多泵扬程过高的水系统尚在运行中,这些过剩的扬程均被调压阀和减压阀所消损。系统效率在第 9 章中描述,它强调需要谨慎计算管道摩阻和避免那些浪费能源的管道配件。

表 3.17　列出的计算机模拟结果

管道的性能

管名	节点数据		流量（gpm）	压头损失（ft）	轻微损失（ft）	线速（ft/s）	HL/1 000（ft/ft）
	♯1	♯2					
P-1	J-2	J-10	−75.0	1.74	0.00	0.85	0.61
P-10	J-10	J-14	−108.51	0.43	0.00	0.69	0.26
P-11	J-10	J-11	45.00	0.67	0.00	0.51	0.24
P-12	J-12	J-16	−546.42	7.12	0.00	3.49	5.20
P-13	J-12	T-1	353.97	5.65	0.27	2.26	2.44
P-14	J-15	J-1	460.24	9.64	0.00	2.94	3.78
P-15	J-16	J-3	−546.42	4.12	0.00	2.23	2.33
P-16	J-4	J-7	86.49	0.27	0.00	0.55	0.17
P-17	J-4	J-14	−35.95	0.10	0.00	0.23	0.03
P-18	J-14	J-8	−144.46	0.86	0.00	0.92	0.44
P-19	J-7	J-10	26.49	0.07	0.00	0.17	0.02
P-2	J-3	J-15	460.24	3.52	0.00	1.88	1.70
P-20	J-7	J-13	60.00	0.49	0.00	0.68	0.40
P-21	Pump-1	R-1	−1 006.66	0.87	0.95	2.86	6.24
P-3	J-3	Pump-1	−1 006.66	0.57	0.81	2.86	7.18
P-4	J-1	T-2	334.70	4.87	0.13	2.14	2.16
P-5	J-1	J-6	116.54	0.98	0.00	0.74	0.30
P-6	J-6	J-5	45.00	0.47	0.00	0.51	0.24
P-7	J-6	J-4	50.54	0.04	0.00	0.32	0.06
P-8	J-8	J-12	−192.46	1.98	0.00	1.23	0.75
P-9	J-8	J-9	30.00	0.35	0.00	0.34	0.11

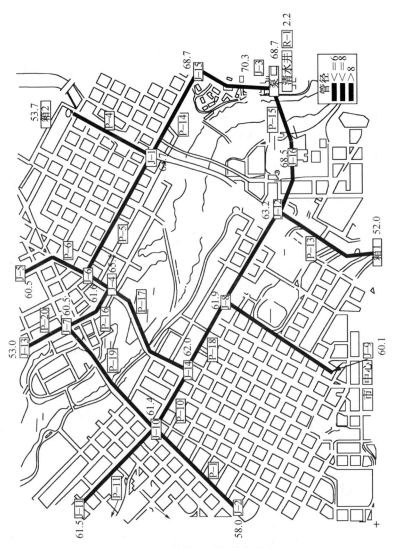

图 3.15　模拟 1 号的节点压力

表 3.18　结束节点的结果模拟 1 号

节点名称	外部需求 (gpm)	水力坡降 (ft)	节点高程 (ft)	压头 (ft)	节点的压力(psi)
J-1	9.00	754.00	607.00	147.00	63.70
J-10	15.00	752.65	611.00	141.65	61.38
J-11	45.00	751.98	610.00	141.98	61.53

表 3. 18(续)

节点名称	外部需求 (gpm)	水力坡降 (ft)	节点高程 (ft)	压头 (ft)	节点的压 力(psi)
J - 12	0. 00	755. 92	610. 00	145. 92	63. 23
J - 13	60. 00	752. 22	630. 00	122. 22	52. 96
J - 14	0. 00	753. 08	610. 00	143. 08	62. 00
J - 15	0. 00	763. 64	605. 00	158. 64	68. 74
J - 16	0. 00	763. 04	605. 00	158. 04	68. 49
J - 2	75. 00	750. 91	617. 00	133. 91	58. 03
J - 3	0. 00	767. 16	605. 00	162. 16	70. 27
J - 4	0. 00	752. 98	602. 00	150. 98	65. 42
J - 5	45. 00	752. 55	613. 00	139. 55	60. 47
J - 6	21. 00	753. 02	611. 00	142. 02	61. 54
J - 7	0. 00	752. 71	613. 00	139. 71	60. 54
J - 8	18. 00	753. 94	611. 00	142. 94	61. 94
J - 9	30. 00	753. 59	615. 00	138. 59	60. 05
Pump - 1	0. 00	608. 18	610. 00	−1. 82	−0. 79
R - 1	—	610. 00	605. 00	5. 00	2. 17
T - 1	—	750. 00	630. 00	120. 00	52. 00
T - 2	—	749. 00	625. 00	124. 00	53. 73
Pump - 1	0. 00	768. 54	610. 00	158. 54	68. 70

参考文献

《卡梅伦水力数据》,第 14 版和第 15 版 1970 年,Ingersoll-Dresser 泵,福斯公司,1977 年版。

《工程数据手册》,第 2 版,美国水力研究所。07054 - 3802,1990 年。网站:www. pumps. org。

《泵手册》,第 3 版,Karassik,I. J. 麦格劳-希尔,纽约,2001 年。

《管道手册》,第 6 版,麦格劳-希尔,纽约,2000 年。

表 3.19　列出计算机模拟结果 2 号

节点名称	外部需求 （gpm）	水力坡降 （ft）	节点高程 （ft）	压头 （ft）	节点的压 力（psi）
J‑1	9.00	748.10	607.00	141.10	61.14
J‑10	15.00	745.98	611.00	134.98	58.49
J‑11	45.00	745.31	610.00	135.31	58.64
J‑12	0.00	748.22	610.00	138.22	59.90
J‑13	60.00	745.58	630.00	115.58	50.08
J‑14	0.00	746.37	610.00	136.37	59.09
J‑15	0.00	748.16	605.00	143.16	62.03
J‑16	0.00	748.19	605.00	143.19	62.05
J‑2	75.00	744.24	617.00	127.24	55.14
J‑3	0.00	748.18	605.00	143.18	62.04
J‑4	0.00	746.37	602.00	144.37	62.56
J‑5	45.00	746.01	613.00	133.01	57.64
J‑6	21.00	746.48	611.00	135.48	58.71
J‑7	0.00	746.07	613.00	133.07	57.66
J‑8	18.00	746.88	611.00	135.88	58.88
J‑9	30.00	746.53	615.00	131.53	56.99
Pump‑1	0.00	610.00	610.00	0.00	0.00
R‑1	—	610.00	605.00	5.00	2.17
T‑1	—	750.00	630.00	120.00	52.00
T‑2	—	749.00	625.00	124.00	53.73
Pump‑1	0.00	748.18	610.00	138.18	59.88

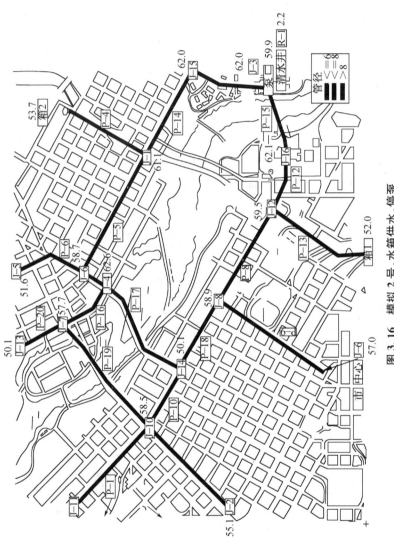

图 3.16 模拟 2 号,水箱供水,停泵

表 3. 20 列出的结果模拟 3 号

节点名称	外部需求（gpm）	水力坡降（ft）	节点高程（ft）	压头（ft）	节点的压力(psi)
J - 1	9. 00	737. 36	607. 00	130. 36	56. 49
J - 10	15. 00	713. 72	611. 00	102. 72	44. 51
J - 11	45. 00	713. 05	610. 00	103. 05	44. 66
J - 12	0. 00	737. 44	610. 00	127. 44	55. 22
J - 13	800. 00(＊＊)	649. 70	630. 00	19. 70	8. 54
J - 14	0. 00	718. 18	610. 00	108. 18	46. 88
J - 15	0. 00	737. 40	605. 00	132. 40	57. 37
J - 16	0. 00	737. 42	605. 00	132. 42	57. 38
J - 2	75. 00	711. 98	617. 00	94. 98	41. 16
J - 3	0. 00	737. 41	605. 00	132. 41	57. 38
J - 4	0. 00	717. 78	602. 00	115. 78	50. 17
J - 5	45. 00	720. 03	613. 00	107. 03	46. 38
J - 6	21. 00	720. 50	611. 00	109. 50	47. 45
J - 7	0. 00	709. 59	613. 00	96. 59	41. 86
J - 8	18. 00	725. 50	611. 00	114. 50	49. 62
J - 9	30. 00	725. 15	615. 00	110. 15	47. 73
Pump - 1	0. 00	610. 00	610. 00	0. 00	0. 00
R - 1	—	610. 00	605. 00	5. 00	2. 17
T - 1	—	750. 00	630. 00	120. 00	52. 00
T - 2	—	749. 00	625. 00	124. 00	53. 73
Pump - 1	0. 00	737. 41	610. 00	127. 41	55. 21

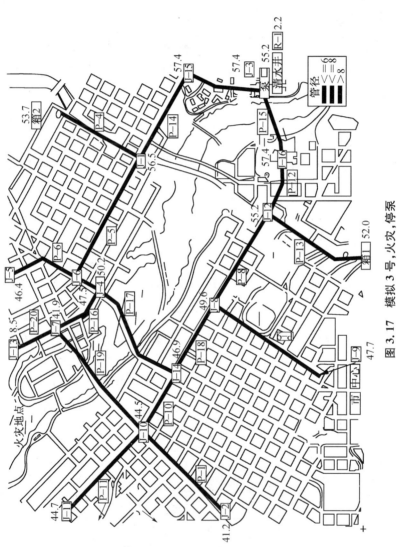

图 3.17 模拟 3 号,火灾,停泵

第二部分
泵及其性能

第 4 章
离心泵的基本设计

引 言

本书的供水系统引入了几乎所有类型的水泵。水泵分为离心泵和容积泵两大类。离心泵采用离心力的工作原理,而容积泵是借助一些机械装置迫使水通过水泵和供水系统。一般来说,大流量泵一定是离心式的,而小流量泵可以是离心泵或是容积泵。首先讨论离心泵,因为它应用广泛,几乎所有水行业都会用到离心泵。容积泵用于化学补给和高粘度的泥浆,这些将在第 7 章讨论。这些分类中有一个例外就是阿基米德螺旋泵,这种泵流量大,并且静扬程很低。这种泵可以利用螺旋把水提到高处,就像抽水站或是河堤,还能把水送到开敞式的水槽、池塘或是水库。阿基米德螺旋泵属于容积泵的一种,也将在第 7 章做详细的介绍。

所有的水泵都有一些转轮或是往复部件,来提升泵内水压。水直接进入泵内空腔或是蜗壳,使得水从水泵流入到出水管路或是直接进入空气。

本书的 4、5 和 6 章主要介绍离心泵:(1) 泵设计的基础知识;(2) 泵的物理特性;(3) 泵的性能。本书的主要部分将致力于离心泵在市政供水和污水系统、消防、管道和农业生产中的应用。

本章的目的是为供水系统设计人员提供泵设计的基本资料,使他们更好地了解离心泵的功能。提供离心泵设计的综述超出了本书的范围,关于离心泵设计和施工的详细资料可参考第三版《泵手册》,本章最后也列出了很好的相关文献。

离心泵的总体设计

顾名思义,离心泵是利用离心力将水输送到供水系统。第 6 章将对离心泵性能做详细的讨论,在这里对泵设计人员采用的基本设计原理进行综述。

　　尽管第 5 章会对离心泵的物理设计进行描述,还是有必要在这里解释一下离心泵的两种基本类型。它们是:(1) 蜗壳式;(2) 轴流式。图 4.1a 是一种蜗壳泵,而图 4.1b 是一个两级轴流泵。另外有一种小型离心泵不符合这两个分类方式,称之为回热式透平泵,具体会在第 5 章描述。

　　蜗壳式水泵使用蜗壳收集来自叶轮的水流,并引导水流向出水流道或空气中。轴向式离心泵正如它的名称,水流沿着轴向流动。这些泵通常被称为"扩散"泵,是因为叶轮的叶片,而且通过叶轮室总成使水流在叶轮室或者蜗壳内进行扩散。大多数轴流式泵的外壳被称为"碗",因为它就像一个碗。

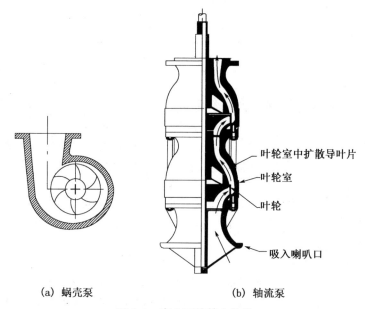

（a）蜗壳泵　　　　　　　　（b）轴流泵

图 4.1　离心泵的基本结构

　　离心泵的另一种分类如图 4.2 所示,这张图片显示许多离心泵叶轮是"径向"或"混流"。第三种类型是"旋桨式"叶轮,这种类型的叶轮在本书中多次描述。蜗壳泵和轴流泵使用径向叶轮和混流式叶轮,所以这些术语不能用于确定离心泵的主要类型。重要的是供水系统设计人员理解离心泵是如何分类的。

　　所有离心泵使用一个由叶轮和轴组成的旋转元件,所以离心泵就是一根轴上加上一个转轮。一些转轮,一些轴,由于这些泵的重要性,我们已经写过很多与其有关的内容,但往往这种材料中必须使用专业术语,这就使供水系统设计人员或运行员很难了解离心泵是如何运行的。这些泵有以下特点:(1) 运行过程中受径向力和侧向推力的作用;(2) 受限于吸入条件;(3) 需要

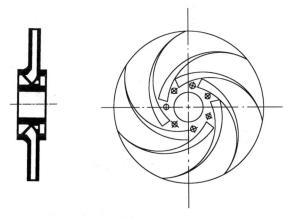

叶片延伸至吸嘴的径向叶轮
(前盖板移走的正视图)

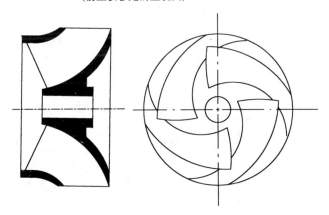

混流式叶轮(螺旋式叶轮，对角式叶轮)
(前盖板移走的正视图)

图 4.2　径向叶轮和混流式叶轮

电机提供能量以满足流量和扬程的要求。本书介绍这些泵的目的，希望能帮助大家更容易地理解水泵的运行过程。我们这里考虑的所有系统的使用介质都是水，不使用碳氢化合物或其他温度、粘度和比重范围广泛的液体。离心泵只有应用在污水污泥中时，技术讨论才会包含粘度。

　　离心泵能使水流产生压力从而通过系统的管路和设备输送液体。水泵产生的压力取决于流经的水量。其基本性能曲线称为扬程—流量曲线，如图4.3 中所示。横坐标表示流量，单位是加仑每分钟(gpm)，而纵坐标表示扬程，单位是 ft。水泵扬程一般都是用液体提升的高度 ft 表示，而不是用产生的压力磅(pounds of pressure)来表示。由于压力是用扬程来表示的，所以水泵曲线适用于任何比重的液体。只有计算水泵的制动功率的时候会考虑比重。

在继续离心泵的基本描述之前,先要阐明一下水泵扬程和表压之间的关系。任何液体的扬程计算公式如下:

$$扬程\ h = \frac{144}{\gamma} \tag{4.1}$$

式中 γ 是实际水温下的液体比重,单位 lb/ft³。

例如,从表 2.3 可以得到,60 ℉水的比重为 62.34 lb/ft³。因此,

$$60\ ℉水, h = \frac{144}{62.34}, 或每磅压力\ 2.31\ ft$$

泵功能通常用于描述一个泵的性能。泵功能通常定义为一个特定扬程下的流量。这是在特定的适用条件下选择这个泵的点。通常,选择的这个点尽量靠近水泵叶轮的高效点,在图 4.3 中为 86%。

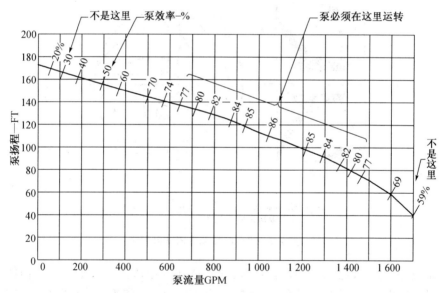

图 4.3　典型的水泵扬程—流量曲线

泵行业中其他常用术语:

1. 偏离工况:这个表示水泵运行在偏离性能曲线中最优工况点很远的情况,效率很低。

2. 关闭扬程:这是水泵在无流量或者零流量点处运行时产生的扬程。

3. 搅拌:泵在关闭扬程或没有流量的条件下运行时被称为搅拌状态。

4. 清水泵:这些泵是专为没有固体或粘稠材料的干净水设计的。

5. 污水泵:这些泵用来处理有固体和粘稠材料的污水。

离心泵中包含的这些术语,有些也适用于容积泵。

离心泵的一般性能

图 4.3 展示了离心泵的一般性能及其泵的典型水力效率。这条曲线具有上升特性,随着流量的减少扬程不断增加。如果流量降低时扬程下降,则称泵曲线具有下降特性。比转速非常高的泵有循环的特点,扬程流量曲线上有一个凹陷区。这些扬程—流量曲线将在第 6 章离心泵性能中讨论。

应该注意的是,在零流量时泵效率为零,然后增加到泵的最高效率点,不管泵扬程—流量曲线的特性如何。随着水泵流量增加大于最高效率点的流量时,内部摩阻增加并且效率开始下降。本书将多处强调泵的最高效率点,所有供水系统设计人员应该知道他们所考虑的供水系统中,每台泵产生最优效率点的位置。

泵的效率取决于很多条件。离心泵中存在的各种损失降低了效率:(1) 机械损失;(2) 泄漏损失;(3) 回流损失;(4) 水力损失。图 4.4a 描述了一台以 1 900 比转速运行,叶轮直径为 12 英寸的双吸式蜗壳泵的损失。泵行业中称该图为“功率平衡图”。机械损失主要发生在轴承和机械密封或填料处。泄漏损失将在第 5 章讨论,它是水从叶轮出口流回叶轮进口承磨环处产生的。

回流损失是由于水在蜗壳中循环流动产生的。如果水不能光滑地流进流出叶轮,那么在流经水泵时流量小于最优效率点,水再次循环并且造成大量的损失。

水力损失是由流过叶轮和蜗壳或碗(叶轮室)的水产生的摩擦引起的损失。图 4.4b 描述了双吸泵随着泵的比速而变化的损耗。同样,这表明,具有低比速度的小型泵的损耗会大于大型、低比速泵的损耗。

泵工程师致力于减少所有这些损失,以便在通过泵的所有允许流量下实现最高的效率。显然,大流量泵比小流量泵具有更高的效率。同样,高品质的泵比设计不合理的泵具有更好的效率。

本章和第 6 章将对泵效率进行讨论。这里将使用各种类型的泵叶轮来回顾效率。通常,具有密封环的封闭叶轮在泵运行中产生最高的效率。这些更高的效率是由于泵设计人员开发叶轮与壳体密封环之间的最小间隙的能力而实现的。这减少了从其叶轮排出区域到其较低压力回到吸入口的水流量。这种不需要的水流是上述的“泄漏”。认证测试将在第 24 章讨论。它证明了泵设计人员的工作质量和泵制造产生的最低泄漏量,因此泵效率是最高的。

一些具有开式叶轮的泵的制造商声称通过调节叶轮和壳体或碗之间的间隙可以实现相同或更高的效率。这在泵行业被称为横向设置。这将在第 5 章中解释。

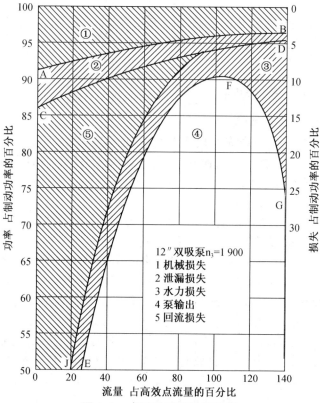

图 4.4a　恒定速度下功率平衡

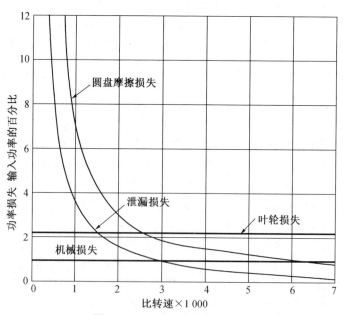

图 4.4b　双吸泵内的能量损失

　　该调节主要用于其横向设置可调节的轴流泵。一些其他类型的离心泵，例如具有紧密间隙的外围涡轮机，具有可以考虑密封的可调节轴。

　　泵设计人员开发泵叶轮的基本结构，然后选择各种叶轮直径和转速的泵来创建矢量图，并生成供水系统中广泛应用的泵所需的流量—扬程关系。蜗壳泵的流速范围主要取决于其出水流道的大小。因此，泵设计人员研究矢量图和出水管流道，进而制造出许多能覆盖大范围流量和扬程的水泵。其结果是如图4.5所示的诸多扬程—流量曲线。该范围的流量和扬程称为水力覆盖，由一个特定种类或特定模型的泵提供。这通常被称为一个系列的泵曲线，并且为供水系统设计人员决定泵的尺寸提供了快速指导，他们选择的泵适合特定应用程序所需的流量和扬程。

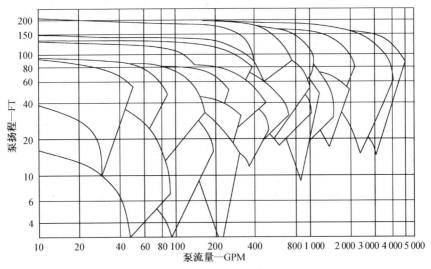

图 4.5　流量—扬程曲线型谱

离心泵叶轮设计

　　离心泵，顾名思义，依靠离心力产生流量的水泵。当叶轮旋转时，叶轮中的水也旋转，所以有两种力作用于水，即离心和旋转。在泵壳中旋转的叶轮利用这些力带动水体的流动。这些力由不同型式的叶轮辅助，在叶轮内产生正确的流道，这些流道将利用离心力以及叶轮内水的旋转转速。叶轮的叶片直接根据流经叶轮的水流来设计。离心泵的清水效率相对较高，因为泵设计人员可以设计它们叶片的最大效率值，而无须考虑液体洁净、粘性、腐蚀性和侵蚀性的影响。另一方面，污水泵设计人员必须通过叶轮成形使这种污水和粘

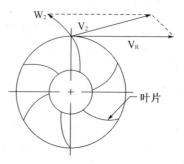

图 4.6　离心泵叶轮出口流速矢量

性材料一起流走,这样污水泵才不会阻塞。因此,叶片数量减少,这种泵的效率远远低于那些为清水设计的离心泵。图 4.6 是离心泵叶轮叶片引导水通过叶轮的一个简图。

　　该图提供了离心泵的出口速度矢量图。它描述离开叶轮的水流质点上的力。W_2 是离心力产生的相对速度,V_R 是叶轮旋转产生的圆周速度。这两个力合成绝对速度矢量 V_2,其产生所需的扬程和流量。在实际设计过程中,泵设计人员使用的高效叶轮速度矢量图要复杂得多,因为总体设计必须考虑入口损失和其他因素(如叶轮内摩擦损失)。图 4.7 是和出口速度矢量图类似的进口速度矢量图。速度矢量图夹角中,β_2 是水离开叶轮时的相对液角,对于泵设计人员来说它特别重要,因为它在确定泵效率方面起很大作用。当叶片到达叶轮的周边时,就体现出泵设计人员为速度矢量选择的叶片角度,如图 4.6 中 W_2 所示。

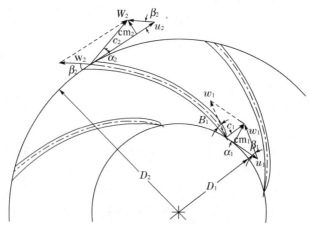

图 4.7　叶轮进出口流速矢量图

离心泵是为具体应用设计的专业设备,以达到最大效率和运行简单的目

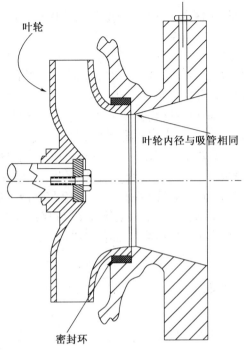

（a） 高质量的泵进口设计

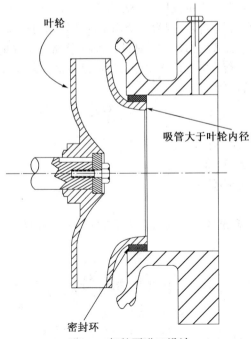

（b） 一般的泵进口设计

图 4.8   离心泵进口设计

的。离心泵最广泛用于清水。由于腐蚀和侵蚀液体不是这种泵的服务对象，设计人员可以主要集中在成本、效率、运行和维护方便，这是任何产品设计的三大驱动力。泵设计人员在开发叶轮内部流道时做了大量工作，以获得最大的、最经济的平滑度，从而使水通过泵时摩擦最小。这里有一个可以由任何泵买家进行的简单评估。如何使泵叶轮的内部流道光滑和均匀？如何使内部叶片和叶轮出口均匀？如何使叶轮进口处的叶片均匀和光滑？如何使泵体的内表面，即蜗壳光滑？如何使蜗壳与叶轮的连接光滑？叶轮进口内径和蜗壳内径之间是否有差异？高质量泵设计提供从蜗壳内径到叶轮进口内径平滑的过渡。图 4.8a 是一种高质量的设计，直径从进口逐渐减小到叶轮轮毂的实际内径。一般设计如图 4.8b 所示，其中从蜗壳进口直径到叶轮轮毂内径有一个突然变化。所有这些因素都会影响泵的整体效率。很明显，用户或买家应要求泵制造商提供对典型水泵叶轮和蜗壳随时能进行检查。

离心泵的比转速

　　如果不知道泵设计人员如何工作，就很难理解对于离心泵的描述。希望以下内容有助于理解泵一个成功的模型设计过程。

　　经验丰富的泵设计人员使用一个称为比转速（NS）的公式，来开发用于特定流量和扬程范围的泵叶轮，因为一个确定的比转速对应泵扬程与流量之间合适的比值。这个公式（公式 4.2）对设计人员来说是非常重要的，但泵用户并不感兴趣。有经验的供水系统设计人员将建立特定类型水系统和比转速的最佳选择泵之间的关系。

$$NS = \frac{n \times Q^{0.5}}{H^{0.75}} \qquad (4.2)$$

上式中：n——泵转速（rpm）

　　　　Q——泵流量（gpm）

　　　　H——泵扬程（ft）

　　例如，假设一台泵扬程 100 ft，泵流量 1 500 pgm，并且以 1 760 rpm 转速旋转：

$$N_S = \frac{1\,750 \times 1\,500^{0.5}}{100^{0.75}} = 2\,143$$

　　借助这个公式和大量的经验和测试，泵设计人员可以得出上述系列的泵曲线。

在这些供水系统中使用各种比转速的离心泵。图 4.9 提供了各比转速下的叶轮形状,图 4.10 是一系列随着比转速从 500 增加到 11 000 相对应的叶轮形状图片。图 4.11 表明扬程—流量、效率和功率随着比转速从 900 变化到 9 200 曲线的变化。如上述公式所示,高比转速泵是高流量低扬程,低比速泵是高扬程低流量。对于供水系统设计人员来说,这是有趣的背景资料,但它不用于这些供水系统的设计。它可能帮助设计人员了解各种泵的具体安装。

离心泵叶轮分为封闭式或开敞式。一般来说,全封闭式叶轮具有较低的比转速,而开放式叶轮具有较高的比转速。这个规则有很多例外。封闭式叶轮周围有盖板,而开放式叶轮没有。图 4.9 中的叶轮除了第 6 个外,其他都是封闭式的,其具有 10 000 的比转速。图 4.12 中开敞式叶轮具有部分盖板用于加强叶片,而图 4.13 是一个完全开敞式的混流式叶轮。图 4.14 是 15 个不同直径的叶轮示意图,以及单吸叶轮的串联布置。第 5 章中图 5.34 描述了用于立式涡轮泵的叶轮和蜗壳叶片。

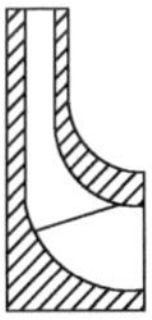

图2 单吸的卧式或立式有窄口叶轮低流量高扬程的离心泵。比转速在 500~1 000 之间。

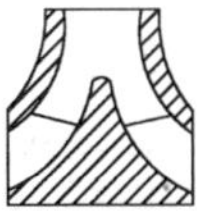

图3 单级或多级,单吸或多吸,蜗壳或扩散式的中等流量中等扬程的离心泵。比转速在 1 000~2 000 之间。

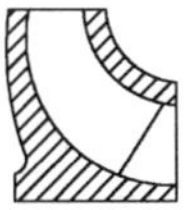

图4 单级或多级,单吸或多吸,在蜗壳或扩散式套管中运转的弗兰西亚式叶轮,大流量小扬程。比转速在 2 000~4 000 之间。

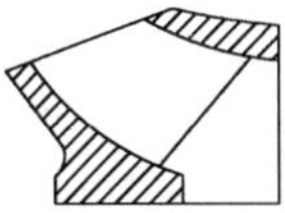

图5 单级或多级单吸的蜗壳或扩散套管中有叶轮的离心泵,大流量低扬程。比转速在 4 000~6 000 之间。

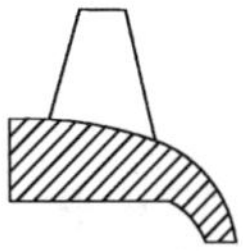

图6 单级或多级,有混流或旋桨式叶轮,极大的流量和极低的扬程。比转速在 6 000~10 000 之间。

图 4.9　叶轮形状随比转速变化

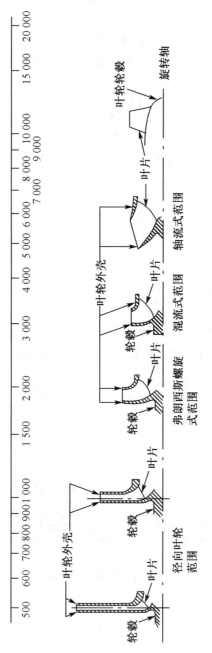

图 4.10　叶轮类型与比转速关系

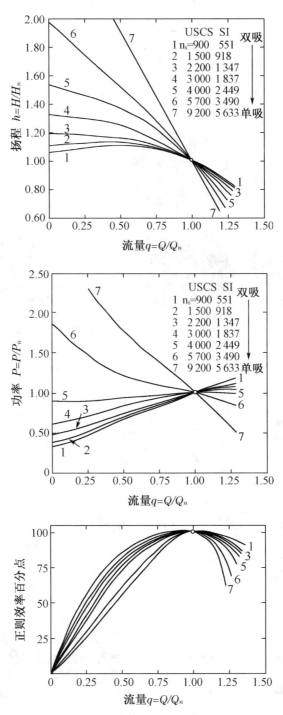

图 4.11 泵性能曲线随比转速变化

图 4.12　开敞式叶轮　　　　图 4.13　开敞式混流叶轮

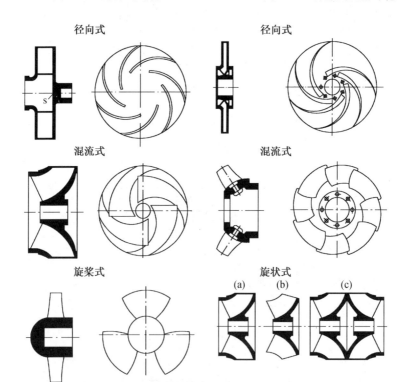

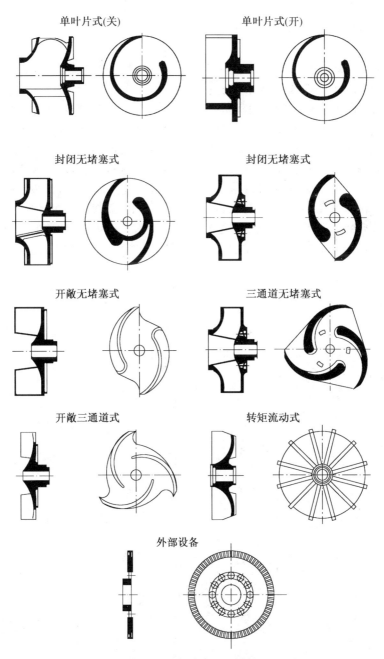

图 4.14 各种离心泵叶轮

离心泵的临界转速

每个旋转装置都有振动明显的固有频率;它们可以增加到令人讨厌的噪声,并且泵将存在危险,旋转设备会被损坏。发生这种现象时的速度称为该旋转元件的临界转速。有些泵真的会有多个临界转速。所有泵设计人员必须把临界转速考虑在泵的结构设计中,但它在供水系统设计人员选择泵时相关性不大。

现在大多数水泵有驱动装置(电动机、发动机或涡轮机)直接连接到泵轴。一些处理污水和雨水的旧泵有安装在某一高度的远程电机,以确保它们不被浸没。如图4.15所示,泵和电机与轴系和轴承座连接。必须仔细检查该轴系的临界转速,以确保不会产生令人不快的振动。当泵转换到可变转速时,这是特别重要的。如稍后将讨论的,变速驱动器有跳过某些电机频率的能力。这使得泵运行员能够避免这些自然或临界频率。许多这样的延伸轴系安装已被潜水泵替代。

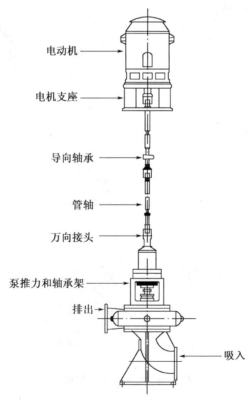

图4.15 离心泵的延长轴

　　一些轴流泵在泵驱动装置和叶轮之间具有传动轴,深井泵在叶轮和泵头之间具有长轴。

　　这些泵的制造商提供柱轴承,其考虑了不会接近整个旋转元件的临界转速运行这一问题。

　　叶轮轴的直径或刚度通常决定了泵的临界转速。因此,泵设计人员确保泵的临界转速不在泵运行的正常范围内。如果泵的最大工作范围高达 1 800 rpm,泵设计人员将确保该泵临界转速如 2 500 rpm。因此,在大多数情况下,水泵的临界转速不是这些供水系统设计人员泵选择过程的一部分,特别是如果泵在其最优效率点附近选择。

　　如图 4.16 所示,一些泵(例如螺旋式、轴流式)在其运行范围内可能具有临界转速固有频率。泵设计人员将改变轴或轴承装置的刚度,以重新定位固有频率,或者提供不在固有频率转速下运行泵的建议。

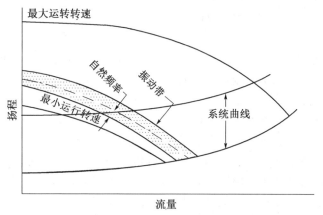

图 4.16　旋桨泵的自然频率

变速泵的最低转速

　　这里将讨论变速离心泵的最小转速,还包括比转速和临界转速。这些水泵没有最低转速限制。关于水泵比转速、临界转速和最小转速的错误资料,导致它们不当使用且安装不必要的转速控制装置。第 6 章中将讨论,变速离心泵可以在供水系统所需的任何转速下运行。由于它们是可变扭矩装置,在低速下需要很少的能量来转动它们。有关这一主题的资料包含在第 8 章中,第 8 章还包括泵驱动装置和变速驱动电动机冷却所需的最小转速。

　　供水系统设计人员真的没有必要关心比转速、临界转速和最小转速。仅在极低速运行、变速泵串联连接时,设计人员需要验证泵电动机的发热性能。在非常低的转速下变速离心泵的运行只是效率问题,而不是水力设计的问题。

离心泵的最小流量

为了防止泵过热,而常常要计算所需的最小流量。下面的公式(公式 4.3)可以算出该流量。

$$\text{最小流量}, Q_M = \frac{P_P \times 2\,544}{\Delta T \times \dfrac{\gamma}{7.48} \times 60} = \frac{317.2 \times P_P}{\Delta T \times \gamma} \tag{4.3}$$

上式中:P_P——泵接近关闭或没有水流条件时的制动功率。

　　　　ΔT——水温的允许升高值。

　　　　γ——在进口水温下水的比重。

这个方程的难点是获得较低流量下实际制动功率的消耗。一些泵公司公布下降到零流量时的泵制动功率曲线。其他使用泵效率的方程有同样问题,因为离心泵的效率在流量非常低时接近为零。如果这些资料不可用,泵公司应提供确保温度升至所需最大值的最低流量。变速泵明显优于定速泵表现,其最小流量和转速下给水提供的能量要少得多。

对于大多数水应用,泵中的温度不应超过 10 ℉。不要将水回流到泵进水口!这会继续提高进水温度且减少可用的净正吸头(NPSHA)。第 11 章将描述用于维持泵系统中流量最小的步骤。

泵的必需汽蚀余量

离心泵在水中运行,在一定压力/温度关系情况下液体可以改变其状态。第 2 章中水的一些特殊性质有助于理解这些条件。热力学的第一条规则是在每个绝对压力下,有一个温度,水都会将其状态从液体改变为气体。用于这一现象的词是空化,空化是一部分水流从液体变为气体的结果。当水温达到绝对压力下的汽化温度时发生空化。

气体(蒸汽)的比重远小于液态水的比重,因此产生水锤,因为致密的水,较"轻"的蒸汽击打供水系统内部件。这种锤击可能侵蚀叶轮或泵壳的内部部件。空化会损坏供水系统的许多部分;通常损害首先发生在泵中,这是由于泵的进口通常是供水系统的最低压力点。这导致泵设计人员需要慎重地确定泵进口处的最小允许压力,即必需汽蚀余量(NPSH$_R$)。

汽蚀余量

离心泵的汽蚀余量(绝对压力)必须通过仔细的测试,以确定在通过该泵不同流量时必须施加在泵吸入口的净正吸入压力,以消除空化现象。这种空化试验在第 24 章中描述。该试验结果的必需汽蚀余量曲线在图 4.17 中以两

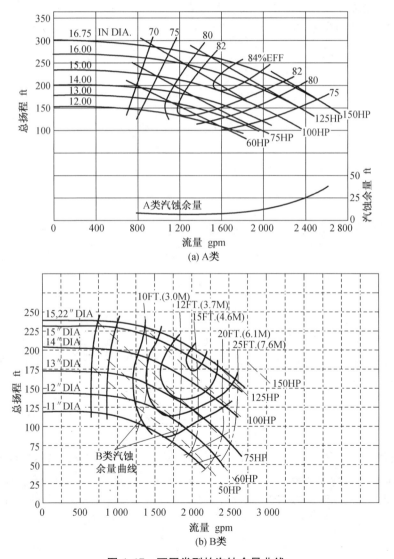

(a) A 类

(b) B 类

图 4.17　不同类型的汽蚀余量曲线

种形式出现。这些曲线表示该泵的必需汽蚀余量。图 4.17a 中的 A 型曲线在大多数泵曲线中都能发现；更精确的必需汽蚀余量曲线在图 4.17b 中显示为 B 类型。图 4.17a 所示的 A 型曲线通常表示特定直径的叶轮，而 B 型曲线表示各个叶轮直径和流量下必需汽蚀余量的变化。泵制造商应该说明用于具体安装的叶轮实际的必需汽蚀余量曲线。

这些供水系统中使用的大多数离心泵在没有被注水的情况下，不能单独吸水；但是自吸泵例外，其将水保持在泵壳中，使得它们不需要外部充水。汽蚀余量曲线仅定义在泵通过不同流量时，必须保持泵进口的绝对压力值，使得泵中不会发生汽蚀。图 4.18 描述了沿着泵叶轮进口区域的液体路径上的压力梯度。只要实际绝对压力保持在该曲线之上，汽蚀将不会发生。

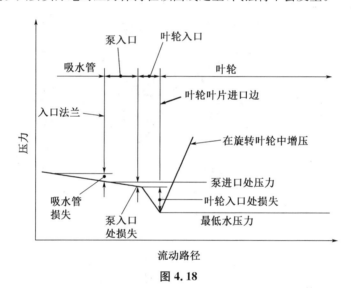

图 4.18

我们如何计算避免空化所需的汽蚀余量？泵进口处的有效汽蚀余量必须总是等于或大于泵必需汽蚀余量。实际进水压力称为有效汽蚀余量，而所需的净正吸入水头称为必需汽蚀余量。所以，

$$\text{NPSHA} \geqslant \text{NPSHR} \tag{4.4}$$

在计算有效汽蚀余量时，缺乏经验的设计者出现的问题是尝试用绝对压力（psia）计算有效汽蚀余量。如果计算以 ft 为单位的扬程，变得更加容易。这是合理的，因为水泵的必需汽蚀余量曲线总是以 ft 为单位。对于运行温度高达 65 ℉ 的水来说，方程 4.3 是可接受的。可用的汽蚀余量仅仅是大气压力加上系

统压力减去水的蒸汽压力再减去进水管的摩擦。如公式 4.5 描述的那样：

$$\text{NPSHA} = p_a + Z - p_V - H_F \text{（扬程）} \tag{4.5}$$

上式中：p_a——安装高度下以 ft 为单位的大气压力；直接查第 2 章水温从 32
　　　至 65 °F 的表。

　　　Z——泵叶轮上方的静扬程（如果水位低于叶轮，则为负）

　　　p_V——在工作温度下水以 ft 为单位的汽化压力，见表 2.3

　　　H_F——进水管、配件和阀门的摩擦力，以 ft 为单位

图 4.19 论证了这个方程式，其中 $p_a = 32.3$ ft，$Z = 5$ ft，$p_V = 1.4$ ft，$H_F = 6$ ft，总共为 29.9 ft。该图是典型的开敞式水箱安装，其通常会发生净正吸入水头。

本章中大多数水应用是针对标准密度的"冷"水，但应记住，在某些应用中必须考虑水的温度和泵的安装高度。

例如，假设含有 140 °F 水的储罐位于海平面以上 5 000 ft 的高度。在如下条件下，公式 4.5 中的 p_a 和 p_V 必须改变。

从第 2 章表 2.1 可知，在 5 000 ft 高度的大气压力下，p_a 为 28.1 ft。

从第 2 章图 2.4 可知，在 140 °F 时，水的蒸汽压力 p_V 为 6.78 或 6.8 ft。

之前的例子中使用 5 ft 的静压扬程和 6 ft 的摩阻损失，有效汽蚀余量变

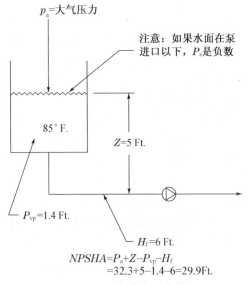

$$NPSHA = P_a + Z - P_{vp} - H_f$$
$$= 32.3 + 5 - 1.4 - 6 = 29.9 \text{Ft}.$$

图 4.19　有效汽蚀余量

为 28.1＋5－6.8－6 或 20.3 ft,与之前的例子中的 29.9 ft 不同。在这些条件下运行的离心泵,设计流量时的必需汽蚀余量必须小于 20 ft。

如果前面的步骤中,扬程主要以 ft 为单位进行计算,则在泵安装时有效汽蚀余量的计算中应该没有混淆。一个常见的错误是相信自吸泵不需要计算有效汽蚀余量。尽管它们可以提水,但是它们和其他离心泵类似,也需要最小允许进水压力(必需汽蚀余量)。

警告:如果泵流出的流量可能高于设计流量,则必须以通过泵的最大可能流量计算必需汽蚀余量!例如,如图 4.17a 所示,在设计流量为 2 000 gpm、扬程为 175 ft 时,必需汽蚀余量为 14 ft。如果泵能够以 2600 gpm 的最大流量运行,则该点的必需汽蚀余量为 25 ft。因此,水系统的有效汽蚀余量必须至少是 25 ft,而不是设计条件下的 15 ft。

在几乎不可能获得必要的有效汽蚀余量的地方,安装是困难的。对于这种应用于清水的水泵,可以通过使用机械装置(例如图 4.20 中的诱导轮)来减少必需汽蚀余量,该装置显示在单吸式蜗壳泵的进水口。它也可以用于第一级轴流泵。诱导轮叶片设计成在低有效汽蚀余量下运行,并为泵叶轮的必需汽蚀余量提供足够的扬程。通常,具有这种诱导轮的叶轮必需汽蚀余量已经从较高的 10 ft 减小到 1 或 2 ft。实际上,诱导轮是为特定应用而设计的。显然,它们仅用于清水介质。

注意:汽蚀余量的计算应使用可能的最大工作温度和泵安装的实际高度。

开敞式水池、湿井、开坑的淹没深度

离心泵在管道中的安装或从开敞式的水池取水时,需要对泵安装进行广泛评估。整个主题在第 12 章讨论,以下是关于淹没深度的简要讨论。

安装在任何形式的开敞式水池中的泵都有特定的淹没深度要求,这包括轴流泵和潜水泵。这种泵的喇叭口或进水口上方的淹没距离必须足够大,以确保其至少等于通过喇叭口或进水口的摩擦损失。在这些泵进口上方保持的静态扬程确保了这一点;这在图 4.19 中表示出来。可确保在这些泵中不会产生汽蚀。表 4.1 中显示了轴流泵的典型淹没深度。这些淹没深度不该应用于特定制造商的泵。

轴流泵或潜水泵的制造商为其泵提供所需的淹没深度,包括在进口处有或没有滤网两种情况。另外,提供进水池中水泵到侧面和底部的距离,以确保水不断地流入泵,后者取决于进口结构的设计。

离心泵尺寸

　　如上所述,在这些供水系统中使用两种类型的离心泵,即蜗壳泵和轴流泵。蜗壳泵尺寸由进水口和出水口流道的尺寸以及最大泵直径来确定。这种泵的典型尺寸为 $4 \times 6 \times 8$。这表示泵出口管径为 $4''$,进口管径为 $6''$ 和最大叶轮直径为 $8''$。叶轮可以被修整到特定直径(比如 $7''$),以在特定的流量和扬程达到最优效率。许多离心泵公司将这种称为 $4''$ 泵,因为他们使用泵出口的尺寸来分类。

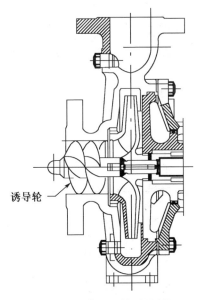

诱导轮

图 4.20　离心泵的诱导轮

　　轴向式泵尺寸由主体或蜗壳的进水和出水流道确定,它们的连接几乎总是相同的大小。$6''$ 的进口和出口将表示 $6''$ 泵或蜗壳。

通用泵设计资料

　　本章提供了一些关于泵设计的初步资料。很大程度上,在这些水工业中使用的泵是非常标准的设计,可以使用多年。已经做了很多工作以确保这些泵的最大效率。像其他任何行业一样,水泵也有降低泵设计和制造质量的做法。叶轮的不良铸造和精加工降低了高效率泵的可能性。已经存在一种趋势是消除一些蜗壳泵上的磨损环,以降低这些泵的初步成本。这可能增加维护成本并且也增加泵的能量消耗。第 5 章对离心泵的物理设计中将提供这方面的更多资料。

大多数的水泵采用铸铁做蜗壳或带有青铜叶轮的叶轮室。轴流泵采用铸铁或钢的轮毂头以及钢轮毂。大多数泵轴是钢或不锈钢的。只有在离心式污水泵、排污泵或容积泵中,才需要使用耐磨损和耐腐蚀的其他材料。有关泵结构的其他资料将在第 5 章中讨论。

水泵系统设计工程师可获得水泵行业大量的资料,希望用于进一步研究泵设计。大多数泵制造商提供有关泵设计的广泛资料。水力学会维持水泵设计和测试的标准,这是供水系统设计人员可用的资料。

表 4.1　典型的立式潜水涡轮泵(额定转速 1 750rpm)

叶轮尺寸	淹没深	叶轮尺寸	淹没深
4″	7″	13″	23″
6	11	14	30
8	12	15	32
10	16	16	36
11	20	18	36
12	24	20	42

推荐阅读书目

ANSI/HI American National Standards for Centrifugal Pumps, The Hydraulic Institute, Parsippany, NJ.

Dicmas, John L., *Vertical Turbine, Mixed Flow, and Propeller Pumps*, McGraw-Hill, New York, 1987.

Karassik, I. J., et al., *Pump Handbook*, 3rd ed., McGraw-Hill, New York, 2001.

Stepanoff, A. J., *Centrifugal and Axial Flow Pumps*, John Wiley and Sons, New York, 1957.

Turton, R. K., *Rotodynamic Pump Design*, Cambridge University Press, New York, 1994.

第5章
供水离心泵的结构设计

引　言

有多种不同类型的离心泵用于处理水工业中的各种泵应用。水泵可以从扬程为 10 ft、流量为 20 gpm、功率不足千瓦的卫厨管道系统泵变化到扬程为几百英尺、流量数千加仑每分钟、功率数千马力的饮用水系统泵。这些泵可以是恒定转速或可变转速。本章提供了各种类型离心泵的物理描述，它们受这些供水系统设计人员的喜爱。首先评估这些泵共有的机械详图，了解基本物理性能将有助于解释泵的实际结构。

对于特定应用，存在许多特殊类型的离心泵。本章将尽可能多地包括它们。离心泵的主要分类将用横剖面图或照片来讨论。

讨论水泵结构设计的目的不是使读者成为泵设计人员，而是帮助供水系统工程师理解在生产一台水泵时设计人员必须要做的事。此外，它的目的是展示普通设计和高质量设计之间的差异，这将使供水系统工程师能够指定和获取特定项目所需的泵质量。

结构设计的基本要素

无论何种类型的离心泵，都受到动力和泄漏的影响，必须对其进行控制，以确保为每个具体应用完成成功的设计。供水系统设计人员在为特定应用选择特定类型的泵之前，理解离心泵运行的基本条件是很重要的。图 5.1 是蜗壳泵的力和泄漏，而图 5.2 展示的是轴流泵中同样的力和泄漏，称之为立式透平机。

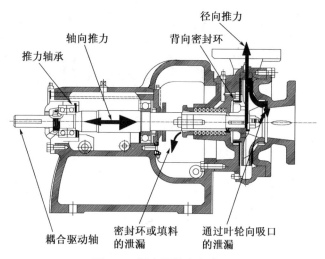

图 5.1 蜗壳泵的力和渗漏

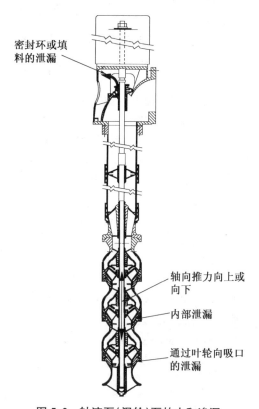

图 5.2 轴流泵(涡轮)泵的力和渗漏

离心泵中的力

如图 5.1 所示的蜗壳泵,施加在其上的力为:(1) 轴向力;(2) 径向力。轴向推力由泵设计人员计算,泵设计人员提供正确的推力轴承,以承受存在于该泵中不平衡的径向推力。图 5.3 是单吸泵和双吸泵中的这些力。

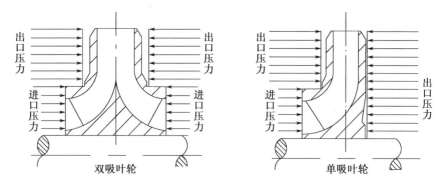

图 5.3　蜗壳泵的轴向推力

双吸泵的轴向力似乎是平衡的,该类型泵的完美设计和安装基于假设流入每个进口的流量相等的情况下确实如此。但在实际应用中,会出现叶轮进水流道的加工不均匀,或者叶轮在泵壳内没有居中,两进口流量可能不相等这些情况。此外,进水管道的不当配置可能导致进入两个进水口的流量不相等。泵设计人员意识到这种情况可能发生,并且提供承受一些不平等流动推力的推力轴承。由于推力方向可以是任意方向,因此轴承必须设计用于两个方向的力。这与单吸泵不同,其轴向推力几乎总是朝泵进口方向。

因为进口压力在叶轮上施加的力小于出口压力产生的力,所以蜗壳泵内单吸叶轮具有不相等的轴向推力。该泵的推力轴承必须设计成适应这种差异。显然,为高扬程设计的单吸蜗壳泵,必须具有能够应对较大径向推力差的推力轴承。

有各种方法减小蜗壳泵中的轴向推力。如图 5.1 所示,一种方法是在叶轮的背面安装壳体耐磨环。还有其他可以减少径向推力的机械设计,由泵设计人员为每种蜗壳泵选择最实用的方法。

当轴流泵立式安装时,轴向推力被称为"下推"或"上推"。由于旋转组件的重量和泵产生的水压力,在设计条件下大多数轴流式叶轮对旋转组件施加向下推力。如果上推力足够大,电机轴承中可能出现问题。图 5.4 是不同类型叶轮泵的典型轴向推力曲线,因此它们具有不同的比转速。通常,开敞式叶轮没有上推力,而封闭式叶轮当其流量超过最优效率点流量的120%时,具有明显的上推力。从图5.4的曲线可以很显然地看出,应非常小心以避免封闭式叶轮泵以大于最优效率点110%的流量运行。购买轴流泵时,应提供实际推力曲线。

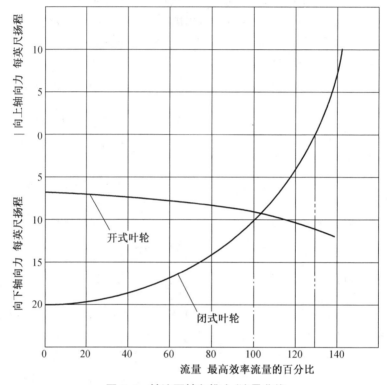

图5.4 轴流泵轴向推力/流量曲线

图5.5是开敞式和封闭式叶轮磨损环的各种布置,以克服轴向推力。泵设计人员确定磨损环的需要和类型。

在大多数轴流泵中径向推力不是问题,因为从叶轮到蜗壳出口的水流应均匀地分布在蜗壳360度区域范围。泵设计人员在叶轮室和柱管中提供足够的轴承,以确保任何不均匀的流动不会干扰泵的旋转元件。

对于蜗壳泵来说,蜗壳中叶轮上各个点的径向力变化很大,情况不是这样。这种不平衡随着通过泵的流量而变化。在如图4.1所示的大多数单吸泵或标准蜗壳泵上,泵中零流量点的径向推力最高。这在图5.6中表示出来,其描述了图5.7所示的标准泵以及双蜗壳泵的典型推力曲线。图5.6曲线适用于定速泵。随着泵速的降低,该径向推力明显减小。因此,在全速和高径向推力下连续运行的定速泵可能需要双蜗壳结构。在变速泵应用中可能不需要

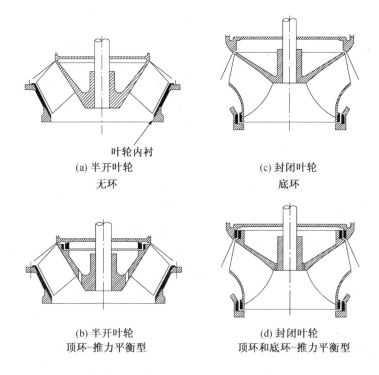

(a) 半开叶轮
无环

(c) 封闭叶轮
底环

(b) 半开叶轮
顶环-推力平衡型

(d) 封闭叶轮
顶环和底环-推力平衡型

图 5.5　立式涡轮泵实际推力

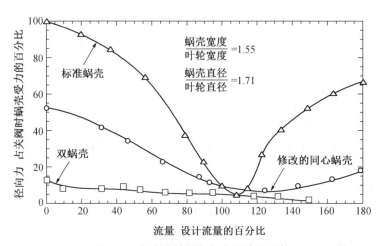

图 5.6　泵壳设计对径向力影响的比较

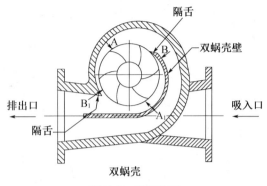

图 5.7　双蜗壳泵

它,因为变速泵大多以较低转速运行,因此具有非常小的径向推力。

对供水系统设计人员和蜗壳泵用户来说,图 5.6 是本书最重要的图片之一。难道这些泵必须选择在不低于最高效率点(BEP)流量的 80% 或大于其流量的 120% 吗? 不幸的是,实际情况并非如此。许多泵被选择为 BEP 流量的 40 至 60%,导致轴承和泵壳或叶轮承磨环上的磨损。许多清水泵需要持续维护,这是因为不当的选择会导致泵中产生高径向推力。在其 BEP 附近清水中运行的蜗壳式泵,应该运行多年而不进行维护。作者对变速蜗壳泵具有个人经验,该泵已经运行超过 25 年,泵中没有任何磨损迹象。没有更换轴承、轴套或承磨环,仅机械密封由于水条件而定期更换。

离心泵泄漏控制

离心泵中有两股有害的水流:一股来自泵轴上的填料密封或机械密封,还有一股是叶轮出口到进水口的水流。控制这些流量是泵设计人员工作的部分。这两种流动都会影响泵的性能,填料密封或机械密封必须防止轴泄漏,从而不会大大影响泵转动所需的扭矩。从叶轮出口到进口的泄漏降低了泵效率。

填料密封或机械密封控制轴泄漏,没有简单的方法来确定是否应该在特定安装中使用填料或机械密封。此处所有的泵都是用来抽水的,因此对于沿轴泄漏液体的价值不需要担心。必须解决的问题是:(1)易于维护;(2)维护频率;(3)由于填料或机械密封件故障引起的停机时间。清水泵提供了更容易决定有利的机械密封,同时污水泵的轴泄漏,需要仔细评估处理污水的机械密封的维护。另一个因素是维护人员的偏好及其正确填封泵的能力。填封泵轴是一门技术,应由有经验的人来完成。

　　图 5.8 是离心泵轴填料密封的典型布置。包括在填料函处泵的基本部件。在大多数情况下,填料应在轴套上,而不是泵轴本身。通常,轴套是硬化钢,可以承受由填料的压力和温度而不产生变形。黄铜轴套是不能承受这些作用的。喉部衬套可以用于控制泵轴和壳体或蜗壳之间的间隙。如果需要冲洗填料或填料润滑剂,则应提供套环。若泵在进口真空中下运行,则也应该设置套环。填料冲洗水应清洁,这可能需要使用如图 5.9a 所示的过滤器或风旋分离器。

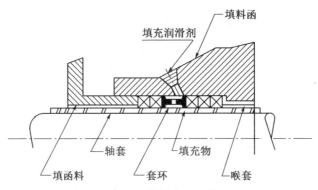

图 5.8　填料密封组件

　　如图 5.9b 所示,如果泵出口的水是干净的,则可用于冲洗或密封水。如果泵用于处理含固体类液体,则水必须来自泵出口之外的来源。某些装置可能需要压力润滑脂或润滑油。

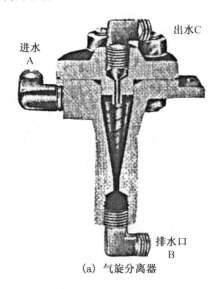

(a) 气旋分离器

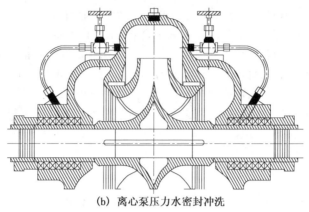

（b）离心泵压力水密封冲洗

图 5.9

　　目前存在许多不同类型的填料，使用的实际材料由服务条件决定。这些包括被泵送液体的最大压力、运行温度和 pH 值。此外，必须识别维护和运行者的偏好。为特定服务提供泵的公司，应对最佳类型的填料提出有价值的建议。

　　许多泵安装时，已经用机械密封替代了填料密封，因为轴周围的水损失较少，并且机械密封更换较方便。对于在水泵工业中所有特定的装置，存在许多类型的密封件。最简单的机械密封如图 5.10 所示，这被称为不平衡密封。具有较高出口压力的泵可能需要平衡密封。在由 McGraw-Hill 出版的泵手册中，对机械密封件进行了极好的讨论。

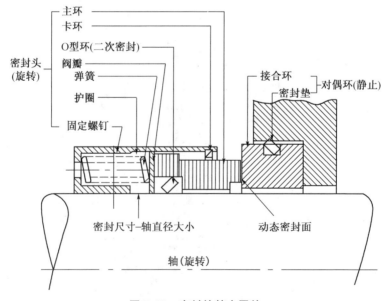

图 5.10　密封的基本零件

　　离心泵中从叶轮出口到进口的泄漏,是我们不希望存在的。控制该流动的基本方法是在泵壳上使用如图 5.11 所示的环,或在泵壳和叶轮上使用如图 5.12 所示的环。这些环称为"扁环",因为它们是具有固定内径和外径的简单环。对于高性能泵,环可以更复杂,可以是图 5.13 中的"钩"或"L"型。跟机械

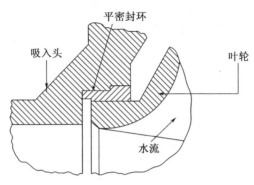

图 5.11　单平密封环

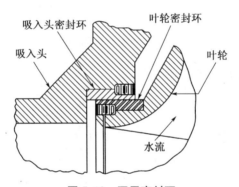

图 5.12　双平密封环

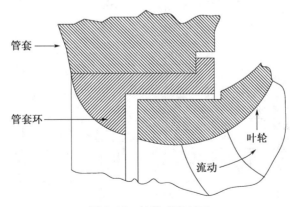

图 5.13　挂钩式密封环

密封类似,有许多其他类型的特定应用环。安装在泵壳上的环可以具有诸如"壳体"或"泵壳耐磨环"的名称。在上述径向推力的适当控制下,这些环上不应有磨损。

　　重要的是,壳体和叶轮之间的间隙是受控的。否则,将存在更大的泄漏和损失。图 5.14 描述了几种泵速下各类型磨损环的泄漏变化。

		a ln	b ln	不同转速泄漏百分点			
				1 400	1 700	2 000	2 500
1	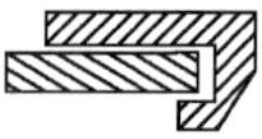	0.012	1 1/16	1.52	1.80	2.00	2.18
2	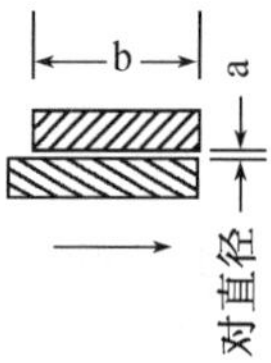	0.012	1 1/16	2.85	3.32	3.52	3.70
3		0.012	11/16	3.52	4.03	4.33	4.50
4		0.017	11/16	6.06	6.65	6.70	6.70
5		0.020	11/16	7.92	8.62	8.86	8.60
6		0.029	11/16	13.2	13.9	14.0	14.0
7		0.039	11/16	18.7	19.6	19.8	20.0
8	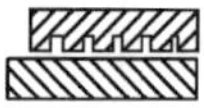	0.017	11/16	4.83	5.38	5.58	5.52
9	圆形槽 1/16×1/16 1/8分开	0.029	11/16	12.7	13.5	13.7	13.6
10	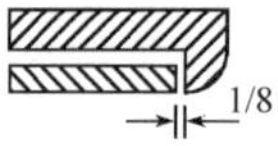 1/8	0.011	11/16	3.18	3.68	3.94	4.08
11		0.021	11/16	8.53	9.04	9.15	9.19
12	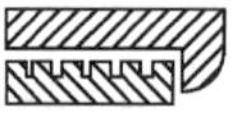	0.011	11/16	2.52	2.88	2.92	2.98
13	1/16×1/16 螺旋槽	0.021	11/16	6.24	6.68	6.89	6.82
14	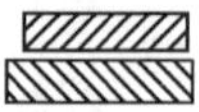	0.010	11/16	2.55	3.03	3.28	3.44
15	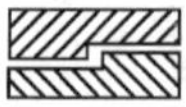	0.010	11/16	2.07	2.34	2.45	2.52

不同转速设计流量泄漏损失百分点 3-in,n_s=1 090,D_2=10.125,环直径=4.125

图 5.14　泵壳环间隙致效率降低

设置叶轮和叶轮室之间的间隙,可以控制轴流泵中的泄漏,这称为叶顶间隙设置。在立式安装的轴流泵上,该叶顶间隙可以由立式中空轴电动机的顶部驱动螺母设定。在实心轴电动机或直角驱动的电动机轴上可安装可调节的联轴器。这对于深井泵是一个精确的过程,并且在调整叶轮时,如图 5.15 所示必须计算泵和轴的"拉伸"。

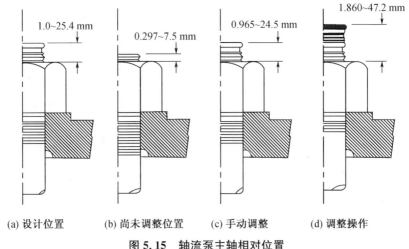

　(a) 设计位置　　　(b) 尚未调整位置　　　(c) 手动调整　　　(d) 调整操作

图 5.15　轴流泵主轴相对位置

如图 5.5c 和 5.5d 所示,磨损环用于减小轴流泵叶轮封闭中的泄漏。图 5.5a 和 5.5b 的半开式叶轮,说明了在这些泵上为什么叶轮和叶轮室之间的间隙设置是重要的。如果间隙设置不当,这些泵的效率会受到不利影响。

适用于特定类型离心泵的详细设计,将包括在以下不同类型泵的讨论中。特别地,用于将泵连接到泵驱动器的联轴器将在第 9 章中讨论。

离心泵的物理描述

在这些水行业中大多数采用中型和大型离心泵。从应用的角度来看,有清水泵和污水泵。清水泵适用于没有杂质的清水,例如饮用水,冲洗水和其他不会堵塞泵的应用。污水泵用于含有固体和粘性物质的污水。

离心泵可以通过能流过叶轮的球体直径来确定尺寸。以前,大多数离心泵在其性能曲线上列出了球体尺寸。现在,在大多数情况下,只有污水泵会列出球体尺寸或固体的尺寸。一些供水系统设计人员非常强调这一点。

表 5.1 和 5.2 是在水系统中用到的不同类型的离心泵图表。关于离心泵的分类没有一个统一的标准。有的通过轴承装置对离心泵进行分类,例如叶

轮是在轴承之间还是位于轴承的外部。有的根据泵叶轮的设计分类,例如具有单个或多个叶轮的轴向或蜗壳泵。后者的分类方法在本书中运用,因为一致认为这种分类方式更容易被供水系统设计人员理解。此外,如果工业领域中使用的一些复杂泵根据轴承分类,则不适用于这些供水系统。

表 5.1　单吸和双吸离心泵的分类

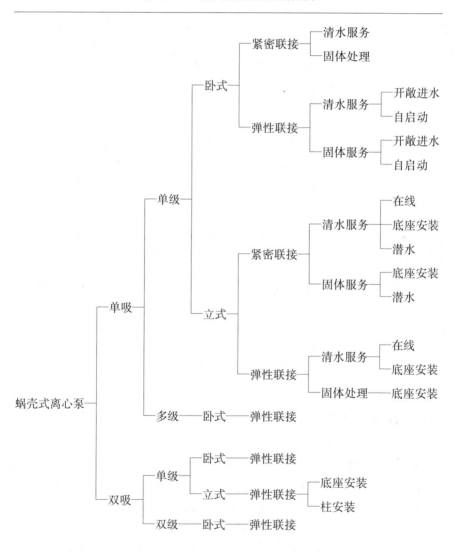

注:多级,单吸和所有双吸泵是清水泵

表 5.2　轴流泵分类

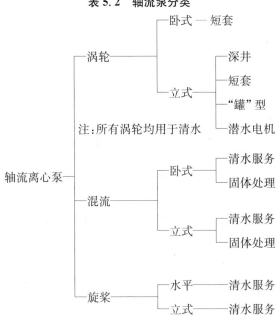

注:所有涡轮均用于清水

注:所有的轴流泵为弹性驱动

　　应用于离心泵的一些通用名称也是有争议的。例如,这里列出的双吸泵通常被称为卧式分体泵。双吸泵可以卧式或立式安装,因此,卧式分体泵会造成混淆。双吸式泵可配备有轴向分离(与泵轴平行)或与泵轴成 90 度角的蜗壳。在这些应用中使用的大多数双吸泵具有轴向分开的蜗壳或壳体。

　　轴流、扩散器、立式和透平等词语,在离心泵中互换地使用;轴向流动似乎是最不容易混淆的,并且此处用作这些泵的名称。这些术语通常用于表明泵的比转速。希望对这些供水系统中最常用泵附带的图表,可以成为供水系统设计人员的指南。

离心泵的两种基本类型

　　如第 4 章所示,这些供水系统中使用的离心泵主要类型有两种:蜗壳式和轴流式。如图 4.1 所示,离心泵的叶轮可以分为径向或轴向流动,并且这两种叶轮都在蜗壳泵或轴流泵中使用。因此,经考虑本书认为离心泵分为蜗壳式或轴流式,这是一种更切实际的分类方法。

　　如表 5.1 所示,蜗壳泵提供多种配置。正如第 4 章中讨论的,蜗壳或壳体从叶轮切向收集水并将其输送到出水口或连接处。泵的出水连接始终是泵蜗壳或壳体的一部分。

表 5.2 中的轴流离心泵,应用于许多大流量或高扬程的情况。叶轮直径可以制造得很大,用于大流量的情况。而且,在高扬程的场合下,可以用多个叶轮串联在同一泵轴上布置。词语"轴流"最好地描述了这些泵,因为水围绕叶轮的整个周边扩散并轴向流过泵。蜗壳没有从叶轮收集水,相反,叶轮安装在叶轮室中,该叶轮室具有进水连接和出水部分。水进入叶轮室,通过叶轮和叶轮室(外壳)到出口连接。出水管可以是叶轮室组件的一部分,但是在大多数情况下,它在该叶轮室组件的外部。利用这种布置,在所谓的"级"中很容易构成这些泵。如图 4.1b 所示,双级泵仅指两个泵壳和叶轮串联安装在一起。井泵可以有多达 20 级或更多级。在第 6 章中有关于泵如何串联或并联运行的详细描述。

第三种类型的离心泵,仅用于高扬程、低流量装置,这就是再生式涡轮泵,如图 5.55 所示。

蜗壳泵

蜗壳泵具有许多不同的构造和尺寸,以适应供水系统中的所有应用。它们可以分为两种基本类型,单吸和双吸,这些泵展示在图 5.16a 和 5.16b 中。没有明确的定义条件,每种类型泵都适用。通常,双吸泵以约 500 gpm 至高达数千 gpm 的流量开始使用。单吸泵应用于较小的流量,虽然清水中单吸泵流量高达 4 000 gpm。污水处理中,单吸泵可用于非常大的流量,如 50 000 gpm。对于特定应用确定选择哪种类型泵的实际因素,将在第 6 章中讨论。

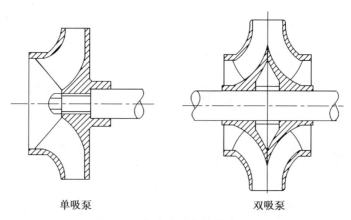

单吸泵　　　　　　　　　　　双吸泵

图 5.16　蜗壳式叶轮的基本配置

单吸泵

　　单吸泵在供水系统不同的应用中具有很多不同的结构。如上所述,这些泵可用于清水和污水。下面的附图将描述这两种类型的叶轮。

　　1. 强联接清水泵(图5.17):该结构是这样命名的,因为电机直接通过端盖凸缘连接到泵的蜗壳。电机是专用的,因为它必须在机械密封泵上具有JM型轴伸,并且在填料密封泵上具有JP型轴伸。

　　这种构造的优点在于,由于电动机端罩和泵的背板对准配合,保证电动机和泵的同轴度。由于这个原因,相较于柔性联接的单吸泵而言,许多设计人员更喜欢这种泵。该泵的另一个优点是其结构空间要求小于柔性联接单吸泵所需的结构空间。如上所述,该泵使用专用电动机,由于端盖安装和轴伸,不能像相同等级的标准电动机便于存放。

　　2. 强联接污水泵(图5.18):这些泵除了叶轮设计成污水泵中处理固体和粘性材料相似的形状之外,具有与清水泵相同的构造。在图5.18a中,叶轮是单叶片型,而图5.18b的叶轮是旋流型。后者将用于处理可能污染或侵蚀的液体,甚至单叶片叶轮的安装。

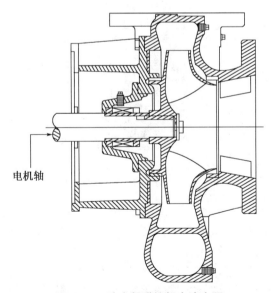

电机轴

图 5.17　卧式紧联接蜗壳清水泵

　　图5.18c是一个相似的泵,除了电机是油冷的,该泵可以安装在湿室或干井中。由于安装了此设备,一些干室可能具有高环境温度。该泵可冷却电机,

使其可以在较高的环境温度下运行。

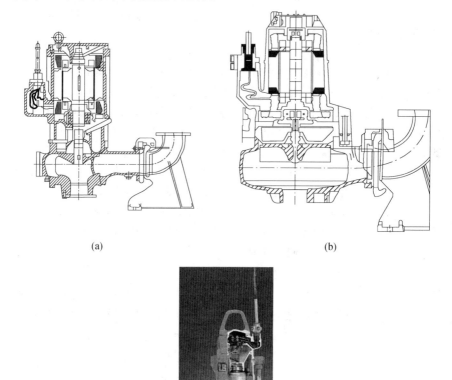

(a)   (b)

(c)

图 5.18　潜水紧联接蜗壳污水泵

3. 柔性联接清水泵(图 5.19):该泵内部与图 5.17 相同,但安装在基座上,通过联轴器连接到电动机或发动机。它可以配备间隔型联轴器,允许拆卸泵支架和叶轮,而不会干扰管道或移动电机及其电气连接件。

这种布置需要更大的设备空间,并且在泵基座设置就位之后必须仔细对准。在泵运行之前,柔性联轴器必须始终具有联接罩。这种泵的主要优点是它使用标准电机。在大型尺寸电机中,比直联泵便宜。

4. 柔性联接污水泵(图 5.20):这个泵类似于清水泵,但配备了处理固体的叶轮。

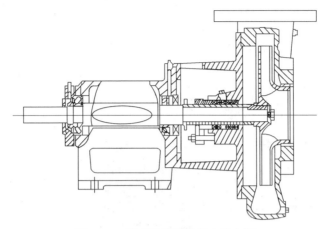

图 5.19　卧式柔性联接蜗壳清水泵

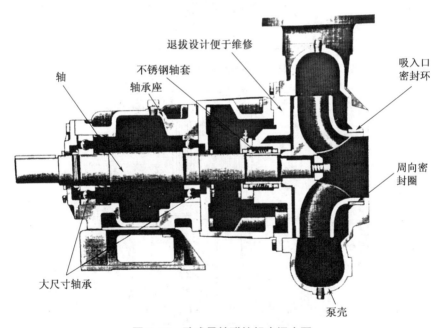

图 5.20　卧式柔性联接蜗壳污水泵

5. 管道清水泵(图 5.21):这种泵由于泵可以直接安装在管道中而命名。进水和出水连接通常在同一管路中并且具有相同连接尺寸,因此在连接管道中不需要偏移或弯头。该泵紧密联接,而图 5.22 中的泵是柔性联接。

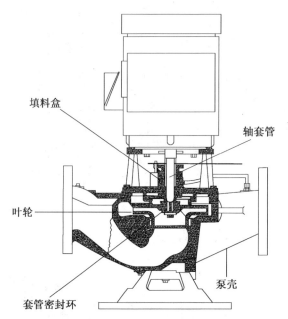

填料盒

轴套管

叶轮

泵壳

套管密封环

图 5.21   立式同轴紧联接蜗壳清水泵

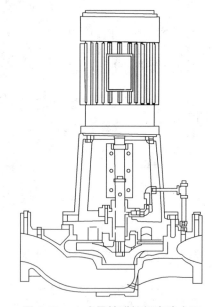

图 5.22   立式柔性联接蜗壳清水泵

该泵最初以小型电机尺寸制造,但现在可用于 100 至 150 马力的电机尺寸。必须非常小心地使用这些泵,以确保管道不会对泵连接管道施加压力。

如果发生这种情况,将导致轴承和机械密封过多的维护。

　　由于喉管必须内置在泵中,其效率可能没有类似尺寸的其他单吸泵高。这些泵的制造商应验证泵的性能。这种性能通常还受到具有相同尺寸的进水和出水连接管限制。其他类型的单吸泵设计人员可以用较大尺寸的进水流道,这可以提高泵的总效率和必需汽蚀余量。

　　即使不直接安装在管道中,该泵也可以节省机房相当大的地面面积;它可以像任何其他泵一样安装在基座上。在较大尺寸中后者是优选的,以确保在其进水和出水管道上没有管道应力。该泵不具有处理固体的叶轮。

　　6. 立式安装的清水泵(图5.23):立式安装的单吸泵是安装在基座上的强联接泵,包括一个作为吸入连接件的进水弯管以及水泵和电机的支撑。这种泵,如同管道泵,可以节省机房占地面积。由于进水条件的尺寸和配置的改进,其效率可能大于管道泵。

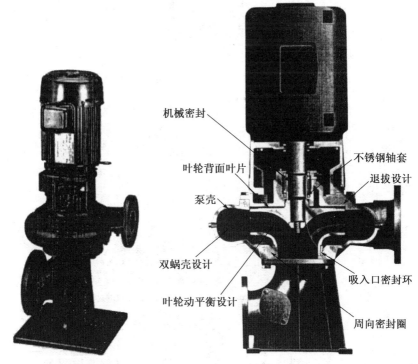

机械密封

不锈钢轴套

退拔设计

叶轮背面叶片

泵壳

双蜗壳设计

吸入口密封环

叶轮动平衡设计

周向密封圈

图 5.23　立式蜗壳带吸水弯管清水泵　　图 5.24　立式蜗壳紧联接污水泵

　　7. 立式安装的强联接污水泵(图5.24):该泵类似于图5.23,除了叶轮设计用于抽取污水外,结构与图5.25也是相同的,但是与电机柔性联接。

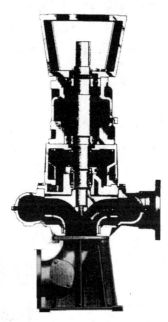

图 5. 25　立式蜗壳柔性联接污水泵

　　8. 多级轴向分体清水泵(图 5. 26):这种单吸泵通常被误称为多级、卧式分体泵,而没有认识到该泵是单吸泵。该泵有两到五级,带有内部通道,水从一级流入下一级,该泵与标准电机或发动机是柔性联接。

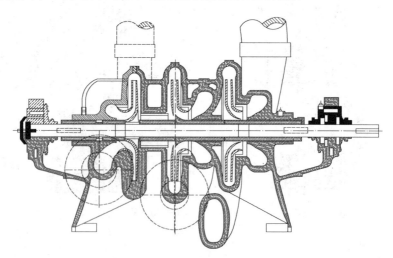

图 5. 26　多级蜗壳柔性联接清水泵

　　由于这种泵的效率低于轴流泵,因此在这些供水系统中不常看到这种泵。

这种较低的效率是由水流在流道内从一级流到五级的过程中与通道的摩擦引起的。

9. 自吸清水泵(图 5.27):该泵几乎都是单吸型且水平安装。它像其他端吸泵那样可以直联或柔性联接到电动机。

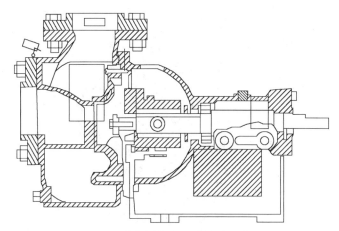

图 5.27　卧式蜗壳自吸柔性联接清水泵

这些泵的主要特征是在启动前可以自吸充水。不需要特殊的启动设备,水可以从下级蓄水池提升到泵中。

由于它们的自吸式要求,这些泵的效率低于相同尺寸的其他单吸泵效率。叶轮通常是没有口环的开敞式,这可能降低其总体效率。该泵设计成在合理汽蚀余量条件下运行,并且可以处理气体;因此,它可以是自启动的。这些泵的最大干吸条件通常显示在它们的扬程—流量曲线上。最大允许吸上高度是水泵在进水池最低水面以上的允许扬程或高度。在这种情况下,假设泵进水管是干的,但是泵壳本身有水。这意味着在这些扬程条件下,只要不超过必需汽蚀余量条件,泵就会自动启动。自吸泵的制造商应该在水泵实际安装之前提供有关该类型泵的启动自吸、再吸以及吸上扬程等资料。

大多数自吸泵的进水管应与泵进口尺寸相同。这增加了泵装置的摩擦损失,并且必须计入泵连接件的摩擦损失。由于这一点以及自吸泵的总体效率,这种泵系统的机械效率,通常低于具有相等流量和扬程的离心泵系统的效率。

10. 自吸污水泵(图 5.28):该泵类似于图 5.27,但是配有更开敞的叶轮,可以通过含有固体和粘性材料的水。在叶轮进口处有一个大清洗孔以便于维护。对于需要较长启动时间的应用来说,保持泵进水孔中的水量是非常关键的。更大的进水量改善了这些泵的整体性能。

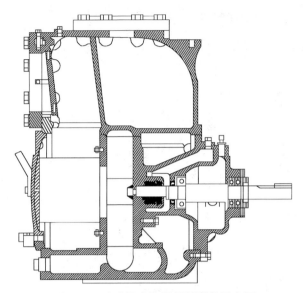

图 5.28　卧式蜗壳自吸柔性联接污水泵

11. 特殊材料的旋流泵(图 5.29):这也称为旋涡泵,可处理悬浮的固体和气体。此外,当其配备有硬化的叶轮和蜗壳衬套时,则可在污水处理厂中泵送砂粒。

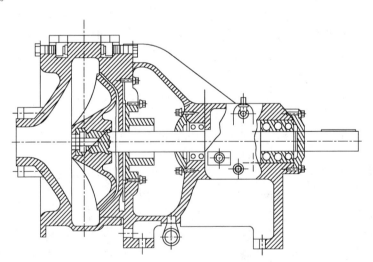

图 5.29　卧式柔性联接旋涡泵

双吸泵

双吸泵主要用于清水介质(图 5.30)。图 5.30a 是该泵的横剖面图,图 5.30b 是它的分解图。当供水系统中的流量超过 1 000 gpm,扬程要求在 75 至 250 ft 范围内,直到现在,依然是设计人员首选。其普遍应用的主要原因是相对高的效率和能被打开、检查和维修,而不会影响泵转子、电机或连接管道。此外,在大多数情况下,其主要成本小于轴流泵的安装成本。另一个重要因素是,当安装正确时,两个进水口中流量相等,其轴向推力非常小。

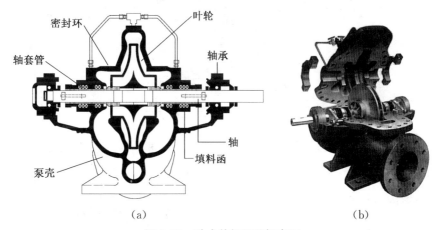

(a)　　　　　　　　　　　　(b)

图 5.30　卧式单级双吸蜗壳泵

如果泵壳沿轴向或平行于泵转子或轴拆开,则上述维修功能是可用的。利用这种结构,可以移除壳体的上半部分,从而对叶轮、壳环和泵壳内表面进行内部检查。通常,由于旋转元件没有被扰动,因此在检查之后不需要重新校准泵和电机。但是,应确保在检查期间泵没有移动。

双吸泵装配时可以垂直于拆开的壳体或泵轴。这种结构需要将旋转元件从泵的端部拉出,以检查叶轮内部;泵应在检查和重组后与其电机重新对准。该泵几乎总是水平安装。它在大部分情况下不节省设备空间,这是由于泵端须预留用于移除旋转元件所需的距离。

如图 5.31 所示,具有轴向剖分壳体的双吸泵可以立式安装。这就是为什么不应该使用其俗名"水平中分泵壳"的原因。双吸泵总是柔性联接到电动机或发动机,从不直联。立式安装的双吸泵采用立式实心轴电机。泵制造商通常提供夹具或推荐的夹具设计用于拆卸该泵。

双吸泵可以是双级的,如图 5.32 所示水平安装,或者它可以配备为图

图 5.31　立式单级双吸蜗壳泵

5.33 所示的泵叶轮和叶轮室,类似于具有叶轮室、柱管和轮毂头的立式轴流泵透平机。

图 5.32　卧式双级双吸蜗壳泵　　　　图 5.33　立式单级双吸蜗壳泵
　　　　　　　　　　　　　　　　　　　　　　　带井筒和排水总管

轴流泵

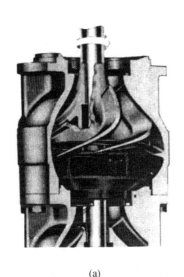

(a)　　　　　　　　　　　　　　　　(b)

图 5.34　轴流式叶轮剖面

轴流泵具有多种不同的构造。轴流泵通常被称为"扩散泵",这是由于铸在泵壳或叶轮室内的扩散器。图5.34a是这种叶轮室的剖面图,而图5.34b是通过这种叶轮室的流动,并且显示了为什么它们通常被称为扩散泵。根据叶轮设计及其一般结构和布置来分类。大多数轴流泵由四个基本部分组成(图5.35),分别是:(1) 装有叶轮的叶轮室组件;(2) 由泵轴和管道组成的柱管组件,将水从叶轮室传送到出水口;(3) 出水总成是将管路中的水输送到系统管路或是空气中;(4) 电动机或为泵提供动力的其他类型驱动器。

有一些特殊情况如下:(1) 如图5.36 所示,具有整体出水连接的轴流

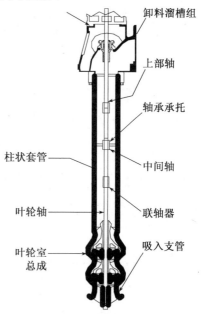

卸料溜槽组

上部轴

轴承承托

柱状套管

中间轴

叶轮轴

联轴器

叶轮室总成

吸入支管

图 5.35　轴流泵的 4 组件

泵,配有开敞式高比速的喷水推进器叶轮,或图 5.37 是带有封闭混流式叶轮。这些泵是水平安装的,用于低扬程大流量的情况。带出水总成的蜗轮泵也可以卧式安装,用于高扬程的场合。(2)图 5.38a 是具有整体出水装配,且与电机柔性联接的水泵,适合高扬程、小流量的情况。该泵水平安装;立式布置的水泵通常具有柔性联接的实心轴电机(图 5.38b)。

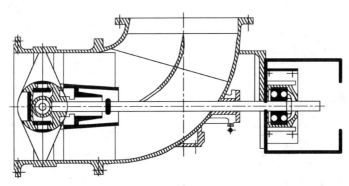

图 5.36　卧式轴流泵旋桨叶轮,出水总成

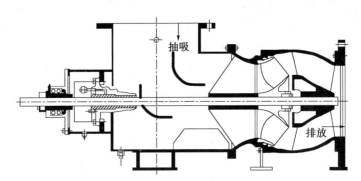

图 5.37　卧式轴流泵混流式叶轮,出水总成

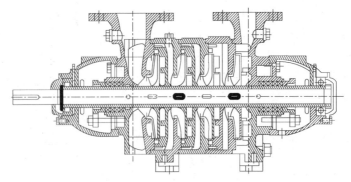

(a)卧式多级轴流泵柔性联接

图 5.38

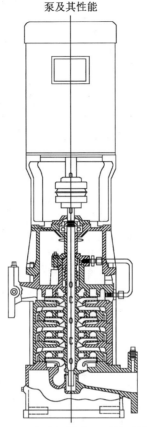

泵及其性能

（b）立式多级轴流泵柔性联接

图 5.38

下面介绍构成大多数轴流泵组件中的三个部件。在回顾轴流泵的常用配置之前,这些部件的介绍应当有助于理解对各种轴流泵的需要。这些泵的驱动器将在第 8 章中进行讨论。

轴流泵泵头

这些泵的泵头(泵出水总成——译注)可根据其材料分类,如铸铁或钢,以及它们是否用于非增压或增压服务。图 5.39 中是铸铁泵头;图 5.39a 是用在混凝土上表面安装的正方形底座,而图 5.39b 是用于连接到加压管道的圆形凸缘。类似的,图 5.40 是钢制泵头,一个用于表面安装(图 5.40a),另一个安装在管道法兰上(图 540b)。对于大多数较小的深井泵来说,铸铁泵头是非常普遍的。随着泵的尺寸增大,头部几乎总是由钢制成,并且可以在基座上方,如图 5.40b 所示或者如图 5.41 所示的下部基座类型。后一种结构便于将水输送到地下管道系统。在非常大的混流泵和轴流泵中,头部可以分段制造,以

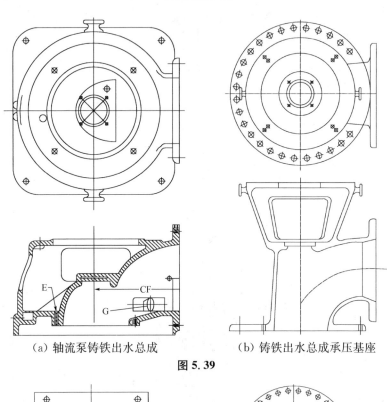

（a）轴流泵铸铁出水总成 （b）铸铁出水总成承压基座

图 5.39

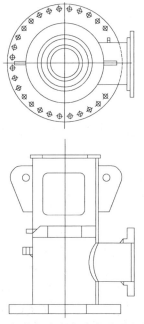

（a）钢装配式出水总成非承压基座 （b）钢装配式出水总成承压基座

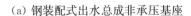

图 5.40

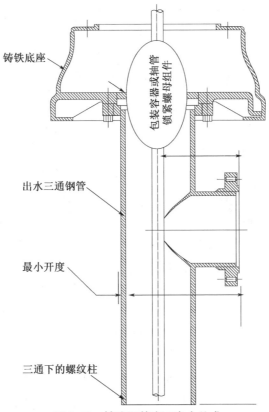

铸铁底座

包装容器或轴管锁紧螺母组件

出水三通钢管

最小开度

三通下的螺纹柱

图 5.41　轴流泵基座下出水总成

便于泵抽水时泵头中损失相对较低。

　　这些泵头可以配备填料或机械密封。填料箱可能比密封件更受欢迎,但这种选择是基于应用条件和客户偏好。间隔型联轴器有助于拆除填料或密封容器。

　　在选择这些泵之前必须确定电机的类型。如将在第 8 章中描述的,这些泵的电动机在立式安装时是实心轴或空心轴。空心轴电机是许多应用的首选。如图 5-15 所示,该电机的一个显著优点是其能够通过电机顶部的驱动螺母来设置叶轮室的叶顶间隙,叶顶间隙是之前描述过的术语,指的是泵叶轮和叶轮室之间的间隙。

　　如前所述,必须谨慎设置叶顶间隙以减小泵中的泄漏。这对于半开式和敞开式叶轮是特别重要的。如果叶顶间隙设置太小,叶轮可能碰到叶轮室,导致叶轮和叶轮室的磨损使泵效率变差;如果设置过大,则泄漏将增加并且降低泵效率。这两种情况都将增加泵组件所需的能量。

　　在空心轴电机上,泵叶轮的上轴必须是两段结构的,在电机下方有个联轴器(图 5.42)。该图描述了用于开放式线轴和封闭式线轴组件的两段式上轴。

如果不这样,电机必定从上轴上滑下。这会增加安装电机时轴碰撞的可能性。实心轴电机必须配备可调节的联轴器(图 5.43),可用于设置泵的叶顶间隙。电机下的垫片式联轴器允许在不移除电机的情况下移除密封件和填料函。组件中必须包含一个特殊的电机支架,为垫片联轴器留出空间。

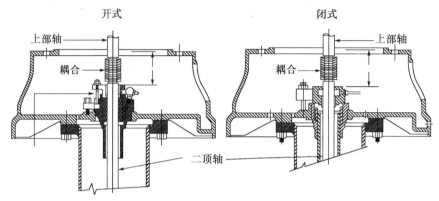

图 5.42　轴流泵两段结构的联接

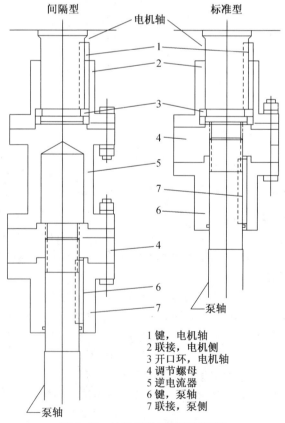

1 键,电机轴
2 联接,电机侧
3 开口环,电机轴
4 调节螺母
5 逆电流器
6 键,泵轴
7 联接,泵侧

图 5.43　轴流泵法兰型顶轴联接

轴流泵柱管组件

　　柱管组件将水从泵叶轮室输送到出水口。它们有两种基本类型,无轴套轴(图 5.44)和有轴套轴(图 5.45)。无轴套轴用于大多数应用于清水介质,水中没有会对泵轴或轴承产生不利影响的化学物质或颗粒。有轴套的轴用于污水情况,例如河水、雨水或污水。

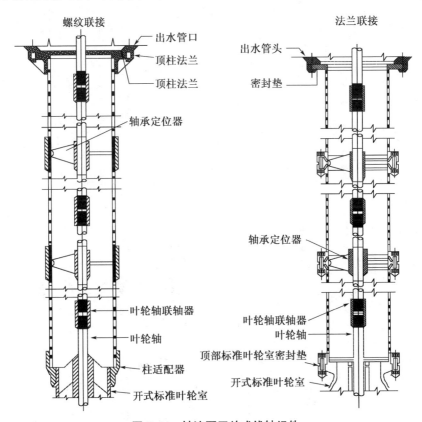

图 5.44　轴流泵开放式线轴组件

　　无轴套轴的轴承由泵送水润滑;有轴套轴的轴承由其他材料润滑。该组件内部管道保持润滑的材料,可以是油、油脂或清水。实际使用的材料取决于具体应用和泵运行者的偏好。

　　这三种材料中的任何一种都有分配系统,可以使管内保持适当的水位或压力。图 5.46 所示是集油箱,而油脂或水需要加压系统。安全控制装置如压力或液位报警装置,必须与这些润滑系统结合在一起,以保护泵免于干运转。如果是水润滑,管的内表面必须有内衬,以防止生锈。

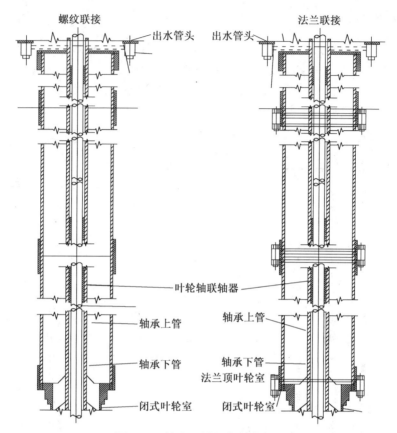

图 5.45 轴流泵封闭式线轴组件

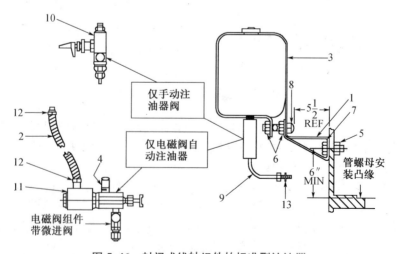

图 5.46 封闭式线轴组件的标准型注油器

大多数排水管和主轴是由钢制成。无轴套的轴在大多数情况下使用不锈钢轴系,而有轴套的轴和管子用碳钢。如果使用水润滑,建议泵轴为不锈钢。大多数排水管的最大螺纹直径为 16″,并且尺寸较大处带有法兰。

零件清单(标准施工)

项目编号	名称	材料
1	托架油容器	钢
2	柔性管道	钢
3	带盖容器	钢
4	乳头管	镀锌钢
5	六角螺母(QTY2)	钢
6	六角螺母	钢
7	螺钉,六角头帽(QTY2)	钢
8	圆头螺钉	钢
9	管注油器	铜
10	阀见进油	组装(黄铜)
11	电磁阀	组装(黄铜和钢)
12	连接器管道	可锻铸铁
13	接头,管接头	黄铜

轴流泵叶轮室和叶轮

这些泵的叶轮主要分为三类:涡轮式、混流式和螺旋桨式。涡轮泵可具有封闭、半开式或开敞式叶轮。混流泵通常是半开式,而螺旋泵是完全开敞式的。涡轮泵具有中低比转速,混流泵具有中高比转速,而螺旋桨泵具有高比转速。这表明涡轮泵用于高扬程,混流泵用于中等扬程,螺旋桨泵用于低扬程。当然,这些一般规则也有例外。例如,图 5.47 显示了用于涡轮泵的四种叶轮;所有这些都是封闭式,但具有不同比转速。L 型具有约 2 000 的比转速,M 型比转速为 3 000,HX 型比转速为 3 800,以及 HH 型比转速为 3 800。

如前所述,泵领域中有一些不太明确的名称。立式用于所有轴流泵的名称。不过,这类泵中有一些是以 45 度安装在湖岸斜坡上,而其他泵水平安装。涡轮被应用于较低比转速泵,但是它们也可以配有如上所述较高比转速的叶轮。下面的介绍将进一步阐明涡轮式、混流式和螺旋桨式泵。

1. 涡轮泵

涡轮泵设计为较低比转速,通常用于高扬程和清水介质。将水从进水池或者清水井输送到加压的供水系统。这种泵型是一种经济型泵。这种泵不

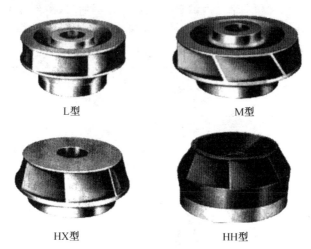

L型　　　　　　　　　　M型

HX型　　　　　　　　　　HH型

图5.47　涡轮泵的封闭式叶轮

能用于带颗粒的污水。这些泵大多配有封闭和半敞式
叶轮,虽然一些制造商可能会提供开敞式叶轮。这些叶
轮结构如图5.5和图5.47所示。

　　具有封闭叶轮和口环的涡轮泵通常提供较高的持
续泵效率,这是由于能够更精确地控制叶轮和叶轮室之
间的泄漏量。必须定期检查半开式叶轮,以确保叶轮和
叶轮室之间的合理间隙。如上所述,叶轮和叶轮室之间
的合理间隙称为叶顶间隙设置。调整垂直空心轴电机
顶部驱动联轴器或下方的特殊间隔联轴器,可以实现该
设置。

　　涡轮泵有多种结构。它们可以进行现场组装或工
厂组装。井泵由于其扬程高,要求采用涡轮式。封闭和
半开敞叶轮都适用。图5.48是配有无轴套轴的深井
泵。如图5.49所示,这些泵可以配潜水电机。在使用
这种电机之前,必须检查电气设备的质量。三相电的电
压差必须在电机制造商指定的容差范围内。

　　涡轮泵的形式也有如图5.50所示的筒形泵。必须
小心使用这些泵,保证进口连接件不会影响泵的性能。
泵制造商应推荐筒上的进水管的位置以及是否需要防
涡旋盘。安装在湿坑中的其他涡轮泵如图5.51所示,
称为紧联接或短装置。

图5.48　深井涡轮泵
开放式线轴
封闭叶轮

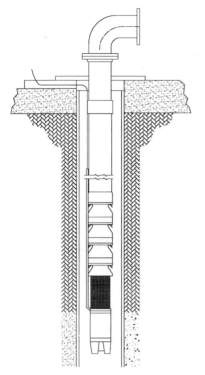

图 5.49　带潜水电机的立式多级涡轮泵

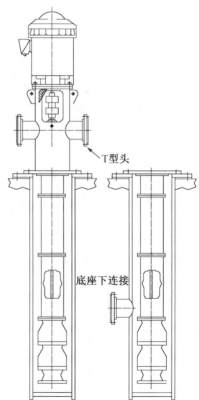

图 5.50　安装在井筒或罐中的立式多级涡轮泵

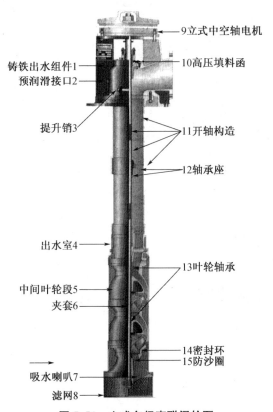

铸铁出水组件1

预润滑接口2

提升销3

出水室4

中间叶轮段5

夹套6

吸水喇叭7

滤网8

9立式中空轴电机

10高压填料函

11开轴构造

12轴承座

13叶轮轴承

14密封环

15防沙圈

图5.51　立式多级直联涡轮泵

2. 混流泵

混流泵用于大流量、中等扬程场合。这些泵具有6 000到10 000的中高比转速。叶轮为半开式或开式；图5.52是用于清水的泵，而图5.53是用于污水的泵。

3. 螺旋桨泵

顾名思义，这些泵的叶轮，看起来像多叶片的螺旋桨。它们具有10 000至14 000的高比转速，专为超大流量、低扬程应用而设计。它们的典型结构如图5.54所示。

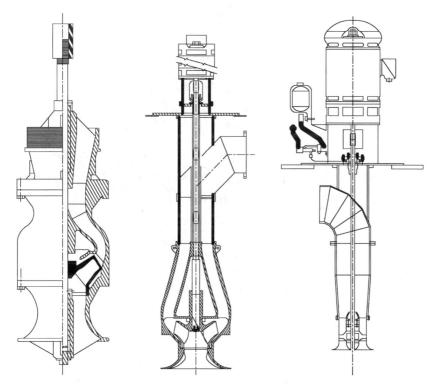

图 5.52　立式清水混流　图 5.53　立式污水混流　图 5.54　立式螺旋桨清水轴
　　　　泵开放主轴　　　　　　　泵封闭主轴　　　　　　　流泵封闭主轴

再生涡轮泵

　　再生涡轮泵(图 5.55),是一种特殊的泵,可以归类在离心泵或容积泵。该泵间隙紧密,因此必须配备一个非常好的吸入过滤器。其效率低于类似尺寸的离心泵。它是一种特殊形式的离心泵,所以在这里介绍。因为它可以应用在一些小流量、高扬程的供水系统中,有必要包含在里面。

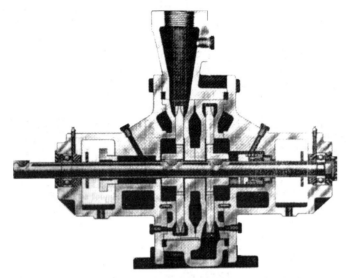

图 5.55 卧式柔性联接旋涡泵

结构材料

由于大多数水泵没有带腐蚀性的运行条件，且不具有极高的压力，因此它们通常是铸铁或青铜。这意味着泵体是铸铁，内部组件是青铜。叶轮和叶轮室口环是青铜的，而泵轴是碳素钢或不锈钢。轴承口环通常是黄铜或青铜。

在特定条件的应用中，需要使用其他材料，例如铸钢、不锈钢和韧性铸铁。一些小型泵的制造商现在使用不锈钢制造叶轮，因为他们发现不锈钢比青铜铸件更便宜。当机械密封下面没有任何套管时，其他泵制造商使用不锈钢轴。

高于 250 ℉温度的运行，将需要韧性铸铁、铸钢或结构钢外壳以承受系统温度和压力。这种情况在本书介绍的供水系统中比较少见。泵制造商一般认为是标准铸铁壳体的工作压力和温度。他们将为特定类型泵提供类似于表 5.3 的压力/温度图表，并且泵出水口配有 125 或 250 磅法兰。在表 5.3 的情况下，从 A 到 F 的各种字母针对不同尺寸的出水口，并且对应不同的额定值。一些较高的评级用于韧性铸铁套管。即使是在一个小型、低压项目上，设计工程师检查泵的压力/温度额定值都是非常重要的。在每个应用程序的作业文件中，必须有一个类似于表 5.3 的评级图表。

泵的机械设备

大多数水泵不需要许多特殊机械装置来维持较长寿命。其使用寿命更多地取决于我们的选择和运行。所有这些将在本书剩余章节中详细介绍。

水泵进气是个比较麻烦的问题,如何将水泵中的气体排出去一直是要关注的问题。(见第 6 章关于空气对泵性能的影响)当然,最好的方法是不要让它存在泵中。一种价廉且实用的装置是安装在泵蜗壳或泵头顶部上的手动排泄阀,其允许手动排出聚集的空气。如果空气连续进入泵并且不能停止,则可以用自动通气孔替换该排泄阀。自动通气口应在地漏附近有一条排水管,因为它有个缺点就是会漏水。

符合 OSHA 或特定状态代码的联轴器护罩,应位于旋转联轴器和泵轴的可见处。应经常检查 OSHA 的要求,以确保满足。美国的一些州现在要求,泵头中有显示屏的轴流泵联接器被用作联接保护器。

表 5.3   离心泵的典型压力—温度限制

指定的套管和排出口	1~150 ℉	175 ℉	200 ℉	250 ℉
A	510 psig	487 psig	467 psig	426 psig
B	450	430	412	375
L	425	406	390	360
K	400	384	367	336
J	350	336	325	300
C	300	290	280	360
H	275	265	255	240
D	250	240	232	215
E	175	170	164	150
F	150	143	137	125

平衡阀不应安装在任何泵的出水口,更不用说变速泵。一些设计人员认为它们是防止系统过压的保护措施,这是一种很大的能源浪费。在定速泵上,应确定过压量,并且修整叶轮以尽可能多地消除过压。有关修整叶轮的步骤,请参见第 27 章。在变速泵上,泵控制器应设计成通过限制泵的最大转速来防止过压。

应谨慎使用减压阀。随着变频驱动器的出现,应仔细分析并确定用变速驱动器更换阀门的可行性。稍后将对此进行详细讨论。

在连续运行的情况下,清水泵从泵下方的罐中抽水,标准离心泵的更高效率应优先于自吸泵。有必要提供一个灌注装置来启动泵(见第 11 章)。这可以是充水箱,或者是单独的水源。这个水箱装有足够的水,以保证泵被淹没,直到它已经灌注进水管。利用适当尺寸的灌注系统,标准离心泵将抽空进水管中的空气,并继续从下部抽取水。离心泵灌注系统的制造商提供的泵参考文献中有关于灌注系统实际设计的大量资料。在从下部罐中抽水时,必须仔细检查泵的必需汽蚀余量特性。如果在规划阶段,水源尽可能地被放置在泵进水口上方,则应考虑立式轴流泵。

较大的泵,特别是在无人站中运行的泵,应在泵和驱动器上配备振动和热检测器。这些由泵、电机或发动机制造商提供的标准装置。

补充阅读

泵行业有很多描述离心泵及其结构和应用的优秀书籍。特别是水力协会的《离心泵标准》和 McGraw-Hill《泵手册》提供了离心泵设计、构造和运行的详细描述。

关于离心泵描述和性能的大量补充资料,可以在服务水行业的泵公司目录中找到。

第 6 章
离心泵性能

引　言

　　本章只介绍离心泵的性能。容积泵在这些供水系统中的应用属于高度专业化的泵。容积泵不适合会消耗这些系统中大部分泵送能量的应用。容积泵的设计和应用将在第 7 章和第 18 章中讨论。

　　这是专门介绍离心泵的设计、构造和性能的三个章节中的最后一章。这三章的内容似乎有重叠;这是由于很难将离心泵准确地分成三个不同的类型。文本将继续交叉引用其中的内容,以帮助读者理解这个复杂的问题。

　　对于离心泵性能的回顾尝试提出一种适用于所有泵(从很小的循环泵到非常大的叶片泵)的通用方法。虽然在蜗壳泵和轴流式离心泵之间存在很多相同的性能,但是它们各自还有自身的特性。与之前介绍它们水力和结构设计的章节存在很明显的变化。

泵扬程—流量曲线

　　研究离心泵的运行,必须先评估这种泵的基本性能。水泵产生的压力或扬程取决于通过该泵的流量。这种基本的扬程—流量关系称为泵的扬程—流量曲线。此前,被称为扬程—排量曲线。内容见第 4 章中的基本形式,现在用图 6.1 中的其他伴随曲线表示出来。图 6.1 包含中型定速泵的流量曲线,这个一般都能在泵制造商的目录中找到。在该图中包括效率曲线、制动功率曲线和必需汽蚀余量(NPSHR)曲线。必需汽蚀余量曲线已在第 4 章中讨论。

　　揭示水泵制造商如何开发类似于图 6.1 的扬程—流量曲线来说是很有意义的。图 4.4 描述了双吸蜗壳泵中的各种损失。如第 4 章中所讨论的,泵的扬程—流量曲线考虑了泵中的所有损失。这里有必要再提一下,这些损失有

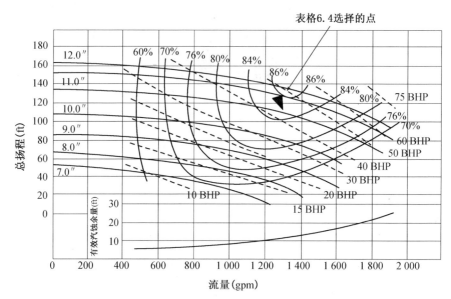

图 6.1 离心泵典型扬程—流量曲线

机械损失、泄漏损失、水力损失和回流损失。显然,泵的质量由泵设计师努力减少这些损失和泵的主要成本决定。高质量的轴承、特殊的磨损环以及光滑的叶轮和外壳,增加了泵的成本和效率。设计和构造不良会导致泵效率低下。如前所述,水系统设计者应该检查所考虑的水泵内部。设计和制造不当的叶轮,其粗糙和不规则性非常明显。

各种尺寸泵的效率见图 6.2。图中是在不同流量下,泵效率与比转速的关系。在无限流量和中比转速下,效率可接近 98%。实际应用中,由于改进了铸造和机械加工方法,现在的水泵在 3 000 gpm 这样低的流量下,效率能高达 91%。更小的泵已经超过了图中所示的效率。

泵的质量很容易通过叶轮表面处理来识别。以下是通过抛光叶轮和挫削叶轮叶片来提高效率的两个实例。图 6.3 描述了改善混流泵叶轮表面处理对泵效率的影响。图 6.4 描述了一个打算安装在玻璃涂层叶轮室中的立式涡轮泵的叶轮,通过抛光和车削来提高效率。在这两种情况下,线 3 表示没有抛光的叶轮,线 2 表示抛光的叶轮,线 1 表示抛光和车削的叶轮。车削不足意味着出口叶轮叶片被车削到提供最大效率时的精确厚度。如果需要进一步提高水泵的效率,则可以在蜗壳和叶轮室内部涂上酚醛或玻璃涂层。

显然,大型的高比转速叶轮比小型低比转速叶轮更容易抛光。这是小型低比转速泵比那些大型泵效率低的原因之一。这也表明,在购买离心泵时,应仔细检查泵叶轮。

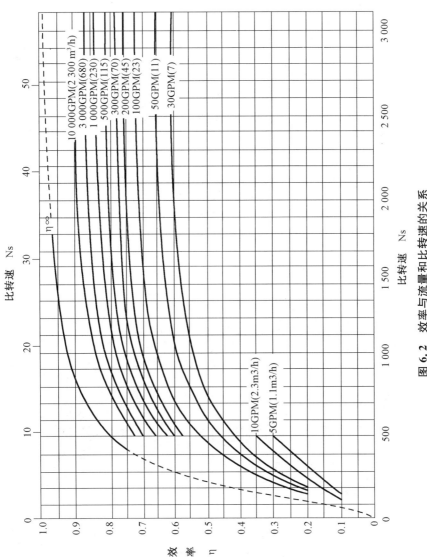

图 6.2 效率与流量和比转速的关系

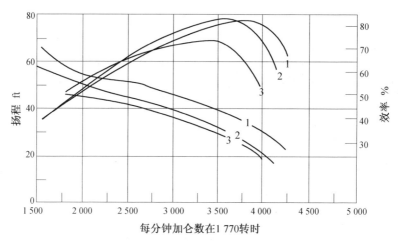

图 6.3　混流式叶片表面抛光提高的效率

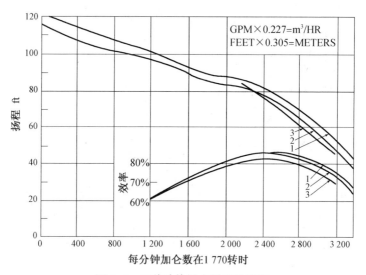

图 6.4　三种叶片抛光级别的效率

相似定律

到目前为止,所有泵的扬程—流量曲线都是针对定转速的泵;有些曲线是针对同一泵型不同的叶轮直径。离心泵性能中关于转速和叶轮直径变化关系的基本定律被称为相似定律。离心泵是变扭矩机械,因此其运转类似于其他变扭矩机械(如离心风扇)的运转。

可变转矩这个术语表示转动泵或风扇所需的功率不是随着转速一次方关系变化,而是随着转速的三次方关系变化。像大多数容积式的恒扭矩泵,功率是不随转速变化的。相似定律表明泵的性能随着转速和叶轮直径的变化而变化。这是关于泵性能变化必须理解的基本规律。

变速性能

变速泵性能的基本相似定律是:

对于固定直径的叶轮:

1. 泵流量与转速成正比:　　$\dfrac{Q_1}{Q_2}=\dfrac{n_1}{n_2}$　　　　　　(6.1)

2. 泵扬程与转速的平方成正比:

$$\dfrac{h_1}{h_2}=\dfrac{n_1^2}{n_2^2} \qquad (6.2)$$

3. 水泵制动功率与转速的三次方成正比:

$$\dfrac{P_{P1}}{P_{P2}}=\dfrac{n_1^3}{n_2^3} \qquad (6.3)$$

式中:Q——泵流量(gpm)

n——泵转速(rpm)

h——泵扬程(ft)

P_P——泵制动功率

图 6.5 用图形描述了这三个定律。必须记住,这些定律与泵本身有关。当泵连接到包含恒定和可变扬程管道系统时,它们不描述泵的性能。图 6.6 描述了使用图 6.1 中泵扬程—流量曲线(扬程 130 ft 时泵功率为 1 300 gpm),给出了变速泵流量、扬程和功率的变化情况。它将在恒定扬程为 20 psig (46 ft)的系统中运行。这些曲线的数据将在后面的表 6.1 中提供。该恒定扬

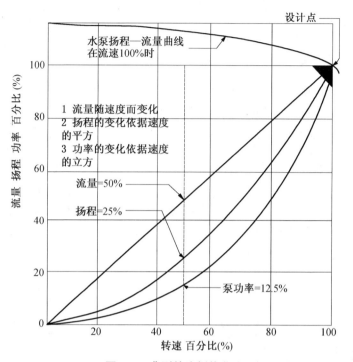

图 6.5 典型的比例律曲线

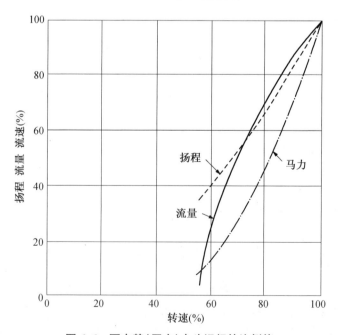

图 6.6 泵在静(压力)水头运行的比例律

程可以是供水系统的静压扬程或在水系统中某点保持的恒定压力。很明显，图 6.5 和图 6.6 中的曲线之间没有比较。在图 6.6 中，在 60% 转速 1 064 rpm 时，流量为 28%，而不是 60%；扬程是 41%，而不是 36%，制动功率是 14%，而不是 21.6%。这表明需要用实际系统条件评估泵性能，而不依赖于图 6.5 的经典相似定律。应当说明的是，图 6.6 中的相似定律，其转速变化不会低于 55%，因为这是在零流量下保持 20 psig 扬程所需的转速。

这一点需要强调，有可能会出现因为仅通过观察图 6.5 的基本相似定律，图 6.1 中的泵叶轮可以改变。如果不对系统扬程曲线或面积进行全面评估，泵叶轮直径不应该更改。关于系统静扬程对泵性能的影响将在泵应用章节中进行讨论。

变径性能

改变泵叶轮直径与改变泵转速一样能改变泵性能。以下是关于变径调节的经典相似定律。

对于固定转速的泵：

1. 泵流量与叶轮直径成正比：

$$\frac{Q_1}{Q_2} = \frac{D_1}{D_2} \tag{6.4}$$

2. 泵扬程与叶轮直径平方成正比：

$$\frac{h_1}{h_2} = \frac{D_1^2}{D_2^2} \tag{6.5}$$

3. 泵所需的制动功率和叶轮直径的三次方成正比：

$$\frac{P_{P1}}{P_{P2}} = \frac{D_1^3}{D_2^3} \tag{6.6}$$

上式中：Q——泵流量（gpm）

D——泵叶轮直径（inches）

h——泵扬程（ft）

P_P——泵制动功率

不幸的是，泵的比转速可从叶轮允许最小直径变化到最大直径。因此，叶轮变化的相似定律不一定准确。图 6.7 是具有叶轮直径、转速恒定为 1 750 rpm 特定泵的实际泵曲线组。在该曲线上绘制最优效率点的抛物线路径。点 A 是全直径时的最优效率点，流量 1 335 gpm 时，扬程为 72 ft，效率为 88%。如果以相似定律为准，7in 直径叶轮的等效点应该在 B 点或流量是 973 gpm，扬程为 38 ft 点处,而该叶轮直径的实际点在 C 点或流量 900 gpm 对应扬程 33 ft 处。大约有 8% 的水泵损失。有人可能会认为,这并没有考虑使用叶轮允许的最大和最小直径。然而,这些计算中的任何异常都会使人对整个程序产生怀疑。

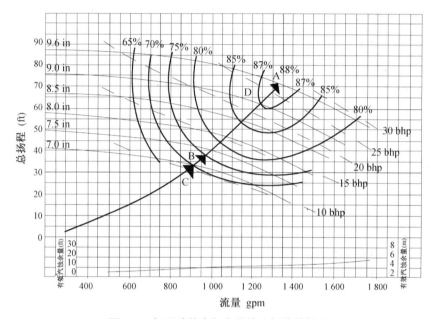

图 6.7　与泵叶轮直径有关的比例律的偏差

　　如上所述,随着泵叶轮直径的变化,泵的比转速也可能改变,使得泵性能不遵循叶轮直径变化的相似定律。(比转速在第 4 章中定义)并不是所有的泵都能证明比转速随着叶轮直径的变化而变化,但图 6.7 有明显的证据表明比转速随叶轮直径变化而变化。通常,变径的叶轮只有在试验之后才发现这个规律。这使得在不仔细评估实际泵曲线的情况下,难以通过计算机程序改变叶轮直径来预测泵性能。

　　下一个问题是:为什么有人想切去叶轮最好的部分? 该泵(图 6.7)的效率在全直径最大处为 88%,而在直径最小处约为 71%。显然,如果期望的设计条件是在 38 ft 时流量为 900 gpm,则一些制造商造出来的泵在该条件下,将提供比 71% 更高的效率。然而,如果假设设计条件是扬程 55 ft 时流量为 1 100 gpm 呢? 这将要求泵将其叶轮切割成接近 8.5 in 的某个直径。为什么不对泵进行降速达到期望的扬程—流量点,却配备全尺寸叶轮以获得最大效率?

　　这需要扭矩计算以确保电机能够在设计条件和降速下带动泵运行。对于熟悉泵和电机性能经验丰富的水力工程师来说,这并不困难。最佳选择可以是小于全直径但仍大于 8.5 in 的叶轮直径。进行计算机计算的工程师,将确定在泵的整个负载范围内达到水泵最大机械效率的叶轮直径。这些计算机计算包括考虑供水系统的流量和扬程范围,以及为该系统并联提供的泵数量。此外,当供水系统条件从最小到最大流量变化时,必须计算电动机/变速驱动器组合的泵效率和机械效率。这些因素将在泵应用的章节中讨论。

变频驱动运行和控制,即所谓运行限定已经得到显著发展。这将在第 8 章讨论。运行限定允许驱动器运行到其设计安培数。如果泵电机试图使驱动器过载,则驱动器不会增加电动机和泵的转速。在更高的安培数下有一个安全限制以保护驱动器。驱动器将使泵—电机组合在任何流量点都可运行,只要不会导致输入电流大于驱动器的设计电流强度。

例如,如果图 6.7 的泵配备全直径叶轮在点 D 处负载为扬程 67 ft、流量 1 300 gpm,则可以使用 25 hp 的电动机和变速驱动器,无论是驱动器还是电动机都不会过载。变速驱动器的运行限制不允许泵在 97% 全速以上的转速运行。如果泵在大于 1 300 gpm 的流量下运行,则它将遵循 25-hp 曲线,而不是 9.6-in 叶轮的扬程—流量曲线。这使得能够使用的最大泵效率为 88%。应检查电机提供的扭矩,以确保在 97% 的异步转速下可产生 25 hp。

应重新强调,如果没有彻底审查供水系统特性,泵叶轮不应更换。此外,在改变叶轮直径之前,应咨询泵制造商。

恒速、扬程—流量曲线

前面的章节中已有许多关于比转速的内容。在这里,我们必须认清比转速对泵扬程—流量曲线形状的影响。图 4.11 表明,比转速越高,扬程—流量曲线越陡峭。另一个有趣的比较,如图 6.8 所示的扬程—流量曲线的形状与叶轮的封闭和开敞的关系。一般来说,比转速随着流量的增加而增加。

由泵制造商提供的大多数泵扬程—流量曲线,用于以恒定转速(例如 710、875、1 150、1 750 和 3 500 rpm)满负载运行的异步电动机。高效电机的出现将这些传统转速变为新电机的更高转速。例如,现在泵曲线以电动机转速 715、885、1 170、1 785 和 3 550 rpm 来提供。供水系统设计师必须验证所考虑电机的实际满载转速。十分常见的是,从 1 750 rpm 转速的旧曲线中选择一个泵,之后发现实际上泵配备的电机转速为 1 785 rpm,结果可能是泵扬程和能量过大。

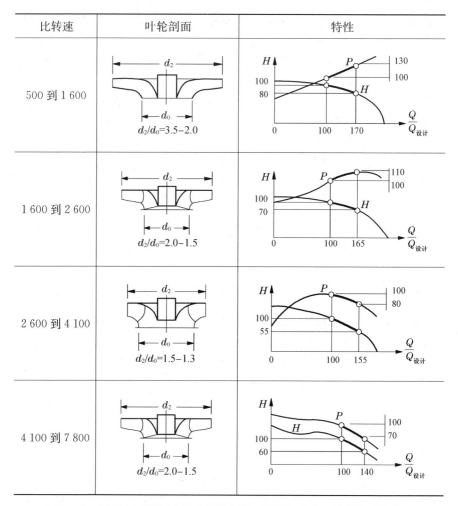

图 6.8   不同比转速和叶轮形状的扬程—流量和功率—流量曲线比较

从泵制造厂的测功试验得出扬程—流量曲线,其中试验以满载异步电动机的恒定转速运行。整个扬程—曲线中,流量从零到最大都保持该转速。如图 6.1 所示,对于特定的泵,电机规格可以从 15 到 75 hp 变化,因此泵设计师将选择代表所有规格电机的转速。在这种情况下,设计人员需要折中,他们有责任核查为特定应用拟选择的电机的全速。泵曲线应该调整到实际电机的转速,这被称为通过使用泵相似定律的步进曲线。

如上所述,泵的扬程—流量曲线可以有多种形状,这取决于泵的比转速。图 6.1 是适用于中比转速(1 560)的泵,当扬程连续增加一直到关闭或零流量时,称为连续上升特性曲线。如果泵在较低流量具有下降的扬程—流量曲线,则称其具有下降特性(图 6.9)。

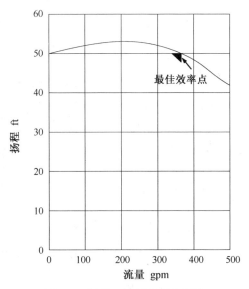

图 6.9　扬程—流量曲线的下降

高比速泵（例如混流泵或旋桨泵），有如图 6.10a 所示的鞍状扬程—流量曲线。通常,制造商在其目录中不提供该泵完整的扬程—流量曲线。如图 6.10b 所示,只提供曲线右侧泵的运行部分。在这些泵的应用中需要小心,因为它们可以在同一扬程处的多个流量下运行;这在图 6.10a 中表示出来,其中扬程 34 ft 的泵能以 800、1 600 和 2 500 gpm 转速运行。泵可以从一个流量到另一个流量下运行,引起泵本身和水系统中的冲击和振动。显然,存在以某一流量稳定运行的供水系统,使得不会发生这种工况点的移动。但是,只有经验丰富的泵应用工程师才能处理这些高比转速泵的选择、安装和运行。（实际上,只有当水泵扬程超过峰顶扬程时才会发生这样的情况,在水泵扬程小于峰顶扬程时,不会发生这种工况点的移动,运行是安全的——译者注）

如上所述,扬程—流量曲线描述了特定直径叶轮在特定转速下运行产生的理论扬程中扣除泵的所有内部损失之后,可用于泵送的净扬程。叠加在扬程—流量曲线上的效率曲线给出了当泵在其扬程—流量曲线的特定点上运行时泵的效率值。一些泵制造商提供与图 6.1 中类似的效率曲线。其他提供单独的对于特定叶轮直径泵的保证效率曲线,从零流量到最大流量的效率,如图 6.11 所示。这是在最优流量时达最大效率点的上升曲线。这种曲线上的最高效率点被称为最优效率。在本书的泵应用章节中,将重点强调这个最优效率点的重要性。一些泵制造商,特别是小型泵的制造商,不提供泵效率曲线;而是为特定尺寸的电动机提供扬程—流量曲线。这种泵曲线不应用于选择水泵。如果泵制造商不能为泵提供效率曲线,则应咨询另一个制造商。

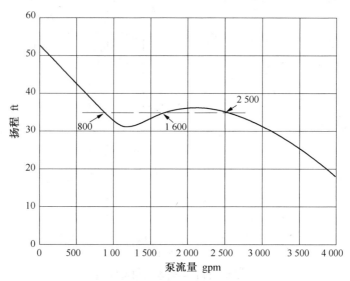

（a）高比转速泵的扬程—流量曲线

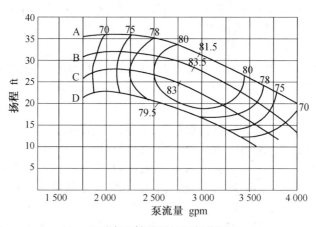

（b）高比转速泵的运行范围

图 6.10

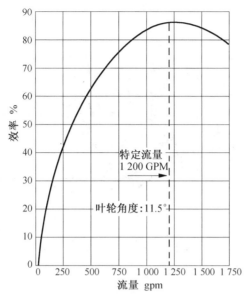

图 6.11　认证的效率曲线

典型恒速泵、扬程流量曲线

图 6.12 描述了应用于中型供水系统泵的典型扬程—流量曲线。这里未提及特殊类型离心泵。这些曲线用于构造良好的泵,并且在这些供水系统中,具有所需水平的最优效率。在本书中描述的几乎所有的泵应用,都应当有明确的服务,离心泵具有高于 80％的最优效率,除了小型泵和类似于图 6.12a 低流量、高扬程的泵。这组曲线表明,在同等流量下,高扬程泵的效率低于低扬程泵。

当研究扬程—流量曲线时,必须考虑泵连接的流速水头 $v^2/2g$。对有进水管的泵,这些扬程—流量曲线包含出水管出口的流速水头与泵进水口流速水头之间的差值。在直接从进水池取水的轴流泵,没有从出口流速水头扣除进口流速水头。泵效率含有一部分的进口损失,因此单级叶轮的效率可能降低。

标准泵扬程—流量曲线由制造商在某些异步电机转速(例如 875、1 150 和 1 750 rpm)下提供。一系列叶轮直径将显示在综合曲线上。对于每个特定应用,泵可被"切割"至特定直径。叶轮的切割范围在典型扬程—流量曲线上,从最小直径到最大直径表示出来。例如,图 6.12c 中描述的泵曲线具有不寻

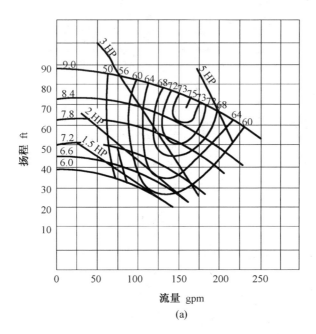

(a)

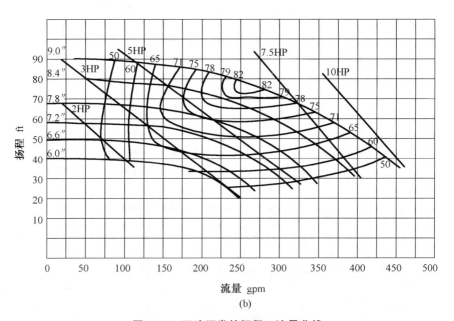

(b)

图 6.12　正确开发的扬程—流量曲线

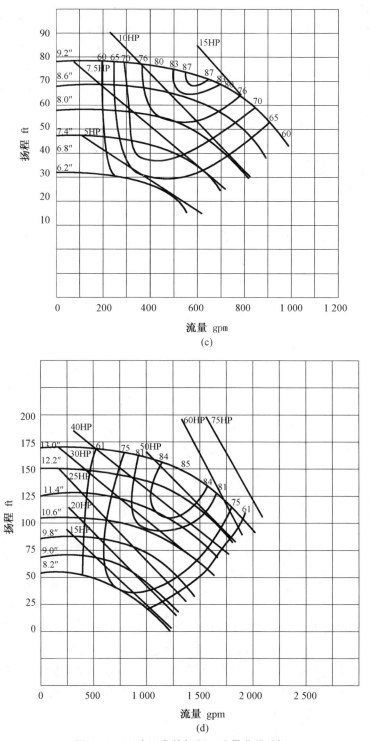

图 6.12 正确开发的扬程—流量曲线(续)

常的叶轮直径范围,从 6.2 到 9.2 英寸的直径,尽管这种微调是允许的,但是在此程度上切割叶轮对泵的效率有很大的影响,泵的峰值效率为 87％;将叶轮切割至其最小直径会将效率降低至 65％。在切割泵叶轮时必须非常小心;另一种方法是安装变速驱动器。泵叶轮切割不得低于制造商公布的扬程—流量曲线上显示的最小直径。

　　注意:如上所述,所有泵制造商的扬程—流量曲线是在固定转速(如 1 750 rpm)下的"测功"曲线。异步电动机带动泵运转,当它从全负载转速变化到同步转速,且在关闭扬程附近卸载时,现场实际性能将与这些曲线不同。制造商的泵曲线不应用于泵的最终设计。它们可用于估计泵性能和能量消耗的初始计算,但是当使用客户的驱动器提供保证的测试曲线时,不能适用。由于异步电机转速变化,泵扬程—流量曲线的典型变化见图 23.1。显然,这种变化不适用于功率要求高于 800 hp 的大型泵,那里使用同步电动机代替异步电动机。

所需制动功率曲线（轴功率）

　　每种尺寸及模型泵的制动功率曲线与扬程—流量曲线一起给出。许多这样的曲线具有上述附图中描述的形式。大型泵可以具有图 6.13 中的扬程—流量曲线对应的马力曲线。每个都有它的优势,但应该记住这些曲线只用于估计。应针对每种特定的运行条件计算实际轴功率。在完成泵扬程—流量曲线的资料后,对泵送能量进行详细讨论。

"陡" 与 "缓" 的扬程—流量曲线

　　在泵行业中有很多讨论,关于泵扬程—曲线何为陡峭或平缓。如果泵扬程—流量曲线从设计点到关阀水头或无流量点上升超过 25％,则认为是陡峭的;如果这个上升小于 25％,则认为是平缓的。例如,如果泵的设计条件是扬程 100 ft 处为流量 500 gpm,并且关闭(零流量点)时为 120 ft,则被认为是平缓曲线泵。如果关闭条件为 135 ft,则被认为是陡峭曲线泵。图 6.14 是陡峭和平缓的概括。图 6.1 的泵曲线被认为是平缓的。当泵的机械控制系统流行时,泵曲线的形状非常重要。期望对应于这些运行有相对陡峭的泵曲线,使得系统扬程的微小变化不会使流量发生大的改变。优选陡峭曲线,并避免平缓曲线泵。平缓曲线泵可能在一些自身运行控制阀的运行中产生不稳定性,但大多数泵的电子控制器不是这样。

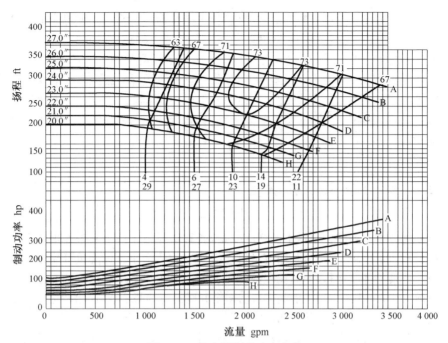

图 6. 13 独立的制动功率曲线

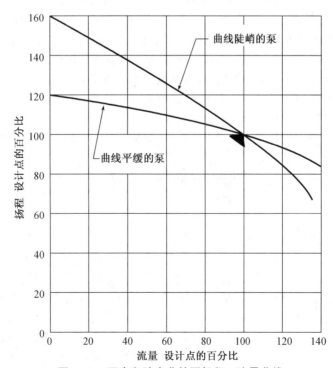

图 6. 14 平弯和陡弯曲的泵扬程—流量曲线

随着电子控制的出现,几乎没有必要关心泵曲线的形状。所寻求的是峰值效率,而不是曲线的形状。实际上,对平缓曲线泵的期望,为的是消除可变流量系统运行时恒速泵关阀水头的升高,这些系统配备有电子压力控制器。应该为没有泵效率损失的变速泵应用寻找平缓的扬程—流量曲线的泵。与陡峭曲线泵相比,使用平缓曲线变速泵的转速降低较少。随着这种转速降低减少,变速驱动器和电动机的线—轴(输入—输出)效率在整个转速范围内更高。

离心泵的串联和并联运行

这些供水系统中水需求的广泛变化,通常需要不止一个泵来处理所有的扬程—流量要求。此外,备用流量可能需要安装两个泵。宽流量可能需要多于一个泵的并联运行,而高扬程条件可能需要多于一个串联运行的叶轮。到目前为止,这些泵应用中的大多数由多个并联运行的泵构成,而串联运行的泵很少。图6.15描述了并联和串联泵运行时产生的各种扬程—流量曲线。

并联运行使得供水系统设计师能够选择多个泵,从系统的最小到最大流量都会产生高效运行。相同尺寸和扬程的泵并联运行,泵的流量相加,如图6.15所示。该图描述了并联运行、具有相等的扬程—流量曲线的两个泵,对于单个或两个泵运行,扬程是相同的。但是对于双泵运行,流量加倍。泵的并联运行需要非常小心,以确保对于特定的流量和扬程条件来说,运行泵的数量是最有效的。当泵并联运行时,泵的总流量和扬程必须是统一系统扬程曲线或系统扬程区域内任何点所需要的。(统一系统扬程曲线和系统扬程区域的描述见第10章)

并联运行泵时经常犯的巨大错误是,测量一个现有泵在某个扬程的流量,安装另一个相同的泵,并且发现两个泵不产生两倍的流量。如果不计算供水系统的系统扬程曲线或系统扬程面积,则无法预测水泵运行。这里指出,因为试图在不评估水系统扬程的情况下,并联运行泵存在危险。这将在第11章中详细讨论。

应当注意平行使用具有不同流量曲线的泵,这在图6.16中描述。具有较低扬程—流量曲线的泵存在很大的危险,该图中的泵A,可能在关阀水头条件下运行并且在泵中引起发热。如果这些泵以小于大泵62%的任何流量一起运行,则会发生这种情况。而且,在适当的线—水效率(系统效率)下安排和运行这些水泵是非常困难的。

当在整个运行范围内可由一个泵处理时,泵可串联运行,由于泵扬程高到需要多个泵串联起来运行。图6.15b描述了以下事实:对于串联的泵,所有

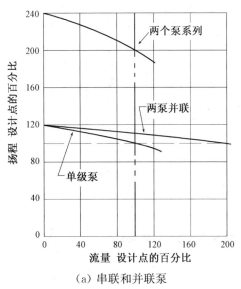

（a）串联和并联泵

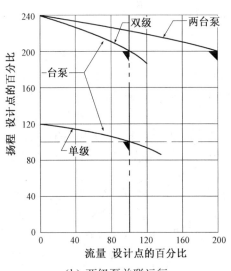

（b）两级泵并联运行

图 6.15

泵产生的扬程在相同的系统流量下叠加在一起。涡轮式泵非常适合这种高扬程、低流量的应用。两个或更多个泵叶轮或"级"串联连接以提供所需扬程。

　　一些大型系统存在多级泵必须并联运行的地方；在这种情况下，所得到的泵曲线是图 6.14 曲线的 200% 流量和 200% 扬程的组合（图 6.15b）。

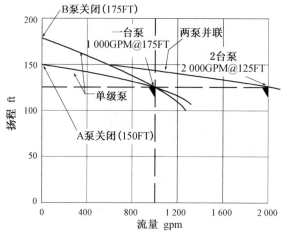

图 6.16　泵以不等扬程—流量曲线并联运行

6.6　变速泵扬程—流量曲线

　　变速泵提供了某种极好的机会来产生水的高效运动。以往的泵运行转速只有 710、870、1150、1 750 和 3 500 rpm。虽然标准目录中泵曲线仍然是以接近这些转速提供的,但是对泵可选择以无限多的其他转速运行。由于能够使用变速驱动器对泵进行超速运行,或者选择具有较大叶轮和较低运行转速的泵,所以泵可以选择其他转速。这将在关于泵选择的章节中解释。

　　图 6.17 提供了具有特定叶轮尺寸的泵转速经典变化图。由于转速变化是一个附加因素,变速泵的扬程—流量曲线必须只提供于一个叶轮直径。如果所需要曲线用于另一个叶轮直径,则必须为该直径提供第二组曲线。转速变化通常显示为约 45 至 100％的转速,或为 800 至 1 750 rpm。低于 45％的转速,泵性能变得易于发生变化,并且泵制造商不喜欢在这些低转速下保证泵的性能。图 6.17 是最大转速 1 770 rpm 下运行的大型离心泵的一组典型泵曲线,该泵的比转速为 1 860。

　　由于现在水工业中使用许多变速泵,因此,供水系统设计师熟悉泵的转速从最小变化到最大时发生的情况是十分重要的。图 6.17 是本书中最重要的插图之一。在该图上特别重要的是,描述泵改变其转速时最优效率点的抛物线路径曲线。这条曲线将帮助供水系统设计师了解泵效率随着转速的变化。效率变化在泵扬程—流量曲线上的不同点处,显示为恒定效率线。最后,该图是泵相似定律的图形表示,这非常重要;它描述了恒定叶轮直径泵的性能随着转速的变化。

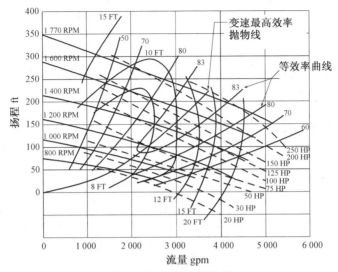

图 6.17 泵的变速曲线

图 6.18 是对四个单吸蜗壳泵,当它们的转速从 3 450 rpm 下降到 1 460 rpm 的最优效率抛物线路径的有趣描述。这些曲线针对如图所示特定叶轮直径的泵,当多个变速泵并联运行时会发生什么?

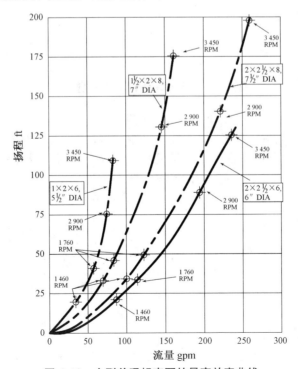

图 6.18 小型单吸蜗壳泵的最高效率曲线

　　图 6.19 是三个泵综合扬程—流量曲线，每个泵运行转速为 1 700 rpm，扬程 60 ft 时流量为 1 780 gpm。系统扬程曲线显示总扬程 60 ft、静态扬程 26 ft 和摩阻扬程 34 ft 显示。系统扬程曲线的讨论将在第 6 章中。这些典型的多个泵曲线是用于以恒定转速或变速泵全速运行的三个泵。当泵变为可变转速时会发生什么？

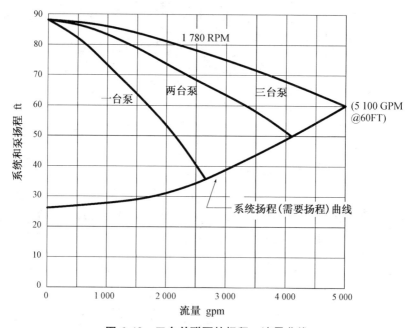

图 6.19　三台并联泵的扬程—流量曲线

　　图 6.20 是一台变速泵的运行区，而图 6.21 是两台泵的运行区，图 6.22 是三台泵的运行区。系统扬程恒定为 26 ft 时，这些泵最小转速为 968 rpm。这些运行区域图以白色阴影表示最优效率区，深色交叉影线表示最不利运行区。这是用于该泵送系统运行的控制算法的图形表示。泵的增加和减少点将叠合在第 11 章的这些图中，以演示本书应用章节中有效控制这些泵所需的控制草案。

　　变速泵允许在实际泵直径的选择上有很大的自由度。第 11 章将提供关于这些泵增速和降速的资料，以实现最大的线—水效率（系统效率）。

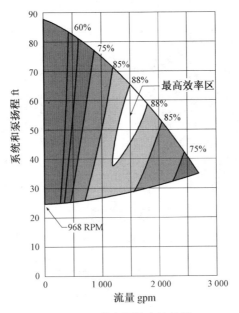

图 6.20　单台泵的变速性能

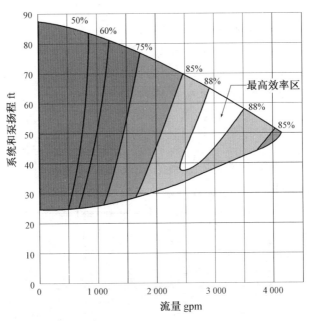

图 6.21　两台泵的变速性能

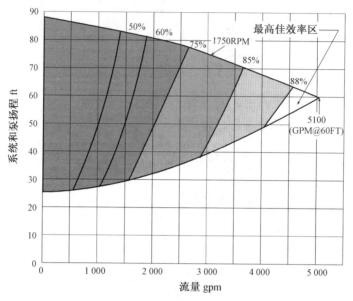

图 6.22 三台泵的变速性能

空气吸入和旋涡

泵的性能可能受到离心泵进口空气吸入的剧烈影响。空气可以在如图 6.23 所示的几个点进入供水系统。空气或任何气体的吸入对泵性能的影响

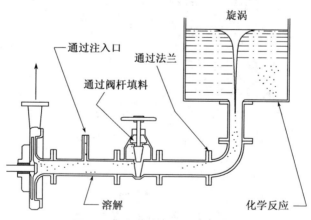

图 6.23 离心泵吸入空气的问题

如图 6.24 所述；它表明当存在诸如空气的气体时,扬程、效率和流量急剧减少。图 6.24 还表明,泵所需的能量随着空气的存在而明显减少。因此,能量输入是检测泵中空气的一种方法。

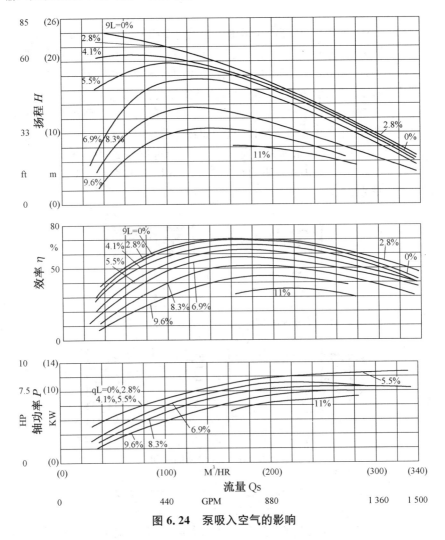

图 6.24　泵吸入空气的影响

　　当从水箱抽水时,空气吸入常与空化混淆。当水箱为 10 至 15 ft 深时,认为空气吸入不会发生。当从有自由表面的水箱取水,无论水深多少,都容易发生空气吸入。图 6.23 描述了如果水没有从开放水箱中正确抽取可能发生的空气吸入。如图 6.23 所示,在表面上出现一个小涡流且逐渐加深形成一个旋涡,该旋涡向下延伸直至水箱的出口。最后,空气将进入泵的叶轮,导致类似于空化的结果。再次声明,水箱深度不会阻止旋涡的发展。

空化和空气吸入可在泵中引起类似的噪声。消除空化噪声源的简单方法是全速运行水泵并关闭泵上的手动排水阀,直到只有很小流量通过。泵内流量很小时空化应该停止,但是由于泵中已经有空气,空气噪声将持续。

当从水箱中取水时,容易产生旋涡,特别是如果出水口位于水箱的侧面或底部,如图 6.25a 所示;该图中显示出了旋涡的全部发展过程。如图 6.25b 所示,可以将消涡板放置在底部入口上方来消除旋涡;可以在入口上方放置防涡板来校正侧向进水(图 6.25c)。在水深较浅的进水池,如果旋涡在进水池中持续,则可能需要安装如图 6.25d 所示的开槽旋涡管。如图 6.25e 所示,作为替代,可以在侧入口的进水流道上安装弯头,且管口向下。如果在清洁应用中仍然发生旋涡,则可以在弯头进口安装方形板。旋涡阻断装置必须用心设计,避免产生较大的附加摩阻损失。通常,来自水箱进口的摩阻损失应该约等于 $0.5 \times v^2/2g$,其中 v 是进水管中的水流速度。如果可能,旋涡阻断装置不应该增加进口损失。

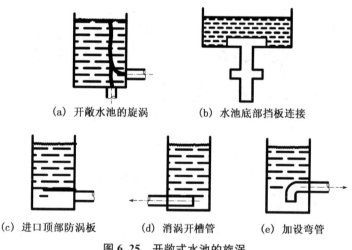

(a) 开敞水池的旋涡　　　　　(b) 水池底部挡板连接

(c) 进口顶部防涡板　　　(d) 消涡开槽管　　　(e) 加设弯管

图 6.25　开敞式水池的旋涡

有一个确定是否发生涡旋的简单方法,将垫子或筏板放置在水箱进水管上方的水面上(图 6.26a)。这些可以是浮在管道连接上方的 4 ft×8 ft 胶合板旧件。这可以防止旋涡形成并且在水箱不排空的情况下完成。另一种方法如图 6.26b 所示,用大的浮球聚集在泵入口上方。如果通过使用这些方法使空化停止,则可以将其保留在位,直到安装永久性防涡装置。

旋涡不应发生在这些水系统的水箱、湿井和进水池中。预防措施非常简单,这些水箱和集水池的设计应始终适应它们。污水泵不能配备这些装置。安装在湿井底部或刚好在泵入口下方的锥体可以消除旋涡。污水泵制造商有他们推荐消除旋涡的方法。一些特殊形式的水下旋涡消除器如图 6.27 所示。

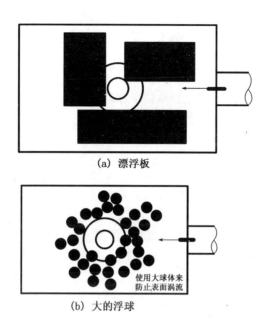

（a）漂浮板

（b）大的浮球

图 6.26　水池表面旋涡的抑制

上面就是旋涡的概要，这个主题在第 12 章进一步讨论。重要的是仔细研究第 12 章以及 ANSI/HI 9.8-1998 泵进气设计标准。

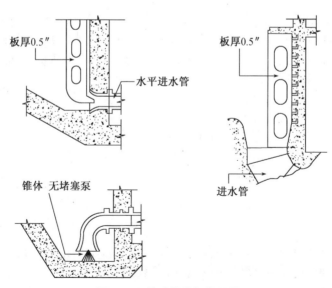

图 6.27　特殊的旋涡抑制器

泵能量(单位HP)

以下是在确定供水系统的能量需求和泵及其驱动器满足这些要求所消耗的能量时,必须使用各种能量方程的综述。重要的是,供水系统设计师理解水吸收的能量与泵或其电机消耗的能量之间的差异。

水功率

如相似定律所述,泵所需的能量取决于其转速和叶轮直径。通过泵施加到水的能量称为水功率 P_w。它的方程是:

$$P_w = \frac{Q \times h \times s}{3\,960} \qquad (6.7)$$

上式中:Q——流量(gpm)

h——扬程(ft)

s——比重

大部分的水系统从 32 ℉ 到 140 ℉ 运行时,水的比重从 1.001 变化到 0.986。这些应用中,水的比重通常被假定为 1.00。设计在 140 ℉下运行的系统,在启动时水温必须接近 50 ℉ 或比重约 1.00。这些系统的水功率通常忽略了比重,假设它是 1.00。

下面是水功率的一个例子:

如果水泵总扬程 100 ft 时,流量为 1 000 gpm,则水马力为:

$$P_w = \frac{1\,000 \times 100}{3\,960} = 25.25 \text{ hp}$$

泵制动功率

以制动功率确定泵运行所需的能量(BHP),水功率和水泵制动功率的区别是泵中损失的能量。因此泵制动功率方程为:

$$P_P = \frac{P_w}{\eta_P} \qquad (6.8)$$

上式中:η_p——小数表示的泵效率

例如,如果泵在上面的例子中运行的效率是 85%

$$P_P = \frac{25.25}{0.85} = 29.7 \text{ hp}$$

泵能量(单位 kW)

以上描述了运行泵所需的制动功率。现在有必要提供当由电动机或柴油发动机运行这些泵时,所需能量的基本资料。

电动机功率(单位 kW)

计算电机驱动泵以 kW 为单位的电能时,必须考虑电动机在恒速泵中的效率和变速泵中电机和变速驱动的机械效率。另外,这些设备的效率包括泵制动功率和输入电动机或变速驱动器和电机能量的区别。功率必须从制动功率转换为千瓦,所以水泵制动功率必须乘以 0.746。方程为:

$$P_{kW} = \frac{P_P \times 0.746}{\eta_E \ \text{或} \ \eta_{WS}} \tag{6.9}$$

上式中:η_E 是电动机的效率

η_{WS} 是小数表示的发动机和变速驱动器机械效率

例如,如果以上泵以 89% 的机械效率变速,变速驱动器和高效电机功率为:

$$P_{kW} = \frac{29.7 \times 0.7457}{0.89} = 24.9 \text{ kW}$$

结合等式 6.7、6.8 和 6.9:

$$P_{kW} = \frac{Q \times h \times s}{5\,308 \times \eta_P \times \eta_E \ \text{或} \ \eta_{WS}} \tag{6.10}$$

如将在第 8 章中解释的,电动机和变速驱动器的组合效率不能仅仅是电动机效率与变速驱动器效率的乘积。它必须由变速驱动器制造商确定,用来识别电动机的制造商和质量。此外,系统扬程曲线的形状(如第 8 章中所述)影响该线—水效率。

本书中有许多机械效率的表达。它们是变速驱动器多年工作的结果，并且至多是机械效率的概括。应从变速驱动器制造商确保安装特定的机械效率。

发动机驱动的泵

这些水工业中的大多数发动机驱动泵使用汽油、天然气或柴油发动机。难以为发动机驱动泵研究"燃料—水"的效率。燃料输入（加仑每小时）必须乘以燃料的热值。如果热回收装置与发动机一起使用，则回收的热量必须记入可用能源。发动机由制动功率输出分级，所以他们的选择将使用等式 6.8 中的泵制动功率。第 8 章将给出典型发动机的性能数据。

变速泵实际能源消耗

计算变速泵消耗的能量，需要水系统扬程曲线或运行区域的知识。这些曲线和区域将在第 10 章中描述。图 6.1 描述了泵效率、制动功率、转速、电动机功率和整体"线—水"效率［水泵、电机、扬程曲线和变速驱动系统，包含 20 psi(46 ft)的恒定扬程］的变化。这些计算使用图 6.1 中的扬程—流量曲线。

计算泵线—水效率的计算机程序可以从变速泵系统的制造商那里得到。该表中线—轴效率的数据是变速驱动器制造商保证的。有两个或两个以上并联运行变速泵系统的整体线—水效率在 11 章泵应用中进行详细讨论。

泵系统中的噪声

噪声在泵系统中有两个来源，即机械或水力。美国国家标准学会/水力研究所标准 No. 9.1-9.5-2000 的泵一般指南中提供了程序以确定来自泵的空气噪声资料。

机械损失能产生噪音，但是该来源下大部分噪声归因于转速。转速越高，噪声的可能性就越大。两极或 3 600 rpm 的电机比四极或 18 000 rpm 的电机产生的噪声更大。安装错位和泵损坏的部件也可能是噪声的来源。

表 6.1　系统和泵变量

系统流量 （gpm）	泵扬程 （ft）	泵转速 rpm	泵效率 %	泵 BHP hp	线—轴效率 %	总功率 %	线—水效率 %
130	47.1	986	30.7	5.0	70.2	5.4	21.5
260	50.2	1 028	53.3	6.2	73.2	6.3	38.7
390	54.9	1 080	68.6	7.9	77.4	7.6	52.2
520	61.2	1 147	77.8	10.3	80.7	9.5	61.2
650	69.0	1 230	82.7	13.7	83.8	12.2	66.8
780	78.4	1 325	85.1	18.1	86.4	15.7	70.2
910	89.2	1 429	86.0	23.8	88.4	20.1	71.9
1 040	101.4	1 538	86.2	30.9	90.0	25.6	72.7
1 170	115.0	1 654	86.0	39.5	91.3	32.3	73.0
1 300	130.0	1 774	85.6	49.9	91.8	40.5	72.6

用于泵的发动机，特别是柴油发动机，需要有符合周围环境的消声器。有几种类型的消声器：工业、半住宅和住宅。住宅类型提供了排气分贝等级的最大降低。一些用发动机驱动的泵可能需要特殊隔音的泵房和进气、排气的消音。

泵内的水力运动可能产生噪音。图 4.4 的功率平衡图描述了在离心泵中发生的泄漏、回流和水力损失。总体上，在泵的最优效率点处这些损耗最低。因此，避免泵中水力噪声的最好方法是使其在最优效率点附近运行。通常，当泵在小流量或大流量下运行时，泵的噪音是最大的，其时水力损失也是最大的。

变速泵提供了一种减少泵噪声的方法。如果泵在大多数时间降速运行，则它们的噪声将降低。如果它们很少在设计转速下运行，则能以更高的排出口速度选择泵。

确保泵安静运行的另一种方法是检查泵排出口速度。例如，具有 2 英寸进水和 1.5 英寸排出口的泵在 3 500 rpm 转速下的流量为 200 gpm，在最优效率点 1 750 rpm 转速下的流量为 100 gpm。排出口在 3 500 rpm 下具有 31.5 ft/sec 的流速，在 1 750 rpm 流动下具有 15.8 ft/sec 的流速。所以，该泵在高速运行下会产生噪音。

通常，对于需要降低噪声的泵，建议安装时排出口速度不超过 20 ft/sec。此外，从泵曲线可以看出，最高效率的泵通常具有 16 至 18 ft/sec 的排出口速度。实际噪声与泵转速应由泵制造商确保。

高扬程泵运行时比低扬程泵具有更大的噪声。降低噪声的方法是使用四极、1 800 rpm 转速的多级泵，其中排出口速度可以降低到低于 20 ft/sec。

因此,选择泵时为了效率和噪声,应检查出水口速度,做到这一点很容易。确定最优效率点处的流量,并查找管道摩阻表中在该流量处的出水口尺寸。铸铁排出口的内径将接近钢管内径,因此可以使用低于 3 英寸的钢管尺寸。

泵噪声可能是安装出现问题或泵运行不正确的重要指标。在大多数噪声投诉的案例中,泵的制造没有任何问题。

小　结

能源成本的增加将运行效率推向了最前沿。与效率较低的泵相比,高效离心泵现在能以低成本获得。因此,水泵首要的和最重要的评价是效率。因为这些泵现在是变速的,所以必须考虑整个运行范围内的效率。

泵易于维护是过去的主要关注点。由于变速泵维护的减少,降低了对维护能力的关注。传统上,相较于所需要的正确选择和运行,给予了泵更多的运行空间。大多数抽送清水的变速泵应当运行多年也不需要任何重大的维修。

除了效率和主要成本外,还应对这些泵的所需空间进行评估。从第 5 章可以看出,对于这些水行业的所有应用,有许多不同的泵配置。立式泵组件的发展减少了所需的空间,而不牺牲维护的便利性。典型的是轴向分体、立式安装的双吸泵,既节省空间又易于维护。这些泵的大多数制造商拥有用于移除顶部壳体的固定装置。

泵工业具有许多有能力的泵和泵系统制造商,可以为本书所考虑水工业中的任何应用提供高效的泵选。

泵资料来源

很明显,本章中关于泵性能的资料,需要泵制造商提供关于这些水系统中泵选择和运行的实质性数据。这些在市场中活跃的泵制造商,大多数已经竭尽全力提供关于它们的泵技术资料。

传统上,泵目录包含泵物理尺寸和总体布置的详细资料,以及泵在 1 150、1 750 和 3 500 rpm 转速下的扬程—流量曲线。对于较大流量泵,提供较慢转速(例如 850 和 720 rpm)的数据。计算机的发展使得泵制造商能够以诸如磁盘或 CD‑ROM 的软件形式提供这些数据。大多数泵制造商都提供计算机选择程序,其中输入所需的泵扬程和流量,并且为设计者选择泵。这种选择可以基于(1)最有效或(3)主要成本最经济。

ANSI/HI美国国家离心泵标准提供了关于离心泵性能的实质性资料。

他们的测试标准是许多在美国出售的离心泵的泵性能基础。

本系列标准包括以下内容：

ANSI/HI 1.1-1.2-2000 离心泵的术语和定义

ANSI/HI 1.3-2000 离心泵的设计和应用

ANSI/HI 1.4-2000 离心泵的安装、运行和维护

ANSI/HI 1.6-2000 离心泵测试

ANSI/HI 5.1-5.6-2000 非密封离心泵的术语、定义、应用程序、运行试验

ANSI/HI 2.1-2.2-2000 立式泵的术语和定义

ANSI/HI 2.3-2000 立式泵的设计和应用

ANSI/HI 2.4-2000 立式泵的安装、运行和维护

ANSI/HI 2.6-2000 立式泵测试

ANSI/HI 9.1-9.5-2000 通用泵类型、定义、应用程序、声音测量和清洁指南

ANSI/HI 9.6.1-1998 离心泵和立式泵汽蚀余量

ANSI/HI 9.6.3-1997 离心泵和立式泵允许运行的地区

ANSI/HI 9.6.4-2000 离心泵和立式泵振动测量和许用值

ANSI/HI 9.6.5-2000 离心泵和立式泵状态监测

ANSI/HI 9.8-1998 泵进气设计

第 7 章
容积泵

引　言

容积泵在水行业中对能源方面的影响并不大,但是它们在排除含有固体物,固体物如污泥和供给污水处理所需要的化学剂方面起着至关重要的作用。容积泵根据不同的应用条件,分为多种类型。

选择特定类型的容积泵,主要取决于以下的几个方面:减少维修费用,初次投资以及用户的需求。与大流量水泵不同,水泵的效率不是容积泵的重要参数,但阿基米德螺旋泵是个例外,阿基米德螺旋泵运送大流量的水,同时运行效率很高。

容积泵的分类

我们通常通过容积泵的机械运动对其分类。两种典型的容积泵是:(1)旋转式;(2)往复式。往复式泵通常又被称作推力泵。校验这些泵的最好的资源是麦格劳-希尔 McGraw-Hill 出版的水泵手册以及水泵制造商编写的产品目录,目录描述了水泵以及它们的运行状况。几乎所有的回转泵和往复泵都被用来输送过水或者流体物质。

以下是对这些容积泵总的描述。第 17 章将讨论这些容积泵的运行状况,对它们的校核则在第 24 章讨论。本书的第五部分讨论这些水泵中固体处理泵的运行工况。

回转泵(旋转泵)

正如旋转式水泵名字所描述的那样,它是通过一根泵轴和转子输送流体通过水泵到流体的接收系统的。图 7.1 列出了用于水和污水处理厂的大部分常见的旋转式泵,主要描述了在这些水厂中旋转式泵的放置地点。回转泵包括一个空腔,在空腔里叶片、辊轴、滚筒、齿轮以及其他类似的机械设备和旋转的泵轴相连来完成液体的输送。其他的旋转式泵包括一个延伸的泵轴,这个泵轴用来产生一个空腔,空腔可以用来推动流体沿着泵轴从泵的吸水口向着出水口运动。

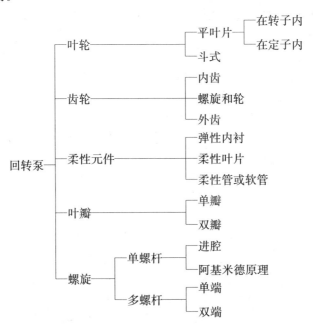

图 7.1　回转泵分类

滑叶泵

　　滑叶泵分为两种,一种带有旋转叶片(图 7.2),它运用偏置腔,在偏置腔内叫作转子的旋转部件内藏叶片。通过叶片滑进滑出转子来创造一个腔,以此将水从水泵入口运送至水泵出口。另一种旋转泵相对而言不太常见,它的叶片包藏在水泵的定子中,它的转子是长方形结构,它为液体通过水泵创造一个运动的空腔。

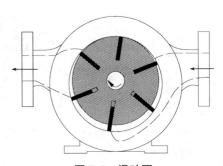

图 7.2　滑叶泵

柔性部件泵

这些水泵使用柔性的部件,它们可以是:(1) 管子或者软管(图 7.3a);(2) 带有柔性叶片的转子(图 7.3b);(3) 柔性的套管。在每一种情况下,液体通过柔性部件将水输运。前两种类型水泵中的转子对称于泵轴,而第三种转子则是偏置的,以此来完成流体在水泵中的输运。图 7.4 展示了一个软管泵的完整可视图。

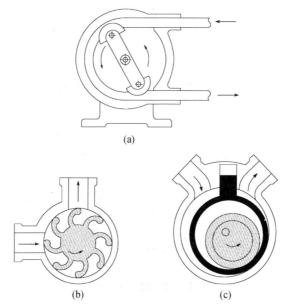

图 7.3 柔性部件泵

图 7.4 柔性管件泵的分解图

叶型泵（凸轮泵）

叶型泵采用两个旋转的部件,这两个旋转部件轮流来为水泵提供连续的密封。叶型泵可以是单叶也可以多叶。

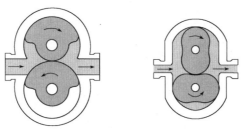

图 7.5　凸轮泵

齿轮泵

齿轮泵相当常见,并且有多种配置形式。常见的齿轮泵包括外置齿轮式(如图 7.6a),带有新月形的内置齿轮式(如图 7.6b),内置齿轮式、螺杆式以及轮盘式(如图 7.6c)。在第一种类型的齿轮泵中,流体流经齿轮的外齿,在第二和第三种类型的齿轮泵中,流体流经动轮的内齿。

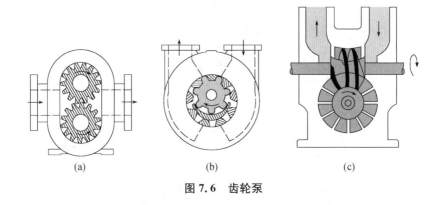

(a)　　　　　　　　　(b)　　　　　　　　　(c)

图 7.6　齿轮泵

螺杆泵

螺杆泵有多种尺寸以及结构形式,相对较小的螺杆泵被设计用来处理粘性或者固态的轴承水。多螺杆式的水泵中流体的流动如图 7.7a 所示。有多种形式的螺杆泵来用于这种功能。一种分类是单级螺杆泵和多级螺杆泵。图 7.7b 描述了单级螺杆泵,图 7.7c 和 7.7d 分别描述了单端输入式和多端输入式的多级螺杆泵。尽管水流沿着螺旋叶片，所有的这些泵也都可以将流体沿垂直泵轴方向输送。其他类型的螺杆泵通过转子一端的吸入口和另一端的排水口使流体沿着泵轴流动。它们包括运用阿基米德原理的螺杆泵以及常见的推进腔泵。

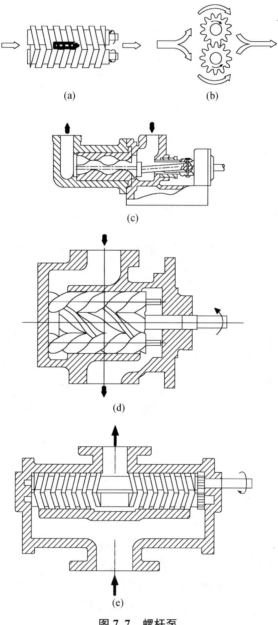

(a)　　　　　　　　　　　(b)

(c)

(d)

(e)

图 7.7　螺杆泵

大流量螺旋泵(阿基米德原理)

正压容积式泵和容积式泵中的其他类型不同,它们是带有大流量和低水头的螺杆式泵,主要用于处理雨水和污水。和其他大流量、低水头的水泵相比,它们具有一些特别之处。大部分小型螺旋泵中的流动垂直于泵轴的方向,而大流量螺旋泵的流动平行于旋转部件。

图 7.8　开敞式螺旋泵

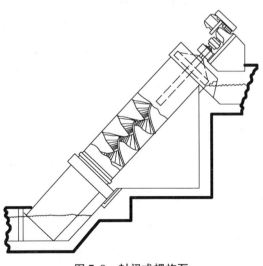

图 7.9　封闭式螺旋泵

更大的螺旋泵采用阿基米德原理并且有开式和闭式两种结构形式。这种形式的泵在输送大流量、低扬程的水的过程中效率很高。它们的特性在第 18 章中讨论。

开式螺旋泵由带有叶片的旋转部件组成,当泵在半圆形混凝土或者工地现场构建的钢铁槽中旋转时,旋转部件能够使流体向上运动。这些泵由标准的 TEFC 电机驱动。电机通过 V 型传动带使水泵的速度在 20 到 70 转/分这样的转速范围内变化。通常,旋转部件由钢铁制成,出于寿命或者特殊用途的考虑,有时候会在旋转部件的外面敷设保护膜,下导轴承浸没在需要大流量的液体中,通常为泵的轴承连续提供润滑油以维持轴承的漏损量。

图 7.10 描述了旋转部件的布置以及应用在该种泵上的部件及定义。如图 7.11,这种泵提供一片、两片或者三片的叶片。

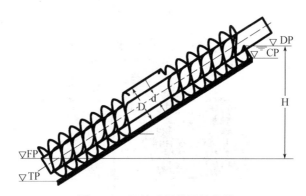

图 7.10　开敞式螺旋泵的参数

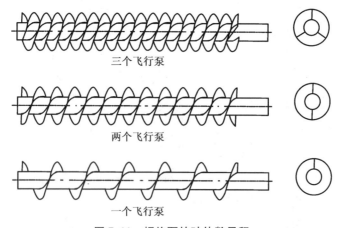

图 7.11　螺旋泵的叶片数导程

这些螺旋泵的部分优点如下:

1. 恒定速度下流量可调。通过该水泵的流量仅仅取决于雨水或者污水的高度。

2. 容量减小,效率增加。见第 18 章。

3. 稍作隔挡就可以泵送大流量雨水和污水。

4. 维修量较小。

主要的缺点是在工地安装这些水泵所需的土建工程初投资较大。

连续运行的容积泵

与大型螺旋泵中的轴向流动相似,连续运行的容积泵中流体是沿着泵轴流动的,部分流体末端如图 7.6c 和 7.12 所示。这些水泵用来输送水和污水处理厂中的污泥。

图 7.12　螺杆推进泵

这些水泵的优点如下:(1) 能够输送粘度高达 1 000 000 cp 的粘性流体;(2) 能够准确测量流量;(3) 毫无损伤地处理固体的能力;(4) 高吸程(高达 28 ft);(5) 在吸入和出口状况变化较大的情况下维持恒定流动的能力;(6) 无脉动流;(7) 低噪声。

回转泵的定义

本书附录 B 对于离心泵的定义中不包括以下对于回转泵的定义。

泵室(流体末端的内部容积)　泵室是介于流体末端和转子以及类似叶片和滚筒等转子附属部件之间的容积。

进口或者吸入口　进口指的是水泵上一个或者多个开口,输送的流体通过这些开口进入泵室。

出口　出口指的是水泵上一个或者多个开口,大流量流体通过这些开口流出泵室。

泵体　泵体是环绕着泵室的外部结构,由泵的建造结构决定是使用一个还是多个。

　　端板　端板是用来封闭泵来形成泵室的部件。它的数量取决于水泵的具体结构。有时候也叫它末端或者端盖。

　　转子(旋转部件)　转子类似于离心泵中的叶轮,它在泵室中旋转,回转泵有一个或者多个转子,它有时候又被称作齿轮、螺杆或者叶片。

　　定时齿轮　定时齿轮是在两个泵轴之间用于传递转矩的部件,同时维持转子合适的角度关系。定时齿轮可以安放在泵室外并被称作导向齿轮。

　　安全阀　安全阀通过打开一个具有预定的压力的辅助通道来设计或者控制出口流体的压力。

　　安全阀可与泵体或者端板构成一个整体,它也可以作为独立部件连接在水泵上,它还可以通过软管连接在泵体上。它设定了一个固定的或可调的释放压力。安全阀可设计成从出口到进口内部旁通管分流,或通过辅助出流口外部旁通管分流。内部旁通管分流不适用于连续运行的情况,因为泵运行过程会使热量产生增强。

　　共同术语　回转泵和离心泵确有一些共同的术语,如附录 B 所示。运行特性在第 18 章中列出。

往复式动力泵

　　往复式动力泵源于与曲轴相连接的活塞或者柱塞的抽吸作用。曲轴随着水泵的驱动装置旋转,该驱动装置通常是电动机。有两种类型的往复式动力泵,一种是活塞式,一种是柱塞式。它们可以水平安装或者垂直安装,可以单独运行也可以双动式运行。活塞或柱塞的数量为一至九个。

活塞泵

　　活塞泵可以布置为单动式和双动式。活塞泵中,一个带环活塞在泵体内运行,类似于往复式发动机。如上所述,它们也可以由数个活塞构成。

柱塞泵

　　柱塞泵与活塞泵不同,没有一个紧紧嵌入缸体的活塞。柱塞泵仅通过推入和推出压水室,来使得流体通过吸入口和排出阀。如图 7.13 所示是一个双级柱塞泵,以及柱塞泵的液体端。

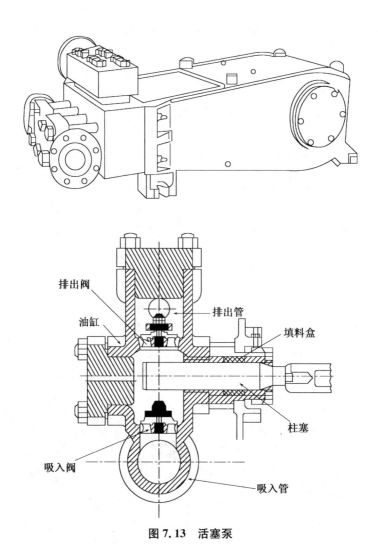

排出阀

排出管

油缸

填料盒

柱塞

吸入阀

吸入管

图 7.13　活塞泵

往复式动力泵的定义

以下是关于往复式泵的定义。其中有一些定义与离心泵类似,详见附录 B。

左(右)轴伸　往复式泵分为"左手式"或"右手式",取决于水平布置还是垂直布置。水泵制造商应根据其是"左手式"或"右手式"来设计结构。以下分类有助于对泵进行评价。

1. 对水平往复式泵,从动力端看过去,液体端是整个装置中最远的,据此认定"左手式"或"右手式"。

　　2. 对于立式往复泵,通过从吸入管侧看整个装置,以此认定"左手式"或"右手式"。

　　液体端　泵中处理流体的部分,包括液缸、缸体衬垫(如需要)、进出口导管、阀、阀板和阀盖。

　　活塞泵包括带密封环的活塞,柱塞泵有附于连接杆的光滑柱。

　　填料盒　填料盒包括往复泵上的压盖和填料,用以控制泵的泄漏。套环是必要的,用于为润滑油和隔离液体的引入提供空间。

　　动力端　往复泵的动力端包括动力机架、带轴承的机轴、连杆、曲柄销轴承、活塞鞘衬套、十字头伸长杆等。

　　有关往复泵运行的部分详见本书第18章,测试部分详见第24章。有关用于污水处理站的容积泵的详细使用引言见本书第20章。

隔膜泵

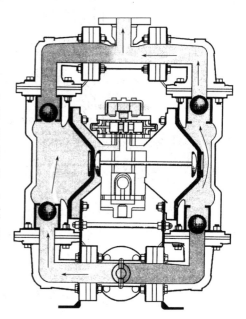

　　隔膜泵是往复式泵的一种,它利用压缩空气、电动机或发动机驱动的往复式隔膜来运行。如图7.14所示,这类泵有一个隔膜,或两个隔膜。它们被用于抽送具有磨损性或高黏度的流体。这种泵不需要密封并且是自吸式的,它可以无损干转运行,在排出压力过大时候停机而不受损害。

小　结

图7.14　球形阀隔膜泵

　　这是有关容积泵的简要描述,由于当今制造生产有很多不同种类的泵,因此这是一个广泛的领域。McGraw-Hill出版的《泵手册》第3章中有关于这些泵的详细介绍。

第8章
泵的驱动及变速运行

引　言

　　水泵是由电动机、汽轮机或燃油(气)发动机驱动的。到目前为止,大多数的水泵都由电动机驱动运行。由发动机驱动的泵通常用于建筑业中的排降地下水,以及用作消防泵的备用。发动机驱动式的泵也被用于大型泵装置,此时需要非电力的能源;这可用于电力受限的地区或者需要运行应急泵的地方。发动机驱动式的泵在水处理系统中很少见到。

　　变速水泵由于其极大的优势,以及在初次投资中可以显著减少成本而变得十分普及。变频驱动器(VFD)由于其高效率而在大多数情况中得到应用。机械式驱动器不再用于泵,除非环境条件不允许使用变频驱动器。

电动机

　　以下的内容参考了电力行业的两个主要组织的相关规定,它们是:(1) 电气和电子工程师协会(IEEE)和(2) 全国电力制造商协会(NEMA)。

　　美国水行业的大多数电机驱动式的泵都是单相或者三相,60赫兹(Hz)供电。本书第2章的表2.7提供了电机的铭牌电压以及配电系统电压。这个表提供了与供电电压最相配的电机电压,并符合当前电机的工程设计原则。

　　尽管50 Hz在美国并不广泛使用,但是水处理系统的设计者们在美国也会偶然遇到,当他们在国外工作的时候更是如此。表2.8包括了50 Hz电力和电机的信息。标准水泵曲线可以从泵制造商处获得,在50 Hz工况下,感应电机转速约为960转/分和1450转/分运行的电机,与其相比的是在60 Hz工况下,在1150转/分和1750转/分工况下运行的电机。

　　在这些水处理系统中,几乎所有的电动机都是感应式的。超过1000马力的可能是同步式电机,分别可在 600、720、900、1 200 和 1 800 转/分下运行。由于变速驱动的广泛应用,绕线转子和直流电机并未使这些泵设备中的大多数具有什么优势。

电动机功率特性

所有电动机的设计都考虑到在电力供应发生一定变化时能够运行。动力特性变化的一般规则如下:

1. 额定频率下的电压变化一定要限制在 10% 以内。
2. 额定电压下的频率变化一定要限制在 ±5%。
3. 电压和频率的变化的算术和一定要限制在 10% 以内。
4. 多相电机中,相间电压不平衡应保持在 1% 以内。

表 8.1 描述了由不平衡引起的电机额定功率的骤降。一栋建筑中,为了保证多相电机的最大输出功率,相间的负载平衡就变得十分重要。

相间电压不平衡经常被忽略,尤其是在农村供水系统中,电力供给将单相变压器连接至三相供电系统,这可能会导致电机的运行问题,尤其是当使用了潜水泵电机的时候,因此这类电机的制造商通常会提供一个有关允许不平衡范围的说明。

表 8.1 因为电压不平衡降额因数

对多相电机电压不平衡百分比	降额因数
0	1.00
0.5	1.00
1.0	1.00
1.5	0.97
2.0	0.95
2.5	0.93
3.0	0.89
3.5	0.85
4.0	0.82
4.5	0.78
5.0	0.76

来源:《交流电动机选择和应用指南》。通用电气公司。获得允许使用。

电动机额定输出功率

下面来讨论感应电机,水系统中的大多数泵电机都是此类型的。这类电机可用于额定 40 ℃(104 ℉)的环境空气温度下,安装在海平面和 3 300 英尺海拔之间。对于安装海拔较高的电机:

1. 一台负载系数为 1.15 的电机比一台负载系数为 1.0 的电机可以在更高海拔处运行。

2. 一台正常的负载系数的电机可在更低的环境温度下、更高海拔处运行。参照制造商的铭牌信息。

3. 中、高压电机在高海拔处运行时,需要格外注意电晕效应所带来的影响。

所有高海拔电机的运行都需要经电机制造商认可。

电动机转速

感应电动机会以何种速度运行,取决于电力输入的频率以及电机绕制的电磁极数。泵的转速变化与电机频率线性相关,频率越高,电机转速越快。这便是当前电子式、可变速驱动的设计原理,并因此得名变频驱动器或 VFD。相反,一个电机中的磁极数目越多,它的转速越低。对于感应式电动机来说,定子绕组中旋转磁场的速度叫作同步转速,它由下式计算得到:

$$同步转速(\mathrm{rpm}) = \frac{60 \times 2 \times 频率}{极数} \tag{8.1}$$

比如,60 Hz 下运行,有四个磁极的电机同步转速为:

$$\mathrm{rpm} = \frac{60 \times 2 \times 60}{4} = 1\,800\ \mathrm{rpm}$$

在泵行业中,一台转速为 1 200 转/分的电机为 6 极电机,1 800 转/分的为 4 极电机,3 600 转/分的为 2 极电机。(按照美国的供电网频率 60 Hz 计算——译者注)

多相电机的类型和代码字母

国家电气制造业协会(NEMA)设立了四种不同的电机设计,并分别给每种设计一个代码字母,如 A,B,C 和 D。这四种设计的每一个都有不同的转速/转矩/滑移关系。NEMA 提出了这些代码字母,包括滑移的百分比。随着滑移率的变化,感应电机的满负荷运行速度与同步转速不同。所有的感应电动机的设计都要满足不同的滑移量,从 A 至 D 都在表 8.2 中。

大多数水泵电机设计允许的最大滑移值为 5%,即 NEMA 设计 B。滑移值超过 5% 的电机被称为高滑移电机和专为负载要求高起动转矩设计的。大多数 1 200 r/min、6 极的感应电机的全负荷速度在 1 150 r/min,而 1 800 r/min、4 极电机有近 1 750 r/min 的全负荷速度。最近在发展高效率的电机,继而产生了更高的速度,如速度是 1 185 r/min 和 1 780 r/min 的电机。

鉴于这些较高的电机速度,水系统设计者为一个特定装置选择泵扬程—流量曲线时必须确保对应水泵电机的实际转速。

电机转矩和马力

转矩是通过一个半径作用的回转力,单位为磅英尺。马力是做功的速率,单位为是英尺磅每分钟。

$$1 \text{ 马力} = 33\,000 \text{ 英尺磅每分钟 fbpm} \tag{8.2}$$

表 8.2　NEMA 感应电机设计的比较

NEMA 设计字母	滑移百分比	起始电流	堵转转矩	击穿转矩(最大转矩)	应用
A	最大值,5	高—中	正常	正常	广泛应用包括叶片和泵
B	最大值,5	低	高	正常	叶片、风机和泵的正常起始转矩
C	最大值,5	低	高	正常	高惯性允许起动次数如容积泵设备
D	—	低	非常高	—	非常高的惯性允许起动次数、滑移与负载配备
—	5 - 8	—	—	—	冲压机等
—	8 - 13	—	—	—	起重机、提升机等

资源:通用电气公司的《交流电机选择和应用指南》,允许使用。

感应电机有数种转矩,这些转矩、速度和电机电流曲线图在图 8.1 中均有描述。锁定转子的转矩也叫起动转矩。这是在静止或转速为 0 时的电机可以启动的转矩。最小启动转矩是电机从 0 到满负荷运行转速的最小转矩。

针对大多数离心泵是变扭矩(与转速的 3 次方成比例)的机械,NEMA 设计 B 制造的电机其扭矩(如锁定转子转矩或拖动转矩)对大多数水泵而言是足够的。这些泵电机所需的唯一扭矩是电机转子的惯性转矩和泵的旋转元件的转矩。这就是所说的起动负载惯量,WR^2 是针对泵轴和叶轮的,而 WK^2 是针对电机转子和轴的。这种惯性对用于这一领域的大多数离心泵很小,所以极少考虑。对于大直径叶轮的大型水泵,校核惯量可能是必要的,尤其当使用降低起动器的电压类型来减少起动力矩时。

满负荷转矩是在全负荷转速下,电机达到额定功率所需的转矩,以磅英尺的形式来表示。这个扭矩方程是:

$$满负载转矩(\text{lb-ft}) = \frac{\text{BHP} \times 5\,250}{\text{Max. rpm}} \tag{8.3}$$

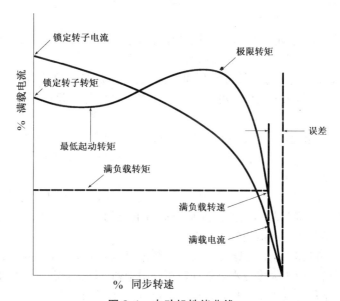

图 8.1　电动机性能曲线

(从里谢尔《HVAC 水泵笔记》,麦格劳·希尔处获得,允许使用)

电机电流

图 8.1 描述了一个 NEMA 设计 B 的典型的电机电流曲线。这个锁定转子电流是电机在转速为 0 的情况下,将额定电压和频率应用于电力终端时产生的最大稳态电流。NEMA 开发了一套用于各种锁定转子的安培电流代码。代码字母是从 A 到 V。大多数水泵电机的代码字母是"G",这表明锁定转子电流大约是 650% 的电机全负荷电流。这个代码字母出现在每个 NEMA 电机的额定铭牌上。全负荷电流是电动机在全负荷运转时的稳态电流,而额定电压和频率用于电机的电力终端。

减少堵转和起动电流可能有几个原因,供电部门可能需要它,或建筑物的电力分配通过降低起动电流可以更好地运行。许多不同的设备可用于此,它们被称为降压起动器。

1. 电压转换器　这种方法通过许多抽头来调整起动电压。

电机起动电压	线电流	起动转矩
80%	64%	64%
65	42	42
50	25	25

在上述 80%、65% 和 50% 三个抽头中,起动电流限制在全负荷电流的 125%—390%。该起动器大且昂贵。

2. 主电阻起动　其特性是固定的;起动电流是全负荷电流的 390%。该起动器在电阻器中增加了功率损耗。

3. 部分绕组起动　其特性是固定的;起动电流是全负荷电流的 390%。它需要 460 伏特服务的专用电机连接。相对于其他降压起动器,它是最小和最便宜的。

4. 星三角起动　其起动电流是全负荷电流的 200%。起动转矩很低,只是全负荷转矩的 33%。这个起动器比其他降压起动器更需要特别的电机设计和更复杂的控制。

5. 固态起动　固态起动器因其适应性和尺寸,适合用于恒速和变速泵。一个典型的可调节起动电流范围是全负荷电流的 100%—400%。其价格可能不比其他降压起动器便宜。

6. 变频调速驱动　已经证实变频(频率可调)驱动是减少电流突然增大的优良设备。由于大多数水泵起动转矩受限于惯性转矩,WR^2,变频驱动器可以用于几乎所有的水泵电机。在这点上,相比其他降压起动器,可能贵些也可能不贵。它能够编程到水泵的整体运行循环中,由于通过变频调速可实现节省能源,往往选择变频调速。

因为特殊的电机绕组,部分绕组和星三角型降压起动器不能在 460 伏特供电电压下作为变速驱动的备用起动器。

电机输出功率

用于电力终端的电机设计有额定功率、铭牌电压和频率。大多数水泵电机都是采用 NEMA 研发的负载系数作为多相电机标准。这些负载系数被定义为超出铭牌额定的标准电压和频率的容许过载。大多数 NEMA 设计 B、开放式、防滴漏电机的负载系数在 200 马力时是 1.15,超过 200 马力时是 1.0。完全封闭、风扇冷却(TEFC)及防爆(1 级,组 D)的运行系数(1)1.0,无负载是(2)1.15。汽车制造商或供应商应该验证电机的实际负载系数。同时,对现有电机的铭牌应检查确认允许的负载系数。

电机功率因数

三相电动机的功率因数识别电机的磁化电流的计算公式是：

$$PF = \frac{\text{应用瓦数}}{1.732 \times \text{电压} \times \text{安倍数}} \tag{8.4}$$

功率因数是一个多相电机的运行特性。电力公司可以对低功率因数罚款。同样，一些管理机构可以确定一个最小功率因数。

在不降低效率的前提下，功率因数可以通过购买高功率因数额定值的电机来提高。安装功率因数校正电容器可能是更令人满意的方法。总功率因数校正程序由该领域的咨询电机工程师设计，但水系统设计人员应该有功率因数及其校正方面的知识。

一些变速驱动器，特别是脉宽调制型的驱动器的优势是变速驱动和作为一个组合的电机的输出功率因数与驱动本身的功率因数相等。大多数驱动器功率因数都接近 95%。更多关于功率因数的内容将在后面变速驱动章节里讨论。

电动机的效率

电机效率是一个重要的设计参数，并且一直是电机行业的重新设计和评级的对象。

电机效率是：

$$\text{效率}(\eta_E) = \frac{\text{输出功率（马力）} \times 746}{\text{输入功率（瓦特）}} \tag{8.5}$$

IEEE 已经制定且 NEMA 采用的标准 112 的方法 B 作为电机测试方法。该试验为电机的测试和评级制定了统一的标准，是符合政府最新要求的电机评级的基础。

1992 年的能源政策法案为开放式和封闭式电机规定了标称全负荷效率。表 8.3 列出了高达 200 马力电机规格的效率。这些效率适用于在 1997 年 10 月之后制造的所有电机。所有电机公司必须制定一个贝尔效率分布曲线。这个曲线的最小值或保证效率仅比表 8.3 的标称效率低 10%。一些制造商在自家的电机上列出这个最低效率作为保证效率。在 1997 年 10 月之后制造的电机应该符合 NEMA 公报 G-1-1993 列出的效率。

表 8.3 标称全负荷功率

电机马力	多相电机(1992 某能源政策法案)			
	开敞电机(ODP)		封闭电机(TEFC 或 EXP PRF)	
	1 200 r/min	1 800 r/min	1 200 r/min	1 800 r/min
1	80. 0	82. 0	80. 0	82. 5
1. 5	84. 0	84. 0	85. 5	84. 0
2	85. 5	84. 0	86. 5	84. 0
3	86. 5	86. 5	87. 5	87. 5
5	87. 5	87. 5	87. 5	87. 5
7. 5	88. 5	88. 5	87. 5	89. 5
10	90. 2	89. 5	89. 5	89. 5
15	90. 2	91. 0	90. 2	91. 0
20	91. 0	91. 0	90. 2	91. 0
25	91. 7	91. 7	91. 7	92. 4
30	92. 4	92. 4	91. 7	92. 4
40	93. 0	93. 0	93. 0	93. 0
50	93. 0	93. 0	93. 0	93. 0
60	93. 6	93. 6	93. 6	93. 6
75	93. 6	94. 1	93. 6	94. 1
100	94. 1	94. 1	94. 1	94. 5
125	94. 1	94. 5	94. 1	94. 5
150	94. 5	95. 0	95. 0	95. 0
200	94. 5	95. 0	95. 0	95. 0

资源:公报 GEK-100919,通用电气公司,获得允许使用

电机构造

大多数电机是水平安装,有些是立式安装的。用于水泵的电机外壳有三种不同的型式:防水;全封闭风扇冷却;防爆。有灰尘或含有特殊化学品的特定空气环境可能需要特殊的电机外壳。

防潮电机用周围的空气冷却,对卧式电机或 WP1,称为开放式框架,对立式电机,称为气候保护式框架。开放式框架的防滴电机应用于相对干净的室内环境,而气候保护型电机应用于室外环境,且按雨、雪、空气悬浮颗粒的入口最小化来建造。防滴电机适用于大部分建筑物内水泵装置。

完全封闭、风扇冷却电机由安装在电机轴上的外部风扇冷却。此外壳常

用于电机时常会被淋湿的地方。它不适合这个行业的常规电机应用。通常没有什么会比开放式框架的防滴电机效率更高。

防爆,1级,D组的电机结构应用于环境空气中可能有易燃物,如汽油、石油、汽油和天然气的地方。其他类型的防爆结构适用于有其他危险气体。大多数水系统环境中不包含任何可燃物。如果遇到一个具体的危险物质,保险机构应确认正确的电机外壳。未经电机制造商允许,这些电机不能用于变频驱动器。他们可能无法保证这一用途。

立式电机有两种物理构造;垂直空心轴(VHS)和垂直实心轴(VSS)。由于可以横向调整泵的侧向设置而无须拆卸电机,空心轴通常用于立式涡轮泵。该电机设顶部驱动联轴器,带有调节螺母以提供此调节。

大多数水泵电机都是单速的。尽管双速电机适合于这些水泵应用,变速驱动器可以适合全部水泵应用,几乎令多速电机不再适合水泵应用。专用的双速电机和双速起动器的附加成本此时只等于一个标准电机和变速驱动器的成本。然而,由于仅有两个速度,例如两个扬程流量曲线,复杂的控制和能量损失通常导致选择变速驱动器来取代双速电机。

水泵电机尺寸

在水系统安装合适尺寸的电机最重要的因素是使用寿命长和运行效率高。这些因素决定了电机不应超过其铭牌额定值。例如,假设水泵在扬程125英尺下,选定流量为 2 000 gal,一个 75 马力的电机在泵的选定工况点满载。如果该泵运行流量超过 2 000 gal,则所需的制动功率将超过 75 马力,且电机将超载。为了使用寿命长和高效运行,该泵应选择 100 马力的电机。在泵电机的产品说明书中应包括,在水泵扬程流量曲线的任一点,电机不会超过其铭牌额定值的声明。

电机每小时允许起动次数

每个电机制造商都为 NEMA,设计 B 电机提供一个每小时允许起动次数的表单,这是离心泵电机的主要设计文字标识。这个允许起动次数随电机的设计转速和电机尺寸而变。例如,一个 1 马力的电机每小时允许起动有 15 次,则电机转速是 3 600 r/min;每小时允许起动有 30 次,则电机转速是 1 800 r/min。相比到 250 马力,转速 3 600 r/min 的电机少于 2 次起动,转速 1 800 r/min 的电机少于 4 次起动。

在设计一个变流量和每小时有可能起动多次的恒速泵站时,必须要确认这个因素。对多机组泵站这个问题可以通过启动顺序交替来解决,从而使涉及的电机不超过每小时允许起动次数。当然,另一种解决问题的方法是改用变速泵后电机极少起停。即使采用变速泵,也必须核查泵站的实际运行,确保泵站避免电机频繁起停的控制。

水泵变速驱动器

截至 1970 年,水行业中的变速驱动器通常是指位于匀速电机和变速电机之间的涡流或液力耦合器。耦合器由电动或液压控制来允许一个电机速度和耦合的负载速度的可变滑移。这些驱动器建立了高可靠性机制,当泵需要的扭矩因转速降低而快速下降时,完全符合泵负载要求。在这样的应用中,电机和泵之间的耦合器内部损失被采用恒速泵引起的超压所产生的损失抵消。然而,对于新装置它们均被变频驱动器所取代。

相比于变频驱动器,机械传动装置的消亡是由于其自身相对于变频器的低效。图 8.2 提供了变频驱动器和机械传动装置的线—轴效率的粗略比较。当用于变扭矩装置比如说离心泵的 50% 速度时,大多数机械传动装置的能量消耗几乎是变频驱动器的两倍。

针对机械传动的另一因素首先是成本。这些实质是机械性的驱动器,并没有像变频驱动器那样节省多少成本。那是因为在过去十年中,电子工业取得了巨大进步。

在不适合变频驱动器的环境中,则应当采用机械式变速驱动器。这包括灰尘或腐蚀性环境、高温环境等地方,在那里是不可能为变频驱动器提供足够冷却的。

变频驱动器

变频驱动器是一种通过改变电机中的电流频率来改变电机转速的装置。电机转速与电流频率成正比。这是这些驱动器的基本设计基础。因此,它们被称为变频驱动器,不是可调速驱动器或可调频驱动器。

泵的变频驱动器的优点为人所知已经多年。它们允许使用简单、可靠和便宜的感应电机,还提供变速的经济运行。不幸的是,电动发电机组、晶体闸流管、点火器,即获得变频电源的唯一方法,除了关键的应用外,其他都是昂贵的。

晶闸管(SCR)在 20 世纪 60 年代中期的发明极大地改变了设想。这个经济可靠的装置能够控制兆瓦级功率。

变频驱动器很快用于直流电动机,不久之后,用于交流感应电机。早期的变频晶闸管驱动器,多数为电压源逆变器,有时比理想特性差一些。但它们开启了水泵行业的一个全新的应用领域。现在,驱动器设计已经趋于成熟,但是在解决电力方面一些主要应用问题仍会有新的重要发展。

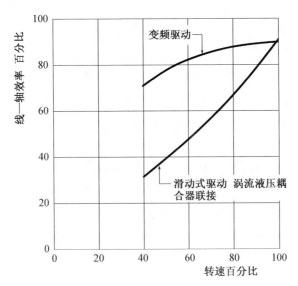

图 8.2　典型变速驱动离心泵的线—轴效率

早期的变频驱动器

多年来,变频调速技术的 VFD 领域被六脉冲、电压源、电流源、晶闸管逆变器主导(图 8.3)。这些驱动器的方框图如图 8.3 所示。两个生成输出交流电压由三对晶闸管之间交替切换。电容器用于强制负载电流从一组切换到另一组。在电压源逆变器里,一套六个整流二极管用于充电滤波电容器到直流电压等于负载峰值输出电压。电容滤波器有助于隔离逆变交流线路。此过滤电容用于切换电容器。

电流源逆变器用一个大电感替换稳波电容器组,同样具有分离和滤波的作用,但使得驱动器更能承受线路和负载的干扰。它还允许从负载到线的再

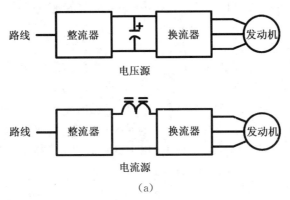

(a)

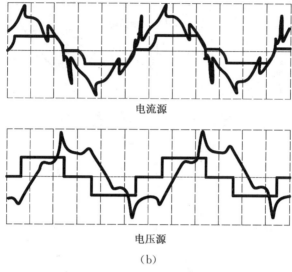

电流源

电压源

(b)

图 8.3　六脉冲变频驱动器

生能量,这是高惯性负载必须迅速停歇时的一个重要优势。

　　这两个驱动器,在其基本形式中,生成六步输出波形,电压源的电压,电流源的电流。典型波形图如图 8.3b 所示。电压的大小与负载频率成正比,伏特每赫兹比率保持不变。电机运行在一个恒定通量水平,除了通风方面的考虑,能够维持恒转矩运行。然而,在输出电流谐波引起额外的加热,这通常会导致标准电机马力 10%到 15%的下降。

变频器

　　20 世纪 80 年代大功率晶体管的发展催生了一种新型的 VFD(图 8.4)。首字母缩略词 PWM 代表脉冲宽度调制,这是一种与获得电压控制和可变输出频率的六步法完全不同的技术。六步电压和电流源驱动器改变开关电压的幅度,而 PWM 驱动器通过以快速间隔重复连接和断开固定电压来改变输出电压。"开"到"关"时段的比率决定了电压幅度。图 8.4a 说明了从 675 V 恒定电位总线产生 320V_{rms}、40 Hz 正弦波近似的过程。这是 480 V、60 Hz 电机上 PWM 驱动的实际要求。在该示例中,开关频率约为 1 kHz。

　　在 40 Hz 正弦波的开始和结束时,开关主要是"关闭",但占空比在峰值时上升到三分之二,以产生 320V_{rms} 所需的 453 V 峰值。以这种方式,输出电压频率和幅度由电机控制。在实践中使用了更复杂的切换技术,但是这个例子说明了基本方法。电动机电流几乎是正弦曲线。

　　PWM 驱动器由二极管整流器、滤波器电容器组和一组六个开关晶体管组成。简化的原理图如图 8.4b 所示。整流二极管将滤波电容器充电至大约 675 Vdc 的恒定电位。控制晶体管使得每相中的一个晶体管始终导通,并且通过晶体管或其反向二极管保有电流路径。

二极管整流器和滤波电容器可以大大降低谐波对电力系统的影响。虽然低频谐波电流仍然存在,但实际上消除了线路陷波。干扰潜力要小得多,但消除低频电流谐波仍需要以更高的成本采取纠正措施。PWM 驱动的功率因数也比六步单元的功率因数好得多。它总是 0.90 或更好,几乎与电机速度无关。

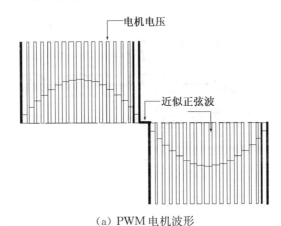

（a）PWM 电机波形

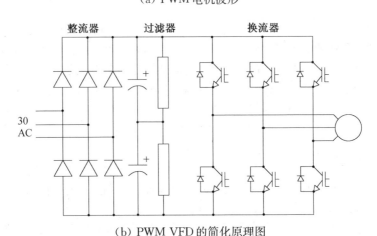

（b）PWM VFD 的简化原理图

图 8.4 脉冲宽度调制变频驱动器

多脉冲输入电路驱动

变压器的输入端或自耦变压器可用于将两个或三个电能从整流器输入到驱动器。相移电压取消的低频电流谐波,大大减少了线电流失真。12-脉冲和18-脉冲系统框图如图 8.5 所示。多脉冲系统的缺点是使简单的系统成本增加。然而,驱动器超过 500 hp 时,多脉冲操作通常是选择的安排。一般情况下,12-脉冲可能是一些厂家的选择,而别人可能提供 18-脉冲驱动器。

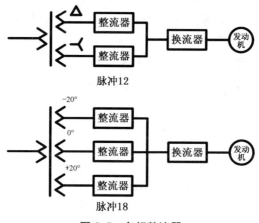

图 8.5　多相整流器

清洁能源变速驱动器

最近一连串戏剧性的技术的发展产生了变频器,其符合 IEEE 519—1992 要求的没有筛选器或多脉冲电路。所有这些新的脉宽调制驱动都是基于快速切换功率晶体管。大多数使用一个有源滤波器,其检测所述电流失真和注入校正电流以中和谐波。然而一些制造商采用一个巧妙的切换算法,从而消除在首位的谐波电流。这种安排需要整流二极管代替晶体管,但它不需要有源滤波器。它还允许用于检修负荷快速减速再生。这些清洁能源驱动器当前可用通过 1 000 hp。

中压变频器

该技术的变速驱动器现在已经发展到如此地步,它们可用于中等电压的 2 300、4 160、6 900、和 12 600 -伏特电源。许多驱动器仍然是空气冷却,然而较大尺寸的驱动器为水冷却。驱动器额定 2 300-V_{ac} 及以上的输出,有许多用于电流反馈、电压反馈类型的设计选择。

二极管整流器和滤波电容器行为大大降低了电力系统的谐波影响。虽然低频谐波电流依然存在,线槽几乎消除。潜在干扰要少得多,但消除低频电流谐波仍然需要增加成本的纠正措施。功率因素也远优于脉宽调制驱动的六个步骤单位。它始终是 0.90 或更好,几乎是独立的电机转速。

以下关于中压变频器的讨论已经由理查德·H·奥斯曼先生,罗宾康的技术副总裁提供。他的论文《固态变频调速变频器》可用于有关方面。

1. 负载换相逆变器(LCI)(图 8.6)
2. MV 过滤器,换流晶闸管逆变器(图 8.7)
3. MV 电流馈电逆变器 GTO(图 8.8)
4. 中性点钳位逆变器(图 8.9a 和 b)
5. 多级系列电池变频器 VFD(图 8.10 和 8.11)
6. 交—交变频器(图 8.12)

负载换向逆变器

如图 8.6 所示,负载换向逆变器(LCI)基于同步机。因为机器负载侧变换器整流的反电动势,所有的晶闸管自然换向。电机侧转换器操作酷似线路侧转换器,除了相位向后角度约 150 度。该机器在下一个晶闸管前,自然地将反向电压应用于一个关断装置。此规定了一些特殊的同步电动机的设计标准。它能够运行在大幅领先的功率因数的速度范围内,它必须具有足够的漏感来限制晶闸管 di/dt,它需要能够承受阻尼绕组中的谐波电流。该 LCI 使用两个晶闸管桥,一个在线路侧,一个在机侧。与一个领先的功率因数进行操作的机器的要求,需要更大的励磁和一个特殊的励磁机相比,通常适用于同步电机。这也导致在一个给定的电流的转矩减少。机器侧设备与机器的旋转完全同步,从而保持恒定的转矩角和恒定的换向裕度。这是通过转子位置反馈或由机械端电压驱动的相位控制电路来完成的。只有 RC 网络电压交流是必要的。输出电流在形状上和输入电流很相似,这意味着大量的谐波分量。谐波电流引起阻尼条额外损失,而且会引起非常显著的转矩脉动。该驱动器不是由于低机电压在低速状态下自启动的。因此,驱动器始于中断当前与线路侧变流器的直流联系,为整流逆变晶闸管。调节线路侧转换器以控制转矩。在转换器之间使用扼流圈来平滑链路电流。LCIs 进入商业使用在 1980 年左右,主要用于非常大的中压变频器(1 MW 至 100 MW)。在这些功率水平、多

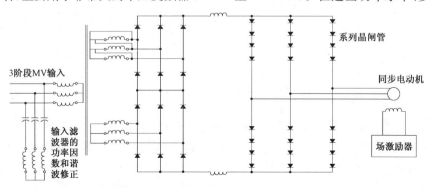

图 8.6　负载整流逆变器

系列设备采用(通常为 4 到 4 千伏的输入),和转换直接发生在 2.4 或 4 伏或更高。效率很好,可靠性很好。虽然它们能够再生,LCIs 很少在四象限中应用,因为在机器电压可忽略不计的极低速度下难以换向。上述线路频率操作非常简单。

尽管需要特殊的同步电机,LCI 驱动器一直非常成功,特别是在非常大的规模,只有晶闸管可以提供必要的电流和电压等级。此外,高速 LCI 相继建成。现在,自整流变频驱动可用,LCI 正变得越来越不受欢迎。

MV 滤波整流晶闸管驱动器

在图 8.7 中所示的电路中,输出电容滤波器选定以约 50% 的速度供给电动机的所有磁化电流。在那之上电机功率因数保持领先。逆变晶闸管的自然换流,在重新施加正向电压之前,器件两端电压自然反转。在这种操作模式中,晶闸管的波形类似于 LCI。过滤器必须提供(至少)所有的满负载电动机的无功电流的要求。除了大交流电容器,滤波器需要有一些串联电感性电抗,以限制施加到逆变器晶闸管上的 di/dt。由于过滤器能够自我激励电机,承包商需要在驱动器处于离线时从过滤器隔离电机。大滤波器具有在逆变器输出(这是一六极电流)的谐波电流提供一个通路的优点,使电机电流波形接近额定频率。当输出频率减小,滤波器就变得不那么有效,电机电流波形变差。基波电流为滤波器随频率的增加而增大,随着频率的增加,电压也增大。保持电压的控制要求逆变器的"漏电流"更多,滤波器的无功电流的频率增加,因此难以实现超过约 1.1 PU 的基本频率。

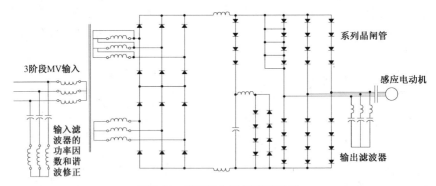

图 8.7　滤波换向晶闸管驱动器

因为滤波器不能提供低至零频率的交流信号,有必要提供一个辅助换流装置来启动驱动装置。该电路作用于直流链路电流,通常被称为分流器。当需要切换晶闸管逆变器,直流回路电流被暂时中断(转移),使设备恢复。然后下一个晶闸管对被选通,并且恢复直流链路电流。辅助电路需要能够承受全链路电压,并中断额定直流链路电流几百微秒以允许逆变晶闸管恢复。(高压晶闸管需要长的关断时间实现高阻断电压的结果。)因此,辅助整流电路在额定值方面相当重要。它通常不用于连续操作,仅获得速度达到过滤器换向开始的点。驱动控制器必须能够管理操作的两种模式。

这种电路已在输出电桥的每条支路系列用四个 3-kV 晶闸管实现。(可以增加额外的晶闸管用于冗余。)桥的每条支路在两种极性中都经历大约 6 000 伏的峰值电机线路电压,因此设备必须具有对称阻断电压。在输入转换器中,电压变化期间的稳态和交换问题就出现了。需要设备的匹配和/或 RC 缓冲器的组合。晶闸管门电路简单,通常提供 3 到 5 瓦的功率,虽然他们设计得多些。这种方法,在驱动器连续运转且转速在 60% 至 100% 的范围内的应用是最为成功的。

MV 电流馈电 GTO 逆变器

另一个中压桥式逆变器电路如图 8.8 所示。这里的输出设备是 GTO(每条腿需要三个 4kV 的单元),可以关闭门。与滤波器换向的变换器相比,这减小了滤波器的尺寸,可能达到 0.8 PU,但它并没有消除它。由于电动机似乎是漏电抗后面的电压源,不可能在没有电压的情况下在电动机相之间换向电流以改变漏电感中的电流。当 GTO 关闭时,电机漏电感中仍然存在电流路径,该电流由电容器组提供。在电流传输期间,电容器与电动机漏电感共振。电容的选择取决于换向期间允许的振铃电压。所有电流馈电的 VFD 都需要在逆变器的外加电流和电动机的电感之间设置"缓冲"电容器。此外,如果电容器组超过 0.2PU,则存在电机自激的可能性,需要机器和驱动器之间的接触器。电压馈电电路不需要这些元件,因为漏电感两端的电压可以任意改变。

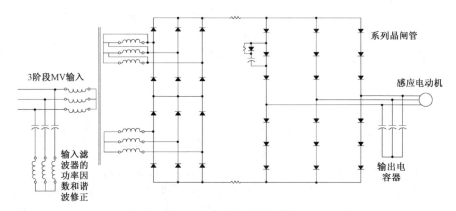

图 8.8　MV 电流馈电逆变器 GTO

由于电容器小于滤波器换向 VFD 中的电容器组,它并不提供作为多滤波的输出电流。电机电流改进由 GTOs 谐波消除切换模式实现。在低频率,每个周期有许多个脉冲并且谐波消除是相当有效的。但几个几百赫兹的 GTO 频率限制在额定频率上限制谐波消除到第五,也许第七。

该频率限制是由于 GTO 关闭的性质(以及较小程度的开启)机制造成的。通过在几十微秒的时间内从门提取电荷并中断再生开启机制来关闭该装置。接近电荷提取期结束时,GTO 两端的电压升高,电流开始下降。在此期间,设备经历非常高的内部功耗,必须通过使用一个位于非常靠近 GTO 的大型(1 至 5 μF,相当于 0.1 μF 晶闸管)极化缓冲器流来缓解。在该缓冲器中,电容器通过二极管(二极管需要与 GTO 相同的电压额定值)连接到 GTO,所以关断电流可以转移到缓冲器,但是电容器在导通时不能流入缓冲器。传递到缓冲电容器的能量必须以某种方式处理,以便在下一次关闭之前电容器被放电。所以 GTO 通常具有最小的“开”时间(例如 10 μs)和最小的“关”时间(比如 100 μs),以允许内部开关热量从连接处流出,并且缓冲器恢复。

违反最低时限或不成功的关闭尝试可能导致 GTO 遭到破坏。这将可容忍损耗的最大开关速率限制在几百赫兹。除了提供与晶闸管驱动器相当的导通脉冲之外,GTO 栅极驱动器还需要能够提供阳极电流的五分之一至三分之一的峰值负电流,以便关断器件。从而,GTO 驱动器的峰值 VA 额定值比晶闸管高两到三个数量级,可能是平均功率要求的 10 倍。这是一个重要的因素,所有的门功率必须交付给一个浮动在中等电压的电路。

缓冲器损耗对于 GTO 驱动器的部分负载效率可能会有显著的影响。一些电路实现使用获得专利的能量恢复技术来避免效率降低,但这些增加了很大的复杂性。缓冲器损耗与频率和缓冲电容成正比,但与电压的平方成正比。这些电路需要使用具有与 GTO 相当的额定电压的器件。

GTO 冶金设计的妥协导致比传统晶闸管明显更高的正向压降(2.5 至 4 伏特)。由于电流馈电拓扑中对称的电压阻断要求,器件设计变得更加复杂。

中性点钳位逆变器

尽管 GTO 系列设计存在明显的复杂性,但它们已成功用于电压驱动型驱动器(图 8.9a)。在 4.5 kV GTOs 的情况下,在 3 300 V 输出的情况下已经有许多这种类型的应用,但是由于 IGCT 的改进特性,电路最近才被扩展到 4 kV AC。在这个驱动器的更新版本中,GTO 被替换为 lGCT。这些器件在结构上类似于 GTO,但是通过将所有的阳极电流从栅极抽出以使关断增益为 1,快速关断(IJ-sec)。这需要更高的电流门驱动器,但由于关断时间太短,平均功耗要求更低。主要的改进之处在于,IGCT 据说可以使用非常小的缓冲器或者不使用缓冲器。

在这个 4 千伏交流输出设计中,总直流链路是 6 千伏,中点位于电容滤波

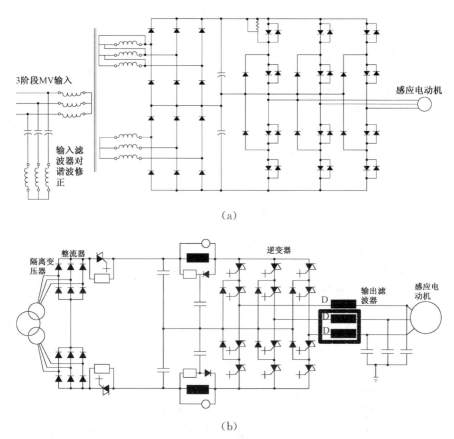

(a)

(b)

图 8.9　中性点钳位逆变器

器的中心。桥梁的每一段由两个串联的 6 kV IGCT 组成。在每个 GTO 上都有反向二极管,以允许电机电流回流到链路,而更多的二极管(与 GTO/IGCT相同的额定电压)将逆变器支路的中点连接回直流链路的中点。器件总数为12 个 GTO 和 18 个二极管(如果使用 GTO,则在 GTO 缓冲器中再加 12 个二极管)。在需要串联设备的那些情况下,中性点钳位型逆变器具有多个优点。首先,钳位二极管在输出端允许另一个电压电平,即直流链路中点。这削减了电动机所看到的电压阶跃的一半,更重要的是,它为消除谐波创造了另一个自由度。此外,钳位二极管将任何器件上的电压限制为链路电压的一半,从而无需额外的 RC 网络即可实现电压共享。

　　仍然有必要为每个 GTO 配备一个紧耦合缓冲器并管理缓冲器的损耗。由于该电路中的开关器件从未遭受反向电压,因此优选使用不对称器件,其中不存在反向阻断以降低导通和开关损耗。

　　在短路情况下的设备保护是一个问题,因为 GTO/GCT 可以像晶闸管一样承载几乎无限的故障电流。与限流故障电流的电流馈电电路不同,在电压馈电电路中,直流链电容器在短路或换相失败的情况下会产生非常大的故障电流。保护方案通常试图检测故障电流的开始,并在器件增长到超过安全关断电平之前关闭器件。打开所有 GTO 来分配故障电流的另一种方法可以保护这些设备,但是它会对电机施加一个螺栓故障,导致非常大的转矩。可以使用带有 IGBT 的 NPC 拓扑结构作为开关器件。由于目前 IGBT 的电压限制在 3 000 伏,所以 IGBT NPC 还不能达到 4 千伏的交流输出,但是一家欧洲的制造商已经宣布推出 6 千伏的 IGBT。NPC 的概念可以扩展到 M 级逆变器,尽管二极管数量增长迅速。由于每个设备的拓扑独特性,添加冗余设备将需要两倍,而不是一个。

以下是由 ABB 自动化公司的史蒂芬劳伦斯先生所提供的中性点钳位逆变器的替代设计(图 8.9b)。

电压源逆变器也从 1985 年开始成功地使用 GTO 器件。自 1997 年以来,最新的技术结合了 GTO 和 IGBT 的优点,创造出了 IGCT(集成门极换流晶闸管)。这些设备结构坚固,执行类似于 GTO 但却是由通过栅绘制快速关闭的阳极电流输出,从而使关断增益为 1。由于关断时间短,所以这些需要更高的电流栅极驱动器和较低的平均功耗要求。IGCT 可以在没有缓冲操作时运行且导电损耗比 IGBT 低。IGCT 和栅极控制被集成到一个电路从而减少连接的数目和提高了可靠性。续流二极管也可以与 IGCT 集成。图 8.9a 和 8.9b 描述了由两家制造商开发的变速驱动图。

对于典型的 4 kV 交流设计,总直流母线电压为 6 kV,中性点设置在直流母线电容器的中心。桥接器的每个支路由四个 6 kV IGCT 组成。有与 IGCT 反并联的续流二极管,以允许电机电流流回到链路,并且钳位二极管将逆变器支路的中点连接回直流链路的中点。中性点钳位逆变器具有多种优点。首先,钳位器件在输出端允许另一个电压电平,即直流链路中点。这将通过电机的电压阶跃减小一半,并在消除输出谐波方面创造了另一个自由度。一个小输出滤波器可以提供正弦电机电流和电压波形。可以实现小于 10 伏特/μ 秒的典型 dV/dt 值。此外,钳位二极管将任何器件的电压正向限制为直流链路电压的一半,无需额外的 RC 网络即可实现电压共享。

在电流源逆变器中,故障电流是有限的,在电压源逆变器中,直流链路电容可以在短路时产生非常大的故障电流。保护方案通常尝试检测故障电流的开始和关断装置。IGCT 同样可以在直流电路中使用,并且关断电路比可能会失败的保险丝快 1 000 倍,从而提供有额外的变频器保护而不必使用昂贵的半导体保险丝。

随着 IGBT 器件的额定达到 6 千伏,中性点钳位拓扑结构可以在 4 千伏交流电机的应用中使用这些设备。中性点钳位的拓扑结构提供了高效率的中等电压驱动,并且由于在部件和连接数量的减少以及输入变压器的设计简化,NPC 拓扑结构是非常可靠的。无熔断器设计提供了降低维护和启动的时间。滤波输出波形允许了标准电机和电缆的使用并使得电机效率提高。

这些类型的中性点钳位逆变器为中等电压可变频率驱动器提供了一个有效的设计。在水系统设计师的范围内,确定特定应用的第一成本和可靠性。

多级串联电源变频器

图 8.9a 和 8.10 中有专利的串联电路布置也被称为完美协调驱动器,以一个独特的方式解决了前面提到的设计问题。由于在串联中没有器件,只有串联单元,不存在电压分担的问题。在电源中整流二极管和 IGBT 均紧密耦合到直流电容器,因此不管负载的行为如何都能超出总线电压太多。由于没有直流电路扼流圈,交流电源的电压瞬变由次级变压器相对较高的漏抗转换成电流脉冲,并且不增加到二极管的电压,见(图 8.11)。

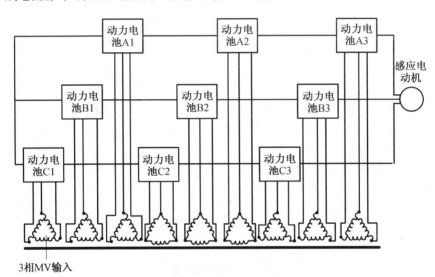

图 8.10　多级串联电源变频器

每个电源提供相同的交流输出。基本原理在量级和相位方面是一样的,但载波频率在电源特定阶段中交错。虽然一个独立电源在 600 赫兹工作,但有效开关频率是 3 千赫,所以最低的谐波理论上是 100。这种低开关频率和 IGBT 的优良高频特性的优点在于,该 IGBT 的开关损耗完全可以忽略不计。该设备可以在超出额定电流时关断而不需要缓冲器,这也有助于保持优良的效率。波形质量不受速度或负载的影响。对于五个电池/相位变频驱动,有正负峰间 10 620 伏的步长。利用这种技术,完全可以不必考虑电机绕组高电压变化率。

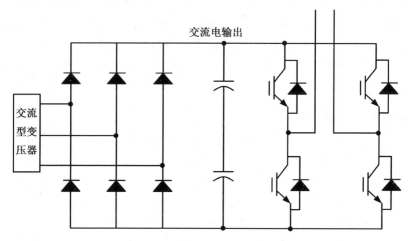

图 8.11　多级 VFD 转换单元

　　IGBT 在所有其他电源开关之上的主要优点是非常低的门功率需求。峰值功率大约 5 瓦,而平均值远比 1 瓦要低。相比于 GTO/IGCT,这极大地简化了相对于控制极功率的大流量。虽然在完美协调中有比其他电路更加有效的器件(在逆变器部分的 60 IGBT 和 60 二极管),但缓冲器、电压分配网络和高功率栅极驱动器补偿了附加开关设备。该类型的 IGBT 采用的是第三代和第四代相隔离的基本模块,一般相同的像那些在 460 V_{AC} 和 690 V_{AC} PWM 驱动器中的成熟产品在牵引应用也可使用。IGBT 由一个增强了内置电流限制行为的外置饱和检测电路保护。由于电源被组装成一个不导电的框架,并有电浮,IGBT 的安装和冷却不比一个低电压 PWM 驱动更加复杂。把冗余单元串接起来,并且能够在一个电源不工作时输出减少的情况下运行都是可能的。

循环换流器

　　在 1 M 驱动的另一种方法是将输入电压的部分"合成"为交流电压波形。这可以用三个双转换器来完成,并且该电路被称为一个循环换流器(图 8.12)。只要输出频率不超过输入频率的三分之一,输出电压富含谐波,但有足够的能量提供 1 M 驱动,只要输出频率不超过输入频率的三分之一。晶闸管是由线路整流,但其中一共有 36 个。循环换流器能够承受非常大的过载和四象限运行,但它有一个有限的输出频率与较差的输入功率因子。对于特殊的低转速、高功率(>10 兆瓦)的应用,如水泥窑驱动器,该循环换流器已被成功地使用。

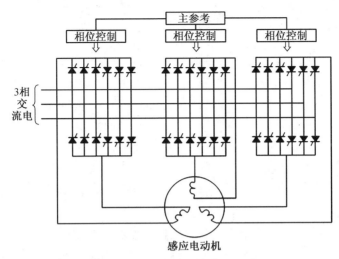

图 8.12 循环换流感应电机驱动

中压电机驱动装置的比较

所有上面提到的驱动器类型都能够以合理的成本提供可靠性高的运行，并在运行中已被证明。它们都有 95％ 以上的效率。其中最显著的差异都与电能质量有关，即输入电流与正弦波的接近程度，以及输出与正弦公用电压的相似程度。表 8.4 在许多不同的因素下比较了它们。需要注意的是电压馈送驱动器具有在输入谐波和功率因数方面的优势，但不使用晶闸管的驱动器有更宽的速度范围。

表 8.4 比较的中压驱动

	负载整流逆变器	中性点夹逆变器	滤波整流逆变器	GTO 逆变器	多级串联电池逆变器
输入谐波	公平 (12-pulse)	好 (12-pulse)	公平 (12-pulse)	公平 (12-pulse)	优秀
	差(6-pulse) 很好 (18-pulse)	差 (6-pulse)	差 (6-pulse)		
输入功率因数（未调整的）	差	很好	公平	公平	很好
输出谐波	差	好	好(全速)	公平	优秀
输出共模电压	高(公平)	没有(优秀)	高(差)	高(差)	没有(优秀)
输出 dV/dt（过滤）	高(差)	高(差)	低(好)	低(好)	低(好)

表 8.4(续)

	负载整流逆变器	中性点夹逆变器	滤波整流逆变器	GTO 逆变器	多级串联电池逆变器
再生能力	是的	没有	是的	是的	没有
转矩脉动	高(差)	低(很好)	低(好)	低(公平)	没有(优秀)
特殊电机	是的	没有	是的(共模电压)	是的(共模电压)	没有
速度范围(PU)	0.15—2.0	0—2.0	0.5—1.1	0—1.1	0—2.0
特殊起动方式?	是的	没有	是的	没有	没有

目前,中压变频器具有经济性的电机尺寸是 800 马力及以上。每件装置都应当被检查,这是由变压器的成本决定的,在一定程度上,也与电机和驱动电压的经济性有关。有些驱动器可适用于为 4 000 伏电动机提供 12 600 伏的电源电压。

谐波及变频驱动

所有类型的变频驱动都存在的一个问题是在交流电源线路上的谐波。

由转换器晶闸管产生的谐波电流造成电源线路电压失真(别称"开槽"),并且这种失真可能影响建筑物或在邻近设施中的设备。当安装功率因数校正电容时,问题可能会变得严重。电容器共鸣与电力线电感可能将谐波电流放大为其原始值的很多倍。这会导致电容器损坏,干扰数据处理设备、过电压和其他不良影响。如果电容器被应用于变频驱动,电机应尽可能近地安装到这些驱动器旁。

谐波是由在 1981 年颁布了 IEEE519—1981 标准建立了一些普遍设施馈线的容许失真电压的限制的 IEEE 定义的。在大多数情况下,总的谐波电压失真被限制在百分之五。电流源或电压源晶闸管逆变器的使用通常需要安装高通滤波器以控制失真。除了增加该装置的安装成本,滤波器引起的损耗降低了运行效率。然而,这些过滤器做了必要的工作,并且有数千台目前正处于运行中。

1992 年,IEEE 委员会修订的标准和 IEEE519—1992 发行,"IEEE 推荐谐波治理的做法和要求的电气电力系统"。这份文件第一次指出了谐波电流进入公用系统的允许程度。极限值取决于供应系统"僵硬"的程度和包含的特别的谐波。在一般情况下,比起以前仅有电压失真时,限制更为严格且难以满足。

谐波失真受到电力设施和建筑物或电厂运营商的广泛关注。投影谐波失真可以计算为一个新的或现有的变频驱动。图 8.13 是一种能够由 VFD 制造商使用来预估大部分装置谐波失真的形式。以下信息是必需的:

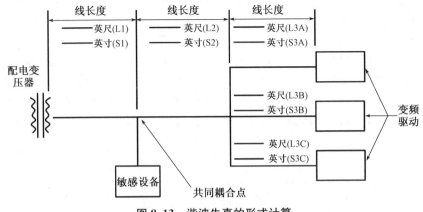

图 8.13　谐波失真的形式计算

1. 配电变压器的大小(千伏安)和百分比阻抗。

2. 对电流源和电压源驱动器,任何敏感的设备和配电变压器之间的导线尺寸和长度,以及任何敏感设备和所述变速驱动器安装之间的导线尺寸和长度。在变速驱动器之间的导线尺寸和距离在任何多于一处设备存在的地点得以确保。

大多数公用设施或电气设计师将为特定设备的安装以百分比的形式列明允许谐波电压畸变的最大值。通常情况下为 3% 或 5%。

变频驱动的优点

变频驱动几乎可用于任何水泵应用,并已成为改变泵速的较优方法。由于很多原因,变频驱动已成为新应用的首选驱动器。这些原因包括:

1. 降低大多数尺寸设备的初始成本
2. 所有驱动器均为风冷;较大的滑动式驱动器需要水冷
3. 比任何滑动式驱动器都更高的线—轴效率
4. 极易将驱动的控制软件集成到泵送系统的控制软件中

变速驱动器的成本下降之多以至于它们经常被用于"软启动"。该术语用于表达启动时的浪涌电流被减低。增速的速率被控制,这降低了浪涌电流。尽管已被证实确有益处,购买变速驱动器仍应鼓励对控制的评估以有效利用泵速的自动调节。

变频驱动大小设定

变频驱动器的大小设定应根据被服务电机的铭牌额定值。这些驱动器的大小设定通常根据它们的最大允许电流,而不是由电机马力。

独特的控制技术,现在可以限制泵电机和驱动器的过度规划。这是防止电机过载驱动的"运行极限"的发展。例如,如图 8.14 所示,如果我们必须遵守泵不宜在超出其铭牌额定值以上过载电机的要求,一个 40 马力的电动机必须配以一个在电流数值上等同于电机铭牌额定值的驱动器。

按照驱动器的运行极限,我们可以提供一个 25 马力的电机和驱动器,因为这是在 116 英尺 700 gal 的设计条件下所需的电机马力。驱动防止泵电机过载(超出 25 马力)。泵遵从电机马力曲线,而不是泵的曲线。这并不能保证更高的泵性能,即效率,因为这是由第 11 章所描述的速度控制和程序决定的。

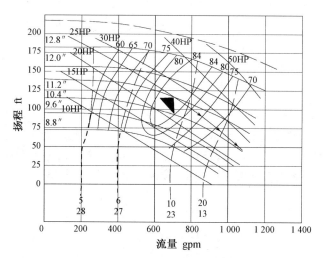

图 8.14　变速驱动运行限制泵的高效点；700 gpm, 116 ft

变速驱动器的效率

变频驱动器的技术已经发展到了大多数驱动器有 97%—98% 的满载效率。单独的驱动器的效率并不决定输入功率,同时,它本身对于泵的运行并不重要。重要的效率是驱动器和电动机的线—轴效率。线—轴效率由驱动器和电机的速度负荷关系决定。

这本书中有很多线—轴效率的参考和例子。其中呈现的实际值是基于作者对这个课题 20 年以上的经验。这里所示的值都不应当被应用到实际的安装中。具体的水系统和电机条件,应当在考虑实际线—轴效率的基础上呈现给变速驱动器制造商。

大多数泵应用程序不遵循第 6 章中描述的相似定律。事实上,这些水系统包括某种恒定压力或静水头,这将会使泵以较遵循亲和定律更高的速度运行,在相似定律中,泵的速度与(1)系统流量一次方,(2)扬程头的平方,(3)马力的立方相关。

图 8.15 描述了水系统中静压头的值与线—轴效率的函数关系。这个数值是在一个 50 马力的水泵上进行研究的结果,该水泵静压头的设定条件为130 英尺,流量 1 300 加仑。泵扬程保持在 130 英尺,静水头的值从零变化到40 磅/平方英寸或 92 英尺。此数据是多年变频驱动实验的结果,不应该被用于特定变速泵的应用程序。

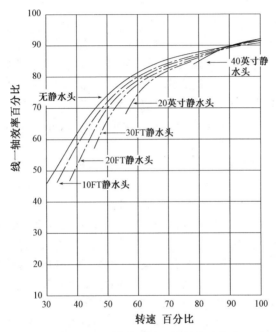

图 8.15　线—轴效率随系统静水头变化

根据图 8.15,显然可以得知,驱动—电机组合的线—轴效率必须在水系统扬程曲线计算好以后设定。否则,估计降低速度下的效率和能耗将会存在问题。

变速驱动的应用

变频驱动的应用程序需要特别关注,以确保正常运行和合理使用年限。制造商的安装说明应该仔细审查。以下是一些为它们的安装提供的更中肯的问题。现代变速驱动器是非常可靠的,如果安装和操作恰当,它将会提供多年的不间断运行。

1. 通风　在可变转矩应用诸如离心泵,由可变速驱动器消耗的热量可以容易地计算出来。

$$BTU/hr = Max.\ kW\ of\ drive \times 3\ 411 \times (1 - \eta_0) \qquad (8.6)$$

其中,3 411 是一个千瓦在英热单位中每小时的热等效。

η_0 是驱动器以最大速度运行的效率的一小部分。

如果驱动器的能量消耗为 100 千瓦,效率是 97%,花费的热量将是 $100 \times 3\ 410 \times (1 - 0.97)$ 或每小时 10 230 英热单位。

2. 清洁度　大多数商业变频驱动器在正常的泵送系统安装的条件下运行得非常好。染灰的设备可能需要特殊的外壳以保持变速驱动内部的清洁。具有内部空调器的 NEMA 12 外壳将成为必需。空调机通常是空气冷却,所以必须严格规定,任何空调机上的冷凝器盘管应保持清洁。

一些非常多尘或脏的应用设备,应当是配备有水冷式驱动,而不是一个变频驱动器。水冷式驱动可能是使用涡电流或流体耦合的滑动式驱动器。大尺寸变速驱动器可在水冷配置中获得。

有时一台变频驱动器可利用干净空气来冷却,这些空气是通过消除灰尘问题的管道从外部运送来的。充足的风管尺寸或辅助风必须配备,以确保驱动器内的换气扇没有外部的静电。

3. 化学攻击　变频驱动包含许多易受酸或其他含硫化合物攻击的铜或铜合金部件。再次,大部分水泵安装不具有这样干净的空气环境,但某些市政系统具备。例如,空气中极少量的硫化氢可对变速驱动产生有害的影响。当这些条件存在,必须使用诸如 NEMA 12 外壳的特殊设备,该设备在多尘空气环境中具备内部空调或如描述的管道运送来的新鲜空气。

4. 最大温度　大多数变速驱动器可承受的最高环境温度为 40 ℃(104 °F);在更高的环境温度中,应当考虑应用内部空调或管道、冷空气。

5. 位置　变速驱动器应当被安置于干燥的地方,不能在自由水面旁边或者在管路之下。如果必须安置在水管下面,要在变速箱上加装防淋防护罩。绝不能将变速驱动直接安置在暴露的阳光下的室外。如果变速驱动器需要安置在室外,要安放在遮阳棚下,避免直接光照。

6. 动力提供　对于前文定义的工业动力装置,在动力波动承受能力方面,变速驱动器和其他工业动力设备一样。当动力的有害波动超过 IEEE(电器和电子工程师协会)规定的范围,设备可能受损,不能正常运行。

7. 驱动器的数量　最简单的安排是一台变速泵配备一台变速驱动器。多个泵可以共用一台变速驱动器。通常情况下,为了操作驱动,用以加装电机的转换装置花费高昂,购买多用驱动更划算。在水务工程中,每个变速水泵几乎都无一例外地配备了变速驱动。

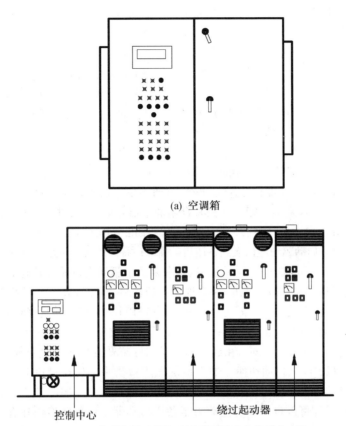

(a) 空调箱

控制中心   绕过起动器

(b) 典型变频驱动器,配有控制中心和备用启动器

图 8.16 变速驱动器机箱

变速变频驱动附件与要求

以下为常见的变速器的附件和要求:

1. 认证 变速驱动常常是水泵系统的一部分,水泵系统要经过许多机构的认证,例如水下实验室、电气测试实验室,或者在加拿大的加拿大标准组织。当需要通过这类认证时,必须留心评估驱动及其附件。

例如,有些驱动制造商有基本驱动的许可,但没有驱动附件和外箱的许可。这些许可必须强制排查,以避免昂贵的领域许可或改变。

2. 备用启动器

    a. 配置当变速驱动失效时,为了维持水泵的运转,就会使用备用启动器。设计时必须判定,当驱动器失效时,水泵备份运行的重要性。对于高扬程的泵站,运行者必须开启减压阀门,降低系统水压力。

重要的设备运行必须配备有备用启动器。毫无疑问,大多数的泵站都需要它们。设计师有责任去做出这些决定。

备份启动器必须设计合理。首先,必须做决定去判断是否采用交叉启动器,或者使用低压启动器。当处于做决定的阶段,如果采用低压启动器,同变速驱动器要求的一样,低压启动器要和电机有相同的电线。通常情况下,这样可以避免部分缠绕或者 460 伏三相起启动器。广泛应用的固态启动器,是完成低压启动的好工具。

为了确保运行人员的安全,备用启动器的安放十分重要。图 8.16b 描绘了一种备用启动器的安放形式,这可以确保它们一定的安全。人们普遍认为,尽管推荐变速驱动器、驱动和备用启动器都在低压下运行,对有些设备这是不可能的。只有合格的电器才能配备到机组中。如前文所提,备用启动器、机箱及其安放必须符合和基本驱动同样的标准。

b. 启动驱动器切换到备用启动器,有两种方法:手动方式和自动方式。

(1)手动切换   此过程中,当水泵由于驱动失效而停止运行,操作者会意识到一次失效。动力手动地切换到备用启动器,水泵重新回到全速运转。这种方式有以下好处:① 好,或者可以检查设备,并且确保水泵合理地回归到原有的工作状态;② 操作者可以调整减压闸门,避免过高的水压力施加到系统上。对于由备用启动器的变速驱动器,推荐此种操作方式。

(2)停泵自动切换   如果系统无法承受手工切换难以避免的停泵,水泵的电动机也可以被自动地切换。当检测到一次驱动的失效,水泵的控制系统可以自动地切换动力至备用启动器。这种转换操作存在缺点,因为没有视查,全速运转的水泵有可能产生超过水系统的水压力。高扬程的水泵,推荐使用自动减压阀,它可以排减当备用启动器使用时产生的部分压力。这将有助于预防系统由于高水压而失效。

(3)用备用水泵替换备用启动器   认识到使用备用启动器问题,最好使用备用变速水泵。花费了很小的代价,就可以大大提高可靠性。备用启动器,还有其他的缺陷,它不能像在 8.32 页和图 8.14 中描述的变速启动器那样,在极限状态下运行。规模泵站配备了至少 30 马力的电机和备用启动器。

3. 驱动器机箱   标准 NEMA 机箱适用于泵电机大多数变速驱动装置(图 8.16b)。此图描绘了典型的变速驱动器,这种变速驱动器配有控制中心和备用启动器。很少使用封闭的、不通风的机箱,例如 NEMA 3,3R,或 4。特殊的环境条件,例如水的存在可能需要这些机箱。对于危险场所,NEMA 7 或 9 机箱可能是必需的。本地和保险规范将决定使用这些特殊类型的机箱。

如果需要一种用非通风、具有内部空调或有管道的冷却空气的机箱,NEMA 12 类型通常是最好的机箱(图 8.16a)。

　　4. 仪表　所有驱动器至少应具备以下仪器：

　　　　a 电表供电

　　　　b 百分比速度表

　　　　c 自动切换开关

　　　　d 手动调速电位器

　　　　e 常见故障报警

　　一些驱动器有许多表明诊断和程序的检测器，替代常用的故障报警。其他提供数字附加信息。

　　5. 控制　变速驱动器可以配备内部微处理器来控制泵的速度。然而，泵的转速控制只是部分泵控制算法的一部分。总泵控制依赖于水系统特性，它通常包含在泵送系统控制中心的软件中。(图 8.16b)

　　当代软件非常灵活，泵控制中心可以与数据采集系统通过数据采集板接口或标准协议进行连接。实际上，在安装时很少有需要任何特殊的软件或接口。

　　变速传动的手动控制确实提供了调整的机会。变速传动的手动控制确实提供了调整泵的性能，而不修整泵轮的可能性。几乎所有的变速驱动装置配有一个手动/自动开关和手动电位器，可用于手动控制。如果该系统的流程是恒定的，手动控制可提供经济的方案。

　　变频驱动器已经成为水工业标准，没有理由不为变速泵系统提供一个可靠的最少服务的变频驱动。

发动机驱动泵

　　现在的发动机驱动泵，最初应用于关键装置的停电事故时，水系统紧急备用。它们也用于白天的特定时期高负荷运行的调峰。它们的价格随电力、燃料油、天然气的相对成本而定。天然气发动机用于调峰减少收费，可能会变得更加普遍。

　　虽然在此没有系统为它描述，发动机驱动泵非常成功地为承包商用于沟渠和基础设施排水。这些泵将在 21 章中描述。其他使用情况是废气可用的位置。典型情况是在一些污水处理厂，垃圾沼气很容易产生，结果是降低了整个电力成本。

　　大多数泵用发动机通常用汽油、天然气或柴油作为燃料。典型的燃气发动机性能如图 8.17 所示。

　　发动机驱动的泵的燃料—水效率可以通过公式来计算。公式 8.7 用于气体，公式 8.8 用于燃料发动机。两种燃料的较高热值是 1 000 BTU/ft³ 天然气和 2 号燃料油 14 万 BTU/加仑。

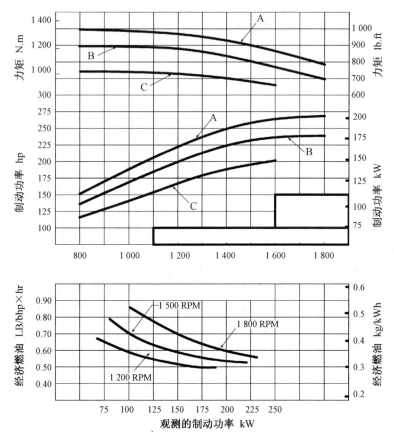

图 8.17　天然气发动机性能曲线

对于天然气发动机：

$$燃料—水效率=\frac{Q\times h}{1\,557\ \mathrm{ft^3/hr}}$$

对于燃料油发动机：

$$燃料—水效率=\frac{Q\times h}{218\,000\ \mathrm{gph}}$$

其中 Q——水流量（GPM）

　　　h——扬程（英尺）

　　　$\mathrm{ft^3/hr}$——立方英尺每小时

　　　gph——每小时燃料油加仑

上面的等式可以转换用于实际较高热值的燃料。

发动机的效率比电动马达低得多。发动机驱动泵的燃料—水效率将反映这一点。大多数电机现在具有在 85％至 95％的范围内的效率,发动机将具有的效率在 25％到 35％范围内。发动机的经济性能在减少使用电器、避免电力需求费用方面体现。安装的发动机多是每年使用多个小时,发动机废水和废气的热量可以通过热回收器再次使用。

以下是水泵发动机的典型额定功率。

1. 风冷汽油、天然气,或柴油:1.0—75 马力
2. 水冷汽油:10—300 马力
3. 液体冷却天然气、液化石油气和污气:10 至 15 000 马力
4. 水冷柴油:10 至 50 000 马力
5. 双燃料、天然气、液化石油气、柴油:150 至 25 000 马力

因为特定的具体安装要求,这些发动机燃料和排气系统有所不同。燃料储存或传送装置的所有部件必须满足的审批机构,如保险商实验室的要求。使用这些发动机可能带来噪音问题。此外,这些发动机的污水、排气必须达到当地的环保法规,特别是燃油发动机,在燃料中的较高的碳的百分比。

发动机可装备有能量回收设备,诸如发动机 Jackel 公司 wllhlr 热回收或发动机排气气体热回收的热交换器。如果是,则回收的必须分配给该系统,提高总可利用能量,提高燃料—水效率。具体的安装需要热平衡确定实际的燃料—轴效率。

和电机驱动泵一样,发动机驱动泵提供相同的变速能力。根据压力控制来改变电动机转速同样也适用于发动机驱动的水泵系统。

小　结

电机和驱动供水泵的选择是实现成本效益和高效装置的关键。很明显,一系列计算和决定必须由设计者做出,要实现这样的装置,应注意电动机的选择,确保为每个应用选定最好的类型、等级和外壳。常常,电动机只指定为一个三相感应电动机。

技术信息来源

《交流电机选型与应用指南》,Bulletin GET‐6812B,通用电气公司,Fort Wayne,IN,1993。

有关电动机部分的《1993 能源政策法案》,Bulletin GEK-100919,通用电气公司,Fort Wayne, IN,1993。

第三部分

泵世界

第 9 章
水的运动

引　言

在这些系统中使用的水，很像我们通常所指的水。水已经充足，价格便宜，为什么不使用它呢？现在通过这些系统输送水的能源成本在不超过一美分每千瓦时，水本身应该得到保护。节约一定要实施，通过有效利用供水系统抽水，来实现水的保护，开发电子电气产品为用更高的效率实现水的运动打开了大门。机械设备的耗能的削减，变速泵的采用，管道材料的更新和更好的关于管道摩擦知识的发展，已经降低了水再分配所需的能量消耗。

本章将回顾用于所有系统的设计考虑。各个章节将专门就供水系统具体设计要求论述。能耗是这些大多数系统的一个主要关注点。

有效能源的确定

在第一章讨论的数字电子产品的出现，提供了迅速有效确定所有水系统能耗的工具。何为高效的利用，哪些不是，仍然有待我们开发。以下一些有助于我们了解判定各种泵能量消耗。将要讨论一些长期在于水系统的设计和运行中存在的问题。

抽水能源的有效消耗

以下泵扬程是有效的能耗：

1. 经济流速下输送水的管道摩擦
2. 管路连接件摩擦
3. 管道固定装置等终端设备的摩擦
4. 合适大小的泵和电机
5. 选择适当的变速驱动器

能源无效利用

以下尽可能避免使用：

1. 手动或自动的平衡阀
2. 减压阀或调压阀
3. 其他调节水流的机械装置
4. 超压定速泵
5. 设计不良的泵部件与管道
6. 超出需要的富余压力
7. 对系统流量评估不充分

可能对上述几类泵能源有效和无效利用效率的分类还有一些疑问。任何迫使水沿着一定路径或回路运动的设备都是低效的，即使是像在水系统某些部分中的调压阀一样有用。一个完美的系统，不需要控制阀来控制水流通过任何设备。这是一个在水系统所需的任何时刻都能提供准确的压力的典型变速泵水系统。这里的目标是建立一种可以确定供水系统整体效率的方法。同样，我们的目标应该是通过尽可能避免使用上述能源利用效率低的设备来减少泵的能源消耗。

系统效率的计算

水系统整体效率的计算就跟别的效率计算公式一样，用有用的能量除以输入的总能量。有用的能量是管道、配件以及终端设备的摩擦，它们的大小直接影响着有用能量的多少。就像第 3 章里所提到的，工程师必须在设计水系统时从摩擦力与管道成本的平衡中取得一个较为经济的解决方案。

一个水系统的有效能量 P_s，以 kW 为单位计算可以表示为：

$$P_s = \frac{\text{有效摩擦}(ft) \times \text{系统流量}(gpm) \times 0.746}{3\,960} kW$$

$$P_s = \frac{\text{有效摩擦}(ft) \times \text{系统流量}(gpm)}{5\,308} kW \qquad (9.1)$$

这样一个系统消耗的能量 P_c 就是系统输入的能量，如果它已知的话，或者也可以这样计算得到：

$$P_c = \frac{\text{总压头}(ft) \times \text{系统流量}(gpm)}{5\,308 \times \eta_E \text{ 或者 } \eta_{WS} \times \eta_P} kW \qquad (9.2)$$

其中 η_E——电机效率

η_{WS}——电机和变速驱动器线—轴效率

η_p——泵效率

利用电动泵的水系统的效率 η_s，可以通过有用功率除以泵变速传动功率或电机的输入功率来计算。

$$\eta_s = \frac{P_s}{P_c} \times 100\% \tag{9.3}$$

作为一个用变速泵的典型水系统，如果在系统水流量 1 000 gpm 的时候，管道、配件以及终端设备的摩擦达到 75 英尺，则有用的功率为：

$$P_s = \frac{1\,000 \times 75}{5\,308} = 14.1 \text{ kW}$$

为了计算 P_c，假设通过减压阀损失的摩擦力可达 20 英尺，水泵总扬程为 $75 + 20 = 95$ 英尺。如果设备效率中泵的效率是 83%，电机和变速驱动器连接轴的效率是 90%，则输入功率 P_c 为：

$$P_c = \frac{1\,000 \times 95}{5\,308 \times 0.83 \times 0.90} = 24.0 \text{ kW}$$

系统效率 η_s 为：

$$\eta_s = \frac{14.1}{24.0} \times 100 = 58.8\%$$

以上计算的是系统全流并且不产生泵超压情况下的系统效率。很明显，这个方程式有意义的，在部分负荷条件下必须做类似的计算。

例如，假设系统运行在 50% 负载，系统流量为 500 gpm，有效的系统扬程下降为 40 英尺。系统的有用功率 P_s 为：

$$P_s = \frac{500 \times 40}{5\,308} = 3.8 \text{ kW}$$

再假设在 50% 负载下在上述系统运行恒速泵。此时，水泵曲线上升，流量 500 gpm、扬程 105 英尺、效率 78%。因为不涉及变速传动，η_E 就是电机的

效率,为 91%。P_c 因此变成了:

$$P_c = \frac{500 \times 105}{5\,308 \times 0.78 \times 0.91} = 13.9 \text{ kW}$$

水系统的整体效率变成了:

$$\eta_s = \frac{3.8 \times 100}{13.9} = 27.3\%$$

这表明泵电机的能量只有略多余四分之一的部分用于在 50% 的流量下有效输水。像看起来那么戏剧性,水系统利用定速泵和机械装置去克服因为用很少的能源来移动在中低负载系统中输送所需的水而引起的泵超压,其所耗用能量的效率很低。

使用 9.3 公式来评价泵水系统的效率可能很麻烦,难以使用。同时,使用小管道和高摩擦损失可能会给设计不良的系统提供一个相对较高的效率。公式 9.3 在比较有着不同管道摩擦等级的管道系统时,提供了一个相对性大于绝对性的结果。在跟踪一个特定的水系统的能源消耗变化时,这个工具是非常有用的。这些方程式可用于能源消耗、能源应用和水系统总的系统效率。类似的对能源消耗的评估,应该涵盖水系统中所有的部分,确保达到最大的系统效率。

kW/MGD

衡量泵水系统能耗的一个有用的数据是 kW/MGD。MGD 是百万加仑每日的缩写。相当于 694.44gpm 的恒定流速。kW/MGD 的计算公式为:

$$\text{kW/MGD} = \frac{\dfrac{24 \text{ hr/day} \times P_{kW}}{1\,440 \text{ min/day} \times Q}}{1\,000\,000 \text{ gal}}$$

$$\text{kW/MGD} = \frac{16\,667 \times P_{kW}}{Q} \qquad (9.4)$$

P_{kW} 是泵水系统的能耗

Q 是系统流量单位 gpm

例如,如果泵水系统在流量为 1 500 gpm 的时候功率为 15 kW:

$$kW/MGD = \frac{16\,667 \times 35}{1\,500} = 388.9\ kW/MGD$$

一个数字计算机的简单运算可以看出泵水系统的运行效率如何。它们可以存储这些信息,检索它,并用它与当前的数据进行比较。这些数据往往是为维护、未来的发展以及其他设计能耗的计算提供信息。

很明显,kW/MGD 取决于水泵所需要的扬程,所以在水系统之间进行比较的话几乎没有什么优势,它只是一个在评估水系统水泵扬程相似的情况下有价值的数据。

流量机械控制的能量损失

控制装置

如今人们开始注重节能,我们开始设计一个水系统的时候,必须重新评估我们的例行做法看看我们把能源浪费在了哪里。有了计算机辅助设计,对部分负载信息的开发以及水系统的仔细评估变得更加容易。这提供了更为高效的管道基础设计,不再需要机械装置来让水流在系统中流通。尽管本书没有特别涉及此方面的水系统,笔者曾涉猎过一个中西部大学的冷却系统,此系统的泵在运行泄流时采用的是平衡闸阀。通过这些平衡阀有 40 psi 的压降,每年浪费 900 000 千瓦时的能量。

可以使用 9.2 公式对水系统的每个部分进行能耗评估。通过对系统的实际流量和水头损失的考虑,应更换整个系统的总流量和扬程。快速估算这种能量损失未知的泵和电机效率的公式如下:假设平均泵效 75% 左右,电机的平均效率为百分之 90,公式 9.2 可归纳为如下:

$$损失功率(P_L) = \frac{Q_P \times H_P}{5\,308 \times 0.75 \times 0.9}$$

$$P_L = \frac{Q_P \times H_P}{3\,600} \tag{9.5}$$

Q_P——通过部分系统流量的数值　单位 gpm

H_P——通过部分系统扬程损失的数值　单位英尺

如果压降 H_P 用 psig 表示,则乘上 2.31

年度损失能量为

$$年\ kWH = P_L \times 年\ h \qquad (9.6)$$

虽然方程式 9.6 是近似值,但通常它足以准确地确定作为水系统一部分(如减压阀)的能量损失是多少。

管道设计评价

公式 9.6 为水系统部分的能耗计算提供了方法。所有这些计算取决于设计时的扬程的合理准确的计算,单位为英尺。就像第 3 章提到的,对水系统总扬程损失的计算是不精确的。它接近一门艺术,基于设计师多年的经验。

管道直接运行时的摩阻损耗是相当明确的,大量的精力被浪费在了管道配件和压力或流量调节装置的选择中。

下面是一些管道设计的一般规则,这有助于减少水系统的摩阻。

1. 总给水管道中的摩阻阻力通常确定了系统的总摩阻。分支管道一般具备较大的可利用水头,这是由于它们当中有许多处于系统的各个节点上,在本系统中,总给水管仍处于一个需要满足远程水源大流量的较高压力之下。应尽可能避免减少主管道内的配件。应在三通位置处为较大的支管减小主干管的尺寸,这是由于尺寸减小的三通将具备一个比普通三通更低的摩阻损失和更少的配件。

例如,使用一个尺寸为 $8'' \times 6'' \times 4''$ 的三通来取代一个尺寸为 $8'' \times 8'' \times 4''$ 的三通以及一个 $8'' \times 6''$ 的异径管。

2. 应避免在管道的任何位置的减径接头和法兰,因为它们会带来相当大的摩阻损失。

3. 应当对水泵周围的配件进行细致的摩阻损失评估,这是因为泵站中含有许多配件。例如,图 9.1 表示了铸铁锥形配件在离心泵而非减径法兰的排吸过程上的正确使用。这幅图似乎应放在本书的其他章节中,但我们将其插入这个位置,以强调水泵配件在能源节约中的重要性。

4. 应当对第 3 章中所讨论的管道尺寸重新进行评估,从而保证在主要成本和能耗之间做出恰当的评价。

供水系统的负荷范围

本章的大部分内容一直致力于对设计负荷或流量的能量分析。然而,在许多实际供水系统的实例中,这仅仅是分析的一小部分。最为重要的是,需要确定供水系统的最小负荷、中间负荷及最大负荷,以实现对能量消耗的精确估计。利用管道摩阻计算公式,可以算出所有这些处于部分负荷条件下的系统水头。同样的,通过对水泵相似定律的合理使用,水泵的能耗可根据最小和最大负荷算出。在本章将会讨论的所有系统评估中,对水泵系统性能和能耗进行计算时,将始终包括系统的最小负荷。

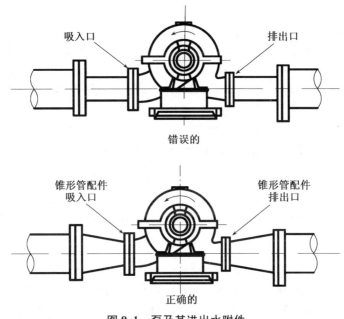

图 9.1 泵及其进出水附件

能耗和水资源利用

　　需要记住的是,许多现有的系统是在能源开销较低的某个时期设计的,并且机械设备的使用是依据当时最为经济的使用过程而设计的。第 27 章将对这些过程进行讨论,以实现对现有供水系统的评估。

　　在本书中,我们将为水泵系统本身的水泵配件和阀门提供摩阻损失和能耗的参考值。通常,对水泵系统本身的设计缺乏重视将会导致明显的能量损失。例如,使用某些类型的止回阀可能增大水泵系统的摩阻损失。使用单臂滑锤的自重式止回阀可能会为变速泵系统带来相当程度的能量损失。故应当完成对是否安装自动阀的评价,该自动阀将在水泵开始工作时完全开启,从而实现节能,并允许水泵以较低的速度启动。图 9.2 表示了 2 个止回阀。若采用自动阀,那么该阀门在水泵启动前必须处于关闭状态,并在水泵开始运行后完全开启。连接到止回阀传动轴上的机械开关可以完成这个过程。

将这两幅图包含在本章中,以强调必须进行详细的分析,从而确保整个系统的摩擦为最小。

供水系统的分类

可按供水系统为开环或闭环连接来进行分类。任何分类都会造成一些混乱,但这种分类对于评价所有在此考虑的供水系统的水泵而言已经足够。

开环系统将水源从一点输送到另一点,且这些水源将不再返回其初始位置。本书中的大部分系统均为开环供水类型。

闭环系统将水返回初始位置,并且有一个百分比较小的补水量。这种实例可以在供暖和冷却过程中找到,并且几乎所有的水将被送回锅炉或冷水却器。

建议的设计规则

直到最近,耗水量才成为大多数系统中的一个被关注到的问题;节能技术的出现使得这些系统中的耗水量得以下降。若这里提出的建议和公式能够实现应用,那么可将高效的泵送程序用于这些供水系统。以下是一些建议。

1. 未来的供水系统应当设计为可满足用户的具体要求的系统,并利用以下原则,以实现最有效的系统,同时使系统处于项目的最初预算之内。

2. 供水系统应实现对水资源的高效分配,并最低限度地使用耗能的设备。这在前面已经列出。

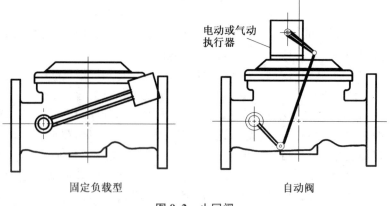

电动或气动
执行器

固定负载型　　　　　　　　　　自动阀

图 9.2　止回阀

3. 管道应当设计为不含：

　　a. 渐缩法兰或螺纹法兰、渐缩接头

　　b. 双头式连接（以两股水流连接至三通的主管，并排出至三通的支管就是一个例子）。

4. 需要对所有水泵、配件和阀门的摩阻进行计算。

5. 应当选择在设计条件下具备最大能效的水泵，并考虑项目的经济约束。

6. 应当适当增减泵的数量，以避免水泵在大推力和低效率的情况下工作。水泵的排列顺序应能达到最大可能的系统效率。

　　从上面的分析可以看出，供水系统的设计并非一个简单的任务。我们必须进行大量的分析，权衡众多成本因素对运营成本的影响，从而为每个装置带来经济上可行的设计。这里再次强调，通过计算机的应用可增大这方面的成效，并能够消除设计中的诸多难处。供水系统的设计往往是一种基于水系统工程师多年的经验的艺术。

第 10 章
水系统的配置组成

引　言

以下是水系统配置的综合评价,也许它会超出书本上所给的水泵范围,但是这些泵的经济应用完全依赖于正确的系统设计。优异水系统配置的基本原则是要正确选择泵的类型,以使水系统的运行效率更高。本章的主要目的就是通过泵的智能利用来减少水系统的初次成本和能量消耗,另外一个目的就是消除过去用来克服水系统富余压力的机械设备,这些是因不合适的水泵规格和泵的误用所导致的。

回顾一下泵抽水功率的基本方程式:

$$泵\ KW(P_{KW}) = \frac{Q \times H \times 0.746}{3\,960 \times \eta_P \times \eta_E\ 或\ \eta_{WS}}$$

$$= \frac{Q \times H}{5\,308 \times \eta_P \times \eta_E\ 或\ \eta_{WS}} \qquad (6.10)$$

式中:Q——系统流(gpm)

$\quad H$——装置扬程(英尺)

$\quad \eta_P$——泵效率作为一个十进制

$\quad \eta_E$——恒速泵电动机效率作为十进制

$\quad \eta_{WS}$——为变速泵的驱动效率

由该式可知,泵所需要的能量随着水流和扬程的增大而增加,随着泵效率和电机与驱动转速器效率的减少而增加。因此水系统设计者需要合理设计出符合工程要求的最小流量和扬程。本章将讨论流量和扬程问题,以此设计出满足上述公式要求的最佳方案。

通常情况下,水系统可分为开启和关闭两类。开放水流的特点是从一个点传送水到另一个点,水不会返回源头。并且绝大多数水系统为开放式。关闭式或返回式水系统中大多数的水能够在水系统中循环。在一些小的水系统和污水处理厂中,污泥会被处理在水处理厂前端。真正的封闭系统出现在暖通空调领域,如:大部分的冷水、热水及冷凝水均会回到冷却塔中。

建立水系统模型

水系统设计者所面临的首要任务是计算该系统所需要的流量和扬程,而用手工来计算该系统所能承受的最小和最大负载其实是一件艰巨的任务。

如第 1 章我们所讲到的,随着高速计算机和相应软件的应用,对于水系统的分析已经不再是一件难事。这使得工程师们能够快速评估系统,并确定不同负载下的系统的流量和扬程损失。设计者们可以评估不同负载条件的水系统,建立和健全水系统能量损失的认识,并且得到不同流量和扬程情况下更加精确的评估。

对于水系统,我们发现的一个重要的事实就是几乎没有哪个系统的负载是均匀增加的。许多水系统的分析已表明,水系统不同部件水的消耗是变化的。当水系统中水的负载在设计值时,其他部件相应的荷载可能只有很小。在水系统分析中这点也应该考虑进去,同样,管道和控制阀的设计也应该考虑这些情况。计算机辅助分析系统能够帮助设计者分析学习预期情况下系统的不同负载情况。

前面章节已提供了计算管道摩阻的方法。本章将用这些数据去证明扬程和流量是如何变化的。水系统其实是由许多的管道组建而成。每一种负载就代表一种水系统,同样也有不同的摩阻扬程。不同负载条件下的摩阻损失包括沿程扬程损失,局部扬程损失,管道、控制阀等的损失。如果设计者能意识到各个负载的个性特征,并且以这样的意识设计水系统,那么一个简单而且更高效的水系统将会诞生。

传统意义上,所需的泵扬程水系统用曲线来表示,即系统扬程 ft-流量 gpm 曲线。因此,它被命名为系统扬程曲线。通过多年的水系统的工作,已证明许多水系统扬程的要求不能用这个简单的抛物曲线表示。相反,扬程变化范围广泛,可能很难计算。在解决这个棘手的问题之前,应该重温一下系统扬程曲线或区域的要素。

水系统扬程曲线

水系统扬程曲线由绘制在水平轴的流量和垂直轴的扬程构成。系统扬程必须分解为可变扬程和不变扬程。

可变扬程是水流分布系统的摩阻扬程。恒定扬程可以分为静态扬程和恒定摩阻扬程。静态扬程是高低不同的水位。典型的解释就是水塔的高度。恒定压力或者摩阻扬程可能是管道损失所导致的。恒定扬程由压力变送器维持在一个特定工况点下的压力所致,压力变送器信号用来控制水系统中的水泵。恒定摩阻扬程作为静态扬程在垂直轴绘出。很明显,它不随流量的大小变化而改变。显然,恒定扬程是水体维持在高层办公楼最高处的水压力。

综上,水系统中的摩阻包括以下几个部分:

H_{PF}=泵配件损失
H_F=系统的管道和配件的摩阻损失,不是泵附带的。
H_{CP}=恒定压力
Z=静态扬程

第一部分管道设计中指出,由管道摩阻公式我们发现,管道摩阻不同于曲线上所说的 1.85—2.0。通过添加静态扬程和恒定摩阻扬程到系统总摩阻扬程中我们得到系统的扬程曲线,接下来的方程式可以用来计算统一的系统扬程曲线。

$$H_A = Z + H_{CP} + H_F \times (Q_A/Q_1)^{1.90} + H_{PF} \times (Q_A/N \times Q_1)^2 \quad (10.1)$$

式中
H_A 是系统中任意流量下的总扬程,流量 Q'_A,单位为 gpm
Z 是水系统中的任意点静压头(英尺)
H_{cp} 是系统中保持的任意点恒定压力,
Q_A 是曲线上零流量和设计流量 Q_1 之间任意点的流量,
H_p 是系统在设计流量时的分布摩阻损失水头;Q_1,它不包括泵配件的水头损失,H_{pp}
N 是运行的泵的数量

流速扬程 $v^2/2g$ 不包括在曲线上,因为流速扬程小于 1 ft 的时候大多数水系统中流速小于 8 ft 每秒。由达西-威斯巴哈方程式所给出的指数 1.90 比我们正常所认知的 2.0 更加准确。但是这个数值不适合管道配件和阀门,因此 2.0 用来计算泵配件的损失。因此我们相信,公式 10.1 将会提供更加精确的计算。图 10.1 描述系统扬程的相应组件。图 10.3 多泵系统中不包括泵配件损失。尽管 H_{cp} 表示一个恒定的扬程,但是在系统控制压力随着总流量和其他系统变量变化的系统中,它是不断变化的。

在多泵系统中,每台泵的运行必须遵循上述方程式。比如,一个水系统有

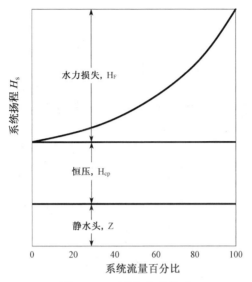

图 10.1　系统扬程的构成

三台泵,在运行中必须同时满足第一、二、三泵的需求。对于配件的损失这些是必需的,每台泵在不同流量下 H_{pf} 是不同的,不是水系统的总流量 Q_A。下个例子可证明该方程式。

假设:

1. 最大流量为 100 ft 扬程 1 000 gpm,这是标准系统扬程曲线上的最高工况点,在公式中为 Q_i 和 H_A

2. 静态扬程 Z 为 20 ft,为系统扬程曲线 0 工况点处,此处流量为 0

3. 分布摩阻 H_f 为 70 ft

4. 只安装一台泵时,H_{pf} 为 10 ft。

图 10.2 描述系统扬程曲线,表 10.1 描述该例子系统扬程曲线工况点从最小值 100 gpm 到最大值 1 000 gpm。我们需要重申,这是一个标准的系统扬程曲线,所有水的负载和设计负载百分比相同。由方程式 10.1 计算得来。

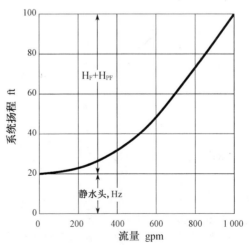

图 10.2　对于一个单泵水系统具有 20 ft 静态扬程的系统扬程曲线

水系统的损失

　　流量和扬程已经在之前讨论过了。泵系统本身的损失往往被忽略，或者被添加到系统扬程损失里。我们已经知道水系统的损失是非常重要的，我们应该把它从水系统损失中单独拿出来分析。图 10.3 描述了由 5 台泵组成的水系统，每台有 700 gpm 的抽水能力，5 台共 3 500 gpm，每台的损失与系数 K 一起显示。泵配件的总体损失为 6.9 ft。从水力研究所的评估中我们知道，管道配件损失可以从 10％到 35％，显然这些损失已经多出了 20％。因此，单台泵的系统损失应该是 8 ft，700 gpm。图中为 5 台泵的水泵曲线，每台泵如果在错误运行下可以达到 1 100 gpm 的最大流量。在 1 100 gpm 流量下，泵的配件损失为 20 ft，也许 8 ft 的损失不足以引起我们的注意，但是 20 ft 的损失应该让我们对该水系统进行深层次的能量评估。

表 10.1　系统扬程曲线对应值

系统流量（gpm）	扬程系统头（ft）
100	21.0
200	23.7
300	28.0
400	33.9
500	41.3
600	50.1
700	60.4
800	72.2
900	86.0
1000	100.0

系统流程：3 500 gpm

泵流量：700 gpm

6″管的速度头：0.94 ft

整个系统损失＝6.9×1.2＝8 ft

　　该系统具有 30 ft 的恒压和 78 ft 的系统摩阻损失。整台泵接头损失估计为 8 ft，总系统的摩阻损失变为 86 ft。图 10.5 所示为此系统的统一的扬程曲线，该曲线已被调整以通过泵配件确认损失变化。同样，不再是统一的系统平滑曲线而是一个有圆齿的形状。这很难选择最有效的泵投入点，而类似于用水效率曲线或输入功率的计算机程序将在 11 章中描述。本例中，在 10.5 的

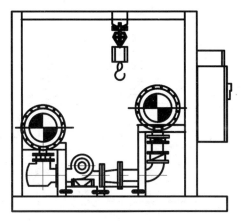

图 10.3　五台泵水系统的摩阻损失

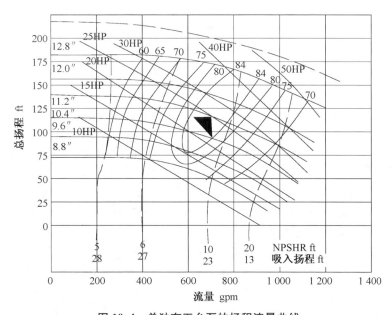

图 10.4　单独有五台泵的扬程流量曲线

图中投入点,为每台泵任意设定 800 gpm。改变运行泵数目不一定是最高效率点运行。这条曲线清楚表明,传统观念的只运行一台泵直到不能使用是一种浪费。

　　很明显,本章中所描述的扬程曲线和面积受泵损失变化的影响。设计师如何把泵损失纳入对该系统的计算中呢? 这是困难的,除非计算机程序能计算出包括配件损失的系统摩阻损失。线—水效率曲线和输入功率曲线将在各

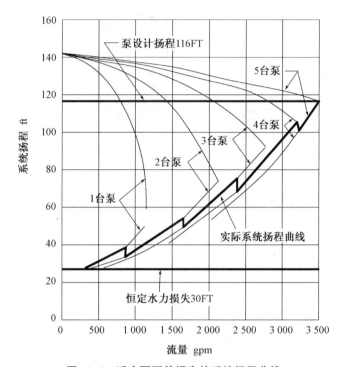

图 10.5 适应泵配件损失的系统扬程曲线

章节进行讨论,说明产生管件损失的原因,这些评估将配件损失从系统损失中分离出来,以达到合理的用于估计系统的性能和多泵系统的排序。

上述实例和数据描述的所有水系统应用为均匀流动系统。显然,这不会在大多数实际的系统中存在,因为一些水将被加载,而其他不会有任何负载。这在第 1 章多样化定义中用术语演示过。

认识到系统不均匀地加载,我们必须评估水系统,以确定如何计算并显示实际扬程。图 10.6 描述了等间距加载 60 gpm 的 10 种不同荷载时的典型水系统。供水压力和终端压力之间的差是 22 psig 或 51 ft。假定一个 120 ft 扬程的系统,摩阻损失为 60 ft,这将是我们说明典型系统扬程的模型系统。

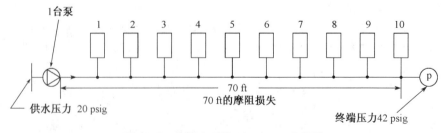

图 10.6 典型水系统 60 gpm 10 个荷载

　　假定在每10个荷载中有40%的均匀荷载,这在图10.7中有详细说明。现在,让40%的载荷偏移使得仅泵系统附近的四个载荷满载和更远的6个载荷不加载(图10.8)。因为这4个荷载更靠近泵,该系统的摩阻将小于40%均匀加载的那10个负载。接着,所有的40%的负载传送到最远的4个负载(图10.9)。现在40%的负载比所有10个均匀加载的更远,并且系统摩阻扬程将比均匀负载更好。这个程序可以加载各种负载,从10%到90%。

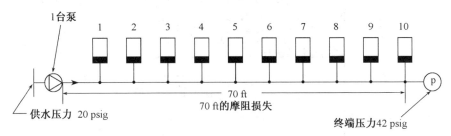

图 10.7　典型水系统 10 个荷载下百分之 40 的承载力

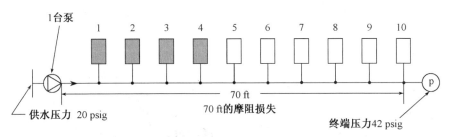

图 10.8　典型水系统满载下靠近泵的 4 个荷载

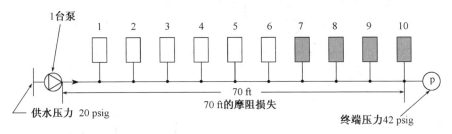

图 10.9　典型水系统满载下远离泵的 4 个荷载

　　系统中负载的运动结果示于图10.10a。这是一个扬程图,它几乎存在于一个负载以上的任何水系统。这是整本书中最重要的特征之一,因为它使设计者知道能够以简单的扬程曲线来表示复杂的水系统。事实上,我们发现水系统的摩阻系数在0.5到3.5之间,而不是1.9至2.0。图10.10b是实际水系统的扬程曲线。该区域不以平滑曲线为界。

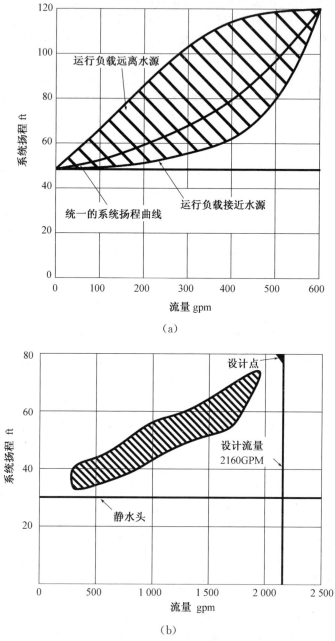

（a）

（b）

图 10.10 理论系统(a)和真实系统(b)情况下的系统扬程区域

这是一个基本的水系统的手工建模。因为不止一台泵而且要在不同高度上加载是多么复杂。有了计算机,这样的扬程曲线变得容易开发。如果没有电脑,就在我们的模型中调整摩阻为 50％的流量下的 34 ft。该变量或分布摩阻对于较低的曲线乘以 75％,对于较高的曲线乘以 150％。绘制类似于曲线 10.10a 的图,通过这些点会产生一个近似的扬程曲线。这个系统扬程区域会给你一个系统扬程区域的大致概念,你可以通过它预测想要的泵的性能。显然,大型、复杂的系统需要比这更多的分析。关于泵的扬程的其他探讨将在本书的其他章节展开。

系统的流量—扬程关系是非常重要的事情,因为泵的选型依赖于此。以上的示例表明,它是一个复杂的主题。在这方面花费再多时间成本都是值得的。

系统评估的一个重要因素就是能够预测到由于减压阀和调节阀所带来的能量损失。仔细评估后这种损失是很明显的。本书中提及的大多数水系统不会使用上述设备。随着相应电脑软件的到来,设计者们可以对系统荷载进行更加准确的评估,对多样性的水系统有更精准的认识。我们假设的许多数据可以输入电脑,设计者通过分析后选择更加适应于水系统的设计方案。

静扬程

由前面提到的相应公式和图可知,大多数水系统的静扬程不是恒定不变的。它可能是在变化的,比如:在某一丘陵区域,为家庭或者商业大楼供水的市政水系统。在开敞式水系统中,静压为一个基准点。它可以是很多点,比如抽水箱的恒定高度,也可能是大楼的最低点。在大多数情况下,它是高于标准海平面的。任意工况点下,静态压力可以决定负载情况下的剩余压力。最大静压决定泵的扬程,而不是剩余压力决定的。在以后特定章节会予以介绍。

典型水系统的配置

通过对常见水系统的回顾,可以帮助我们对系统进行分析。并且认识到不是所有系统扬程曲线都源于 0 点。为了简化,我们将使用一台泵,并且相应的损失忽略不计。使用的系统有摩阻扬程,系统扬程曲线从 0 流量 0 扬程开始。这些系统假设包含冷水,因此 1 psig 等于 2.31 ft。

全摩阻系统

图 10.11a 中指出,由进水箱所提供的静态水压等于系统最末端的恒定水压。因此也就不存在恒定扬程。这是一个罕见的水系统。整个系统在一个平面上,因此也不存在静态扬程。泵所需要的唯一扬程是用来克服摩阻的。图 10.11b 所示的为标准系统扬程曲线。对于变速泵来说如果系统流量从很小增加到设计流量时荷载也在变化,这将是一个完美的系统。

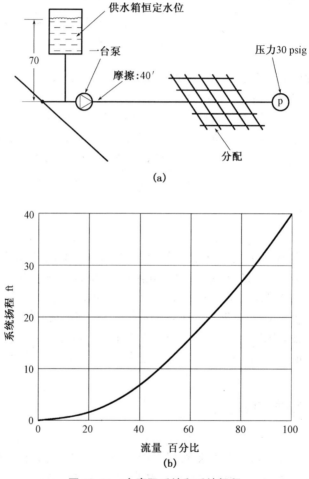

图 10.11　全摩阻系统和系统扬程

高静压系统:

不同于之前的系统,该系统的静态扬程有总扬程的 83%。如图 10.12a,系统扬程曲线如图 10.12b。泵的平坦的扬程—流量曲线可以避免由关机和零流量状态导致的压力增加过快。如果荷载变化较快较大,我们应该使用这种恒速泵。这对于小流量泵很有效果。该系统是典型的高层建筑物供水和井泵灌溉常用的方案。这两种方案下,系统损失非常小。对于井泵来说,摩阻只存在于泵本身。

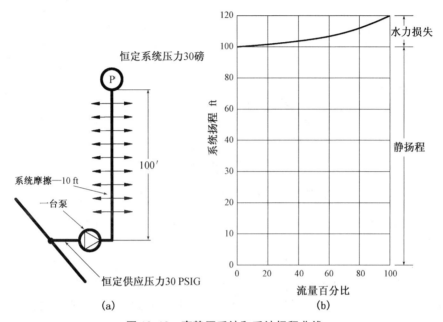

图 10.12　高静压系统和系统扬程曲线

具有两个分支的系统:

该系统是之前两个系统的结合。如图 10.13a,其中一部分主要是静态的,其余部分是全摩阻。这是一种典型的郊区水系统,那里的房屋不在同一海拔高度下。图 10.13b 描述了系统扬程区域在从最小流量到最大流量时泵扬程的变化。从实际的扬程和流量中我们可以看出这是否适合采用变速运行。

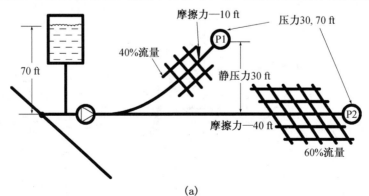

(a)

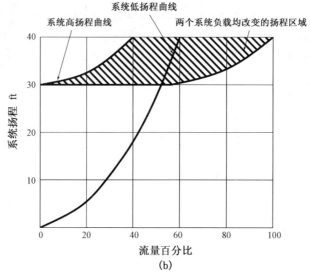

图 10.13　水系统和系统扬程曲线的结合

复杂的系统扬程区域也提示我们是否两个系统更加有利,对于较高区域采用恒定转速泵,低区域选用变速泵。

具有可变压力的高静态系统:

该系统和图 10.12a 所示的系统相似,除了供水压力不是恒定的 30 psig,而是在 30 到 60 psig 之间变化。如图 10.14a,它的系统扬程区域如图 10.14b。如果供水压力在多数情况下远大于 30 psig,我们采用该系统。在选择泵前,我们应该对供水压力的变化进行准确的评估。当街管的压力变化适合时,这也是高层建筑物供水系统的典型案例。这在过去很多情况下都适用。然而,随着供水系统水平的提高,在大多数城市中这种情况已经很少见。

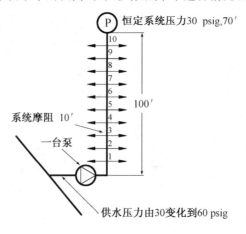

(a)

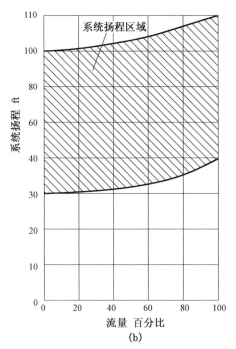

图 10.14　变速供水压力和系统扬程区域的高静压系统

无静态压力的高压供水系统：

该系统类似于 10.11a,它是在一个平面上没有静态压力,但是它有 80 ft 的供水压力,远大于系统所需要的 30 psig(70 ft)。泵应该是变速的,并且提供一个单向阀门,当供水压力足够时使泵克服相应的摩阻。如图 10.15a,泵扬程曲线如图 10.15b。当流量小于总流量的 49% 时,由供水压力把水输送到系统中。

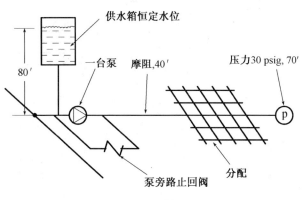

(a)

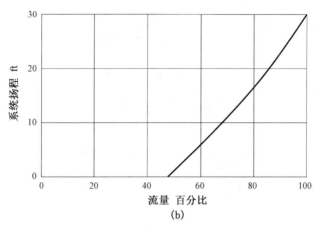

(b)

图 10.15　高供水压力系统和系统扬程曲线

无静态压力的可变压力供给系统:

图 10.16a 所示的系统与前面所提到的系统很相似,除了供水压力是可变的。图 10.16b 系统扬程区域。泵是变速的,装备有单向阀,当泵停止运行时,街道压力仍能运行该系统。这是许多水系统的典型。其他相应系统将在本书不同水系统评价的章节中描述。我们需要重申的是从图 10.11 到 10.16 所述的系统,由于用水分配的不同,都有一个系统扬程区域。这并没有显示在尝试描述每一个系统的基本结构。此外,这些系统都只有一台泵,是为了避免由泵配件所导致的泵系统扬程曲线的不规则性。实际的水系统有更加复杂的系统扬程区域,但是上述相关系统都是简化系统,因此这些问题都予以忽略。

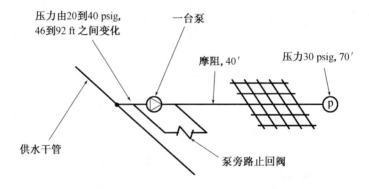

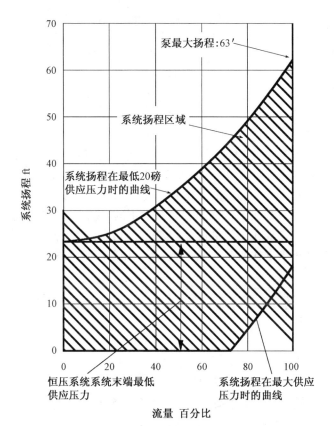

图 10.16　变供水压力无静压系统

水力梯度

　　水力梯度图在第 1 章中就提到过,本书中主要用来描述不同的泵送和水系统中的回路规程。需要指出的是,水力梯度图只包含静态和物理压力。流速扬程是动态扬程,因此总能量图的部分不等价于水力梯度图。图中所有的基准点的作用就是方便对系统中需要考虑的地方进行评估。许多城市使用标准海平面作为基准点,原因是系统的多样性,并且可以基于同一个海平面来定义海拔高度。简单的水系统可以使用建筑物的底部或者吸水箱作为系统图基准点。污水处理站可以使用湿室的底部,其他可以使用供给管道的海拔高度。什么方便就使用什么作为基准点。接下来的图我们将用供给管道的海拔作为基准点。

　　水力梯度图是用来检验水系统中能量传输的好方法。可以用来表示伯努利方程,垂直距离可以在图上测量,长度和宽度按比例显示。水平距离没有必要按规定比例,主要是用来分离各种情况下系统各部分间的静态和摩阻损失。市政工程的水力梯度图在勘测站内可以显示水平刻度。

　　泵扬程一般竖直向上显示,而摩阻损失可以为竖直向下或者对角显示。现在通过电脑程序能做出与此类似的图。

　　图10.17显示了图10.16水系统产生的压力梯度图,有10个相同的负载。此图用于水平开发的水系,没有静态扬程。假设供水压力为20 psig(46 ft),如水平线所示,图中泵扬程为121 ft,需要在泵段末端保持42 psig(97 ft)。泵扬程是由系统摩阻70 ft,保持压力的97 ft,减去供水压力46 ft得到的。因为该系统是在10个相同负载条件下的,我们也许需要其他情况下的水力梯度。这将需要在全流量情况下40%的负载或者后四个负载。同样也应该考虑到别的情况比如在全流量前提下只用前四个负载。

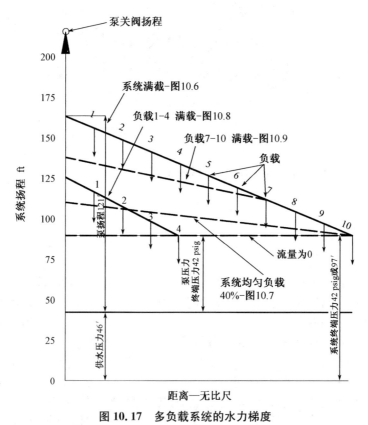

图 10.17　多负载系统的水力梯度

　　压力梯度图还应该在系统中零流量的情况下得出,此时泵的运行为关阀扬程或者是零流量状态。这种情况下系统提供最大可能扬程。压力梯度图的第二个条件应该是全流量或者设计流量状态。通过把水泵的关阀扬程加到最大运行压力得到系统最大压力,可以用电脑轻松算出系统最大压力。图 10.17 中,水系统的最大压力是 200 ft(87 psig),也就是泵的关阀扬程 156 ft,加上最大供水压力 44 ft。不能因为泵是变速的就觉得这种计算没有意义。如果变速泵不受控制,泵就有可能在关闭状态下以最大转速和最高 200 ft 的扬程运行。

　　图 10.11 到 10.16 是非常简单的水力梯度图。许多系统也许需要在不同状态下的水力梯度的评估,比如在图 10.14 中,压力是在不断改变的。图 10.18 中压力梯度图在最小和最大供水压力情况下是一样的,但是泵扬程在 110 ft 和 40 ft 之间变化。对于计算运行压力这是非常有用的工具,而且可以确定由于管道和泵的错误设计所导致的过压问题。由水力梯度图所预示的过压问题表明我们可以通过对泵和管道的优化来节能。

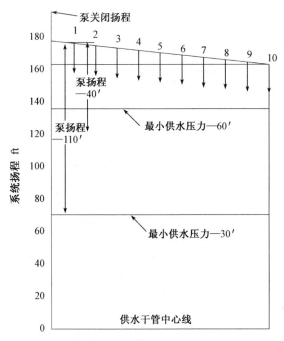

图 10.18　变速驱动高静压系统的水力梯度

管网分析

具有多种负载和管道网络的水系统由于在不同管道中流量的不同有很多摩阻分析上的问题。计算机相关软件已经可以快速计算这些复杂水系统中的摩阻。这些软件在个人电脑中已经可以使用。管网摩阻计算源于市政供水系统相应计算。典型的就是 1936 年伊利诺伊大学哈迪克罗斯开发的哈迪克罗斯法，现在已经被多家公司和大学使用。还有一个例子是由唐纳德·伍德和詹姆斯·芬克在肯塔基大学制作的软件，现已应用于市政水系统中。更多细节在第 14 章中讲述。

小   结

水系统的分析是困难而且烦琐的工作。它强调了增加的能源成本，我们不再需要在特定压力下通过控制减少压力或者控制压力控制阀来输送水流。另一方面，随着变速泵的到来设计者有能力去计算流量和扬程，并使系统在需要的流量和扬程下运行。通过适当的控制，所有设计隐患都予以排除。通过认真计算系统的流量和扬程我们可以节约能源，节约成本。

第 11 章
离心泵水系统应用基础

第10章着重介绍水系统的布局,以最小扬程获得所需流量。本章主要是对泵在最佳能耗下应用的评估。在学习泵应用之前,了解一些水系统的基础知识对读者来说很有必要。

在开始将泵实际应用于水系统之前,应该讨论何时使用恒速泵和何时使用变速泵。随着变速驱动器成本的迅速降低,对于变速泵的使用几乎没有电机尺寸限制。非常低的泵扬程,小于50英尺,当应用于小型系统时仍然可以保持恒定速度。否则,规则应该是恒速泵用于恒定容积恒定扬程系统,变速泵用于可变容积可变扬程系统。很难对恒速和变速水系统加以归类。如果水系统在需要扬程下,流量有非常大的变化,从总流量的50%到100%范围内变化,可能是归于变速泵系统。否则,如果流量和扬程变化很小,就属于恒速泵系统。

如前面提到的一样,变速泵可以极大地减少维护和节约能源,更进一步地说,如果变速泵控制得当,在系统要求的流量和扬程下运行,而不必在设计工况下运行。通过消除过压问题,可以减少运行问题和能量损失。当然,当在并联和串联运行时,可以通过编程功能达到或接近最佳效率曲线,可以把其设置在最佳工况点附近,以此提高泵效率和系统效率,减少相应的损失。如之前一直表述的,以提高泵送系统的整体效率,且减少由于产生的径向推力而致的维护。

选择工况点

随着变速泵的发展,离心泵在选择上变得更加复杂。离心泵选择的基本原则,在本行业还是本书中提到的,就是以效率为前提。该规则应该扩展到无论是恒速泵还是变速泵都必须以效率高为前提。

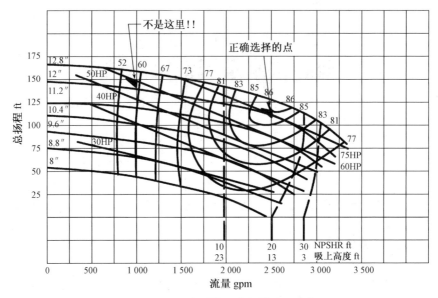

图 11.1 泵选型的正确和错误工况点

选择恒速泵

图 11.1 所示的是一个性能优良的泵装置扬程—流量曲线,设计工况为 2 500 gpm 流量和 120 ft 扬程,最高效率为 86%。采用恒速泵能够满足系统流量在 2 000—2 700 gpm 之间的要求。该泵在较小或更大的流量运行效率较低,且增大径向推力,引起较大的磨损。有一个泵生产公司呼吁,恒速泵运行流量不要超过在最佳效率点流量的±25%范围。正常情况下,对于恒速运行的泵,效率点选择在最佳效率点左侧,或对于上述水泵,在 2 200 到 2 500 gpm 之间。在运行泵的时候一个危险的工况点就是在 1 000 gpm,130 ft 扬程下,如图 11.1。通常,在更高的扬程上没有一个较小的泵,没有经验的运行人员将不当使用该泵。这样的选择较为不妥,因为在该工况点下,效率极低,径向推力很大,如第 5 章图 5.6。额外的部分可能发生在泵水力不平衡处。当泵轴断裂时,就表明泵运行太靠近零流量工况或者关阀扬程处。

有时水系统设计中泵扬程通过估计而不是实际系统中的情况。结果就是,水泵没有在设计工况点运行,而是在曲线之外一个很远的曲线上。图 11.2 中,泵的流量 1 000 gpm,扬程 100 ft。不需要太大的扬程,这导致了泵的运行流量和扬程有 1 200 gpm 和 80 ft 扬程。如图 11.3 两台泵的系统容量都是 50%。其中一个泵当运行在 2 400 gpm 流量时,机组产生噪音并且径向力增大,在该工况点下泵效率低。为了避免泵的错误运行,应该有相应泵扬程设

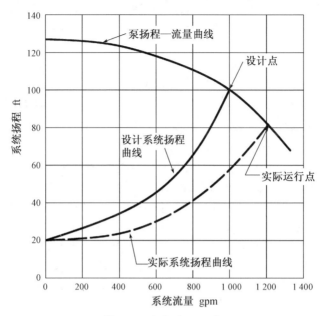

图 11.2　泵运行工况点

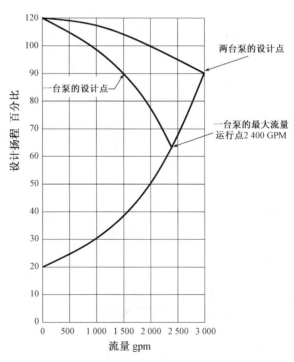

图 11.3　两台流量百分之 50 泵的运行

计规则并且以最高效率点左侧点为选择标准。其他实践就是在泵出口安装一个平衡阀,手动或者自动的,增加足够的摩阻,防止运行时候流量过大。

选择变速泵

变速泵的选择比恒速泵选择更加困难,在于电机和变速传动装置效率必须连同泵自身的效率一起进行评估。工况点的选择争议较少,应控制泵不允许像前述恒速泵的情况,如图 11.3 所示的那样执行。

变速泵应选择最佳效率点略向右侧的点。图 11.4 描述了这一点。如果这是一个恒速泵,选择左边的点,对变速泵,它应该选择在 B 点或最佳效率点右边的点。随着泵转速降低到最低转速 C 点,泵通过接近最大—最小转速的抛物曲线。(见图 6.17 描述的最佳效率曲线)。这图形说明一个计算机程序做出最好的选择可能需要做些什么。一些泵应该在不同的工况点进行选择,通过计算机计算运行效率或分析每一个工况点输入功率。计算线—水效率(wire-to-water)和输入功率将在本章后面详细描述。上述对恒速泵的执行条件就被变速泵及其控制消除了。因此,可以选择最佳效率点的右侧而不用担心运行不当。

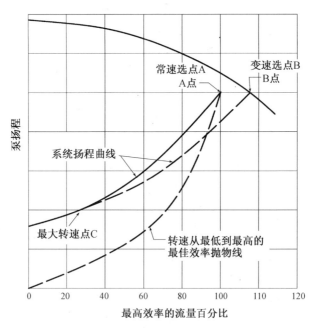

图 11.4　变速泵工况点的选择

增加变速泵转速

传统上,工业用泵转速在 3 500、1 750、1 150 rpm。大型泵需要 850 rpm, 720 gpm 流量或者更低,低转速是很常见的。变速驱动器的出现带来一个新的思路,但这往往被忽视。现在的泵可以不受电机转速的影响选择其相应的转速。这些都得益于变速驱动器。当泵转速高于电机 5 到 10 个百分点转速时,可以整体提高泵的运行转速。大多数变速驱动器制造商允许这种驱动器转速增加,同样的,应该向他们咨询的是最大允许转速。

驱动器上的铭牌额定安培电流,不可超越。可用的驱动转矩必须大于在最大转速时,泵可能在流量扬程曲线上任何工况点运行所需的转矩。显然,电动机最大功率的选择必须对应于泵的最大转速。这个过程使水系统设计人员能够确保更有效地选择变速泵。

下面是泵选择过程中的一个实例:假设泵的作用是提起 700 gpm 的水,扬程 70 ft。一个选择是在设计工况时为 1 750 rpm 可以是 6×6×9 的泵和 25 hp 的电机,效率 72%,如图 11.5a。一个合适的泵是 6×4×9 的泵,但是在 1 750 rpm 并不能实现所需的流量—扬程,如图 11.5b。

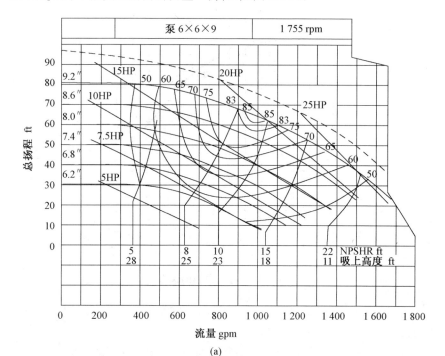

(a)

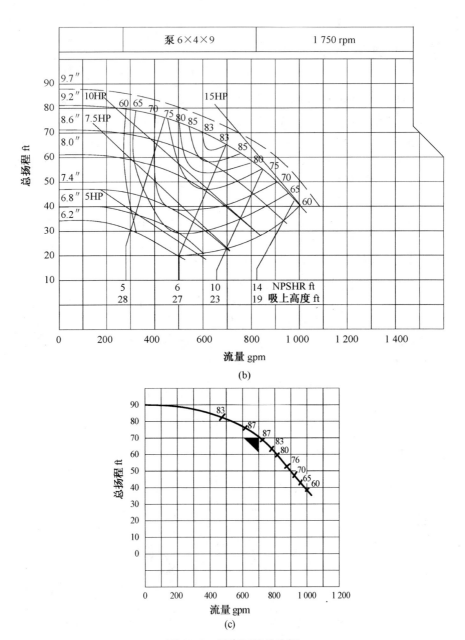

图 11.5　提高泵速的选择

另一个选择是：同样，选择 $6 \times 4 \times 9$ 的泵与 20 hp 的电机，转速 1 789 rpm，在效率 87% 的设计工况下运行，如图 11.5c。

替代选择是利用泵的相似律计算较小的泵在更高转速下的流量来确定的。

现在计算较小的泵在工况点 700 gpm、70 ft 所需的转速。下面是计算所需转速的方法。

由第 6 章泵的相似律：

$$\frac{Q_1}{Q_2}=\frac{n_1}{n_2} \tag{6.1}$$

和

$$\frac{h_1}{h_2}=\frac{n_1^{\;2}}{n_2^{\;2}} \tag{6.2}$$

将这些公式结合并替换：

$$\frac{Q_1^{\;2}}{h_1}=\frac{Q_2^{\;2}}{h_2} \tag{11.1}$$

Q_1 和 h_1 是已知泵曲线上的相当的工况点，Q_2 和 h_2 是所期望的泵的性能。由公式 11.1 得到流量 Q_1：

$$Q_1=\sqrt{\frac{Q_2^{\;2}}{h_1}\times h_2} \tag{11.2}$$

前提是需要一个已知的泵性能曲线。本例中，图 11.5b 表示的是在直径 9.2″ 的泵曲线。通过在式 11.2 输入不同的泵扬程 h_1，得到 Q_1 直到所得到的结果在泵曲线上。用 69 ft 内插，得到转速 n_1 的结果如下：

$$n_1=\frac{700}{685}\times1\,750=1\,789\ \text{rpm}$$

图 11.5c 曲线描述了在 6×4×9，转速 1 789 rpm 下实际运行的曲线。很明显，对于 20 hp 电机和变速驱动来说任意工况下足够的，因为曲线上最大制动功率都是 16.2 hp。电机和驱动制造商可以保证在该转速和制动功率下，设备是可以运行的。

图 11.5a 和 11.5c 说明了该技术把泵效率从 72.5％ 变到了 87％，并把电机功率从 25 减到了 20 hp 也不会过载。这就表明了一个变速驱动的变尺寸叶轮和可以用于泵的选择。工程师们不用担心在靠近叶轮最大直径处泵的运行，泵生产厂家也应该确保上述的叶轮直径在说明使用的范围之内。其他的工程师们是不愿意选择最大的叶轮直径，以防之后需要提高泵的需求时不方便运行。当电机转速高达 1 210 rpm 到 1 840 rpm 时，会导致额外的负载。需要重申的是，泵的最大功率必须确保电机和变速驱动不超载。同样的，明智的做法就是在厂商允许的转速下运行。

减少变速泵的转速

变速泵的另一个优点是可在小于电动机的转速下工作。它使用更大的叶轮直径来达到所需的流量和扬程,且使用较大的叶轮在降低转速的情况下可使泵效率达到更高区域。例如在图 11.6 中,如果所需的流量是 2 750 gpm,直径为 10.5 in 的叶轮在 90 ft 的扬程下(点 A)其效率为 88%,根据式 11.2,考虑试验和误差,可类推出一个直径为 11.2 in 的叶轮在扬程为 102 ft 的情况

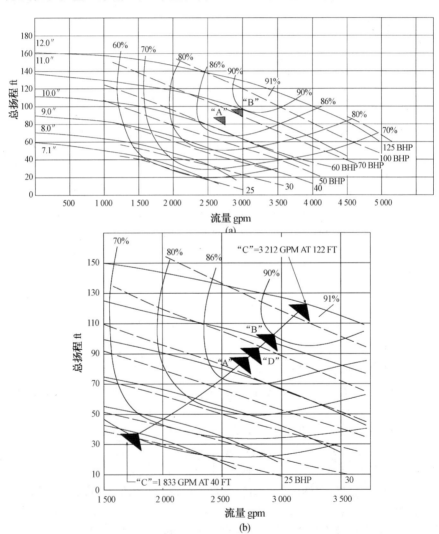

图 11.6　增大泵叶轮直径

下,泵效率达到 90% 所需的流量为 2 900 gpm(B 点)。泵的转速为 2 750/2 900×1 780＝1 688 rpm。图 11.6b 是放大显示的设计工况点 A 及增大叶轮的情况 B。同时使用式 11.2,该泵的最佳效率曲线的端点(C)在预设流量为 2 750 gpm、扬程为 90 ft 的条件下分别为 1 833 gpm、40 ft,3 202 gpm、122 ft。

　　当泵的转速为 1 780 rpm,效率达到 88% 时,其制动功率为 71.0 hp,而在转速为 1688 rpm,效率达到 90% 时运行能耗为 69.4 hp。在最大转速 95% 的转速下运行会导致变速驱动泵的线—轴效率轻微减少。如果该泵在压力恒定为 20 psi,最小流量为 500 gpm 的水系统中运行,较小的叶轮在最小流量下的转速将更高,能耗会小于较大的叶轮。两个叶轮的效率在较低的转速情况下一样,如图 11.7 所示。

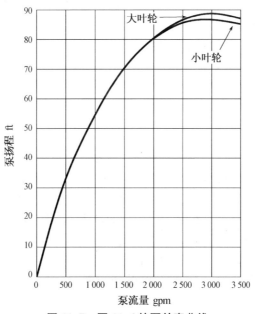

图 11.7　图 11.6 的泵效率曲线

　　当泵的转速减到 1 688 rpm 时,制动功率不会明显减少。电动机功率必须减少至 94.8%(1 688/1 780),因此,最大输出 75 hp 的电机功率将是 71.1 hp,而泵所需的功率为 69.4 hp。当这应用于一个实际泵的安装时,需电机供应商确认。

　　因此,使用较大叶轮的价值取决于众多影响因素,一个就是系统内的平均流量。如果水系统运行的这大部分时间在小流量工况,采用大叶轮的价值就低了。同样,如果大多数的运行在大流量工况,使用较大的叶轮就比较经济。

　　重要的一点是认识到泵叶轮尺寸可以加大,实现更高的泵效率。还应该指出,需要进行大量必要的计算。如上所述,一个电动机的输出功率,差不多与电动机的转速成比例。应评估水系统上的所有主要荷载来确定叶轮直径的增加量。

总的来说,有数项设计技术可用于实现变速泵的改进运行。应该回顾第8章中变频驱动器的运行限制特性,里面涉及使用这些特殊技术在泵的选择方面如何控制泵的最大功率。这可用于现有的泵,确保已安装在水泵上的叶轮直径是正确的。下面讨论"恒速泵相似律的正确应用",这说明了在适当改变其叶轮之前,评估一个恒速泵是必要的。

在最大电机功率下选择一个更大的叶轮

变速泵的另一个优点是可以通过加载至电动机铭牌额定值来增加叶轮尺寸。这可以通过阅读电动机功率曲线,但最好是用泵的功率计算公式来验证。

$$P_p = \frac{Q \times h}{3\,960 \times \eta_P} \qquad\qquad (6.7 \text{ 和 } 6.8)$$

利用该方程解流量 Q:

$$Q = \frac{3\,960 \times \eta_P \times P_P}{h} \qquad\qquad (11.3)$$

使用 11.3 的方程,这个泵最佳效率曲线的端点可以通过确定点 c 验证。结果是 1 833 gpm、40 ft 和 3 212 gpm、122 ft。在这一曲线上所有叶轮直径的泵会全速运行。因此,根据式 11.3,各种扬程 h,通过试错法,得到相应的效率和 75 hp 制动功率。这是在 A 和 B 之间的最佳效率曲线点如图 11.6b。这一点发生在 2 817 gpm、93 ft,点 D。这些计算针对泵本身,而不是整个水系统。

第 6 章提示谨慎使用泵叶轮直径来确定泵的性能。在上面的例子中,很少有改变叶轮直径的,所以泵比转速很少变化。

恒速泵相似律的正确应用

必须再次强调,根据第 6 章相似律只适用于泵的性能。它们不能直接用于计算实际的水系统中的恒速泵性能。原因是随着系统的流动和变化,泵流量—扬程曲线上的运行点改变了。这个运行点在恒速泵流量—扬程曲线上可以通过使用上述的相似律求得：

$$Q_1=\sqrt{Q_2{}^2\times\frac{h_1}{h_2}}$$

再看式 11.2：Q_2 和 h_2 是预期的流量和扬程，Q_1 和 h_1 是泵流量—扬程曲线上计算工况点的流量和扬程。与变速泵一样，这一点是通过试错法得到的，通过插入不同的扬程 h_1 求得流量 Q_1，直到该点在流量—扬程曲线上。

图 11.8 是一个小型供水系统的扬程曲线—流量 600 gpm、扬程 60 ft，其中静扬程 25 ft。假定当流量为 500 gpm 和扬程为 50 ft 时求泵的转速和效率，在式 11.2 中插入这些值，代入 Q_1 和 h_1 直到符合流量扬程曲线，相当于 1 点是在 63 ft 或 561 gpm。如果想要在 50 ft、500 gpm 处确定一个恒速泵的叶轮直径，适用式 11.2，叶轮直径是 561/600×8 in 或 7.48 in，泵效率将为 75%。只有通过这些公式可以确定泵性能或叶轮直径。如果有人试图仅用基本相似律来确定泵叶轮直径，与转速成比例变化，如式 6.1，结果将是不科学的。例如：500/600×8 in＝6.67 in，泵不会达到预期的 500 gpm 的 50 ft 的条件。

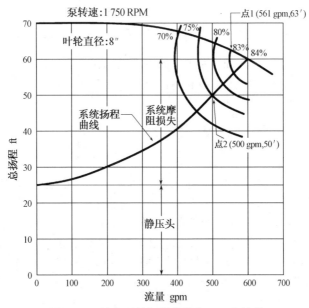

图 11.8　均匀系统扬程曲线和工况点计算

如果这是变速泵，泵速将为 Q/Q_2×1 750 rpm 或 561/600×1 750＝1 636 rpm。在工况点 2，变速泵的效率是 83%，这是流量为 1 750 rpm 时的效率曲线上的工况点 1。相比较而言，恒速泵的效率为 75%。

上面的示例可以说明当试图为某一特定系统改变泵直径时，泵相似律的正确与不正确的应用。同样,计算泵的能量必须使用上述公式,不仅是相似律本身。图 11.9 包括相同系统扬程曲线的实际泵功率。在流量为 50％ 时,泵功率是 21％,而不是出现相似律曲线上的总流量的 12.5％。

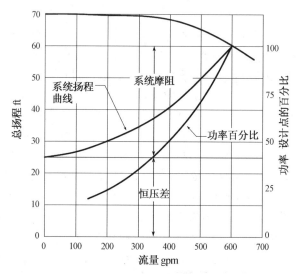

图 11.9   均匀系统扬程曲线和和最高效率点百分比功率曲线

应该进一步重申,车削叶轮可能改变叶轮的比转速。这在第 6 章中讨论过。叶轮车削是非常麻烦的,没有制造商的建议不要去做。

水泵并联运行的数量

由于流量和扬程的变化,许多水系统都有很大的运行范围。第 9 章讨论过,在进一步对水系统进行评估之前,必须计算出系统的最小负载和最大负载。

对大多数水系统,每个系统都有多台泵,一是因为一些系统运行范围宽,二是为泵故障备用。因此,这些水系统的范围很广,从流量范围特定又基本不需要备用泵的单台泵系统,到数台泵并联运行以适应运行范围和可靠性需要的系统。

很明显,水系统设计者必须较早进行系统设计,以确保水系统所需的预期效率和可实现的可靠性。让我们再看一下这两个因素如何影响泵的数量。

“泵故障的担忧”在它本不应该考虑的时候,已经影响到泵数量的确定。泵的可靠性堪比其他用水系统设备。要确定系统故障的后果,以提出每一个水系统备用泵的需求。饮用水系统、污水处理站等关键性运行显然应该有备用泵,以保证服务的持续性。

关键问题是提供多少备用流量? 这备用流量可能是由当地规程规定的。

　　两个最常见的选择是 2 台 100％流量泵或 3 台 50％流量泵。3 台 50％流量泵通常是最佳的,因为它们在全部泵发生故障之前提供三次机会,泵的功率是较小的。例如,假设一个水系统的最小流量为 300 gpm,最高要求是在 100 ft 扬程处有 3 000 gpm。系统扬程曲线如图 11.10 所示为 50％流量和全流量泵。这些曲线显示对多个连接管、30 ft 扬程的摩阻常数。2 台满流泵需要 2 台满电机功率,而 3 个 50％流量泵需要 3 个 50％功率的电机。

　　图 11.10 提供了 2 台不同泵的流量—扬程曲线,一条曲线是 50％流量,另一条是 100％流量泵。总装机功率为 2 台 200 功率 100％流量泵,相当于 3 台 hp 50％流量泵。如果有 3 台泵的空间,3 台泵更容易接受。必须在能源消耗或计算输入功率后做出最后决定。这个应用是一个实际的研究,确定了 2 台或 3 台泵的安装。稍后将讨论泵效率和输入功率。

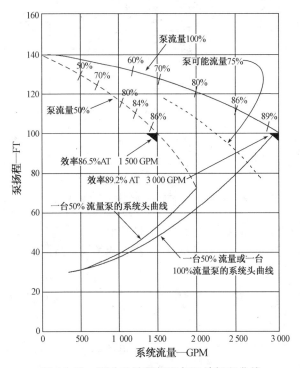

图 11.10　百分比流量扬程与系统扬程曲线

　　非关键的水系统不需要尽可能多的冗余或备用设备。例如,一个水系统有一个扬程曲线如 11.10 图所示,可以安装两台 50％流量泵。一个泵的最大流量约 2 000 gpm 或总数的 66％。这将决定供水系统设计师和业主是否安装第 2 台或第 3 台泵。由于变速泵的可靠性和减少磨损,两台 50％流量泵将提供一个令人满意的安排。

其他的泵流量百分比可以评估。例如，一个双泵系统，可能令人满意的选择是每个泵都为75％的流量。一台水泵在85％的扬程可以满足87％的流量（图11.10）。这一满足87％流量和85％扬程的工况点，在其他泵修理的时候可以接受吗？这些决策必须由水系统设计师做出。

系统可以安装包含多达6台泵并联。这样一个系统常用于大容量和相对低扬程的装置（图11.11）。这个系统每台泵选择1 500 gpm和35 ft扬程，并且每个配有20功率的电机。如果转速效率是有限的，可以作为恒速泵。泵与电机功率功能接近，这可以考虑15 hp功率发动机和变速驱动器的运行，防止泵功率大于15 hp。这些都是安装尺寸分析的一部分。

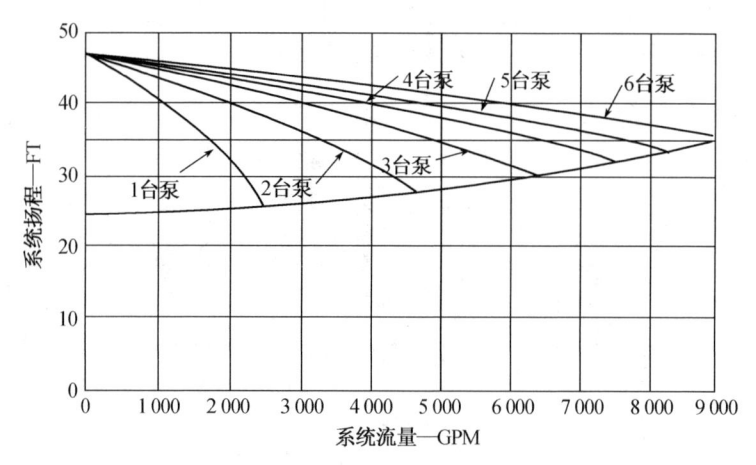

图 11. 11　六个泵的低扬程大流量系统

变速驱动器的成本降低导致更频繁的安装。以后将讨论50％—100％流量泵，水系统设计者必须进行评估，以选择正确的泵数量。

恒速泵和变速泵的混联

并联泵必须始终以同样的转速运行。可能会有一些不寻常的、精心设计的情况，并联泵有不同的转速，但只是有经验的泵设计人员提出这样的运行。另外，最好是在大多数水系统使用相同大小的泵并联运行。这也确保了泵产生相同的流量；这可以简化计算泵的运行效率。并联变速泵应该控制运行转速以保证泵实际运行的转速相差不超过0.5％。

现场会遇到恒速泵和变速泵混联应用，且常常会产生灾难性的后果。下面讨论的问题可能发生，一个恒速泵和变速泵运行并联的情况。（图11.12a表示恒速泵和变速泵的并联运行。）

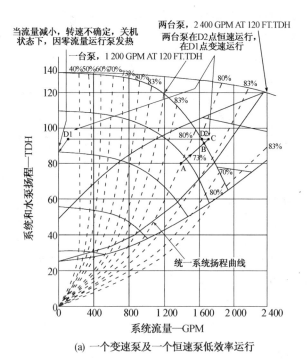

(a) 一个变速泵及一个恒速泵低效率运行

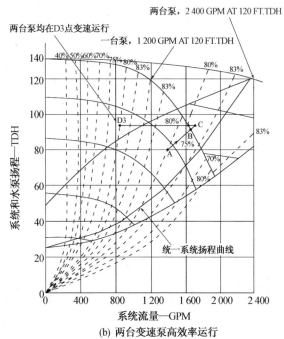

(b) 两台变速泵高效率运行

图 11.12　一台恒速泵及一个变速泵与两台变速泵的比较

1. 假设变速泵在单独运行点 A。

2. 接着,假设系统中的流量增加,直到变速泵在运行点 B 并达到最大转速。

3. 让系统负载增加到变速泵不能负载的点 C。

4. 控制系统启动一台恒定转速泵,以维持系统的流量。

5. 因为不能改变转速,恒速泵工况点运行在 D2 点。它将承担大部分负载,在高于 1 600 gpm 的工况运行。

6. 由于恒速泵承担了大部分的负载,变速泵降低转速直到运行在 D1 点或 100 gpm。这是一个效率极低的点,且泵轴上的径向推力高。

7. 如果负载略有下降,变速泵将被迫在零流量和零扬程处运行。结果是在泵壳内产生热量。如果泵控制错误或设置不当,变速泵可能在这种情况下运行至因为高温而损坏。

这表明,混合变速泵与定速泵可以产生灾难性的结果。这是不可接受的,可以对比两个变速泵的正常运行。利用上述程序,假设通过 3 个步骤是相同的,按照图 11.12b。

8. 控制启动的备用泵是变速的,而不是恒速的。

9. 增加备用泵的转速,直到它影响到系统流量,泵的控制系统以降低主泵的转速对此做出反应。

10. 泵继续改变其转速直到它们都以相同的转速运行在 D3 点。这两台泵都运行在 80% 的效率,且径向推力很小。

不推荐泵送系统有 4 台或更多的泵(包括恒速和变速泵)并联运行。通常,定速泵与变速泵混合使用会产生更多的能源消耗。如果必要,一些泵是恒定的转速,两台主导泵必须是变速的。由于其中一台泵可能发生故障,所以建议至少三台泵是变速的。否则,一台定速泵和一台变速泵的低效运行将会再发生。有 4 台或更多泵的系统可以有恒速泵,但这迫使所有的变速泵正常运行。另外,如果负载增加,通常第四台泵是必需的,更高的工作效率可以通过变频调速实现。表 11.1 表示变速泵和定速泵并联运行。

表 11.1　变速泵和恒速泵并联运行的数量

水泵编号	变速泵	恒速泵
1	1	没有
2	1	没有
3	3	没有
4	3	1
5	3	2
6	3	3

在使用恒速泵时,必须仔细评估,包括计算泵在流量—扬程曲线上的运行位置,以确保它们不在一个低效或高径向推力工况点工作。变速泵与恒速泵可以一起运行的不寻常的情况确实存在,没有经验丰富的水系统工程师协助,不应该尝试这样的应用。

增压泵

在低流量下运行的小型泵有"增压骑士"泵的昵称。它们在大型泵低效运行的流动条件下运行。增压泵可以是恒速的或变速的。通常情况下,恒速增压泵和大型泵在一起不能高效运行。变速增压泵可以在某些条件下和大型泵一起运行,并在系统某个流量下产生较高的整体效率。这需要谨慎研究两台泵所有的工况点。图 11.13 描述了一个增压泵的正确选择,在该系统中,增压泵从不与主泵同时运行。在低流量的扬程上选择了增压泵。在这种情况下,它是 550 gpm 的流量、60 ft 的扬程,需要 10 hp 的低功率电机。选择与大泵同样的扬程会导致其运行不良。这需要一台 120 ft、550 gpm 流量的泵,25 hp 功率的电动机。这种选择适用于摩阻较大的系统,如图 11.13。对于具有高静扬程和低系统摩阻的系统,增压泵的设计扬程与大型扬程泵接近。显而易见,在确定增压泵的流量、扬程之前必须先确定水系统的流量—扬程曲线。

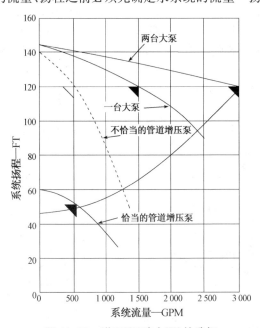

图 11.13　增压泵(骑士泵)的选择

泵送系统效率

泵送系统的效率不仅仅是单个泵的效率。在恒速泵电机系统中有一些能量损失,这些有:

对于单泵系统:

1. 电机损失
2. 泵损失。

对于一个多泵系统:

3. 泵中的摩阻和配件损失

内燃机驱动的附加损失是内燃机的冷却水和排气热量。

电动调速泵系统还具有变速传动的损失。

有一些问题值得关注,为什么泵接头和主管损失被包括在多个泵系统的效率评价中。这些损失必须单独计算,因为它们是泵系统的一部分,而不是水分配系统的一部分。此外,在多个泵系统中,它们必须分离水系统的损失,因为一个单独的泵的流量不随系统的总流量而变化。通过泵的连接件,泵的配件损失随流量的变化而变化。通过这些配件的流量明显影响着整体效率。这些配件的摩阻损失与通过它们的流量的平方是密切相关的。泵的工况点和多泵系统对泵系统的整体效率有一定的影响。这些工况点受泵配件和阀门的摩阻变化的影响。

正如这本书的其他章节中所示,在一个多泵系统的配件和阀门上,可以有6 到 10 个具体的损失。这些都是:

1. 吸入头损失
2. 吸入底阀
3. 吸入滤器(如果使用)
4. 吸入管道
5. 泵吸入渐缩管
6. 泵出口渐扩管
7. 止回阀
8. 出水断流阀
9. 出水管道

10. 进入出水主管的出口损失

线—水效率

线—水效率是一个老的术语，泵行业已使用多年，以确定一个泵和电机组合的整体效率。这种效率是首先用于涉及大型电机的相当大的恒速泵。当这些泵配备了变速驱动器，线—水效率表示驱动器、电机和泵的总效率。线—水效率现在已被应用到较小的泵系统，因为计算机的能力可完成多个泵系统繁琐的计算。

下面的公式是为各种类型的泵系统计算出的线—水效率。实际泵的线—水效率计算公式包含在第 25 章。

线—水的效率有什么价值？此过程是已知的唯一确定泵送系统的整体效率的方法。它使一个工程师或运行员能够评估总体泵装置。恒速泵和变速泵系统以及单个和多泵系统装置的计算公式不同。基本上，线—水效率是电动机传给水的能量除以输入电动机的电线能量。这是所做的基本物理学功除以所应用的功。

泵系统线—水效率可以使用下列步骤估计

1. 计算机程序可以计算总的抽水系统用线—水效率，从最小到最大流量。这个程序在整个泵系统的流量范围内使用标准曲线跟踪技术。用二项式计算为以下曲线。

　　A. 泵流量—扬程曲线

　　B. 泵效率曲线

　　C. 恒速泵电机效率或变速泵的线—轴效率，包括电机的效率和变速驱动器

　　D. 系统扬程曲线

　　E. 多泵系统的水泵拟合损失曲线

2. 然后用第 6 章泵能量公式计算系统的性能。

对于采用变频器驱动的变速泵系统，上面列出的电机和变速驱动器的线—轴效率是由驱动制造商对各种电机和驱动器组合测试和计算开发的单一效率。重复第 8 章的表，它不能只是电机效率和变速传动效率相乘。所有的变频驱动器切割或干扰正弦波，影响电机的效率。这由变频驱动器制造商在他们对线—轴效率的评价中说明。

表 11.2 所示的是从 10 hp 到 200 hp 功率的高效电机和驱动器典型的

线—轴效率,水系统泵功率符合相似律。对于静态扬程或恒压系统这些电机和驱动器的线—轴效率不同。对于特定应用的实际线—轴效率应当得到变速驱动器制造商的确认。

表 11.2　典型的线—轴效率(对于变速高效率电机)

满载百分比	电动机马力					
	15 hp	50 hp	75 hp	100 hp	150 hp	200 hp
0	0	0	0	0	0	0
40	50	63	64	65	66	67
50	63	73	75	77	78	79
60	73	81	83	84	85	86
70	80	85	87	88	89	90
80	84	88	89	90	91	91
90	87	90	91	91	92	92
100	87	91	92	92	93	93

单恒速泵的线—水效率计算

单泵、恒速泵系统计算出的线—水效率:

$$\eta_{WW} = \eta_E \times \eta_P \times 100\% \qquad (11.4)$$

式中:η_E——电动机效率作为一个十进制

η_P——泵效率作为一个十进制

如果一个 50 hp 的电动机效率为 93%,泵效率为 87%,则电机和泵的线—水效率为:

线—水效率$=0.909 \times 0.87 \times 100\% = 80.9\%$

表 11.3　为单台恒速泵机组装置效率

	系统条件				
gpm	扬程 (ft)	电动机 (hp)	泵效率 (%)	电动机效率 (%)	机组装置效率 (%)
20	10	1/4	38	50	19
50	10	1/3	50	57	29
60	15	1/2	53	60	32
75	20	3/4	57	63	36

表 11. 3(续)

| | | | 系统条件 | | |
gpm	扬程 (ft)	电动机 (hp)	泵效率 (%)	电动机效率 (%)	机组装置效率 (%)
80	25	1	57	82.5	47
100	40	2	59	84	50
120	50	3	60	86.5	52
250	60	5	79	87	69
300	70	7.5	80	88.5	71
400	70	10	84	89.5	75
500	80	15	84	91	76
800	80	20	84	91	76
900	90	25	82	91.7	75
1 000	90	30	84	92.4	78
1 000	110	40	84	93	78
1 600	100	50	86	93	80
1 800	110	60	87	93.6	81
2 000	120	75	89	94.1	84
2 900	120	100	90	94.1	85

水泵电机组合的线—水效率的变化范围从小循环水泵、分功率电机的 20% 以下,到大型泵和电机的 85% 以上。这有助于我们整合抽水功能,这样做是可行的。表 11.3 描述了典型的单泵系统的线—水效率。图 11.14 是这个数据的平滑曲线。在收集资料的时候注意,只考虑有资质的制造商的资料。利用电容式电动机的分功率电机,如果是分相电机,线—水效率将是较低的。

这一数据表明,对于定速泵和小于 5 hp 的电机,线—水效率低。任何设计师考虑小于 5 hp 的电动机的小泵,不能使用上述数据,但可以进行检查,以核实所考虑泵的实际线—水效率。

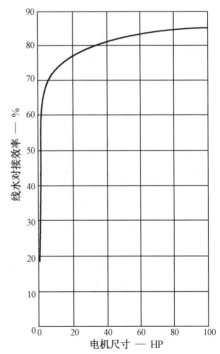

图 11.14　典型的恒速泵线—水效率

单台变速泵线—水效率的计算

单台变速泵送系统的线—水效率是：

$$\eta_{WW} = \eta_{WS} \times \eta_P \times 100\% \tag{11.5}$$

其中 η_{WS}＝电机变速驱动器组合的线—轴效率，表示为小数。如果有 100 hp，驱动和电机组合为 92.2%，而泵的效率为 88%，则

$$线—水效率 = 0.922 \times 0.88 = 81.1\%$$

多泵系统的线—水效率计算

多泵系统，几台泵并联运行，需要在公式中包含泵配件的摩阻损失。如上所述，其原因在于，通过每个泵的流量与系统的总流量不同。

多台恒速泵系统的线—水效率是：

$$\eta_{WW} = \frac{(H_S - H_{PF}) \times \eta_E \times \eta_P}{H_S} \times 100\% \tag{11.6}$$

式中：其中 H_S——在设计流量下水系统的摩阻损失，ft

            H_{PF}——泵的设计流量下泵配件的摩阻损失，ft

包括止回阀、截止阀和引导流入和流出每个泵的主管损失。

具有多台变速泵系统的线—水效率为：

$$\eta_{WW} = \frac{(H_S - H_{PF}) \times \eta_{WS} \times \eta_P}{H_S} \times 100\% \tag{11.7}$$

系统的总输入功率

线—水效率可以用上面的公式计算，可以使用上述公式计算出线对水效率，并可以在泵送系统控制器上显示。然而，线—水效率仪器需要位于泵系统主管和系统流量计之间的差压变送器，如图 11.15 所示。这涉及三种仪器，因此也就涉及三种仪器误差。这种仪器的许多应用已被证明是一种评估泵送系统的整体运行效率的有效方法。

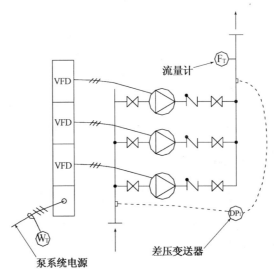

图 11.15　线—水效率的仪表显示

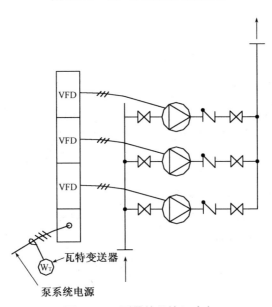

图 11.16　测量的总输入功率

　　现场试验已经证明,泵系统的总输入功率提供了一个非常有用的指标和方法来评估多泵系统,特别是变速泵。唯一需要的仪器是瓦特变送器如图 11.16 所示。这简化了泵系统能量输入的计算,并为所有系统提供了一个公式。

$$kW_{input} = \frac{Q \times h}{5\,308 \times \eta_P \times \eta_E \text{ or } \eta_{WS}} \quad (11.8)$$

Q——水系统流量(gpm)

h——泵扬程(ft)

η_P——恒速泵的效率

η_E——电机效率

η_{WS}——变速泵的线—轴效率

可以在所有负载和不同数量的泵运行时计算功率输入。不需要通过泵配件确定摩阻损失,或者将总系统流量除以运行中的泵的数量。运行员可以从计算机屏幕轻松观察到功率输入和运行中的泵数。

以下评估来自实际研究,以确定使用 3 台 50％泵代替 2 台 100％泵的价值。泵的扬程—流量曲线和系统扬程曲线如图 11.10 所示。下表显示了流量为 100％的变速泵的能耗评估(表 11.4)。这项研究揭示了选择并联运行的泵的数量和尺寸时必须考虑的几个因素。这些是:

1. 负载曲线。实际负载在水系统上发生多少百分比的设计负载？大部分时间或重载时,系统是否在轻负载下工作?

2. 电源。电源的质量和电源成本是多少?

3. 可靠性。可靠性有多重要? 三台 50％泵的双待机是否可取?

4. 恒速或变速? 变速节能是多少?

将进行三次能源评估:(1) 100％流量变速泵的输入功率;(2) 两台 50％流量变速泵的输入功率;(3) 用于恒速 100％流量泵的输入功率。

对三台泵全部运行进行了第三次计算。三台泵全部运行时,该系统都不节能,因此计算不包括在内。许多三泵系统并不是这样,其中所有 3 台泵都可以在水系统的最高流量下节省能源。

表 11.4、11.5 和 11.6 中的数据显示了三个装置中的每一个的优点。输入功率的总结如图 11.17a 所示。这表示如下:

1. 单个 100％流量泵是从 1 200 gpm 到 3 000 gpm 最有效的。这是由于泵和线—轴的效率更高。

2. 对于小于 1 000 gpm 的轻负载,50％流量泵是最有效的。

3. 恒速 100％流量泵除满载外,效率非常低。这是由于消除了变速驱动器的低效率。

4. 2 台 50％泵和一个 100％泵的组合将提供最佳的效率。

表 11.4 具有 2 台 100％流量泵的系统的输入功率计算(一次只运行一台泵)

表 11.4　两台百分比运行泵的输入功率计算

系统 (gpm)	系统水头(ft)	水 (hp)	装置损失(ft)	泵扬程 (ft)	泵 (rpm)	泵效率	传动效率	输入千瓦
300	30.9	2.3	0.1	31.0	845	36.9	70.6	6.7
600	33.2	5.0	0.3	33.5	898	59.2	75.3	8.5
900	36.7	8.3	0.7	37.4	972	72.5	79.5	11.0
1 200	41.4	12.5	1.3	42.	1 057	80.5	83.2	14.4
1 500	47.2	17.9	2.0	49.2	1 162	84.8	86.1	19.1
1 800	54.1	24.6	2.9	50.8	1 273	87.2	88.4	25.1
2 100	62.0	32.9	3.9	57.0	1 393	88.4	89.9	32.8
2 400	71.0	43.0	5.1	66.0	1 516	89.0	91.3	42.4
2 700	81.0	55.2	6.5	87.5	1 645	89.2	92.4	54.0
3 000	92.0	69.7	8.0	100.0	1 780	89.2	93.0	68.1

注:泵效率百分比。

表 11.5　输入功率两个 50% 容量泵

系统 (gpm)	系统水头(ft)	水 (hp)	装置损失(ft)	泵扬程 (ft)	泵 (rpm)	泵效率	传动效率	输入千瓦
一台泵运行								
300	30.9	2.3	0.3	31.2	879	59.1	66.0	4.5*
600	33.2	5.0	1.3	34.4	970	83.0	74.1	6.3*
900	36.7	8.3	2.9	39.6	1 097	87.0	81.1	9.5*
1 200	41.4	12.5	5.1	46.5	1 265	82.9	85.9	14.8*
1 500	47.2	17.9	8.0	55.2	1 451	77.4	89.2	22.6
1 800	54.1	24.6	11.5	65.6	1 654	72.7	91.4	33.5
两台泵运行								
300	30.9	2.3	0.1	31.0	853	35.2	62.1	8.0
600	33.2	5.0	0.3	33.5	912	57.6	68.1	9.7
900	36.7	8.3	0.7	37.4	980	71.7	73.1	12.1
1 200	41.4	12.5	1.3	42.7	1 067	79.8	77.8	15.5
1 500	47.2	17.9	2.0	49.2	1 164	84.2	81.8	20.2*
1 800	54.1	24.6	2.9	57.0	1 266	86.3	85.0	26.3*
2 100	62.0	32.9	3.9	66.0	1 387	87.1	87.2	34.4*
2 400	71.0	43.0	5.1	76.2	1 510	87.2	89.3	44.2*
2 700	81.0	55.2	6.5	87.5	1 638	86.9	90.9	56.3*
3 000	92.0	69.7	8.0	100.0	1 760	86.5	91.9	71.2*

注:泵效率百分比

* 表示运行在每个系统中 gpm 的最有效的运行和正确数量的水泵。

结　论

两台 100％泵的装置功率为 200 hp，三台 50％的泵为 150 hp，由两台 50％的泵和一台 100％泵组成的系统为 200 hp。

在最终选择泵流量之前，必须对水系统的实际负载曲线进行全面的评估。如果大部分负荷是 1 500 gpm 或更低，峰值负载瞬间发生，则使用 100％流量的泵可能没有任何理由。如果日间负载高于 2 000 gpm，夜间发生轻负载，则两台 50％泵和 100％泵的组合可能是最佳选择。

表 11.6　针对 100％恒速泵的总输入功率计算

实际情况中

系统（gpm）	系统水头(ft)	水(hp)	装置损失(ft)	泵扬程(ft)	泵（rpm）	泵效率	传动效率	输入千瓦
300	30.9	2.3	0.1	138	1 780	20	96.0	40.6
600	33.2	5.0	0.3	137	1 780	37	96.0	43.6
900	36.7	8.3	0.7	136	1 780	50	96.2	47.9
1 200	41.4	12.5	1.3	133	1 780	60	96.2	52.1
1 500	47.2	17.9	2.0	129	1 780	68	96.2	55.8
1 800	54.1	24.6	2.9	126	1 780	74	96.1	60.1
2 100	62.0	32.9	3.9	122	1 780	80	96.1	62.8
2 400	71.0	43.0	5.1	117	1 780	84	96.1	65.5
2 700	81.0	55.2	6.5	110	1 780	88	96.1	66.1
3 000	92.0	69.7	8.0	100	1 780	90	96.1	65.4

注：泵效率百分比

其他因素，当然，首先成本，和所有其他相关的信息，必须在每种情况下的泵应用前审查。本研究表明，泵的正确选择，无论是在规模和数量，都需要相当数量的信息和计算确定和安装。

应该注意的是，上面的表是基于标准水 60 ℉。如果用输入功率计算其他密度或粘度的液体前，表中输入的扬程表应该用来纠正实际密度和粘度。

这个评价是在一个特定的没有任何其他因素影响下的安装的结果。这种分析的重要因素是使用的方法，而不是结果。

总输入功率标示和泵编程

实际泵送系统的总输入功率标示可以很容易地显示在泵系统控制器上。在添加或减少泵之前,运行员可以观察到输入功率。输入功率是在多泵装置中编程变速泵的一个很好的过程。当这些运行标示节能的可能性时,输入功率控制启动或停止泵,而不是等待系统状态来启动或停止泵。例如,在表 11.15 中,数据表明当系统流量达到 1 000 gpm 时,应启动第 2 台泵,并且不等待直到 1 685 gpm 流量,其中一个泵不再能维持所需的水系统条件。在 1 800 gpm 时,一个泵运行的输入功率为 33.5 kW,两台泵运行时输入功率为 26.3 kW,节能 21%。

泵控制器的软件可以包括该控制程序,以确保在多泵装置中运行最有效数量的泵。泵的增减点在当代泵控制器中可轻松调节。该控制的优点之一是运行员检查控制程序以确保泵增减点正确时的能力。这是如下所述,并且假设在增加和减少泵时维持期望的运行压力。

1. 增加泵时,总输入功率应下降。如果增加了功率,则不应该增加泵,并且设定增加泵的时间点为直到添加泵后,输入功率下降或不改变。

2. 当减少泵时,总功率应下降。像泵的添加一样,如果在减去泵时功率增加,减泵点应该降低,直到减掉泵时,功率下降或不变。

这是一个非常简单的程序,即使是具有多个大型泵的大型泵站。运行员熟悉在水系统中特定流量的输入功率,并且可以在不利条件出现时做出判断。

自适应控制的使用

调整从 1 台泵到 2 台泵的设定点的上述手动过程已经使用了多年。自适应控制的发展将使此手动运行转换为自动程序。自适应控制是对现有系统条件调整控制算法。自适应控制已广泛应用于工业过程。

自适应控制将自动调整从 1 台泵到 2 台泵运行的过渡点。图 11.17b 描述了这个过程。如果实际的功率输入曲线如图 11.17b 所示,自适应控制将通过使用 1 台和 2 台泵运行来评估功率输入,调整从点 A 到点 B 的转变点。该程序在泵控制器的软件中连续运行。

具有小型主泵的变速泵系统的总输入功率

一些小型引导泵不是骑士泵,而是设计为与较大的泵一起运行。通常,小型可变速泵可与较大的泵组合,以产生较低的输入功率。在这种情况下,小型引导泵可能具有与较大泵相同的设计扬程,使得它可以与它们并联运行。这

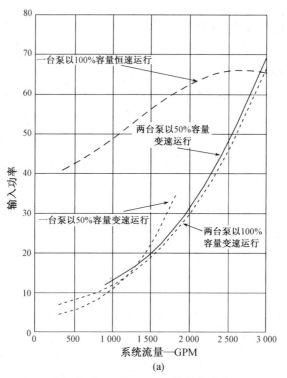

（a）表 11.4、11.5、11.6 的输入功率

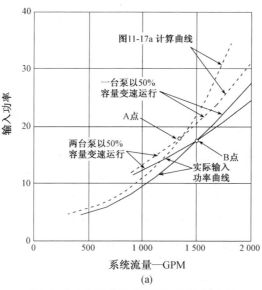

（b）自动改变泵发送点的自适用控制应用

图 11.17

可以产生一种节能系统,其中提供流量为设计流量的25％的主泵用于低流量运行。表11.7提供了具有2台50％流量泵的小型曲轴泵的系统的总功率输入数据,然后将能量输入与一个恒速泵进行比较。

该表显示了通过使用50％变速泵代替一个100％流量的恒速泵,部分负载下输入功率的显著减少。骑士泵进一步降低了轻负载时的能量消耗。恒速泵的100％负载耗能较少,因为50％变速泵包括变速驱动器的损耗。

必须正确选择小型的骑士泵。图11.10和11.11说明了所有并联运行的泵具有基本上相同的关阀扬程(无流动状态)的需要。这使得泵能够一起运行,而不用担心较大的泵将迫使较小的泵在无流动状态下运行。如果发生这种情况,小型泵将消耗能量并变热。对于所有泵和适当的控制,靠近相同的截止头,这种情况的可能性是有限的。

泵的控制

由于变速泵已经进入这些水系统,泵控制有两个方面:(1)泵启停程序和(2)泵转速控制。在设计泵送系统时,必须对这些程序进行评估。泵启动或停止以响应诸如系统压力低的物理事件和提供更有效或可靠的泵送编程程序。后者包括运行泵的更换,增加和减少变速泵以实现最佳耗能,并改变泵的转速以维持所需的系统条件。

表 11.7　小型变速主泵的数值

系统流(gpm)	运行泵	一台50% 变速泵	2台50% 变速泵	一台100% 恒速泵
		输入功率		
250	1.6*	3.7	—	45.7
500	3.2*	4.9	—	64.7
750	5.1*	5.8	—	66.2
1 000	—	7.5*	9.8	73.9
1 500	—	12.1*	14.2	77.8
2 000	—	19.3*	21.2	83.0
3 000	—	44.9	44.2*	91.7
4 000	—	—	85.0*	96.4
4 300	—	—	101.3	99.9*

响应物理事件的泵启动和停机程序

泵启停程序由多种控制技术组成,这些是:

1. 系统启动或停机
2. 通过系统要求,如流量、液位或压力
3. 由于泵故障引起的紧急情况

系统启动或关机

这些水系统中的许多连续运行,除了紧急情况外不会关闭。典型的是饮用水系统和污水提升站。其他泵站是更大过程的一部分,并从整个水系统开始。同样,雨水泵只有在必须排除多余的水时才能运行。这个控制是很容易实现的,泵可以通过水系统的其他功能启动或停止。当代遥测和微处理器使这种接口高效可靠。

系统需求如水位,流量和压力

水位用于所有类型的湿室。启动停止功能相当复杂的系统用于恒速泵的装置。这些将在污水提升站详细描述(第 19 章)。对于需要水位控制的大多数应用,变速泵提供了更简单的控制程序。

流量编程是一种可能的激活手段,但通常与其他程序(如压力)相结合。流量编程通常用于泵启动和停止来代替转速控制;由于流动水流的动力学原因,在大多数应用中难以用于精确的流量调节。

压力用于启动许多不同的泵送系统,包括恒定和可变转速。通常压力可用于起动恒速泵,但不能用于停止。由于泵保持压力,没有压力信号停止。有几种方法可以通过压力启动停止恒速泵。这些是:(1) 通过流量计或流量开关减少流量;(2) 最小运行定时器和(3) 通过减少流量改变其温度的热力装置。

最小运行计时器通常用于运行正好足以克服系统泄漏的骑士泵。它们的马力通常相对较小,因此能源消耗不明显。

特殊类型的水系统启动和停止泵用特殊方法,这些将在应用章节中更详细地讨论。

泵故障的应急备用

设备故障总是很麻烦,应该以对水系统造成最少的麻烦的方式来实现。泵故障必须处理,以免系统暂时断水。控制系统必须查询泵的运行情况,以便在检测到泵故障时立即启动备用泵,而不是等到水系统对泵的故障做出反应时。这似乎是一个细微的细节,但如果备用泵的控制程序不能正确执行,这可能是一个可怕的运行问题。重要的是,在关键系统上应立即检测泵故障,然后启动备用泵,不要等待系统压力或水位来指示故障。这最好通过在具有吸入管道的吸入口和排出口的泵上安装差压开关,或者在具有开敞进水的泵的排出口上安装压力开关。定时功能必须包含在本程序中,有现代的泵控制器,这并不难实现。

泵的顺序

多泵系统从最小到最大系统流量,需要小心增减泵才能达到最大泵送效率。有一些程序可以用于实现这一点。用于多台泵排序的程序,可能对泵送系统的效率有很大的影响。泵排序的普遍做法是:

1. 最大流量　这种给恒速泵排序的旧方法让一台泵运行,直到它不再能处理系统要求。然后,控制器以泵送顺序启动下一台泵。如果泵的效率远低于设计点的右侧,这样会浪费能量。此外,泵可能在高径向或轴向推力的点处运行,轴承、套筒和机械密封件有更大的磨损。

最大流量应当用作备用控制系统,以更有效地控制系统故障并保持系统流量,例如最佳效率、线—水效率或功率消耗。

2. 最大转速百分比　对于变速泵,任意选择80％的最大转速百分比来增减泵,不能达到最高效率。这是在不评估确定运行效率的所有系统特性的情况下,对泵进行编程的尝试。

3. 特定流量控制　针对最大流量或最大转速百分比排序的问题,开发了此过程,以消除由此类过程引起的上述低效和高推力运行。它被称为最佳效率控制或曲线末端保护,因为泵已经排序,使得它们的运行更接近于其最佳效率曲线。

这是通过评估所提出系统的系统扬程并选择泵排序来实现的,因此泵不会"超出高效区",而是在其最佳效率点附近运行。图 11.18 所示的是具有 2 台泵在设计负载下运行的系统。通过最大流量排序,1 台泵可以运行,直到达到 1 台泵的 158％的流量;在这一点上,与设计条件相比,泵的效率将非常低,并且运行噪音大。

通过特定的流量控制,第 2 台泵将以 1 台泵的 120％的流量加入,如果泵是变速的,则这两台泵将以更高

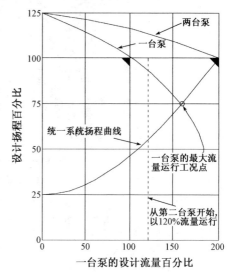

图 11.18　泵的特定流量控制

的效率运行。具体的流量控制要求系统流量计检测所选择的增加点。不幸的是,许多系统没有可用于泵排序的精确流量计。

4. 用泵总功率进行编程　如上所述,用于多个变速泵送装置编程的最有效的程序之一是泵送系统的总输入功率。该系统是变速泵的首选,因为它需要最少的仪表。它提供泵的精确控制,并使运行员能够确认泵是否有效运行。

5. 线—水效率控制　这种控制多泵的方法在泵编程中提供与输入功率控制相同的效率。它提供了在其运行的任何点处,提供泵送系统的实际线—水效率的优点。它需要一个精确的流量计和跨泵的差压变送器。

所有这些关于泵的有效排序的讨论都表明,现在水系统设计人员通过使用数字电子设备,无论是对水系统的评估还是在泵的应用中都有很好的工具。

泵效率的图示,如图 11.19、11.20 和 11.21,用于并行运行的三台泵。阴影部分是低泵效率的最差区域,没有阴影则表明是最高效率点。在这些图上绘制曲线,用于泵增减的点。这些数字是用于并联运行的三台可变速、1 700 gpm 的泵。与变速泵的系统扬程曲线相比,阴影区域表示恒速泵的能量损失。

增泵和减泵的点在这些图上显示。启动和停泵转速已经由计算机程序确定,例如线—水的效率或总的输入功率。这些区域显示泵的运行尽可能地保持接近泵最高效率曲线。

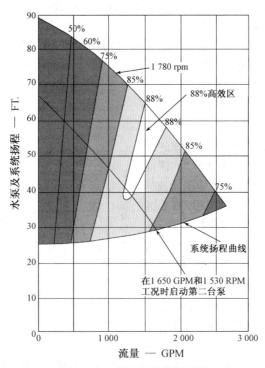

图 11.19　单台泵的运行区域

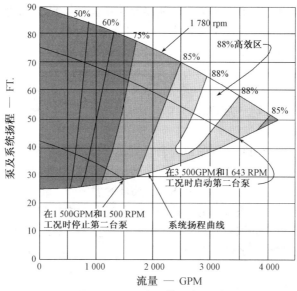

图 11. 20 两台泵的运行区域

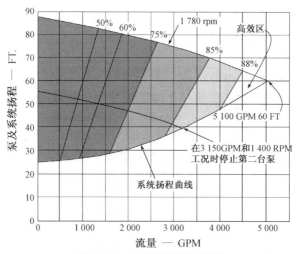

图 11. 21 3 台泵的运行区域

运行泵的交替

在多年的泵自动控制中,泵业已经使用了几乎所有交替使用主泵或运行泵的方法。有一些系统叫作"首先关闭"或"最后一次关闭"。有的叫作"占空比"或"运行时间周期"。在大多数情况下,这些交替方法的设计是为了使所有泵的磨损都相同。

　　频繁启动电动机有一定限制。某些电机每小时启动次数不能超过最大次数。在具有快速变化的流量的系统中,这可能需要更换流量,使得泵电机不超过每小时允许的启动次数。

　　这些程序产生了两个不利的事实。(1)同等磨损不一定是最好的方法。在一个大型泵的情况下,所有的泵都在同一个月和一年中磨损破坏,因所有的泵都会同时发生故障,导致紧急修理。(2)自动交替本身允许运行者忽略泵的情况。

　　大多数装置应由其他程序替代自动更换。出现了第三个因素,即可变速水泵的磨损减少。使用变频泵和工厂组装的泵系统,其中泵的正确编程减少了泵故障的发生率。这消除了上述替代循环的大部分。最简单和最经济的方法是运行人员的手动更换。为泵控制中心配备每个泵电机的过程时间表,使运行员可以在泵之间维持大约 2 000 到 4 000 个工作小时,所以它们并不都同时失效。关于这个问题的更多内容见第 25 章。

泵的转速控制

　　所有上述讨论都是对泵的编程有效。运行变速泵的第二部分是泵转速本身的控制。变频驱动的发展大大改变了泵的设计、选型和运行。所得到的变速泵控制拥有许多优点,例如减少功率消耗和泵轴上的较小的径向推力。变速驱动器本身已经在第 8 章讲述。

　　泵送系统的现代转速控制在过去 25 年中得到了发展。这些变速泵的基本控制装置包括水系统传感器、泵控制器和变速驱动器(图 11.22)。在大多数情况下,水系传感器是压力,但可以是(1)温度,(2)温差,(3)压差,(4)水位,(5)流量或(6)功率。特殊系统可以利用其他物理或计算值来改变泵的转速。所有以上关于效率问题的讨论都通过计算机程序实现了。第二部分关于可变速泵的运行由泵本身控制。因为可变速变频驱动器的出现已经改变了设计、选型和泵的运行。

　　泵控制器可以具有许多不同的配置,这取决于在不连续的速度变化或波动的情况下充分控制泵速所需的响应时间。最初在水系统上使用变速驱动器时,假设由于负载在这些水系统上没有快速变化,因此不需要对泵进行快速调速。在这些系统的实际运行过程中,我们了解到需要快速调节,特别是在使用压力传感器来调节泵速的系统上。

　　尽管这些系统上的负载没有快速变化,但水系统内的压力波会在传感器上产生变化,导致速度变化。此外,通过数字控制,在计算出信号误差之后,输出信号被提供给变速驱动器以增加或减小泵的速度。这种增加或减少持续到下一次信号变化。试图降低泵控制的灵敏度只会导致安装点处实际压力的变化增加。如果变速泵不断改变速度,可能导致响应时间不足或另一个现有的

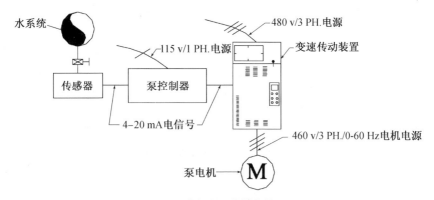

图 11.22 对变速泵的基本转速控制

控制问题！在这些行业中适当控制的变速泵不应频繁改变其速度，以便速度的变化是可见的或可听见的，除非负载增加或减少显著。

现在许多泵控制器基于数字电子装置，其感测信号、计算误差并将转速信号输出到变速驱动器。泵转速由这种控制器保持在离散点，直到其被更新，所以当不提供快速控制响应时，可能存在连续的转速波动。标准的商业数字控制具有非常高的响应速度。基于现在可用于控制这种泵的数字技术，响应速率不应该是变速泵的问题。任何连续变速的变速泵都不能正确控制。来自控制泵转速的变送器的速度响应可能太慢。

泵转速控制传感器

上述基本变速控制的描述列出了用于泵运行的传感器类型。一些水系统需要多个传感器来保持泵的适当转速。这是由于水系统上的负载变化。标准信号选择技术用于容纳多于一个变送器(图 11.23)。控制器选择信号偏离其设定值最远的变送器。以下是有关传感器或变送器的选择和位置的信息。

传感器的位置对于确保泵可以以最小到最大系统负载的最低可能转速进行运行非常重要。本书在有关特定类型水系统的章节中将会对适当的传感器位置进行一些示范。

当使用压力来控制泵时，这些变送器必须定位成使得系统的分配摩阻压力损失从信号中消除。例如，假设用于饮用水的配水系统的总泵扬程为 125 英尺，系统摩阻为 92 英尺(40 psi)。如果希望在主体端部保持 50 psig 的压力，则可以通过将压力变送器定位在主体的末端来完成。压力变送器保持 50 psig，无论水系统的摩阻损失如何。如果变送器位于泵附近，变送器必须经过校准才能保持 50+40 或 92 psig。结果将是在水系统流量减少和水系统超压时导致巨大的能量损失。

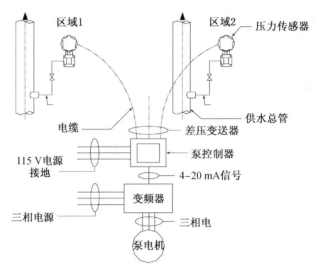

图 11.23　多个压力变送器的管线连接

　　随着压力变送器的正确定位,它们必须由控制系统正确查询。如上所述,控制器的响应时间必须足够快以防止泵的振荡,但必须将压力的误差信号保持在 1 psi 或更小。对于控制变送器,任何大于此值的变化是不可接受的;如果发生更大的变化,则表明泵正在振荡,并且能量正在损失。将压力变送器定位在泵上而不是在水系统的末端,使变速系统浪费能量。当在泵出口处测量系统压力时,很少有使用变速泵的理由。设计泵扬程必须是压力控制器的设定值,因此,无论系统上的负载如何,泵转速几乎都不会降低。正如在污水提升站看到的,水位控制变送器位于湿室泵站附近。而且,通过液位控制,管道的摩擦力不是控制信号的一部分。

远程变送器通信

　　远程变送器通信的方法对于确保在泵控制器处以由泵控制造商规定的响应速率接收不间断信号是特别重要的。信号所采用的路线对于水系统设计者来说是重要的。来自远程变送器的大多数信号是 4 至 20 毫安强度的直流电。表 11.8 提供了可与各种尺寸的电线一起使用的变送器和泵控制器之间的典型距离。这些电缆可以安装在导管或其他携带仪器、数据或电话信号的装置上。它们必须屏蔽电磁和射频干扰,屏蔽层必须在泵系统控制器附近的电缆末端接地。

　　在较长的线路上,用于泵控制的电缆安装可能变得昂贵或带来维护方面麻烦。另一种方法是在远程压力变送器和泵送系统上安装调制解调器。该过程允许使用普通电话线来传输控制信号。如果光纤电缆可用或计划用于新的装置,电缆中的一对电线可用于在水系统末端快速传输压力或压差。电缆的两端都需要转换器。

无线电可用于启停信号,但对于控制变速泵转速所需的连续信号完全不足。每 500 ms(1/2 秒)一次来自远程变送器的信号的需求,需要无线电连续传输,这在大多数情况下是不允许的。

压力变送器位于泵站的新技术正在出现,其设定点由远程压力变送器通过本地 SCADA(数据采集与监控)装置更新。任何为特定应用提出建议的公司都应该确认这个新系统的成功和可靠性。

表 11.8　泵控制器和变送器之间的最大直线距离

线号(AWG)	直线距离(ft)
16	20 000
18	11 000
20	8 000
22	5 000
24	3 500
26	2 000

水系统对泵性能的影响

泵是每个水系的核心;当它出现故障时,系统也会出现故障。不幸的是,很多泵故障是由于水系统对泵性能和物理状况的影响。第 6 章已经讨论了汽蚀和夹带空气对泵性能和损坏的问题。

对泵的其他有害影响的是控制系统,其迫使泵在高推力区域中运行,即在非常小或非常大的流量下运行。泵磨损很快,而不是泵的缺陷。

在离心泵应用中最糟糕的做法之一是在泵出水管安装安全阀,将溢流返回泵吸入管,如图 11.24a 所示。应该记住,制动功率的热当量为 2 544 BTU/hr。所有由安全阀消耗的能量都返回到泵吸入口。如果系统在低负载下运行,其中通过泵的流量较低,则非常明显的是,水会发热直到泵变得非常热。此外,当流量确实增加时,通过系统的热水将剧增。如果绝对需要在泵上安装安全阀,则应将出水管连接到将水返回到一个源诸如水箱的管道上。

对水泵的清洁服务应该持久耐用,而很少修理。正确的安装和操作将提供多年的运行、最少的服务和维修。

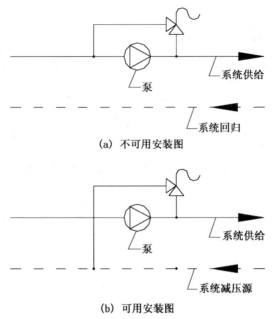

(a) 不可用安装图

(b) 可用安装图

图 11.24　泵减压阀连接

用作水轮机的离心泵

在水系统的水力梯度足够高的地方离心泵可用作水轮机,以便当高处的水流到较低的高度时保证静态水头的回收。典型的是在高海拔湖泊中储蓄的水下泄到市政供水系统。可用的水头必须比水系统中最大期望的水压高得多。

图 11.25 描述了湖泊和市政供水系统之间的高程差为 500 英尺,水系统

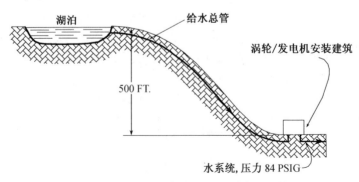

图 11.25　能量回收的水轮机/发电机安装

中最大的所需压力为 84 psig 或 194 ft,这为系统(管道和阀门)的摩擦和能量回收留下 306 ft。如果总摩擦力是 51 英尺,则可以使用 245 英尺的水头进行能量回收。图 11.26 说明了这一计算方法;该图中所示的系统扬程曲线现在是可用的能量,而不是由泵克服的扬程。

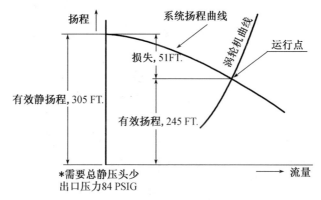

图 11.26　系统扬程和涡轮机曲线

这是通过如图 11.27 所示的涡轮发电机实现的,其中泵用作连接到发电机的涡轮机。图 11.28 提供了作为涡轮机的这种泵的一般性能。公式 11.9 提供了可回收能量(kW)的计算。

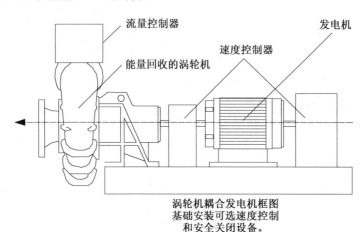

图 11.27　典型的涡轮发电机部件

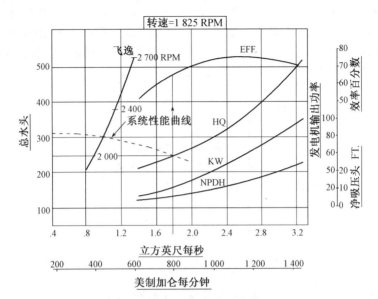

图 11.28　涡轮发电机性能

　　涡轮发电机的供应商将推荐或提供每种装置可能需要的转速和流量调节器，如图 11.27 所示。作为小型水轮机的离心泵的其他装置用于灌溉或其他供水系统上的涡轮发电机（图 11.29），并使用非饮用水泵送饮用水（图 11.30）。所有这些装置可能需要涡轮转速和流量调节。

$$kW = \frac{q_{MAX} \times (Z - H_F) \times \eta_T}{11.82} \tag{11.9}$$

　　其中 q_{MAX}——通过涡轮机的最大流量（cfs）

　　　　η_T——涡轮机效率为十进制

　　最大流量为 1.78 cfs 由涡轮机的 245 ft 水头和水头—流量曲线（H-Q）的交点确定。在这个交点处，这个涡轮效率是 65%。通过与涡轮机的功率曲线的交点，可以从该图中获得 24 kW 的功率。可以通过在等式 11.9 中插入值来确认。

$$kW = \frac{1.78 \times 245 \times 0.65}{11.82} = 24.0 \text{ kW}$$

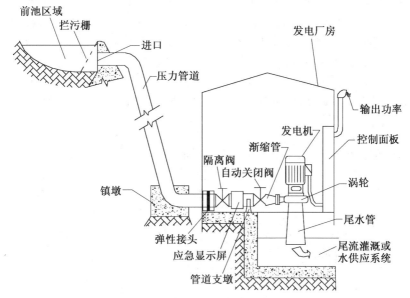

图 11.29   灌溉和供水系统的涡轮发电机

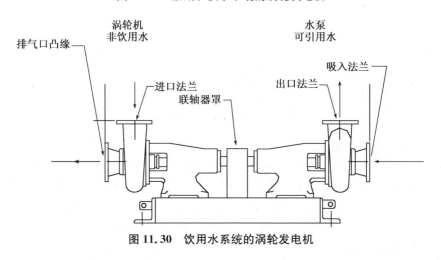

图 11.30   饮用水系统的涡轮发电机

启动系统充水系统

通常,在某个吸水高度上需要使用非自吸泵。这不是一个理想的装置,而是蜗壳泵的扬程—流量以及更高的效率可能决定这种使用。这对于明确的服务应用来说是一个更简单的过程;污水或其他脏水应用可能最适合自吸式、潜水式或轴流式泵,这对于什么可能是一个困难的应用提供了实际的答案。

启动离心泵有三种基本方法,即(1) 使用真空泵,(2) 起动罐和底阀,或(3) 利用水压。这些系统中的任何一个都需要维修才能确保它们可运行。中央真空泵和罐体如图 11.31 所示,图 11.32 中央为真空管。自动排气阀如图 11.33 所示。这是一个相对简单的系统,几乎没有维护。如果装置非常关键,应该提供真空报警器,以便在真空灭失的情况下提醒运行员。

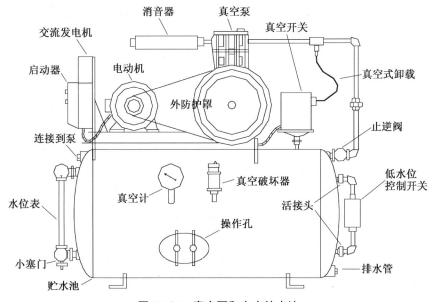

图 11.31 真空泵和充水的水池

可以在泵装置上方提供一个灌注水箱(图 11.34),向水泵注水,并通过蜗壳顶部的排气阀驱动空气。每个泵吸水管都配有一个底阀和一个自动阀,使水箱内的水进入泵吸水管。当水到达图 11.33 所示的浮阀时,它关闭,造成浮阀阀体的压力。位于起动阀旁边的压力开关感测到该压力。该开关的触点位于泵启动电路中,使泵启动。同时,自动阀关闭并阻止水从起动水箱中流入泵吸入口。

充水水箱有一个水位控制装置,如果泵送水干净,则灌注水箱可从泵排出口重新补充水。如果对于这种水质有疑问,水箱可以注满新鲜的水。如果是开敞水箱,则必须将其设置在通风口和开关组件上方(图 11.33),以启动压力开关。上述水箱可以用来自泵以外的其他来源的直接供水管线代替。如图所示,水箱装置需要供应控制阀、排气口和压力开关。该装置可能需要止回阀。

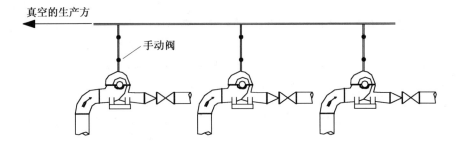

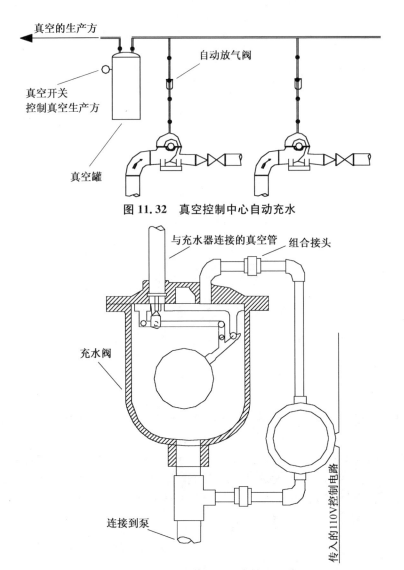

图 11.32　真空控制中心自动充水

图 11.33　浮球阀和充水控制开关

　　还有许多离心泵充水的其他方法。通常,泵供应商具有特定的泵充水的方法,已经证明在特定装置上是可靠的。具有一定吸水高度的泵的一般规则是为每个泵提供单独的吸水管。一个吸水管连接到多个泵可能带来麻烦。

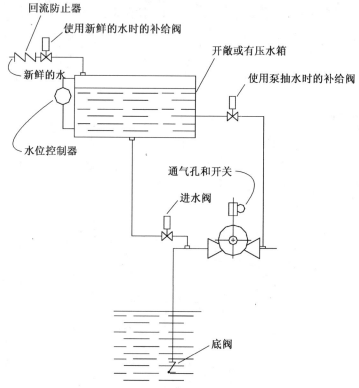

图 11.34　使用补给水充水的示意图

小　结

　　以上描述了成功安装水泵的许多方面。应该记住,大多数泵磨损是由泵安装,而不是泵本身引起的。吸入管道是泵运行的所有管道中最关键的。应该理解,不应该做任何事情来阻止水流入泵中。泵吸水管的所有限制都应消除。还应该避免的一个常见做法是在泵吸水附件上安装控制阀,如图 11.35 所示。显而易见的是,这将减少泵可用的有效汽蚀余量(NPSHA)并加速了空化。这是良好泵装置最重要的要求之一。

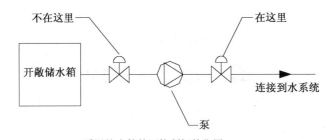

采用储水箱的泵控制阀的位置

图 11. 35　使用补给水的充水系统的示意图

其他阅读材料

　　关于离心泵应用的优秀资料有很多。由麦格劳-希尔等出版的《泵手册》中提供了由 Karassik 等人对泵的应用研究的详细信息。许多泵厂商的泵性能手册中也有很多很好的信息。

第 12 章
离心泵进水设计

引　言

离心泵最难的应用之一是蜗壳型泵和轴流泵的进水结构设计。这是一个不容忽视的复杂主题。这样做是为了使泵的磨损和高维护装置所有者有所担当。

进水设计分为两个重要类别,即清水服务和固体处理应用。清水服务的进水需要力学机理,以避免表面或水下旋涡以及横向水流。固体处理装置需要所有这些力学设计参数,但也必须控制污泥积聚的安排。

进水结构的主要信息来源应该是泵制造商自己。他们使用特定类型的进水口测试了他们的泵,并且可以提供必要的数据,例如管口淹没深度、悬空高度和边壁距。许多人已经对新型进水结构进行了研究,这些进水结构改善了所有离心泵的运行。其他的制造商可以为其泵的特定应用提供模型。

本章将概述进水结构,这些结构应该在开发实际装置的形状和尺寸之前,水系统设计人员应该从泵制造商那里获得详细的设计标准。在大多数情况下,由于这些计算应使用泵制造商的建议进行,所以没有计算最终尺寸。一旦知道泵的喇叭口直径,就可以对进水结构尺寸进行初步估算,但是应该得到泵制造商对这个估计值的确认。

美国水力研究所在"美国国家标准 ANSI/HI 9.8‐1998"中对进水设计的整个主题进行了总结。在对泵入口进行严肃设计之前,应考虑本文件。应特别注意他们提供的有关固体含量液体如污水的槽式进水口的信息。

湿室体积

可变速泵送以及诸如槽式湿室的新结构的出现,通过引入泵的数字控制,可以明显减少进水池或湿室的体积。计算湿室的体积时应注意,如果没有彻底审查循环泵的方法或控制变速泵的转速,则不应该确定此体积。控制算法必须使得泵不能快速循环,并且变速泵转速不能急剧变化。

湿室的数字控制提供了改进水位控制的新程序。泵的起动和停止点数可以轻松压缩或扩大,以消除泵循环。结果是更好地控制了湿室水位和总体积的减少。理论变速抽水可以接近 1 加仑进 1 加仑出。但是,应对具体应用的实际转速控制进行评估;在这种情况发生之前,必须考虑控制器的响应速度以及数字或模拟类型的响应。流入湿室的最大流量变化率必须包括在分析中。预期的投标人对湿室水位的控制,应该确保它们能够在没有过多的泵启动和停止或泵转速波动的情况下保持湿室水位。

第 19 章的污水提升站设计还包括控制湿室水位的资料,特别是变速泵的恒湿室水位。对湿室设计和控制的重视应以湿室的最终深度和控制本身所要求的水位范围为中心。这两个因素之一可能增加初次成本和运营成本。

进口设计直径

进水喇叭直径 D 由泵制造商在涡轮、混流和旋桨型的轴流泵上设定。对于连接湿室到泵的管道的尺寸,应咨询干室泵的制造商。在自吸泵上,吸入管通常与泵吸入口连接的尺寸相同。

淹没深度

淹没深度是一个包含许多因素的复杂问题。泵制造商有一个推荐的淹没深,消除 NPSH 引起的问题。在清水服务应用中存在一个问题,即在水池或湿室中使用液体深度作为消除表面旋涡的手段。即使有具体的建议以增加水深来消除涡旋,作者处理圆形水池中涡旋的经验告诉我们,其中很大的深度也没有消除它。表面旋涡易于控制,作者认为,清水泵的淹没水深应由泵制造商建议,防涡板、后壁隔板、中心分流板、导流锥等可以消除表面旋涡。水池和湿室水深越大,初次成本和运营成本越高。

防涡设备可以消除这些旋涡的大多数。图 12.1 描述了自由表面和水下涡旋。机械设备可以消除大多数这些漩涡。必须认识到那些用于固体处理的泵需要保持它们清洁。第 6 章中也讨论了夹带空气的表面涡旋问题。

随着能源成本的增加,应尽全力减少水池和湿室的深度。恒速泵和变速泵的数字控制以及变速泵送的运行都可以提高它们的深度。因此,湿室的深度不应该是旋涡控制的一部分。

清水泵

　　清水泵可以从管道吸入,其中一些已经在前面讨论过了。有一些立式涡轮型的轴流泵尚未被审查。这些包括底部开敞型(图 12.2)和底部封闭型(图 12.3)。尺寸如 D、D_1 和 A 应符合泵制造商的建议。具有潜水电机的立式涡轮机可以安装在如图 12.3 所示的结构中,前提是泵制造商认可电机在管道中的位置。

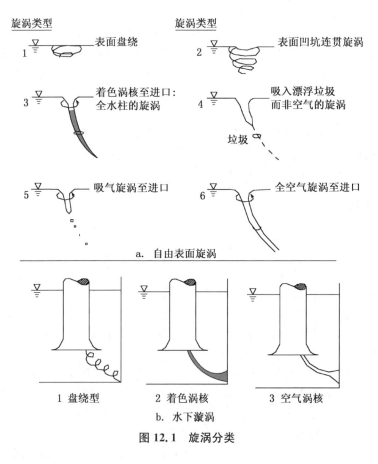

图 12.1　旋涡分类

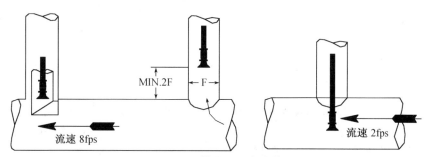

图 12.2　轴流泵开底安装

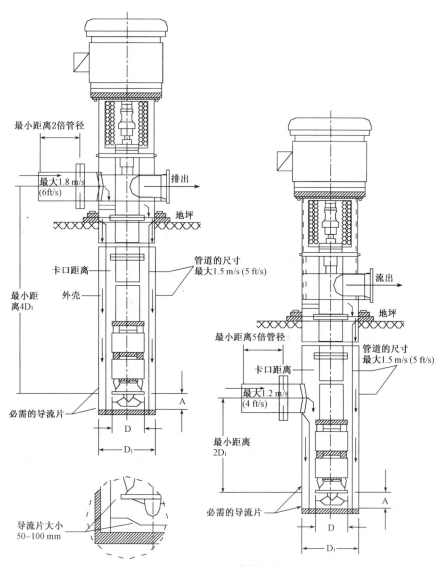

图 12.3　吸水罐管分类

矩 形 结 构

清水泵的经典矩形结构如图 12.4 所示。图 12.5 提供了这些尺寸与流量的变化。这些数字适用于流量大于 3 000 gpm 的泵。较小的泵应遵循相同的总体布置,但尺寸应从泵制造商处获得。以下是矩形结构的主要尺寸的描述。

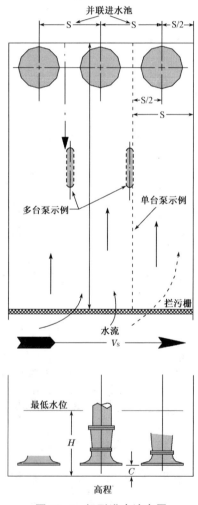

图 12.4 矩形进水池布置

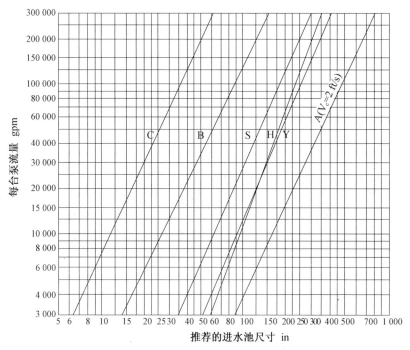

图 12.5　矩形进水池尺寸

底部悬空高 C

这是一个关键的尺寸,图 12.5 的曲线是许多泵的平均结果分析,其最终值应按照泵制造商的建议确定。

后壁距 B

喇叭口的边缘应靠近后墙。如果泵的设置或管道迫使喇叭远离后墙,则应安装一个局部后壁,以使喇叭口边缘靠近后壁表面。

水池宽 S

尺寸 S 是一个泵所需的尺寸。该尺寸不应与所示的曲线变化很大。在这方面的任何变化,应咨询泵制造商。如果现有的湿室太宽,则应设置填充墙,以使每个泵的宽度达到正确的尺寸。

水池深 H

最小水池深度是喇叭口淹没深度加上喇叭口悬空高 C,这是任何泵在设计流程中运行时允许的最低水池水位。

水池总长度 A

这是从后墙到拦污机或拦污栅的距离。

定型的进水流道

可以提供形定型进水流道用于许多清水服务的配置,以适应特定泵的装置(图 12.6)。这些结构未经泵制造商认可不得使用。

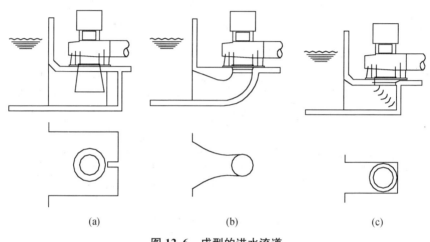

(a)   (b)   (c)

图 12.6   成型的进水流道

槽式进水池

槽式进水是相对较新的,然而对于混流和轴流泵已成功开发了用于大流量泵装置的槽式进水池。开发这种进水结构的大部分工作是在堪萨斯城的 Fairbanks Morse 工厂完成的。这些进水结构大部分资料发表在"ANSI/HI 9.8—1998 美国国家泵进水设计标准"中。图 12.7 描述了一种典型的沟槽型进水结构。在泵入口下方显示的锥体可能由泵制造商推荐也可能不推荐。泵进水口下的横向流已经避免了多年。在这些结构中,通过将进水管设置为不低于图 12.7 中所需的淹没深 S 来消除横向流。进水管道或通道的中心线必须沿着泵的公共中心线。

进水池的宽度和悬空高如图 12.7 所示。泵入口处的进水池宽度为 $2D$,直到泵入口的高度为 $2D$。在该高度以上进水口必须加宽,以便进水通道中的最大速度不超过 1 ft/sec。沟槽型进口提供了一种新的有价值的结构,可以是一种高效和经济有效的装置。将在第 19 章中描述的恒定湿室水位控制过程,当安装在该进水结构中时,为变速泵的高效运行提供了有效条件。请注意,进水池侧壁可以是一个简单的斜坡。这应该与类似固体处理装置所必需的双弯（S 形的）曲线进行比较。

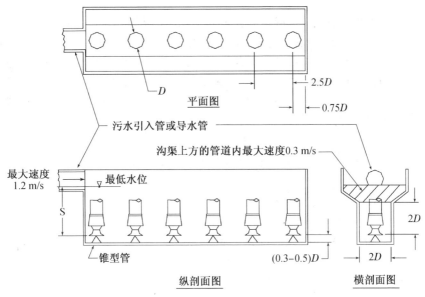

图 12.7　槽式进水装置

在为清水泵选择矩形或槽式进水之前,必须回答许多问题。例如,清水池体积本身可能决定了矩形结构的使用。安装大型泵和管道时,两种类型的结构皆可以使用。

带固体物的进水结构

对有清洁固体处理需要的,当涉及四台或更多台泵时,几乎决定了使用槽式进水结构。含有固体的这些液体是污水和雨水。通常,固体可以分为漂浮或沉降两种。沉降固体可以沉到结构的底部或涂覆在侧壁。进水结构必须设计成考虑适应其清除所有这些类型的固体。涂层固体必须从墙壁上刮除或者化学去除。一些固体分解成化学物质,如硫化氢(H_2S),它是恶臭的,可以侵蚀金属如铜。认识到这些条件,固体处理液体的湿室必须位于它们不产生妨害的地方,并与需要通风的电气开关柜分离。

特别的,变速驱动器必须与它们隔离。驱动器应放置在上风或其通风口;在关键装置中,变速驱动器可能需要带空调的非通风外壳。空调器上的冷凝器盘管必须是耐硫化氢侵蚀或包含有耐腐蚀涂层的材料。

固体处理泵的所有进水结构必须设计成将沉降固体引导到泵入口,在那里可以从结构中泵出。垂直或陡斜的面应代替平坦面。这些设计条件在这类结构中将是显而易见的。

用于固体处理的槽式进水池

槽式进水池提供减少湿室底板上固体积聚的方法(图 12.8)。该设计将可固化固体引导到泵入口,其中大部分装有叶片以控制旋涡。来自下水道的最远的泵配备有导水锥和壁式防涡板,以减少水下旋涡。这个泵的喇叭口到底板的距离应该有 $D/4$。图 12.9 描述了必须用于对主要损失敏感的泵的附加结构。图 12.8 提供了最低淹没深,S. Fairbanks Morse 说明这可以由泵制造商从以下公式计算:

$$淹没深度,S=(1.90+2.3F_D)\times D \tag{12.1}$$

式中:F_D=弗劳德数=$v/(gD)^{0.5}$
　　　D=入口直径
　　　v=速度(fps)在进口吸入喇叭口

该公式由奥尔登实验室总裁 G. E. 海克尔 1996 年开发。

实际经验表明,淹没深应在 2.0 至 2.4D 之间,D 为泵进水喇叭口的直径。

图 12.8 显示了对于清水泵,固体处理必须采取的额外预防措施(图 12.7)。特别要注意的是,进水池在进水管道处可以设一个直壁,用于清洁服务,但是它必须具有一个平缓的、圆形的边壁,由半径为 0.5 到 1.0 的 S 形曲线与固体处理泵组成。

固体处理泵应避免使用矩形湿井。

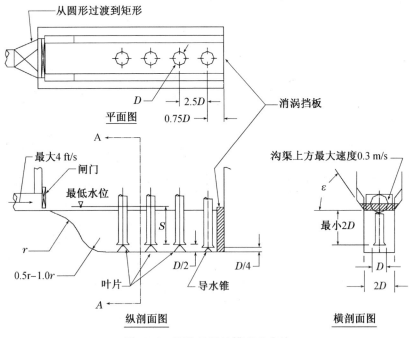

图 12.8　固体处理的槽式进水池

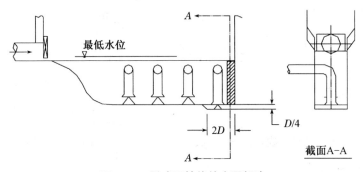

图 12.9　影响泵性能的主要损失

固体处理泵圆形湿坑

　　圆形湿坑对由两个泵组成的泵站(图 12.10)是非常好的进水。需要在入口附近安装填料以消除垂直壁。这将污泥引导到泵入口处。泵制造商将详细说明把泵安装在圆形湿坑中的细节。大型泵可能需要模型试验才能安装在这样的进水结构中。

　　如图 12.10 所示,湿坑的表面积对于控制算法比具有恒定湿室水位控制的湿室总体积更重要。

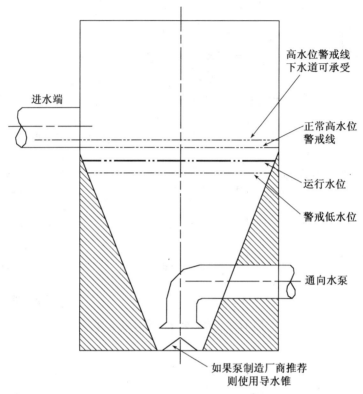

进水端

高水位警戒线
下水道可承受

正常高水位
警戒线

运行水位

警戒低水位

通向水泵

如果泵制造厂商推荐
则使用导水锥

图 12.10　圆形固态湿室处理控制

测试进水结构

如上所述,在设计前,应对各种泵的进水结构和泵站的容量进行模拟。有经验的水力工程师应确定测试范围、模型目标、仪表、测试计划和报告。

进水结构的补救措施

通常可以修改现有的进水结构以提供令人满意的运行。上述尺寸的大小可以通过使用填充壁和圆角来应用于这些现有结构,这些填充壁和圆角将提供正确的间隙,并消除固体可以积聚的点。如今在自由表面旋涡和水下旋涡方面有足够的知识,因此有消除它们的工程措施。这些包括本文所述的各种壁板、锥体和板。

过滤器、筛屏和拦污栅

从水中除去固体的进样装置在设计上是复杂的,并且必须针对每个具体应用进行定制。在选择保护泵站所需的设备之前,必须仔细评估要清除的内容。例如,从河流、溪流和湖泊取水需要清除鱼、青蛙和蛇。几乎任何有从河流中抽水的经验的人都经历了令人愉快的经历,就是从泵蜗壳和叶轮中撬出蛇,同时想知道如何将它们吸引到泵中。上述每个设备应在泵站运行时进行检查。

过滤器

本书的水系中几乎没有需要吸入过滤器的情况。过滤器除去的颗粒不存在,或者它存在于泵流出的污水中并不令人反感。过滤器过多地被包括在不必要的使用中。

如果认为过滤器是必要的,则必须为每个应用适当地设计过滤器的筛网。筛网尺寸应根据过往的对于液体的经验来确定,滤网的制造商应参考筛网尺寸和类型。如果颗粒物连续堆积,可能需要提供双相过滤器,以便一个屏幕可以在另一个屏幕上运行。如果设置过滤器来保护孔、喷嘴或控制阀,则应考虑将过滤器安装在这些设备上,而不是在泵站。

筛屏和拦污栅

筛屏是一个专为进水的大体积过滤网,其依靠摩阻损失来清洁。图 12.11 描述了固体清除系统中的移动筛屏。

图 12.12 描述了大型冷凝器泵电厂从江河抽水的典型案例。筛屏移动时,沉积物在屏幕顶部的一个槽里。它是给鱼逃逸的,保持鱼远离屏幕前面拦污栅距离鱼逃逸处的上游并能阻挡大的物体如树枝。它可以有保持清洁的机制。

很明显,在清理泵站进水设备时要考虑很多当地因素。泵吸

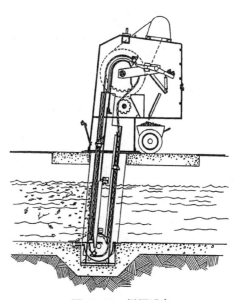

图 12.11　拦污设备

入口的设备应该因地制宜地由有经验的水工程师来设计。

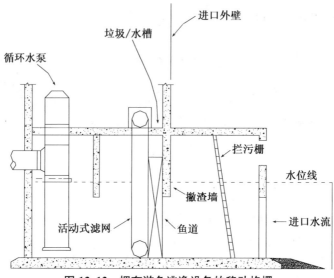

图 12.12 拥有游鱼逃逸设备的移动格栅

小　结

需要重申的是,本章讨论了泵的入口设计的相关特征。这表明,对所有水系统设计人员着手配置泵站进水结构的任务前,需要提供实际水系统流量与所选泵的足够信息。

第四部分

清水的泵送

第 13 章
水处理厂中的水泵

引 言

人类消费的水一般有这几个名称,分别是饮用水、生活用水、纯净水、市政用水和饮料用水。这些水几乎都是来自降落于江河湖川内的雨水。部分水渗入地下土壤层和岩石层并且形成地下水实际水位的蓄水层。

由于沿海地区用水需求大,越来越多的生活用水来源于海水淡化。这个生产工艺主要集中利用众所周知的反渗透技术。之前生产饮用水的方法已经被禁止,比如蒸馏技术,因为每生产 1 磅纯净水几乎需要 1 000 BTU 的热量。本章节主要介绍用于处理雨水的水厂。

新的饮用水标准频繁推出。应用在水泵上的标准是 NSF International of Ann Harbor, MI,这个标准评估了包括金属泄漏到饮用水里等几个可能由水泵导致的状况。供水系统设计者应该熟知应用在饮用水方面上的水泵测试要求。现如今许多州地区需要 NSF International 对于饮用水水泵的支持。

雨水泵站的类型

利用雨水的水处理厂有两种类型,一种是处理地表水的水处理厂,一种是处理地下水的水处理厂。地表水处理站的水源来自江河湖泊,地下水处理站的水来自井水,还有的水站水源既有地表水也有地下水。

一般来说,地表水的化学处理要求要高于地下水,这是由于地表水中存在泥沙、细菌和化学物质。一些来自水井内的地下水不经过任何化学工艺处理就完全可以饮用。通常井水处理仅仅包括井水软化和井水除铁。

目前已经建成了相当数量的地表水处理站。地表水实际处理过程取决于流入地表水处理站内的水的水质,地表水处理站根据那些处理过程选取所使用的水泵类型,其中水泵的主要用途有用于作为供水水泵和用于像反冲洗过滤中那样的程序泵,排污泵是配水系统的一部分。

在这些已建的水处理站中最常见的水泵类型有单吸卧式离心泵和双吸卧式离心泵、用于高扬程的涡轮式轴流泵、混流泵和应用于低扬程的螺旋泵。

地表水处理站

地表水处理厂的一个很好的例子是辛辛那提水厂,它为超过 100 万人提供服务。它不仅拥有地表水处理站,而且还能处理从迈阿密河蓄水层引过来的井水。这个水务公司因为它的技术能力闻名已久,在 20 世纪 50 年代早期,它在用于作为市政供水截止阀的蝶阀研究开发中起了很大的作用。最近,地表水处理厂安装了激活碳过滤系统,通过去除俄亥俄河水中的微量有机物质来提高地表水处理厂水生产的水的水质。其中以理查德·米勒地表水处理厂为代表。

理查德·米勒地表水处理厂从俄亥俄河中取水,那些水主要来自上游的水电站、污水处理厂、工厂。有化工厂、钢铁厂、农业加工厂和炼油厂等各种不同的工厂。这些水中存在化学物质,所以地表水处理厂必须有能力处理各种不同的污水。图 13.1 是地表水处理厂的布置图。

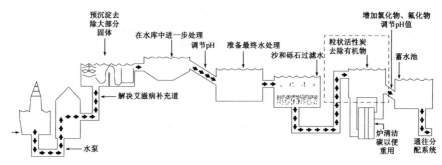

图 13.1   1.2 亿加仑/每天河水处理工艺

考虑到化学品泄漏可能发生在河流入口的上游,在河滩地上修建总库容量为 330 000 000 gal 的水库。河流入口可以关闭,并且可以从水库供水。该地表水处理厂平均每天要处理 120 000 000 gal 的水,因此在紧急情况下水库能满足几天的供水需求。

该地表水处理站基本上是流通型,因为河流进水泵提供扬程将水提升到水库附近的处理水箱和仪器设备中。水库的静水位高度提供了使水流通过终端沉淀过滤器所必需的扬程。在水流从水库流入地表水处理厂的过程中,一些多余的水头能量被两台 250 kW 的水轮发电机回收。加入活性炭颗粒的设备需要额外的泵克服通过活性炭过滤器的损失。成品水被运送到库容为 29 100 000 gal 的清水井中,泵站从清水井取水将其输送到配水系统中。大型水处理站的水泵类型和容量如下表所示：

数量	服务	容量(gpm)	类型	每台电机马力
4	未净化的原水	38 390 ea.	双吸式	2 000
2	未净化的原水	21 000 ea	立式涡轮式	1 000
2	未净化的原水	10 500 ea	立式涡轮式	500
3	冲洗水回收	6 950 ea	混流式	250
1	冲洗水回收	13 888	混流式	500
4	碳过滤水	22 000 ea	螺旋桨型	250
3	碳过滤水	32 500 ea	螺旋桨型	450
2	碳过滤水回流	21 500 ea	混流式	400
3	作物生产用水	2 125 ea*	双吸式	100

* 变速

　　上述所使用的水泵就是典型的水泵处理厂所选用的水泵类型。事实上，安装超过 15 000 马力的水泵电机决定了大部分时间内水处理厂的水泵在高效点工作。该水处理厂的相对稳定的流量和数字控制使操作人员能够确保设备在最小功率下(kW/mgd)运行。虽然这个水处理厂比许多水处理厂规模都大，但是它也具备其他地表水处理厂所拥有的所有水泵抽水部分。

　　这个水处理工厂的独特的部分是使用活性炭颗粒来保证去除威胁人体健康的微量有机化合物，即使在原水中发现的低浓度有机化合物也要去除。图13.2 说明了活性炭颗粒的回收再生过程。活性炭颗粒是通过射流器和凹式

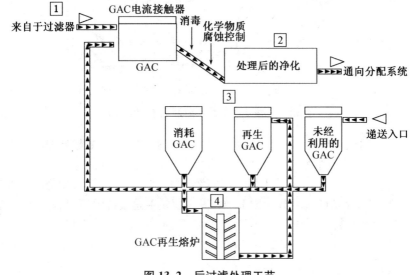

图 13.2　后过滤处理工艺

叶轮式离心泵进行移动的。为了确定活性炭粒去除有机化合物的有效性,根据美国环境保护局开展的5年定点项目设计了这套设备。这套设备是为了向全国证明在实现安全饮用水方面达到了最高水平。热再生过程中使用补燃器用于破坏废气中的有机蒸汽。这个补燃器拥有在2 s内到达2 200 ℉的能力。用于空气氧化预热的空气—空气热能交换机安装了处理余热的锅炉设备确保整个系统装置效率最大化。废气在排入大气之前需要先通过文丘里管和湿式托盘洗涤器处理。

　　相比这个水处理厂,其他水处理厂在处理原水的过程中会遇到不同的物质成分,从而要求其他的化学处理过程。基本的泵功能相同:(1) 原水泵,(2) 过滤泵,(3) 用于过滤器的反洗泵和(4) 水厂中使用的泵。在大多数情况下,废水泵是配水系统的一部分。

地下水处理厂

　　各种尺寸的井泵构成了供人类用水的源头。所有的井泵都是从当地的蓄水层中取水,如图13.3所示是一个典型的蓄水层。一个简单的水泵装置没有任何水处理是很普遍的。这些装置可以从单个泵房的小型喷射泵到具有多个湿室的市政系统的大型泵。

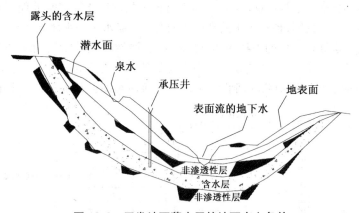

图 13.3　开发地下蓄水层的地下水文条件

　　典型的地下水处理厂是辛辛那提水站中的查尔斯·博尔顿处理厂。这套装置是由10座往水处理站供水的输水井构成,如图13.4。这些井中的每个井大约120英尺深,容量为4 MGD。这些井泵装置由井泵和电机组成,如图13.5所示。无基坑适配器(图13.6)将井泵固定在适当位置,并配有电线和泵罩。因为这套装置有密封井盖,所以可以在河流冲积平原上安装。

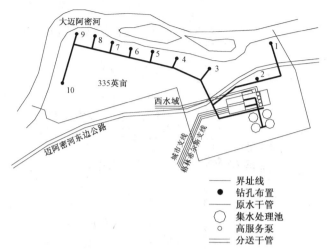

	界址线
●	钻孔布置
	原水干管
◯	集水处理池
◦	高服务泵
	分送干管

图 13.4　地下井场和处理站

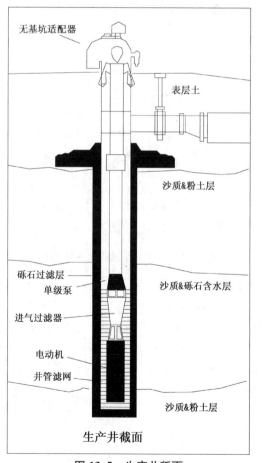

图 13.5　生产井断面

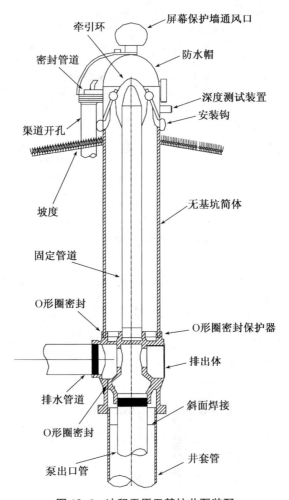

图 13.6　冲积平原无基坑井泵装配

　　图 13.7 描述了用来提供配水系统中井水的化学处理过程。这个处理过程要比水厂处理河水的过程简单很多，这是因为井水中不会像河水中那样遇到太多的沉淀物和杂物。目前处理井水不需要活性炭颗粒。

　　第 17 章包含了实际、详细的开发程序，讲述了各种灌溉方法。钻井虽然是一个工程项目，但如同一门艺术。为了能在当地的蓄水层、岩石层和砂层成功地打出井，需要更多的经验。

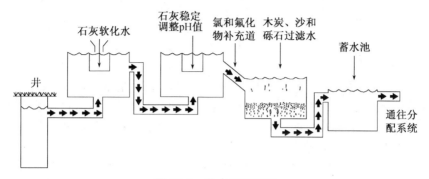

图 13.7 井水处理工艺

海水淡化

生活用水需求的增加导致海水淡化产量的增加,海水淡化的方法主要有蒸馏和反渗透。蒸馏是很昂贵的耗能方式,每生产一磅蒸馏水需要大约 1 000 BTU。利用太阳能可以实现,通过使用热能交换器降低整体能源成本。

利用反渗透进行海水淡化需要很少的能量,不过确实需要相当大的机器设备。反渗透名称是在利用膜进行渗透生产的过程中而得来的。

渗透是水透过半透膜的作用实现的,渗透膜只允许纯净水透过阻碍盐分透过。反渗透是将渗透膜上的盐分清除掉保证清水通过,在这个过程中,伴随着合适的储存和控制措施实现了在海水中提取淡水。

海水淡化方法是由有经验的水系统设计师通过考虑所涉及的许多因素而设计决定的。

中水回用

石油是 20 世纪的液体,水被预计为 21 世纪的液体。水的稀缺性带来了新的水资源回收程序。可能是有史以来所进行的进行最大的工程是佛罗里达州的综合沼泽地恢复计划。预计已安装的井群和泵站每天将 17 亿加仑的水重新回送到沼泽地中,而不是让它流到大海中。这相当于 1 700 的 MGD 或接近 1 200 000 加仑水泵平均流量。

清水泵

中水回用提供了一个新的水源,消除了将水排入其他河流的需要。污水处理厂处理的污水和中水已取得重大进展。中水的名称是从水管装置,如厕所、淋浴和污水池所产生的水而得来。在其他国家,这是一种常见的做法,可能是美国一个未来的水源。将在第15章讲解。

由于病毒含量的存在,污水处理厂流出物的使用有限。最新的发展已经带来更好的处理方式。因此,处理过的污水现在可以用于农作物,并在第20章中进行了综述。

地下水回灌

地下水回灌是一个给地下蓄水层补水的过程。通过井泵从蓄水层中取水用于各种过程,然后水泵重新将水送回蓄水层,而不是让水流入溪流或河流。

有许多因素决定了地下水回灌的可行性。第一个要求是水质,水必须不含任何会污染蓄水层的化学物质或颗粒物。其次,必须评估泵送的成本以确定这个过程的总成本。地下水回灌必须由经验丰富的水工程师完成,他们能认识到在地下水回灌开始之前必须解决好所有的当地因素。

总结

在市政污水处理厂中大部分水泵由专业咨询工程师设计。他们通常是具有广泛经验的土木工程师,能够充分了解适用于每一个特定装置的当地条件。水质、工厂运作的安全以及生产水成本是他们关注的主要焦点。

第 14 章
市政给水排水泵

引 言

大城市人口集中大大提高了高质量水的重要性,这些水需要的能源运输成本合理。水处理厂的生物和颗粒控制的改善已经带来了优质的水。由于数字化控制的可用性和水泵变速驱动性,城市配水在运输高效和成本方面已经发生了变化。

所有的水处理厂都需要相对稳定的成品水生产,并取决于水的储存,以平滑可变的需求率,每一天的水需求都发生明显变化。更大的配水系统利用地面储存和高位水箱,以确保能储存足够的水。一般来说,较小的设施使用高位水箱。

一旦存储了足够的水,在摩擦阻力大的输水管和异常海拔的地方,可使用变速增压泵进行配水。目的是为了取消减压阀门,尽可能减少能源浪费。

初级泵站

初级泵站将成品水从处理厂送到储水设施。主泵可以是处理厂清水井中的立式涡轮泵或位于处理厂附近或远处的任何类型的泵。使用的泵类型由安装的地理位置以及泵/电机组合的线—水效率决定。

图 14.1 描述了一个安装在清水井上的典型立式涡轮泵。这种泵安装一个在地基上方的排水口,许多像这样的泵装置都安装了在地基下方的排水口,如图 5.41 所示。使用立式双吸离心泵(图 5.33)也能够达到这个目的。卧式双吸泵(图 5.30)非常适用于初级泵站,它们安装在湿室水平面以下高度的位置。这些水泵的性能是基于相对于立式泵更容易服务运行的事实。可以提升壳体的上半部以检查泵的内部或者移除泵旋转元件。这与需要相当大的起重

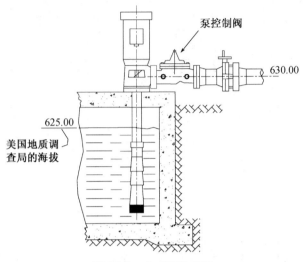

图 14.1　立式涡轮井泵

机将立式泵从清水井中吊出来形成显明对比。

　　立式涡轮泵的一个优点是能够安装多级叶轮,使水泵能够轻易地实现最佳流量扬程比。在某些情况下可以实现更高的线—水效率。在任一种情况下,立式涡轮泵和双吸泵都可以提供较高的线—水效率,用于初级泵送。通常,比较小的低扬程泵站安装单吸泵或者双吸泵用来将水输送到高位水箱。

初级泵送的系统扬程曲线

　　初级泵送的系统扬程曲线是最基本的。图 14.2 描述在水泵系统的排放口附近安装的一套带有储水箱的装置。该泵站系统的摩擦损失通常占扬程的一小部分;水进入水箱的静态扬程是水泵扬程的主要部分。这套泵装置扬程曲线非常平坦,如图 14.3 所示。

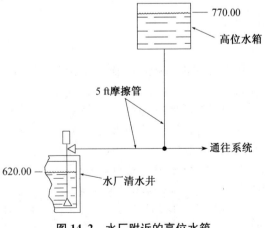

图 14.2　水厂附近的高位水箱

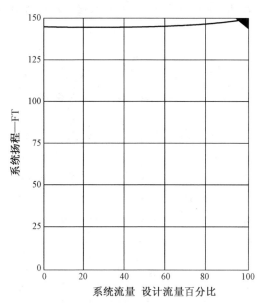

图 14.3　系统扬程曲线(图 14.2 的系统)

变速或恒速初级泵

大多数初级泵是恒定速度,因为水泵扬程主要被消耗在将水提升到储水箱的过程中。如果有中间抽水(即消费者在泵站和水库或水箱之间),这种情况可为变速泵提供可能性。

中间抽水如图 14.4 所示。它可能带来两个问题:(1)水箱不能通过将压力变送器安装在水泵上来实现水位控制,变送器必须安装在水箱;(2)可能导致水泵停机或在低效区运行,但是变速初级泵可以改变第二

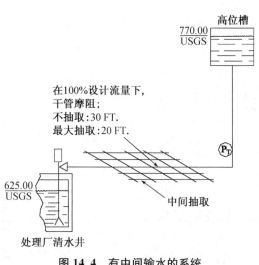

图 14.4　有中间输水的系统

种状况。图 14.5 描述了系统扬程曲线的变化,通过在泵站和高位水箱中间抽水而实现。

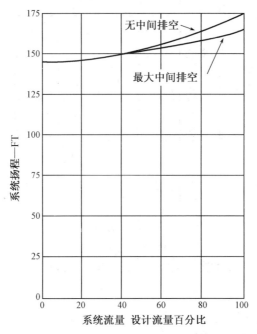

图 14.5　有中间输水的系统扬程—流量曲线变化

如果不使用适当的控制,二次泵送系统可能效率低下。瓦特发射器和流量计的使用提供了通过使用第 9 章中的 kW/MGD 公式来跟踪能量消耗的机会,即:

$$\frac{kW}{MGD} = \frac{16\ 667 \times kW}{Q} \qquad (9.4)$$

式中:Q——流量(gpm)

大型供水系统可能需要多个储水水箱来管理适当的供水分配,并确保足够的用于供水压力控制的储水和用于如消防等紧急情况的用水。辛辛那提水处理厂有全面的水分配系统,在它的配水系统中安装了一定数量的地面储水箱和高位储水箱,在第 13 章已经详细介绍了它的水处理站。这个系统是一个很好的高效配水的例子,仅需要很少的压力调节器。图 14.7 所示是基本分布图。

辛辛那提配水系统必须能够应对超过 520 英尺的海拔变化。大部分用水量位于水处理站的清水井的海拔位置附近,即 503 英尺。而郊区居民居住在海拔近 1 000 英尺的地方。显然,必须开发储水和供水方法,以提供中间压力区和全面消除对减压阀站的需求。

　　有三个从理查德米勒水处理厂取水的初级泵站,其容量分别为 150、145.5 和 23 MGD。其中较小的泵站向东部郊区供水,而两个较大的泵站向两个最大的压力区供水,大多数次级泵站从这两个压力区抽水。中央服务系统最大海拔高度达 682 英尺,并且具有 8 000 万加仑的储水能力。东山系统最

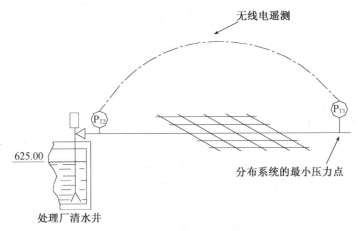

图 14.6　变速泵无线遥测的应用

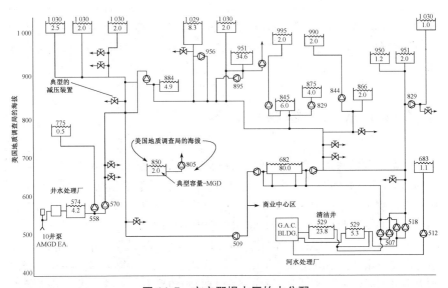

图 14.7　辛辛那提水厂的水分配

大海拔高度为 951 英尺,同时具有 34.6 万加仑的储水能力。如图 14.7 所示,一些二级泵站与水库结合以平衡瞬时负荷,并维持供水系统中储水水箱的水

位和海拔近 1 030 英尺的水库中的水位。处理地下水的水厂集中分布在总配水系统的西北地区。该图描述了储水设备和泵站的一般纵面图。该图可能会让人困惑，因为图中管道示意图不能准确地显示出在各种储水设备和泵站之间的管道。通过遥控两个调节泵站以维持供水系统最小的能量损失平衡。为了保证这片大区域的用水需求，该供水系统具有 160 000 000 gal 的储水量，以及在水处理厂的清水井中储存了超过 34 000 000 gal 的成品水。

由于位于山区，建设了二级调压站用来本地服务。提供两个控制阀站以满足在各种输水条件下的最有效的配水。大量的水被输送到在海拔高度从510 英尺到 900 英尺之间的居民用户家中，同时没有减压和能量损失。

多级泵站

与污水提升站不同的是，二级市政水务站很少并联运行，供给相同分布。当有必要时，可能需要运行员的仔细控制。如果每个泵站输送到如图 14.2 所示的储水箱，则没有问题。

如果其中一个泵站远离任何储水装置，水泵在维持最高效率点附近运行或许就会出现问题。一种改善方法就是使用变速泵，通过编程将变速泵持续流量设为 0.8 mgd。一种运行方法是使用变速泵并将其编程为连续流量，例如 0.8 mgd。泵产生的实际扬程将是当水流通过泵站时的泵出口扬程。运行员可以检查泵的流量、扬程和转速的关系，并验证泵在最佳效率曲线附近运行。

市政供水系统摩擦损失计算

大型市政供水系统没有简单的扬程曲线或扬程区域。市政供水通过并联管网运输，通常有多个取水水源。系统摩擦损失的计算必须结合供水管网，从而获得市政供水系统中每个部分相对合理的摩擦损失。图 3.14 中的供水管网例子说明了市政供水网在城市供水配水中的应用。

如前所述，管道摩擦损失的计算最好是近似值。如果为了保证管网的充分运行需要减压装置如减压阀或平衡阀，并根据公式 9.5 计算通过这些控制阀的水力损失。同样也要计算水流通过水泵控制阀的损失。通常在水泵开机后水泵控制阀慢慢开启，水泵关机后水泵控制阀关闭。该水泵阀防止了水力振动。

这些研究的结果应包括水泵叶轮直径的计算调整或转换变速的调节。变速的一个优点能够逐渐提高水泵的转速，以便消除水泵开机和停机时的水力振动。

远途输水管道水力振动

　　在市政供水系统中，水力振动或"水锤"是长距离输水管道的重要设计对象。水力振动是由供水系统中三个重要操作引起，即开关阀操作、水泵开机、停机操作和水泵运行故障。

　　典型的这类冲击波如图 14.8 所示，其模拟了大型水系统的泵故障情况，泵送能力为 31 000 gpm，流经长度为 11.5 英里的 48″管道。在这种情况下，压力损失后的初始波是最高的。在某些情况下，次波可以产生巨大的压力。负责这个项目的工程师估计在无过载保护的情况下，这套供水系统中的压力将为 800 至 1 000 Psig。

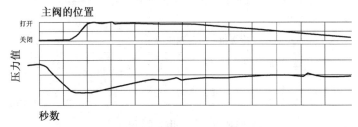

表图1　模拟没有激振保护下的电源故障

注意在泵停止时的初始压力下降和随后的泵排放支管压力上升

表图2　模拟有防激振阀下的电源故障

泵故障信号压力下降时顺利迅速打开安全阀，缓慢关闭直至系统停止运行

图 14.8　有无预设的减压阀系统的压力波模拟

　　阀门快速开启或快速关闭会产生水力振动，当阀门快速关闭时，在阀门出口快速截流，导致供水系统水压下降产生压力波，其强度取决于供水系统的多个因素，例如水流流速、输水管长度和静扬程。当控制或驱动水泵开机或停机出现故障时，同样会发生类似的压力波（图 14.8）。

　　下面的解释阐述了防止水力振动危害的方法。

1. 阀门操作　阀门开启或关闭的速度决定了发生在管道中的水力振动的数量。供水系统设计师应设计好开启或关闭阀门的速度。同样应该设计好供水系统支水管道控制阀开启或关闭的速度,使主水管路避免遭受水力振动。

只有那些经过培训、深知快速开启或关闭这些阀门后果的人,才可以手动操作阀门。开启或关闭阀门的速度取决于阀门的类型。由于稍微移动一下蝶阀阀门就会通过大量的水,所以必须非常小心地开启蝶阀。

2. 安全减压阀　大多数市政供水系统都配有控制水力振动的安全减压阀和膨胀水箱。许多小型供水系统也安装安全阀,当供水系统水压超压时快速打开阀门然后缓慢关闭。不仅初始压力波可以通过减压阀,甚至那些能产生更大压力的二次或三次压力波也可以通过减压阀。减压阀应该安装在能够保护供水系统遭受额外压力的地方。如图 14.9 所示,安装在管道弯道位置上的减压阀经常提供最大的保护。安装在管道上的阀门能够将部分水力振动传递到管道系统和水泵控制阀上,如图 14.9 所示。

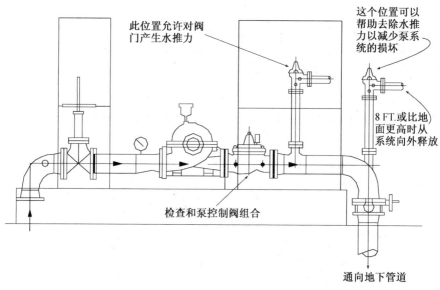

图 14.9　减压阀的位置

较大的供水系统或具有高扬程的水泵可能需要安装减压阀,当另一个阀门关闭或水泵停机时,能够监测到出水口的压力下降。这个称为应急预测,并且已经结合到安全阀控制系统中(图 14.10)。

这是一个非常复杂的问题,需要对特定的供水系统中的所有能产生压力波的因素进行计算机分析。现在一些水利专家能够通过计算机模拟,发现具体装置存在潜在的水力振动。根据这些信息,工程师确定出安全阀或膨胀水箱的选择类型。在没有广泛实践经验的领域,不能实施水力振动保护。

3. 膨胀水箱　膨胀水箱可用于吸收水力振动波。这需要计算出供水系统的供水量,并且采用 Boyles 定律来确定膨胀水箱的体积。在第 15 章中对膨胀水箱进行了讨论,如图 15.9 所示。静扬程是供水系统中另一个因素,水利工程师根据静扬程确定膨胀水箱的体积以控制水力振动。

4. 水泵开停机　由电动机驱动的恒速泵快速达到全速转速,能产生供水系统水击。正确的程序是为泵配备一个开启速率和关闭速率合适的逆止阀。如

图 14.10　防湍振的减压阀

图 14.9 和图 14.10 所示,以下是其操作程序:

 a. 水泵开机之前,保证通过开关与水泵连接的阀门系统是关闭的。

 b. 水泵开机后,为避免产生水力振动根据所需速率开启阀门。

 c. 保证阀门能被另一个阀门开关打开。

 d. 水泵停机时,根据所需的速率关闭阀门以避免产生水力振动。

 e. 当阀门保证被阀门开关关闭时,水泵已经停机。

变速泵通常不需要水泵控制阀,如果它们的开机和关机程序设计正确。相同的流量增加或由泵控制阀产生的流量减少可以并入变速泵的开机和关机中。一旦水泵开机后达到所需的速度,水泵速度控制器转移到供水系统的要求。在关闭时,水泵速度以一定速度减小避免供水系统产生水力振动。不能取消变速泵减压阀的需要,因为当变速泵出现故障时也会产生相同的振动波。

5. 水泵故障

如上所述,无论是恒速泵还是变速泵都要考虑水泵故障。无人值守的泵站最易遭受水力振动的损害。带有预测功能的控制阀为以上无人值守的水泵站提供了很好的保护。

小　结

市政供水往往是一个复杂的设计,必须评估各种流量和泵扬程。该领域确实需要经验丰富的水系统设计工程师,他们了解基于初始成本和运营成本数据,确保最佳系统设计所必须解决的所有因素。

第 15 章
管道系统中的水泵

引　言

　　水暖行业水系统包括冷热生活用水、废水、雨水和消防水。消防水将在第16 章中讨论。从水泵能量的观点来看,冷水系统是最大的消耗者。对相对较小的水泵电动机,能量没有引起很大的关注。尽管积极努力减少卫生设备的用水量,但这种做法几乎没有实现生产高效的泵送系统。经常提出的论据是,街道上有很大的压力,所以为什么要关心抽水效率? 鉴于需要节能,水暖行业同样应重视泵送效率,其他应用在泵上也是如此。事实上,泵送能量应该是值得关注的,因为水暖行业水系统中存在的许多小型泵和电动机的线—水效率非常差。

冷水系统

　　认识到现代用水设施的用水量减少,如作为水厕,美国管道工程师学会(ASPE)正在开发程序,升级建筑物上冷水和热水的流动循环的计算。

水　流

　　大多数管道代码使用针对各种卫浴设施的器具单元。然后将建筑物的器具总数与由 A. B. Hunter 开发的曲线进行比较,并将其称为亨特曲线。该曲线预测了水系统的最大流量。

　　表 15.1 提供了大多数卫浴设备的当前查询权重,图 15.1 包含较小的Hunter 曲线。许多组织声称要开发这种曲线,特别是随着器具单元的减少和更大的总量过剩,流量下降 1.5 gal。目前,大多数建筑规范仍然认为这条曲线是冷热水系统流量决定的基础。预计 ASPE 打算让一批专业管道工程师确

定改变建立亨特曲线的水流量的需求。

表 15.1　需求的固定器具、器具单元的[1]

| 器具单元类型[2] | 器具单元权重[3] | | | |
	私人	公共	最低冷水	连接热水
浴缸	2	4	½	½
便盆垫圈		10	1	
坐浴盆	2	4	½	½
结合水槽和托盘	3		½	½
牙科单位和痰盂		1	⅜	
牙科厕所	1	2	½	½
自动饮水器	1	2	⅜	
厨房的水槽	2	4	½	½
盥洗室	1	2	⅜	⅜
洗衣托盘（1 或 2 隔间）	2	4	½	½
淋浴，每头[4]	2	4	½	½
洗涤池、服务[5]	2	4	½	½
便盆，基座		10	1	
便盆（墙唇）		5	½	
便盆池		5	¾	
便盆与冲洗池		3		
洗水槽,圆形的或多个（每组水龙头）		2	½	½
抽水马桶：				
冲洗阀	6	10	1	
储水池	3	5	⅜	

1　供水网点可能实施连续的要求,分别估计持续供水和设备增加总需求。

2　未列出的设备,可通过对比已列出的一个用水数量和与速率类似的器具权重。

3　给定的权重是总需求的设备与热水和冷水供水。权重最大的独立需求可能被视为上市供水需求的 75%。

4　浴缸上方的淋浴不会在组件中增加固定装置。

5　除了供水热水、冷水分支器具本身,忽略洗涤池需求。其他固定器具,使用时间,可能同样对待。

来源:"管道设计的基础",《美国社会的管道工程师数据手册》。

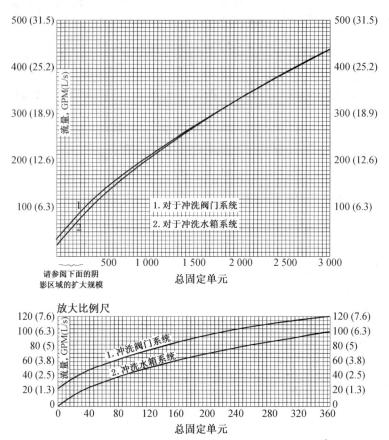

图 15.1　器具单元转化为流量需求。(从"基础管道设计"：美国管道工程师学会数据手册,经许可)。

冷水系统中的压力损失

　　因为压力损失已经定义好了,所以冷水系统中压力损失的计算是相当容易的。只有在非常大的建筑群中才应该进行环路损耗计算,来自第 3 章供水管网分析的部分。图 15.2 描述了一个典型建筑物供水系统的水力损失,其供水压力不足并且需要水泵抽送。如图所示,主要发生损失的地方有(1)水表和(2)逆止阀,(3)泵送系统配件,(4)系统摩擦,以及(5)到达最高装置的静扬程。在这些损失中添加或减去与街道压力(P_S 和输送压力 P_B)之间的差值以保证所需的水泵扬程。

　　在逆止阀和水表的生产说明书上有大量的关于压力损失的信息。管道系统的摩擦损失以及在第 3 章中讲述的关于钢、铜和塑料管的拟合损失都应该采用公式计算求得。水泵系统的附件损失也应采用第 3 章中的数据。

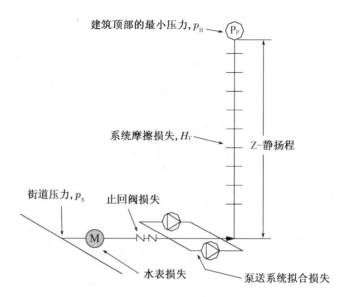

建筑顶部的最小压力, p_B → P_P

系统摩擦损失, H_F →

Z-静扬程

街道压力, p_S　止回阀损失

M

水表损失　　　泵送系统拟合损失

图 15.2　典型的冷水卫浴系统

通过整个泵送系统的摩擦损失是在行业中争论的一个问题。这些系统的大多数制造商规定,这些配件和主体的速度高达 12 至 14 英尺/秒。结果是在管道中会产生非常高的摩阻损失。例如,流量接近 90 gpm,1.5″的管道水流流速达到 14 英尺/秒,并且新钢管管道的摩阻损失为 51 英尺至 100 英尺长。每个泵上的压力调节阀的尺寸与调节阀损失相匹配,调节阀能产生 6 至 15 psi 的损失。这导致水泵系统的总损失高达 10 至 20 psi。

图 15.3 描述了一套典型的双泵冷水系统。这套系统可提供高达 300 gpm 或单泵为 150 gpm 的流量。一些管道规范将钢管的最大速度限制为 8 英尺/秒。采用这样比较合理的速度,该系统的单泵流量应设计为 160 gpm 或 80 gpm,阀门和配件损失将下降到小于 7 psi。表 15.2 描述了推荐的水泵管道最大流量。这些流量使得最大流速为 8 英尺/秒,产生很少的摩阻损失。

表 15.2　泵的最大流量管道

管径(in,英寸)	最大流量(gpm,每分钟加仑)
1.25	35
1.5	50
2	80
2.5	115
3	180
4	300
5	480
6	700
8	1 250

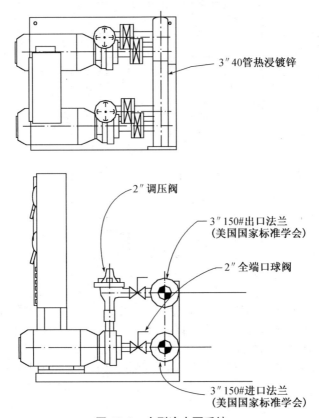

3″40管热浸镀锌

2″调压阀

3″150#出口法兰
（美国国家标准学会）

2″全端口球阀

3″150#进口法兰
（美国国家标准学会）

图 15.3　小型冷水泵系统

冷水管道系统中泵扬程的计算

　　一旦收集了建筑物供水系统所有的数据，水泵的扬程计算就相对容易。表 15.3 提供了供水系统扬程曲线的计算表格。

　　步骤 1：第 9 行的总摩阻损失 H_r 乘以第 1 列的摩阻系数得到第二列，即在各种系统流量下的摩阻损失。

　　步骤 2：将第 2 列数据加入恒定压力 P_c 得到第 3 列。在设计流量下水泵扬程的计算方程都是来自上面的表。图 15.2 是一个应用实例：

　　管道系统，

$$H_S = Z + H_{PF} + H_F + 表头损耗(psi) \times 2.13 +$$

$$回流损失(psi) \times 2.13 + (P_S - P_B) \times 2.13 \qquad (15.1)$$

冷水泵系统材料

几种管道材料用于冷水泵送系统。最初,大部分冷水泵送系统使用镀锌钢材料。冷水泵送系统使用的这种材料在许多情况下不能耐受腐蚀,导致其被环氧酚醛树脂钢管以及铜或不锈钢取代。应该使用的实际材料是能承受局部腐蚀或侵蚀条件的。

大多数管道泵都是铸铁、青铜的,这表明套管或蜗壳是铸铁的,叶轮和表壳耐磨环是青铜的。经过不断的努力,蜗壳或叶轮内部已采用环氧酚醛树脂以提高泵效率。这使泵效率增加了高达 2% 至 3%。这应是对提高家用水系统能源消耗感兴趣的工程师所考虑的。这也保护了蜗壳或叶轮的内表面,并保证了水泵的效率。

表 15.3 生活用水系统曲线计算

作业名称＿＿＿＿＿＿＿＿＿＿日期＿＿＿＿＿＿＿＿＿＿
最大流量＿＿＿＿＿＿＿＿＿＿记录员＿＿＿＿＿＿＿＿＿＿

恒压的计算

1. 静态升力：＿＿＿＿＿＿＿＿＿＿＝＿＿＿＿＿＿＿＿＿＿ ft
2. 建筑物顶部的压力：＿＿＿＿＿＿＿＿＿＿ psig$\times 2.13$＝＿＿＿＿＿＿＿＿＿＿ ft
3. 如果水是主要在街头,扣除最低压力：＿＿＿＿＿＿＿＿＿＿$\times 2.31$＝＿＿＿＿＿＿＿＿＿＿ ft
4. 恒压,p_c：＝＿＿＿＿＿＿＿＿＿＿ ft

在设计流量计算系统的摩阻

5. 管道损失尺寸＿＿＿＿＿＿＿＿＿"@＿＿＿＿＿＿＿＿ ft/100 ft$\times$＿＿＿＿＿＿＿＿＿ ft＝＿＿＿＿＿＿＿ ft
   尺寸＿＿＿＿＿＿＿＿＿＿"@＿＿＿＿＿＿＿＿＿ ft/100 ft$\times$＿＿＿＿＿＿＿＿ ft＝＿＿＿＿＿＿＿ ft
   尺寸＿＿＿＿＿＿＿＿＿＿"@＿＿＿＿＿＿＿＿＿ ft/100 ft$\times$＿＿＿＿＿＿＿＿ ft＝＿＿＿＿＿＿＿ ft
   尺寸＿＿＿＿＿＿＿＿＿＿"@＿＿＿＿＿＿＿＿＿ ft/100 ft$\times$＿＿＿＿＿＿＿＿ ft＝＿＿＿＿＿＿＿ ft
6. 拟合损失＿＿＿＿＿＿＿＿＿＿＝＿＿＿＿＿＿＿＿＿＿ ft
7. 水表损失＿＿＿＿＿＿＿＿＿＿ psi$\times 3.21$＝＿＿＿＿＿＿＿＿＿＿ ft
8. 防回流阀损失＿＿＿＿＿＿＿＿＿＿ psi$\times 2.31$＝＿＿＿＿＿＿＿＿＿＿ ft
9. 总摩阻损失 H＝＿＿＿＿＿＿＿＿＿＿ ft
10. 泵送系统的损失：＿＿＿＿＿＿＿＿＿＿ psi$\times 2.31$＝＿＿＿＿＿＿＿＿＿＿ ft
11. 总摩阻损失 H_f＝＿＿＿＿＿＿＿＿＿＿ ft
12. 整个系统头＝P_c+H_f＝＿＿＿＿＿＿＿＿＿＿＋＿＿＿＿＿＿＿＿＿＿＝＿＿＿＿＿＿＿＿＿＿ ft

表 15.3(续)

系统头曲线计算			
摩阻倍率	摩阻水头(英尺)	总水头(英尺)	系统流量(gpm)
0.014			10%=
0.051			20%=
0.108			30%=
0.184			40%=
0.278			50%=
0.389			60%=
0.517			70%=
0.662			80%=
0.823			90%=
1.000			100%=

热水循环系统通常是青铜结构。来自空气中的水中腐蚀物可以加速铸铁蜗壳内部生锈。

家用水泵

家用水泵通常为蜗壳式,因为扬程小于 100 英尺,如图 15.3 所示。小型泵是单吸式的,而较大的泵是双吸式的。对于高扬程的应用,紧耦合扩散式适用于小型泵(图 5.38b)而立式涡轮泵适用于大流量装置(图 15.4)。因为这些泵受到高层建筑物高压的影响,所以静扬程在水泵的压力设计及其配件上变得至关重要。

对于家庭用水,水泵转速高达 3 500 rpm。高速泵的唯一缺点是电动机会产生噪音。水泵系统必须位于噪声不令用户反感的地方。冷水管道也能够传递这些噪声,因此可采用柔性耦合泵使噪声不会通过泵从电机传输到供水系统中。

尽管有许多种变化条件可以通过变速解决,但大多数冷水泵是恒速泵。随着节能的出现,由于变速能够消除保守的设计考虑或应急因素,所以变速将成为一种有价值的工具。变速泵的其他应用是在水平建筑物方面,其中相对于水泵扬程,摩阻损失相当大。供水系统的配置评估将证明这一点。

因为供水系统的供水量很大,所以水泵系统与图 15.3 所示的小型、单吸式、蜗壳泵和图 5.30 所示的大型双吸泵不同。因为泵送系统具有很高的静扬

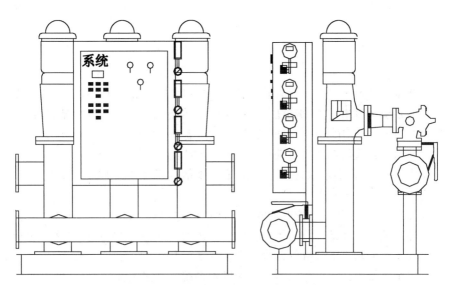

图 15.4　采用立式罐型泵的高扬程水管系统

程,所以多级立式涡轮泵提供了一种高效的系统,如图 15.4 所示。该系统包括用于系统中较小负载的小型水泵,但它可能太大以至于不能称为管道补压泵。

当建筑物用水量很低时,小型管道补压泵广泛用于处理建筑需求。如图 15.5 所示,具有小型加压水箱的管道补压泵组合,通常为公共建筑物提供最高效的供水系统。

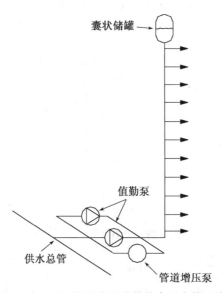

图 15.5　采用楼顶囊型水箱的高层水管系统

冷水系统配置

冷水管道系统可以分解为低层建筑系统和高层建筑系统。大多数低层建筑都有足够的管道压力(街道压力)以至于不需要水泵。在其他情况下,管道压力是可变的,当用水在高峰期管道压力低,需要水泵维持建筑供水压力。

对这些系统的系统扬程曲线的一般评估展示了对各种水泵的需求。第11章提供了所有供水系统的基本配置。该信息现在将应用于家庭用水系统中。

图15.2描述了基本管道系统。对此,有很多变化;特别是添加热水加热器和热水系统。通常,冷水系统具有更多的摩阻,但是必须检查任何这样的变化。在本章的热水部分将更多地讨论这一点。

以下系统设计将涵盖大多数冷水供水系统。在过去几年,家庭生活供水已经发生了很大的变化。图15.6描述了早期向建筑物供水的方法。需要安装水箱断流以防止水流从建筑物流回供水系统。屋顶水箱在城市供水不足的情况下为建筑物提供存储水。因防回流器的出现,不再需要吸入水箱,如图15.7所示。防回流器必须经过一些测试机构如美国保险商实验室的认可。一些城市需要一个屋顶水箱用于消防,因此该系统仍在使用中。另外,城市地区电源供水存在问题,屋顶水箱仍可能被使用。屋顶水箱存在的问题是:(1)水的饮用保障;(2)水箱维护和;(3)在所有的建筑结构上增加水箱和水的重量。

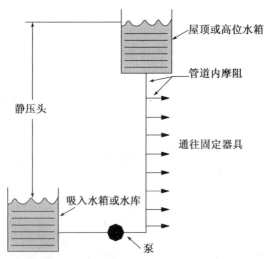

图 15.6　采用吸入管和楼顶水箱的水管系统

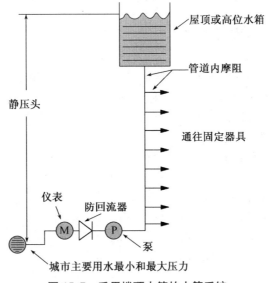

图 15.7　采用楼顶水箱的水管系统

认识到这些问题,大多数需要泵送的建筑物已经成为封闭系统,如图 15.8 所示。在大型建筑物,特别是有冷却塔的屋顶上,建议在靠近建筑物的顶部地方安装一个小的压力(液压气动)水箱。该压力水箱能防止管道的水力振动,例如由于冷却塔补给水阀开启或关闭时产生的水力振动。该压力水箱可以给定一个尺寸,以保持最小量的水,防止水泵的快速开机和关机。如上所述,它通常与小型增压泵一起使用,以提供一个没有水力振动、高效运行的供水系统。

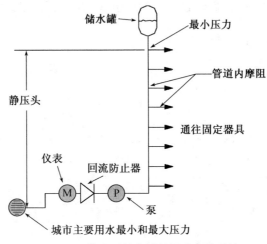

图 15.8　带小型储水的封闭式水管系统

液压气动水箱的定制标准

在建筑物底部的供水系统应该很少安装液压气动水箱。如果安装水箱，必须设计更高的压力和更大的体积。根据波义耳氏定律即水箱内的空气体积与供水系统的绝对体积成正比。即 $P_1 \times V_1 = P_2 \times V_2$。波义耳氏定律是针对理想气体，但实际上，它也适用于 70℉ 的空气。因此，它可以用来确定气囊和液压气动水箱的总容量。

图 15.9 描述了油气储水箱的体积。下面的公式用于计算空气和总体积。在上述波义耳氏定律公式里，V_a 即 V_1，$V_a + V_s$ 即 V_2。有些从业者使用一个容积的系数。然而，由于这些水箱扩散的规模相对较小，系数为 1.0 足够了。

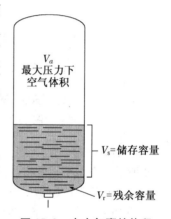

$$最小风量：\frac{psia_1}{psia_2} = \frac{V_a}{V_a + V_s} \qquad (15.2)$$

式中：$psia_1$ 和 $psia_2$ 是最小和最大绝对压力

V_a 是最大压力下的空气体积

V_s 是所需的存储容量

图 15.9　水力气囊的体积

通常，对于大多数装置而言，需要限制的压力增加到大约 20 psi。

由式 15.1 解 V_a：

$$V_a = \frac{V_s(psia_1/psia_2)}{1 - (psia_1/psia_2)} \qquad (15.3)$$

如果希望(1) 存储 50 gal(V_s)保持在建筑物的顶部，(2) 至少需 10 psig 或 24 psia 的压力，(3) 最多需要 30 psig 或 44 psia。由式 15.1

$$V_a = \frac{50(24/44)}{1-(24/44)} = 60.0 \text{ gal}，最小空气体积$$

从图 15.1，

$$水箱总体积 = V_a + V_s + V_r \tag{15.4}$$

使用上述样品，总箱体积 $V = 60 + 50 + 10 = 120$ gal。

该容积应与安装在建筑物底部的泵送系统出水口的水箱容量相适应。如果建筑物高约 260 英尺，管道中的摩阻损失为 10 英尺，并且建筑物顶部所需的最小压力为 10 psig，泵送系统的最小压力必须为 (260+10)/2.31+10=127 psig 或 141 psia。在 20 psi 的相同差压下，最大压力将为 147 psig 或 161 psia。公式 15.2 变为：

$$V_a = \frac{50(141/161)}{1-(141/161)} = 353 \text{ gal}$$

从公式 15.3，总蓄水池容积，$V = 353 + 50 + 10 = 413$ gal。

这表明位于建筑物底部的液压气动水箱必须是位于建筑物顶部水箱的三倍多。建筑物顶部水箱的设计压力可以是当地规定允许的最小值，而底部水箱设计必须考虑用于 147 psig 的运行压力。

应该重申非常重要的另一点是，位于建筑物顶部的水箱变成了一个优良的减震器。这对于位于建筑物底部的水箱不一定适用。

已经证明将空气与水分离的囊式储水箱是非常成功的。它不需要空气压缩机和压力控制。上述方程可用于计算囊式水箱的体积。制造商可能会限制允许的存储容量 V。

可能的另一个系统如图 15.10 所示。如果供水压力不足，则吸入水箱可能比顶部水箱更经济。这当然取决于许多经济因素，例如储水箱的空间，减小建筑结构上的顶部储水箱的权重，并且更容易维护。

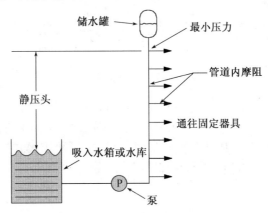

图 15.10　采用进水池的高层系统

上述冷水系统的例子描述了在高层建筑中的情况。其他大型建筑物或建筑群是公共供水不足的低层建筑。这些建筑物可能需要一个储水箱,如图15.11所示,以确保足够的供水,并可用于防火。

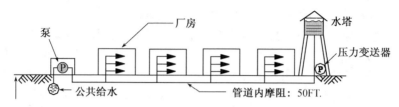

图 15.11　采用水塔的低层水系统开发

其他低层建筑物可能不需要任何储水措施,可以是封闭系统,如图15.12所示。在最远的建筑物中的小型液压气动水箱与像封闭的高层系统一样为泵控制提供一些存储空间,分散和减少液压冲击。低矮建筑物的另一种变化是在泵送系统中有存储水箱的系统,由于供水不良或者不能提供建筑物所需的最大流量的来源,所述系统是需要的。图15.13展示了该系统在最远的建筑物中的小型液压气动水箱。

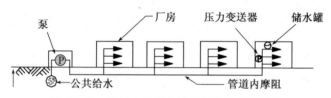

图 15.12　采用小型储水池的低层水系统开发

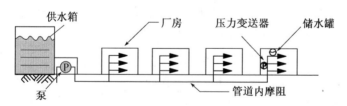

图 15.13　采用供水池的低层水系统开发

所示为图15.14,具有供水箱和高架水箱的系统。有几个装置确实需要这两个水箱,特别是随着变速泵和备用发电机的出现。如果正在考虑这样的系统,则应进行经济评估以确定高架水箱的成本,并将该成本与具有备用发电机的变速泵系统的增加成本进行比较。

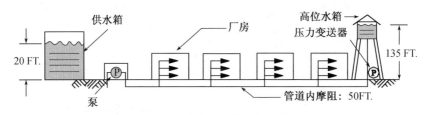

图 15.14　采用供水池和水塔的低层水系统开发

冷水系统扬程曲线和区域

由于大多数系统不需要大型泵,系统扬程曲线在管道领域经常被忽略。其结果是泵的误用和不必要的能量浪费。当描述系统扬程曲线时,经常被误解的一个因素是水系统中存在恒定扬程的事实。对于冷水系统,这可以是保持在建筑物顶部的压力,或者是由建筑物的高度施加在水系统上的静压头。公式 15.5 说明了恒定扬程。

方程 15.5 说明了恒定扬程。

$$恒定扬程(ft,英尺) = \frac{P_t - P_s}{2.31} + Z \tag{15.5}$$

式中:P_t——在建筑顶部期望的压力 psig

　　　　Z——静态压力,ft,由于建筑物的高度产生

　　　　P_s——供水管或供水箱的海拔 psig

许多具有恒定供水压力和小摩擦的小系统不需要太多的系统曲线评估。图 15.15 是一个小型恒速泵系统的系统扬程曲线,如图 15.3 所示,带有两台泵。所消耗的能量是由泵根据它们的流量扬程曲线到达截止或空转状态所引起的阴影区域。实际能量损失是阴影区域加上通过每台泵的排水管的压力调节阀的损失之和。这个系统的恒定扬程没有变化。

如果吸入压力变化,则形成系统扬程区域或带,如图 15.16 所示。两个阴影区域表示可以节省的能量。恒定扬程随初始压力的变化而变化。如果节省的能量可以在所需时间段内分摊变速成本,则该系统是变速泵的候选者。其他几个因素可以增强对变速的需要。初始压力的增加导致单泵、恒速运行非常低效。泵可以运行到最远的点 C,但是通过泵压力调节器和管道的压降很可能将限制到 D 点。在任一情况下,泵将在效率非常低的工况下运行。在评估变速值时应该考虑这一点。此外,泵将在相对高的径向推力下运行,这将增加对泵的维护。此外,泵运行噪音大,并且如果使用紧耦合泵,则泵和马达噪声都会传输到配水系统。

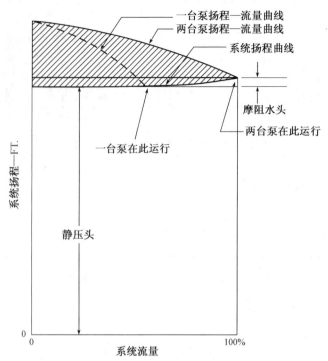

图 15.15　小型恒压供水系统的扬程曲线区域

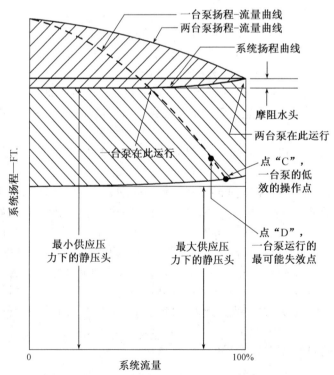

图 15.16　小型变压供水系统的扬程曲线区域

图 15.16 假定建筑物是均匀加载的,即整个建筑物中所有固定器具的用水都占总设计流量的一定百分比,这当然很少发生;如果远离泵送系统的固定器具处于活动状态,则系统摩阻损失将大于该百分比流量的设计扬程。同样,如果泵站附近的固定器具处于活动状态,则系统摩阻损失将大于该百分比的系统流量的设计扬程。如图 15.17 所示。

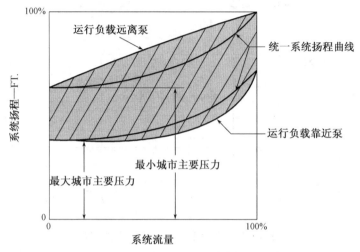

图 15.17　多扬程水管系统的扬程区域

管道的老化可以产生另一种类型的系统扬程局部损失。如果系统设计用于旧管道,例如在 Hazen-Williams 公式中使用 $C=100$ 的钢管,对新管道泵扬程可能过大。例如,在图 15.18 中,假设为旧管道和最小供水(主)压力,设计扬程为 116 英尺。若为新管,设计流量时所需的泵扬程为 81 英尺。这证明了变速泵的一大优点。通过定位适当的压力变送器,泵送系统在任何设计条件下克服实际干扰和摩阻损失以所需的速度运行。因此,变速泵可以消除所有设计不可预见事件,以便未来增长,并在系统首次启动时的工况下运行。

低层建筑可以具有非恒定扬程的系统扬程曲线。系统末端所需的最小压力由吸入水箱或公共供水提供。在这种情况下,系统扬程区域如图 15.19 所示。如果供水压力足够大,足以克服在小流量条件下系统中的摩阻,则系统扬程曲线产生结果如图 15.20。虚线区域表示可以由供水压力维持的系统的一部分。在泵送系统周围安装有止回阀,以允许供水压力在泵停止的情况下供给系统。系统压力变送器在系统的远端,当供水压力在系统末端不再保持理想的压力值时,泵将启动。

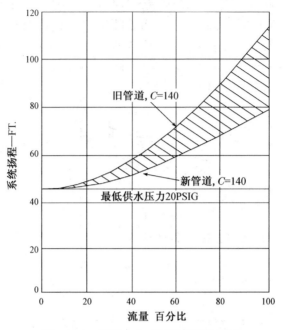

图 15.18 管道老化对系统扬程的影响

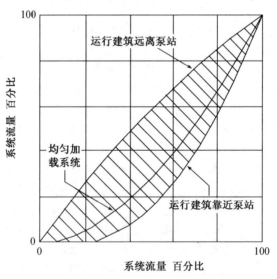

图 15.19 无恒定静扬程的系统扬程区域

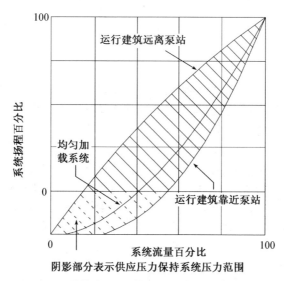

图 15.20　维持高、中负载供水压力的系统扬程区域

压力开关和变送器的位置

压力开关和变送器必须位于冷水系统的适当位置。任何系统在压力控制点和泵之间有使用水的,压力开关或变送器必须位于控制点。例如,如果在分配系统中存在相当大的摩阻,则图 15.6 中的屋顶水箱的合适的控制必须在水箱本身。如果摩阻很小,则压力开关可以位于泵送系统出水处。这也适用于图 15.7、15.8 和 15.10。

对于低层建筑系统和恒速泵,压力开关必须位于远程储水箱,如图15.11、图 15.12、图 15.13 和 15.14 所示。否则,蓄水池水位将随着系统中的可变摩阻头波动。

大多数变速泵系统需要压力变送器位于系统的远端,例外小摩阻的小系统是例外,如图 15.16 的系统扬程区域所描述的系统。压力变送器必须位于系统的远端,用于其系统扬程区域类似于图 15.18、15.19、15.20 和 15.21 的水系统。对大多数低压系统,其系统摩阻是泵扬程的主要部分,压力变送器需要位于系统的远端,如图 15.12 和 15.13 所示。基本原则是从控制程序中消除较大的摩阻水头。

热水系统

　　许多应用于热水系统的设施已经应用于冷水系统。在大多数情况下,冷水泵提供克服热水系统的扬程。这将泵送系统从两个减少到一个。此外,消除了热水对铸铁的有害影响。

　　特殊热水消耗,如热交换器或大型洗衣机可能会影响整个水系统的总摩阻损失。当系统包括这种设备时,系统扬程计算必须考虑这种损失。

　　在大型建筑物顶部保持温水的问题在过去已经通过小的铜循环器解决,该循环器将热水从建筑物的顶部返回到热水器。现在,这些系统被电热带代替,保持水温而不用循环。每个装置的经济性将决定应该使用何种系统。

污水排放器

　　许多公共建筑物的位置有利于管道设备的污水自由地流入公共下水道。在一些情况下,特别是具有深层地下室的建筑物,污水必须被泵送到公共下水道。此过程如图 15.21a 所示。系统扬程曲线和单泵扬程曲线如图 15.21b 所示。

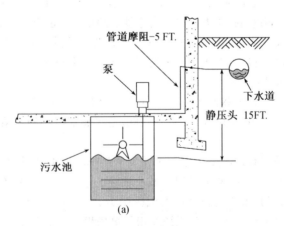

(a)

图 15.21　污水射流器

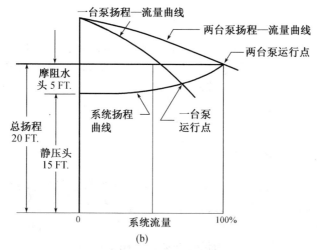

图 15.21　污水射流器

　　射流泵很少是可变速的。它们必须是非堵塞式的,具有密封、贮槽盖和通风口。通风口连接到建筑物的通风管。大多数污水射流泵是立式蜗壳式泵,整体包括底板、带盖且气密的孔、排气接头,以及到地面的排水管,如图 15.22 所示。

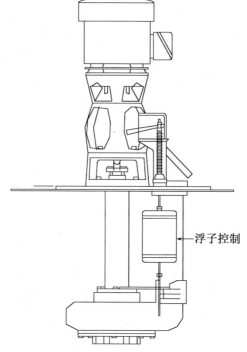

图 15.22　污水射流器封装

雨水

很少需要在公共建筑中泵送雨水。雨水靠重力流入公共排水系统。如果出现不得不泵送的异常情况,则使用排水泵将水抽到下水道或街道。通常,地下排水必须从地下室甚至泵站抽出。通常,蜗壳型的小型排水泵配备有起动和停泵的整体浮动控制器。非常大型的建筑物开发可能需要雨水泵,如第21章所述。

"灰水"(可再利用的水)

幸运的是,我们有足够的水,因此我们没有必要在公共建筑中循环利用。"灰水"是田纳西州用来指代商业和家庭用过的水。在某些情况下,它可能包括不含有危险化学品的某些工业冷却水。灰水不能被人类或化学废物污染。

灰水可用于厕所,在单通道热交换器中用于冷却或用于草坪喷洒。它可以用于洗衣的第一阶段。显然,它仅用于人们消耗的高纯度水稀缺且昂贵的地方。

大多数灰水很少需要净化,所以泵可以清洁运行,几乎不需要非堵塞泵。

补充阅读

有许多关于管道泵和系统的资料来源。美国管道工程师协会有许多手册,在市场中提供泵的泵制造商许多也是如此。小流量卫生设备的出现将对这些系统中的最大流量产生影响。设计这些系统的工程师应该仔细遵循这种器具需求的变化。水环境联合会提供了一系列涵盖泵送的实践手册。他们的《水再利用实践手册》是在1989年出版的第二版。

第 16 章
消防泵

引 言

清水泵的一项重要业务是消防。它们用于当地自来水水压不足以应对火灾的建筑物和其他区域。美国国家消防协会(NFPA)制定了一些保护人们免受火灾危害的规范。消防泵的基本法规为 NFPA 20,用于安装固定式消防泵的标准。这是在美国和加拿大的消防泵及其安装的唯一设计指南。

设计人员应该始终确保使用此法规的最新版本;当前版本日期为 1999 年。本章将试图强调 NFPA 20 的一些更重要的要求,但这种解释并不意味着取代或删除它的任何要求。在不使用本标准最新版本的情况下,不得试图设计消防泵的装置。

本标准分为两个主要部分,标准本身和附录,它们提供了这个标准在章节中的详细信息。进行这种区分很重要,因为标准定义了固定式消防泵装置所有方面的特定要求。附录包含超过 30 页的详细资料,有助于消防泵设备的设计人员遵守该标准。

其他当地法规可能适用于特定类型的装置。此外,保险承保人可以针对特定装置使用诸如美国保险商实验室(UL)或工厂互助(FM)等机构批准的要求。在加拿大的装置通常符合加拿大保险商实验室(ULC)的要求。

消防泵的装置类型

虽然大多数 NFPA 20 都关注其本身和水系统,但泵的信息也包括泡沫和水雾系统。图 16.1(NFPA 20 图A-5-4.2)描述了典型的泡沫泵装置,图16.2 (NFPA A-5-4.4)描述了水雾系统。这两个系统都使用了容积泵。

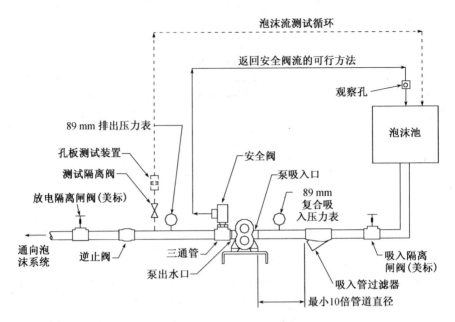

图 16.1　典型的泡沫泵管道和配件

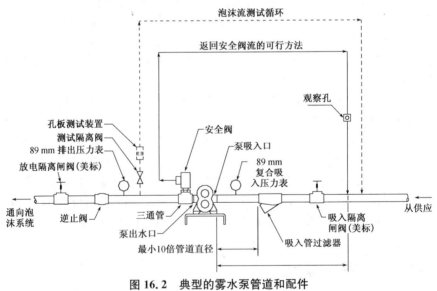

图 16.2　典型的雾水泵管道和配件

消防泵装置位置

消防泵必须位于保险机构批准的位置。它们不能位于不能防洪的洪泛区,并且必须防止其他自然灾害,如闪电和地震。地震保护在 NFPA 20 中有具体描述。

消防泵水源

用于消防的水必须来自流动的水源,包括自来水、井、湖泊或河流。如果水质有问题,可能需要在消防泵的吸口处安装一个水箱。存储量取决于火灾承保人的要求。

当水源是井时,NFPA 20 清楚地定义了对井的位置、构造、检查和测试的批准要求。同样,该标准提供了从湿室中取水的立式涡轮泵的有关淹没深的具体资料。

消防泵的类型

传统上,用于水系统的固定式消防泵是双吸蜗壳泵(图 16.3)或立式涡轮泵(图 16.4)。对于更小流量的消防泵的需要使单吸式蜗壳泵获得准许(图 16.5)。双吸式和立式涡轮泵都被批准用于从 500 gpm 到高达 4 500 gpm 至 5 000 gpm 的流量,而小型单吸式泵通常在 25 gpm 到 300 gpm 的范围内。实际流量可能因泵制造商而异。单蜗壳泵和双蜗壳泵均可以为卧式或立式装置。

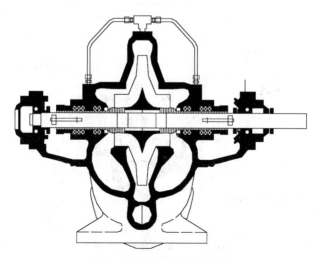

图 16.3 双吸蜗壳式消防泵

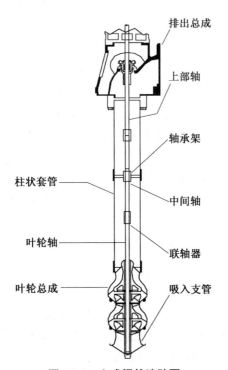

图16.4　立式涡轮消防泵

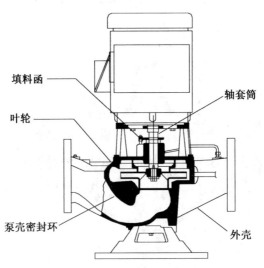

图16.5　单吸蜗壳消防泵

大型消防泵要定期测试,然而除非在火灾条件下或系统压力下降,否则不要运行。为了避免它们运行,提供了压力维护或"骑士"泵(增压泵)。为增压泵运行开发了卧式或立式多级扩散泵(图16.6),其他批准用于此项用途的增压泵为外围涡轮泵类型。

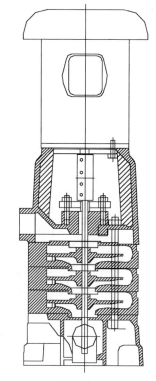

消防泡沫和水雾系统的发展导致使用旋转型容积泵。它们的流速由适用的NFPA标准如NFPA 15和16来规定。泵流速由最大设计流量乘以所需浓度的百分比来计算;对该产品能力增加10%,以确保在所有消防情况下有足够的泵流量。

这些容积泵的扬程通过将25 psi添加到注入点所需的压力来确定。因此,必须进行标准系统扬程估算,以确保管道和配件中的所有损失都增加到注入压力和25 psi。这些值的验证必须由NFPA标准本身确定。

图 16.6　立式多级骑士泵(增压泵)

固定式消防水泵的流量

(1) 消防保险人或其他NFPA美国国家消防协会文件确定了固定消防泵的能力,如:

美国国家消防协会NFPA　13,安装自动喷水灭火系统标准

美国国家消防协会NFPA　14,竖管的安装标准,私人龙头和软管系统标准

美国国家消防协会NFPA　15,固定水喷雾消防系统标准

美国国家消防协会NFPA　16,泡沫—水两用洒水喷头的安装标准和泡沫—水两用喷射系统标准

美国国家消防协会NFPA　24,安装私人消防电源及其配件标准

固定式消防泵流量从25到5 000 gpm。这些流量的分级用于泵扬程最低40 psi(92.4英尺)或消防系统要求更高的扬程。表16.1(NFPA 20表2-3)提供这些额定流量。

消防泵流量大于5 000 gpm,必须得到授权部门或实验室单独批准。

（2）　　　　　　　　**工作温度和压力限制**

机械密封	
温度 °F	最大工作压力 PSI
0—80	200
80—225	150
226—280	50
包装	
0—280	200

建筑材料

项目号	配件描述	材料
2	接合器	铸铁
3	联轴器	钢
4	填料函	铸铁
5	包装组适配器	塑料与金属环套圈
6 & 27	"o"形环	丁腈橡胶
7	轴	416 Stn. 钢
8	扩散器	铸铁
9 & 12	扩散环	青铜
10	叶轮	青铜
11	垫片	石棉
13	泵基础	铸铁
15	基地轴承	青铜
20	螺丝压盖	18 - 8 Stn. 钢
21	填料压盖	青铜
22	填料压盖螺栓	钢
24	螺柱	钢
25	驱动器锁销	416 Stn. 钢
26	地塞	黄铜
28	机械。密封壳体	铸铁
31	机械密封	EPT 波纹管 & "O"形环 碳垫圈 铜金属零件 耐蚀镍合金密封 18 - 8 Stn. Stl 弹簧
32	机械密封垫片	黄铜

（原表和图示不一致，图上没有 25、31、32，有 27 -译注）

消防泵性能

固定式消防泵的基本性能在标准附录 A 中有描述。消防泵必须在额定流量下提供额定扬程。另外，消防泵在额定流量的 150% 的条件下必须产生 65% 的额定扬程。关闭水头必须在额定水头的 100% 和 140% 之间。

这些是离心泵应有的性能；许多消防泵可用于其他清水功能应用，而无需消防服务的认证。

消防泵附件

每台固定式消防泵必须配有铭牌、压力表和循环溢流阀。这些必须安装在消防泵或附近的装置上。用于测量管道泵吸力的吸力计必须是复合型。

在特定条件下可能需要的其他附件有偏心锥形吸收减压器、自动放气阀、带软管阀的软管岔管、减压阀和排放锥、流量测量装置和管道过滤器。

表 16.1 额定泵流动

Gpm	L/min	Gpm	L/min
25	95	1 000	3 785
50	189	1 250	4 731
100	379	1 500	5 677
150	568	2 000	7 570
200	757	2 500	9 462
250	946	3 000	11 355
300	1 136	3 500	13 247
400	1 514	4 000	15 140
450	1 703	4 500	17 032
500	1 892	5 000	18 925
750	2 839		

来源：允许转载，NFPA 20 从固定泵的装置消防 1999 版，版权所有。

消防泵配件

有许多不同组件用于消防泵和驱动器的各种组合所需。以下是它们的四个图。图 16.7 用于蜗壳式消防泵，由电动机驱动，图 16.8 用于相同泵但由发动机驱动。图 16.9 用于立式涡轮式消防泵，由电动机驱动，图 16.10 用于同样泵的发动机驱动。消防泵配件的实际布置可能因当地法规而异。

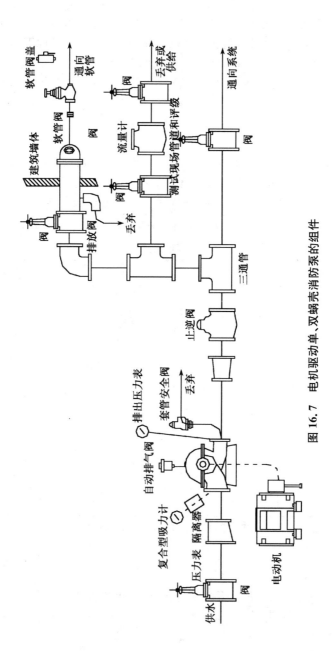

图 16.7　电机驱动单、双蜗壳消防泵的组件

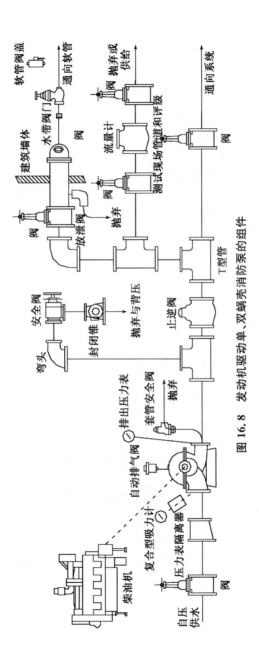

图 16.8　发动机驱动单、双蜗壳消防泵的组件

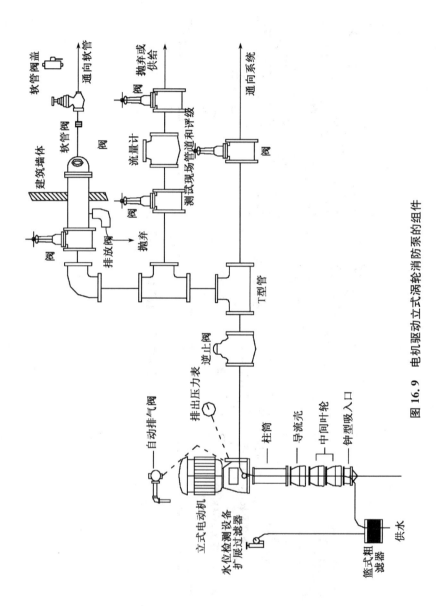

图 16.9　电机驱动立式涡轮消防泵的组件

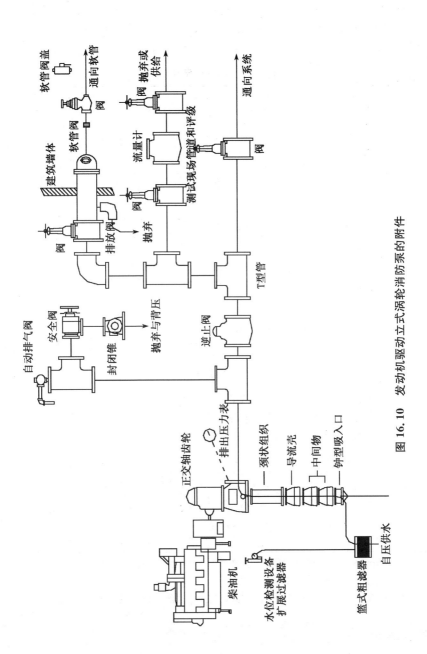

图 16.10 发动机驱动立式涡轮消防泵的附件

NFPA 20 详细说明了每个附件和配件的具体设计。这里不详细描述这个设备的所有要求。表 16.2 提供了 NFPA 20 表 2-20 中包括的吸入和排出管尺寸。NFPA 表 2-20 包括所有附件的尺寸,如安全阀、仪表装置、软管接头和软管阀门数量。

表 16.2　最小管尺寸

泵流量(gpm)	吸入[1,2](in)	排出[1](in)
25	1	1
50	1.5	1.25
100	2	2
150	2.5	2.5
200	3	3
250	3.5	3
300	4	4
400	4	4
450	5	5
500	5	5
750	6	6
1 000	8	6
1 250	8	8
1 500	8	8
2 000	10	10
2 500	10	10
3 000	12	12
3 500	12	12
4 000	14	12
4 500	16	14
5 000	16	16

1　泵法兰的实际直径允许不同于管道直径。

2　适用于部分的吸水管,由 NFPA 20 控制。

来源:允许转载 NFPA 20 标准的装置固定泵消防 1999 版。美国国家消防协会版权。

消防泵驱动

消防泵驱动包括:(1) 电动机(2) 柴油发动机和(3) 蒸汽轮机。在此考虑的大多数水系统都不使用蒸汽轮机,因此只评估电动机和柴油发动机。由于电气运行的可靠性或装置的严格要求,一些装置都包含一些带电动机的消防泵或其他带柴油发动机的消防泵。

电动机

所有消防泵电机都应满足 NEMA MG-1 规范,电动机和发电机应符合 NEMA B 类设计标准。此类设备应为消防泵运行单独列出。水泵系统设计师必须十分熟悉 NFPA 20 关于电动机部分的 6.5 节。

具有堵转电流和电机设计的符号应符合表 16.3(表 6-5.1.1 NPFA)。电动机在其他电压下运行应具有堵转电流,由表 16.1 中的值乘以 460 伏电压与额定电压之比确定。

对电动机其他重要的要求是电机应能持续运行,且电机电流与断路器相适应以防有害事故的发生。

立式涡流泵的电机应满足 NEMA WP-1、不透水、鼠笼感应式且配备非反转棘轮。

电力供应

电力供应是电力驱动消防泵装置中最关键的因素之一。NFPA 20 的规定旨在确保电动消防泵不受由其保护设施中的其他电气故障的影响。

表 16.3　马力和锁定转子电流电动机指定为 NEMA 设计发动机

额定功率	锁定转子电流,三相,460 伏特(安培)	发动机设计(NEC,锁定转子指示代码字母)F 和包括
5	46	J
7.5	64	H
10	81	H
15	116	G
20	145	G
25	183	G
30	217	G
40	290	G
50	362	G
60	435	G
75	543	G
100	725	G

42949672

续表 16.3

额定功率	锁定转子电流,三相,460伏特(安培)	发动机设计(NEC,锁定转子指示代码字母)F和包括
125	908	G
150	1 085	G
200	1 450	G
250	1 825	G
300	2 200	G
350	2 550	G
400	2 900	G
450	3 250	G
500	3 625	G

来源:允许转载20 NFPA标准安装固定泵消防1999版。版权1999年,国家消防协会,昆西,马萨诸塞州02269。

电力驱动消防泵由控制器控制运行,且相关保险机构必须登记设施的控制器。NFPA 20包含了很多关于此类的详细规定,例如UL和FM的保险机构。需求变得更加广泛以及此需求应在标准内检查,不在这里详述。

电动驱动消防泵需要两个独立电力源,且配备转换开关使得水泵等可在任一动力源下运行。对于特定应用,应提供备用发电机和转换开关作为动力源。电源连接和转换开关设计在NFPA 20内详细介绍,消防泵设施设计师必须清楚设备符合NFPA 20的要求。

柴油发动机

对于发动机驱动设施,只批准消防泵采用柴油发动机。不再批准汽油或天然气发动机。用于消防泵运行的柴油发动机的认证是彻底的,它要求美国保险商实验室或例如工厂等单位的认可。双发动机/电动机驱动消防泵不再允许用于新设施。

发动机设施特别令人担忧的是柴油发动机的燃料存储和燃料供应系统。NFPA 20提供了关于此的详细要求。图16.11描述了此类的一些要求(NFPA 20,图A-8-4.6)。

消防泵及其安装测试

认可消防泵装置的重要部分是设备认证和消防泵本身及其装置的完整测试。应当区别批准、认证和登记。批准表示整个消防泵装置只是满足了相关管辖单位的要求,例如 UL 或 FM。认证或认证测试表明消防泵设备满足 NFPA 20 和管辖单位的要求。通常,这意味着消防泵测试曲线已得到厂商认证以及向管辖单位提交批准。登记是指相关管辖单位的设备批准登记。管辖单位是一个负责批准设备、材料、安装或程序的官方或私人性质的组织。

消防泵厂内测试

每台消防泵都应进行静水力测试,验证是否符合 NFPA20 要求的厂家测试。性能测试通常是在工厂进行,验证是否符合项目规范。这些测试的结果应在整个装置之前向相关管辖单位提交。

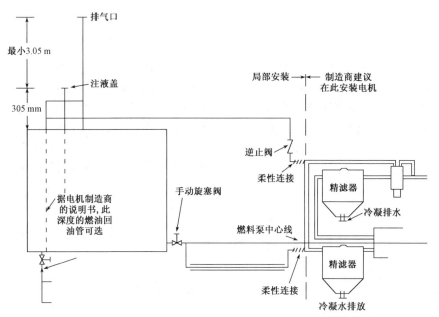

1　后面二次过滤或发动机燃料泵之前,根据发动机制造商规范。
2　燃料过剩可以回到燃油供给泵吸入。如果发动机制造商推荐。
3　燃料管道的尺寸,根据发动机制造商规范。

图 16.11　柴油发动机驱动消防泵的燃油系统

　　图 16.11 为柴油发动机驱动的消防泵燃油系统。（允许转载 NFPA 20 标准固定的装置为消防泵 1999 版。版权 1999 年,国家消防协会。）

整体装置认可的现场测试

　　消防泵装置的所有部分应符合 NFPA 20 的要求以及当地规范和管辖单位规程的任何要求。这包括静水力测试和性能测试。

　　管道图表明有两种不同类型的消防水泵测试方法；一种方法 A 采用带软管阀头的外部软管,另一种方法 B 是采用流量计。后者用于无法安装消防水带阀门进行测试的建筑。在标准中给出了不同大小的水泵进口和排水口容许流量。这些是消防泵装置所需的常用配件。当地规范可能要求不同的或额外部件。

　　配备泡沫和水雾装置的容积泵标准测试包含特殊测试。

　　消防泵装置在经过认可和投入运行后,必须定期检查和测试是否满足 NFPA 20 的检查标准,测试和维护基于水的消防系统。

小　结

　　采用离心泵和容积泵作为消防泵是一项要求苛刻的服务,且由于必须可靠,设计和安装必须严格控制。许多人在消防泵设计、安装和运行有着广泛经验,他们提供持续满足 NFPA 20 来确保可靠性。当然,首先考虑的是消防泵装置的成本,但是由于消防泵极少运行,燃料或电力运行支出几乎很少考虑。

　　重申,任何正在考虑消防泵系统设计的水系统设计师必须熟悉 NFPA 20 的设计和安装标准,确保在施工、安装和所有消防泵运行期间应用的是最新标准。

第 17 章
农业用泵

引　言

　　泵在农业中的使用一般是作为一种工业设备。但它与大多数工业设备不同,类似于本书中其他设备,几乎所有的设备都是水泵。多数情况安装的是清水泵;少数是处理固体的类型。该领域泵的主要用途是灌溉。其他应用为动物粪便处理和人的用水。

灌溉

　　作物灌溉主要利用清水泵。灌溉的基本方法是渠道中的开敞流动及管道或流道中的封闭流动。从水井、湖泊、河流或溪流中调水,当没有重力势能可用时,就使用泵。所使用泵的类型从单吸或双吸蜗壳泵到轴流泵都有。轴流泵可以是涡轮、混流或旋桨式,这取决于流量扬程的要求。

　　对于固定设备,电动机或发动机都可以作为泵的驱动器。可移动式设备的泵通常由发动机驱动。能源成本和可用性决定了选择电动机还是发动机作为泵的驱动器。

开敞渠道灌溉

　　当需要从湿井或地下蓄水层中提水或从一条水渠泵送水到另一条水渠时,需要在沟渠灌溉中使用泵。这是在地面轮廓相对平坦的大型牧场或农场上常见的灌溉方法。这种方式配水的功率成本通常远低于封闭管道灌溉的功率成本。

　　有时,来自渠道和收集融雪水的沟渠中的地表水可供用于灌溉。此外也可以利用重力流动来实现灌溉。然而,当水必须被提升时,就可以利用泵在相对低的扬程和非常大的流量工况下运行,流量高达50 000 gpm。有些出水管直径大至 48 或 54"。如果这些泵位于固定安装位置,则通常配备电动机。

　　这些泵中的一部分是可移动的,并且配备有发动机驱动。它们的直径可以达到 30 或 36″,并且流量能够达到 20 000 gpm 甚至更大。所有这些低扬程泵的设计要求与深井泵的设计要求类似,重点在于减少摩阻损失,尽可能使效率最大化。图 17.1 是一个大型可移动泵组的照片,被称为"月球车"。

图 17.1　大型移动泵

　　离心泵在灌溉中的另一个有意义的应用,是润湿道路以防止来自灌溉植物例如棉花的灰尘堆积。所谓的公路转向器是离心泵(图 17.2)利用发动机的动力输出将水喷洒在道路上。当发动机和喷雾装置沿着道路向前移动时,泵沿着道路的侧面行进。

图 17.2　用于道路扬尘控制的移动泵系统

封闭管道灌溉

　　封闭管道灌溉可以用类似于在温室中经常看到的固定管道系统,或者用中心枢轴,水从井中取出并且进入围绕该中心枢轴运转的管组件。任何从美国西部平原上空飞过的人都看到了由中心枢轴灌溉造成完美的绿色圆圈。图17.3 是旋转组件的照片,图 17.4 是包括井和组件的完整系统的图。

图 17.3　中心枢轴灌溉总成

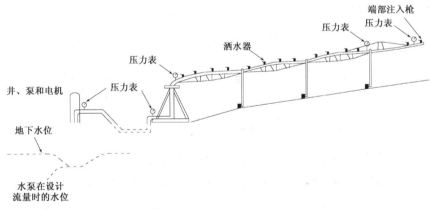

图 17.4　中心枢轴的灌溉系统(由阿拉巴马州合作推广系统)

　　中心枢轴灌溉在丘陵地区对某些类型土壤的效果非常好。美国的许多大学都有可用于这种类型的灌溉数据。由于行进悬臂的外部长度覆盖更多的区域,因此组件的设计是关键的。这是在喷嘴设计中需要考虑的,以确保将水均匀地输送到由中心枢轴组件灌溉的圆形区域的所有部分。

中心枢轴喷洒系统根据配水枢轴处的水压来分类。表17.1列出了这些类型和压力。

表 17.1　分类中心枢轴洒水装置

高压:50 psig 或更高
　　大影响喷嘴需要 45 到 80 psig。
中等压力:35—60 psig
　　小影响洒水装置圆喷嘴需要 30 到 60 psig。
　　小的影响与修改喷嘴需要 20 到 45 psig。
低压:不到 35 psig
　　LEPA(低能精密应用程序)和 LDN(低漂移喷嘴)类型可以运行
轴心压力为 15 到 25 psig。

资料来源:由科罗拉多州立大学合作推广公报 No.4.704。

水的输送速率以每小时英寸计。对于上述分类的灌溉系统典型的水输送如图 17.5 所示。

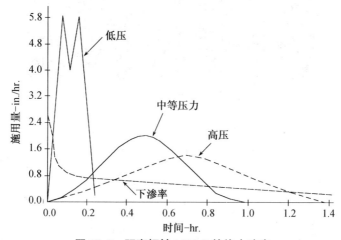

图 17.5　距离枢轴 1000 ft 的施水速率

中心枢轴灌溉系统的设计取决于受水的土壤类型(表17.2)。

表 17.2　需要三种土壤和三个中枢灌溉系统的系统容量,每英亩加仑

系统土壤	冲角 85%效率	喷嘴 90%效率	LEPA 95%效率
砂(2)	5.4	5.1	4.8
壤土(3.5)	4.6	4.3	4.1
粘土(5)	4.1	3.9	3.7

资料来源:由科罗拉多州立大学合作推广。

表 17.2 中列出的效率仅适用于中心枢轴组件。在确定总运行成本时,还必须考虑泵送系统和管道的效率。

对于中心枢轴灌溉的合理设计,还有其他一些因素需要考虑,例如径流和土壤的吸水率。经验丰富的灌溉系统设计师会考虑所有这些因素。在中心枢轴处钻井,应该注意在后续标题为"创建灌溉井"部分中列出的钻井程序。

高尔夫球场灌溉

高尔夫的普及带来许多新高尔夫球场的建设和由此产生的对水的需求。这种水的来源可能是城市水,但大多数高尔夫球场管理旨在尽可能使用雨水。这是通过在高尔夫球场本身配有湖泊来实现的。这提供了水的来源但也对高尔夫球洞带来危害。

单吸和双吸蜗壳泵以及深井泵都可用于高尔夫球场灌溉。如果水源位于泵站上方,则可以使用卧式泵送系统(图 17.6)。如图所示,可以配备小型骑士泵在非常小的负载下保持系统压力。需要配备安全减压阀以避免过大的系统压力。这些系统配有或者没有完整的公用设施的房屋。

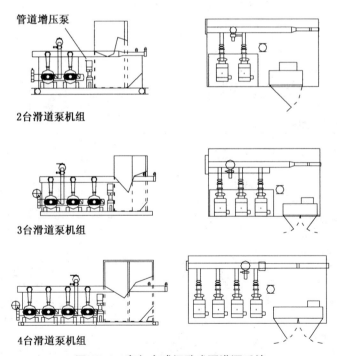

管道增压泵

2台滑道泵机组

3台滑道泵机组

4台滑道泵机组

图 17.6　高尔夫球场卧式泵灌溉系统

如果湖泊水位低于泵站,则设置立式涡轮泵如图 17.7 所示。为了防止鱼和蛇进入泵,需要设置进气结构。水通过水槽流到泵吸入结构,这个结构通常为圆形混凝土管。这些泵送系统可以在工厂组装成二、三或四台泵单元,如图17.8所示。

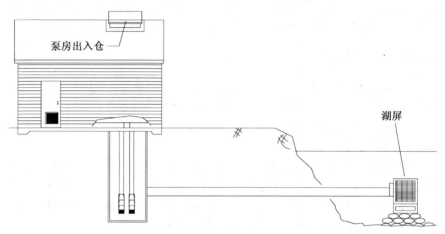

图 17.7　高尔夫球场立式涡轮泵灌溉系统

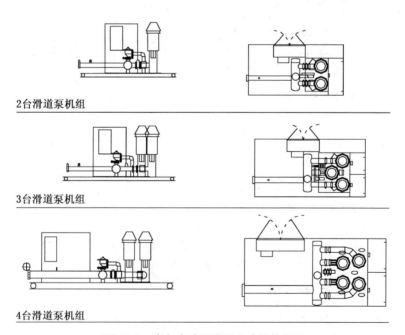

2台滑道泵机组

3台滑道泵机组

4台滑道泵机组

图 17.8　高尔夫球场灌溉立式涡轮机组

恒速和变速泵都可用于高尔夫球场灌溉。在这种供水系统中摩阻损失是可观的,并且由于流动一般会遇到巨大变化,这导致对于高尔夫球场灌溉的许多应用,选择可变速泵是经济的方案。

由于这些泵送系统通常位于湖附近,在这种环境下需要特殊的预防措施来保护泵送系统。诸如浪涌和雷电保护、电气相故障、相位不平衡、输入线路电抗和低压保护的特性通常包括在这些变速泵系统的设计中。其他设计要求还有电动机空间加热器和防止超压或低吸入压力等。

如果变速驱动器位于户外,没有建筑物保护,则必须提供特殊的隔热和冷却设备。变速驱动器几乎总是位于建筑物中,以防止太阳辐射。

井水

水井在本书中至此尚未详细分析。关于此类水源,在第 13 章讨论了城市水厂开采地下水的问题。由于灌溉牧场和农场需要用井,本章中对此进行了评估。

井为世界许多地区提供水。在美国,有一些产水区被归类为井水的来源。这些区域被明确界定为地质学水资源,然而在获取地下水过程中遇到了问题。1984 年,希思先生按照下列定义将美国划分地下水区域:

1. 地下水系统的地质构成及其布局
2. 相对于初级和次级来源的主要蓄水层或多个蓄水层含水开口的性质
3. 主要蓄水层的岩石基质在溶解度方面的矿物组成
4. 主要蓄水层或蓄水层的储水和输水特性
5. 充水和排水区域的性质和位置

在俄亥俄州,韦斯特维尔的国家地下水协会是一个专业协会,可以为任何寻求评估特定地区的水生产能力的人提供技术援助。

创建灌溉井

许多牧场或农场设施从井中获得水。以下是关于建立灌溉井的概要说明。类似的,更复杂的程序适用于为饮用水开发的其他井。

农业井开发的典型过程如下,包括定井位、钻井、用开发的泵进行试验,最后为其装备永久的深井涡轮泵。大多数农场水井采用当地钻井者的经验钻井和安装泵,而不是采用购买新的离心泵时相关的技术规格。

加利福尼亚科科伦 Kemble Hydro Tech 的 William Kemble 先生为以下部分提供了实践经验和技术支持。他和他的公司在开发农业用井和为它们提供泵方面有多年经验。

井的位置

在牧场或农场的新井位置可以通过下面几种方法进行确定。

1. 在需要灌溉的土地的高点;这为离井水流提供了最大势能
2. 在土地的中心,使水的输水距离最短
3. 利用地下蓄水层的已知数据,或者采用水脉探查者的建议
4. 其他

在检查井位的所有信息并确定所提议的位置之后,可以钻取小的试验孔以获得岩心样本和电测井图。这些样品和标志提供了地下地质层的孔隙度和其中的水活性的指示,有经验的观察者据此可了解该地点的产水能力。

如果第一试验孔信息显示对于该区域钻井的可能性较小,则可以钻第二试验孔,以找到对于钻井成功更可能的地点。钻试验孔的成本必须保持在最低限度,因此进行评估的人员必须具有生产井定位的丰富经验。最佳试验井的泵扬程较低,通过泵送的节能可偿还其成本。

井设计准则

一旦井的位置已经确定,就要开始设计井本身。一些最重要的考虑因素是:

1. 钻孔方法
2. 砾石封壳的设计和安装(如果有)
3. 套管和材料
4. 套管穿孔、类型、尺寸和位置
5. 导线管,如果需要
6. 卫生表面密封,如果需要
7. 所需许可证或费用
8. 选择钻工

上述每个项目在设计井中都是重要的。农业井的具体位置将确定井的总体特性。也许最重要的是最后一个,选择司钻。

钻井

从上面可以明显看出,钻井既是一次工程,又是一门艺术。大多数钻井人员在他们拥有丰富:土壤、蓄水层和钻井方法方面经验的地区开展作业,就像泵分销商在为工作选择最佳泵送设备一样。通常,这种经验代代相传,多达五代。最重要的是懂得能够钻出最完好井的方法。

选择泵分配器同样重要。这取决于工作人员的判断和经验,来推荐最适合于特定应用的泵送设备。

然后钻井并完成施工。下一个业务是开发或"引进"新井。

开发井

通过使用发动机驱动的涡轮泵来开发井,该涡轮泵的流量为由试验孔确定的生产流量的 1.5 至 2 倍。泵叶轮(室)设置在比预期的泵设计进水位深得多的深度。这是必要的,因为尚未确定运行井的实际漏斗(下降)。

该开发泵的柱管尺寸应足够大以通过最大水流量,但摩阻损失可大于最终生产泵所允许的摩阻损失。临时开发泵包括发动机、直角齿轮传动装置和柱组件。马力、齿轮比推力和转速范围不仅应相互匹配,而且应与泵管和叶轮组件相匹配,以确保实现整个试验范围的流量和扬程。这为最终选择生产泵提供了所需的详细信息。

新井的实际开发包括:

1. "垫层"或稳定砾石充填,以尽量减少砂石生产。

2. 从砾石充填层和地层中取出钻井液。

3. 移除砾石充填组件之间的任何连接。

4. 打开蓄水层,使水流阻力最小化。

5. 缓慢开始,增加流量以清洗井,并超过设计流量(过度抽吸),以促进、增强以及允许井产水量处于其最大流量。

6. 反复冲洗和反冲,以助最小产沙量。

7. 在接近完成井开发时,进行井的阶梯试验,确定在从空转到最大转速的各种发动机转速下井的流量。这定义了在整个生产井范围内的井产量。在表 17.3 中描述了典型的 20 步试验,因为井流量在 1 000 至 4 000 gpm 之间变化。井水位(无流动)在表面下 109 ft,在 1 000 gpm 下降至 122 ft,在 4 000 gpm 下降至 158 ft。在本表中对使用 12″泵管而不是 10″管的运行成本进行比较。根据该数据,所有者可以判断购买成本更高的 12″管的价值。

8. 阶梯试验完成后,从井中取出开发泵。

选择生产泵

井的开发和阶梯试验提供了最终选择生产井泵所需的详细信息。主要有:

1. 完成泵扬程曲线,包括设计流量和扬程。

2. 确定泵驱动器。这可以是发动机、电动机和水轮机等。这包括驱动器的所有必要特性,例如转速和马力。如果泵处于开敞状态并远离任何遮蔽物,则整个装置必须设计在井位置处,且遇到任何天气条件都能运行。

表 17.3 良好开发试验的例子

试验日期 2000 年 1 月 4 日

点数量	1	2	3	4	5	6	7	8	9	10	11	12	13	14	15	16	17	18	19	20
1. 站水位	109	109	109	109	109	109	109	109	109	109	109	109	109	109	109	109	109	109	109	109
2. 水位降	50	49	48	44	41	40	38	35	33	29	28	26	25	23	21	20	18	17	15	13
3. 观察水位	159	158	157	153	150	149	147	144	142	138	137	135	134	132	130	129	127	126	124	122
4. kht gpm	4 000	3 800	3 600	3 200	3 000	2 800	2 600	2 400	2 200	2 000	1 900	1 800	1 700	1 600	1 500	1 400	1 300	1 200	1 100	1 000
5. kht cfs	8.91	8.47	7.80	7.13	6.68	6.24	5.79	5.35	4.90	4.46	4.23	4.01	3.79	3.56	3.34	3.12	2.90	2.67	2.45	2.23
6. 收益率 gpm/ft	80.00	77.55	72.92	72.73	73.17	70.89	69.33	68.57	67.69	68.97	69.09	69.23	68.00	69.57	70.75	70.00	72.22	72.73	73.33	76.92
7. CALC 输入马力 65%	247.1	233.3	213.5	190.2	174.8	161.5	148.0	134.3	120.9	107.2	100.8	94.4	88.5	82.1	76.9	70.2	64.1	58.5	53.0	47.4
8. 流速12" ft/s	12.2	11.6	10.7	9.8	9.2	8.5	7.9	7.3	6.7	6.1	5.8	5.5	5.2	4.9	4.6	4.3	4.0	3.7	3.4	3.1
9. 计算损失12"	19.03	17.29	14.81	12.52	11.10	9.75	8.49	7.31	6.21	5.20	4.72	4.27	3.84	3.43	3.04	2.68	2.34	2.02	1.73	1.45
10. 计算损失 10"	48.73	44.27	37.95	32.09	28.44	25.00	21.77	18.74	15.93	13.33	12.11	10.95	9.84	8.79	7.79	6.85	5.96	5.14	4.37	3.66
11. 损失差 10'12"	29.70	26.98	23.14	19.57	17.34	15.25	13.28	11.43	9.72	8.13	4.72	6.68	6.00	5.36	4.75	4.17	3.62	3.12	2.64	2.21
12. CALC 马力 泵流差异 10"12" @65%开敞	46.2	39.8	31.5	24.3	20.2	16.8	13.4	10.7	8.3	6.3	3.5	4.7	4.0	3.3	2.8	2.3	1.8	1.5	1.1	0.9
13. 千瓦时每月30天运行	24 790.2	21 393.8	16 900.3	13 067.8	10 855.1	8 910.3	7 205.0	5 724.3	4 462.2	3 393.0	1 871.4	2 509.1	2 128.4	1 789.6	1 486.8	1 218.2	982.0	781.3	606.0	461.2
14. 每月成本的差异在10美元/千瓦时	$2 479.02	$2 139.38	$1 690.03	$1 306.78	$1 085.51	$891.03	$720.50	$572.43	$446.22	$339.30	$187.14	$250.91	$212.84	$178.96	$148.68	$121.82	$98.20	$78.13	$60.60	$46.12

月 30 天运行。50 马力 V－12 GMC 柴油机.

来源：肯布尔的水电科技

　　大多数农业井具有由发动机或电动机驱动的泵。历史上,电动机已经是农业井的主要选择,但是近来,考虑到能源的成本,发动机已经被接受。

　　生产中的电动机可以选择标准效率、"节能型"或"高效率"来运行。后者是昂贵的,但是如果井每年要运行许多时间,则增加的费用或许是可以接受的。

　　3. 扬程设计。润滑剂应该用油还是水？油润滑是最优选的润滑方法。它具有更好的持久性,特别是在更深的固定井泵上。此外,当选择油润滑时,柱的内管不需要涂覆。此外,水润滑轴承在每次启动之前必须是湿的,这是麻烦的。

　　4. 井筒组件尺寸、长度和泵轴尺寸。如第 5 章中所述的封闭动力轴是遇到砂时的优选。井筒尺寸的选择是重要的,因为它对运行成本具有直接影响。可以通过选择正确的井筒尺寸来控制流速,从而控制摩阻损失。经验法则表明,砂井的最小速度应为 5 ft/sec。这是将砂粒从井中移动的近似速度。最大速度应为 10 ft/sec,以限制在整体井筒组件中的摩阻损失。很明显,设置的深度将决定井筒尺寸,因为更长的井筒装配将增加井泵的内部损失。

　　5. 叶轮(室)设计。在初始设计流量和扬程下应达到最大效率值。其他考虑因素是使用开敞或封闭式叶轮(开敞式叶轮对于较浅的装置是适用的)和可扩展性以允许水位随时间推移而回退。这些仅由业主和有经验的泵经销商以确保泵与井的最佳配合。

　　泵叶轮(室)组件将来自驱动轴的旋转能量转换成井中水的压力能量。其选择必须非常谨慎,因为与地面安装的泵不同,拆卸更换或修理困难并且昂贵。考虑到永久泵是长期投资的问题,必须评估泵叶轮(室)组件的扬程流量曲线。叶轮(室)组件使用期应设计为 15 至 20 年,适应未来可能的井的特性变化。

　　如果井安装在水位稳定且季节变化最小的区域,则泵叶轮(室)范围不如初始泵扬程处的最大效率重要。然而,如果井处于已知的季节性大幅波动的地区,那么考虑一个较低转速和更大范围的泵叶轮(室)是合适的,在扬程大于初始设计扬程时效率最高。

　　6. 必要时准备吸入管和过滤器。在叶轮(室)组件下方的吸水管用于调节流动,以使水流平稳地进入泵的第一级。吸入管安装需适应泵进水的条件,长度为 2 至 20 ft。

　　显而易见的是,特定井泵的选择必须基于泵经销商的实际经验。泵的质量视井的预期寿命而定。必须考虑泵的内摩阻总损失。这包括吸入管、井筒和扬程的损失。它还必须包括连接到泵的任何配水系统的摩擦头。泵的供应商必须在所有这些损失与井的总成本之间找到平衡,以为井的所有者提供建设成本与运行成本的正确平衡。

最终设计流量

　　除非在井开发时进行的阶梯试验期间做了精确的观察,否则最终设计流量是难以捉摸的。很可能这些试验运行时间不够长,没有完全限定在设计流量下来自水井的蓄水层处发生的漏斗。如果在经济上是可能的,通过试验泵数周的运行而不是通常的时间,就可以更好地定义这个漏斗或下降的大小。此外,地下池或蓄水层的季节变化将对泵抽水的水位产生影响。再次,实际上最终设计流量是泵供应商和业主协商的最佳判断。

农场用水的井泵

　　如第5章所述,大多数泵是深井泵。一些住宅用途的小型井泵可以是射流泵型(图17.9)或小型潜水泵(图17.10)。如这些图所示,通常安装小型压力罐,以减少泵启动和停止的次数,并为住宅提供更均匀的水压力。

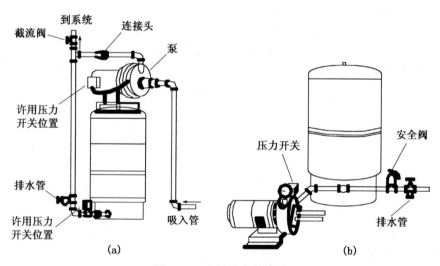

图 17.9　生活用水射流泵

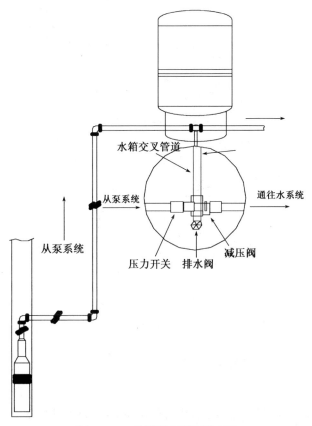

图 17.10 采用压力罐和潜水泵

动物粪便处理系统的井泵

由于产生大量的动物粪便,来自牛和猪养殖场和家禽养殖场的动物粪便的处理已经成为重要的课题。对于处理这种粪便,有许多不同的方法。这些过程可以是机械或粪尿池类型。通常,泵的唯一使用是将来自工厂或粪尿池的污水泵送到承泄区或河流。清水泵可用于这些装置,因为悬浮固体相当低。因此,合理进水结构设计是重要的,它应该符合第 12 章中概述的要求。

粪尿池需经常充气以减少进入粪尿池的污水的 BOD。惯用的创建圆形喷雾的充气器,实际上只是安装在浮子上的泵。泵将水抽入空气中,其中喷雾与空气中的氧气接触,从而产生污水的好氧还原。如图 17.11 是该组件,有旋桨式轴流泵。

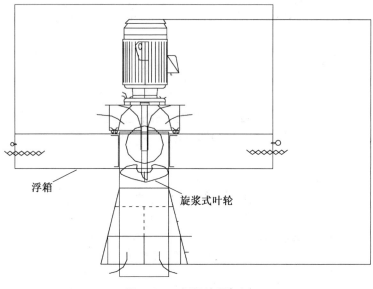

浮箱

旋浆式叶轮

图 17.11 污泥池曝气机

污水厂污泥和污水的农业用途

　　如第 13 章所示,大量的水分含有使作物增产的营养物质。污水厂污水和污泥现在都用于特定类型的农业生产。用于处理作物的污水和污泥的规范非常严格,并且不同位置的情况不同。当地卫生机构和民间咨询工程师可以提供有关这些规范的资料。

　　这些应用的大多数泵是离心式、旋转式或容积式,通过在罐车上的动力输出,分离污水或淤泥。

第五部分

固体物处理的泵送

第 18 章
容积泵的性能

引　言

　　容积泵的性能已经包含在本节的污水泵中,因为水行业中这些泵大多数应用在污水处理厂。有些确实应用在水处理厂中,但它们对这些水厂的能量消耗影响不大。

　　如第 7 章所示,容积泵可分为两类:旋转泵和往复泵。旋转泵可以是泵送装置绕泵轴旋转的任何容积式泵。其主要分为滑片泵、柔性转子泵、叶片泵、齿轮泵、单螺杆泵和螺杆泵。往复泵也称为动力泵,是指那些靠线性动作使液体通过的那些泵。主要分类是柱塞泵、隔膜泵和活塞泵。这些泵的描述参见第 7 章。

容积泵的基本性能

　　所有容积泵在每次旋转或冲程时提供一定体积的液体。与离心泵不同,这些泵本身不产生任何压力。出水管道和阀门产生施加在容积泵的出水上的压力。容积泵具有与离心泵相同的相似定律,并且流量随转速直接变化。这是一个一般假设,因为容积泵必须承担液体的压缩和任何可能在泵液端出现的滑移。由于这些动力机是恒转矩电机,通常当压力恒定时,功率随转速直接变化。这些泵的实际输入能量由它们的机械效率 η_M 确定。

旋转泵的性能

　　如上所述,旋转泵利用机械装置使液体通过泵。图 18.1 比较了旋转泵和离心泵在恒定轴转速下的性能。与离心泵流量的巨大变化相比,在旋转泵中随着系统压力的变化,流量变化很小。此外,由于粘度在旋转泵中是非常重要的,水泵性能曲线水平坐标轴为泵压差,竖直坐标为泵流量。然后,在不同粘度下绘制流量,如图18.2所示。同样,竖直绘制所需的泵功率(图18.2)。

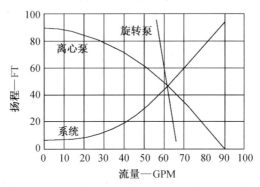

图 18.1　旋转泵和离心泵扬程—流量曲线比较

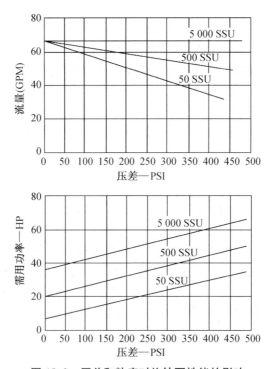

图 18.2　压差和粘度对旋转泵性能的影响

表18.1显示了三种最常见类型的旋转泵的一般应用优点,所有这些泵都

具有垂直于泵轴的流动。

表 18.1　不同种旋转泵的应用特点

叶片	齿轮(外部)	齿轮(内部)	凸轮
处理粘度 32 SSU 下	处理高粘度	处理高粘度	处理高粘度
损耗自补偿	高流动压力	各种材料	低剪切泵送
多种材料	轴承寿命延长	简单价廉	多种材料
价廉	运行安静	整体减压阀	密封圈红赤(齿轮)
—	整体减压阀	—	高能力(2 000 gpm)

资料来源:泵手册,第 3 版,麦格劳-希尔

以粘度为参照可与离心泵作另一个比较。图 18.3 提供了考虑粘度的旋转泵和离心泵效率的一般性评述。在具体实践中,还存在其他因素用于该决定,如工厂运行员对这两种类型泵的经验。

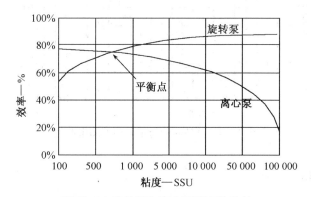

图 18.3　旋转泵和离心泵效率的比较

凸轮泵用于市政运营,所以应包括典型的性能。图 18.4 提供了一种特定尺寸的凸轮泵在各种压差下对应转速的流量和制动功率曲线。

有许多其他系统条件和流体条件决定了旋转泵类型的最终选择。水泵手册第 3 版第 3 章第 3.8 节提供了关于选择这些泵的广泛应用理论和实践建议。

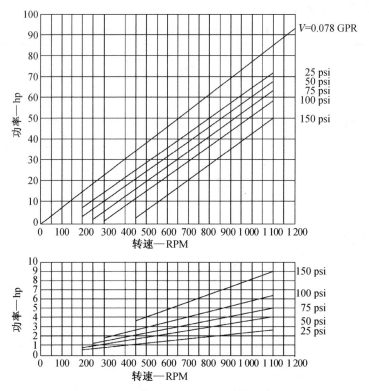

图 18.4　凸轮泵的流量和制动功率曲线

旋转螺杆泵

　　除大型螺旋泵(阿基米德原理)外,所有旋转螺杆泵都有相对较低的必需汽蚀余量(NPSHR)。只要液体的粘度和比重包括在计算中,可以使用有效汽蚀余量(NPSHA)的标准计算程序。显然,当选择特定的螺杆泵时,必需汽蚀余量应从泵制造商处得到确认。

　　作为一般规则,螺杆泵中的流量与泵转速成比例。这个变化是粘度对流速的影响。一旦应用条件如液体的粘度和比重已知,泵制造商应该提供特定类型的螺杆泵的流量与转速条件。

大型螺旋泵(阿基米德原理)

　　大型螺旋泵主要用于雨水和污水工程。如前所述,它们可采用开敞和封闭结构。应将其与具有相似容量的湿室或干井离心泵进行比较。螺旋泵不需要变速,因为它们以恒定的转速运行,提供基于底部淹没深的可变流量。图18.5描述了具有不同的进水池水位的螺旋泵的运行范围。

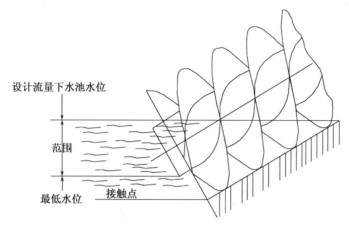

图 18.5　螺旋泵的运行范围

　　两种类型的螺旋泵都有偏好和优点。具体应用的实际参数将决定任一类型的可行性。封闭型效率较高(通常为 85%,相对于 75%)。封闭型在安装点对水槽要求不高,并且如果液体中存在硫化氢,不会释放出那么多的气味。还有其他特定因素将决定在特定装置中使用的类型。

　　应分析确定这些用于湿室或干室井泵的成本和运行的差异。图 18.6 提供了螺旋泵和类似的干室井泵的典型物理评估。对于干井泵,开挖深度 D 通常高于螺旋泵。静扬程 Z 也较大。干室泵的泵配件损失 Hpp 必须加到干室泵的静态高度上,以确定其总设计扬程。螺旋泵的设计扬程通常低于湿室或干室泵的设计扬程。运行效率和维护成本必须与两种类型泵的初始成本一起评估。

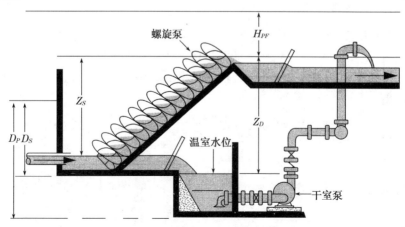

图 18.6　螺旋泵与干井泵扬程的比较

图 18.7 描述了开敞式螺旋泵的典型性能。如图所示,容量从 10% 到 100% 的设计流量变化,相应的在设计流量下深度从 30% 到 100% 变化。在设计流量时,该泵的效率约为 75%。这些泵的流量可超过 120 000 gpm。

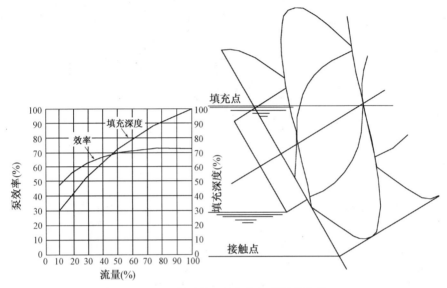

图 18.7　典型的开式螺旋泵的性能曲线

封闭式螺旋泵的效率高于开敞式,效率高达 90%。大容量开敞式螺旋泵没有这么高的效率。最大容量约为 35 000 gpm,取决于倾斜角度。这表明需要仔细地分析初始成本和运行成本来确定用于不同用途最合适的泵。

单螺杆泵(单螺杆推进腔泵)

单螺杆泵使液体沿着泵旋转元件运动,如图 18.8 所示,进水连接在转子的一端,排水在另一端。这些泵的容量随液体的粘度变化而变化,如图 18.9 所示。此图是许多典型螺杆泵、旋转泵、容积泵的情况。

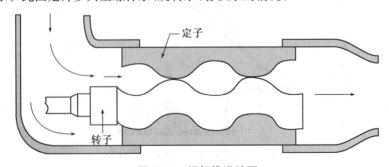

图 18.8　螺杆推进腔泵

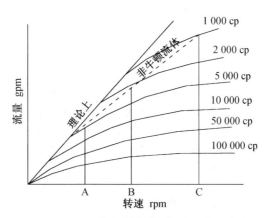

图 18.9　不同粘度流量时螺杆腔泵实际容量

柔性转子(元素)泵

柔性转子泵因其处理腐蚀性液体的能力而变得非常流行。它们可以处理气态流体而不发生汽蚀;有些可以在高真空下干燥运行。其中典型的是柔性细管泵或软管泵。柔性细管泵设计用于相对低压的服务,而软管泵使用加强软管,使其能够在高达 100 psig 的压力下运行。图 18.10 提供了该泵的通用性能。

柔性细管泵或软管泵的管径从内径为 1 in 到 4 in 左右,这些泵的容量从零点几到超过 300 gpm。

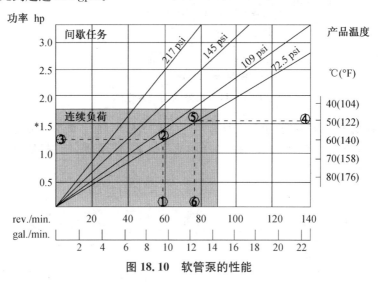

图 18.10　软管泵的性能

往复泵

往复泵主要由活塞泵组成,也称为动力泵;隔膜泵也包括在此类别中。活塞泵通常具有多个活塞以增加容量并减缓对出水压力的波动效应。图 18.11 描述了在没有任何滑移情况下这些泵的典型性能。发生在其中的滑移取决于流体粘度、泵转速和出水压力。通常,滑移在1%至4%的范围内,但是可以根据粘度和出水压力增加而提高。

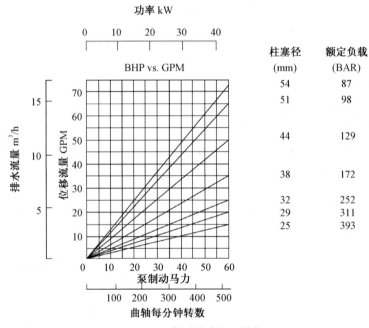

图 18.11　典型的动力泵性能

往复式动力泵的排出压力具有不可忽视的波动效应。增加更多的柱塞或活塞可减少这种影响,如图 18.12 所示的单缸泵和三缸泵。这些泵中有多达九个活塞。

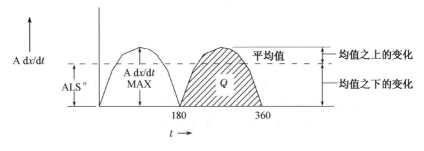

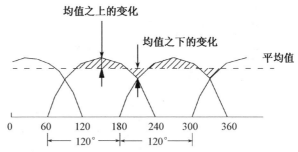

图 18.12　动力泵的出水流量

隔膜泵

隔膜泵是用于特殊用途的泵。如前所述,它们可以是电动机、发动机或压缩空气驱动的。它们通常在污水处理厂中用于泵送研磨材料或污泥。气动隔膜泵的一些优点是:(1) 无级变速,(2) 自吸,(3) 不密封,(4) 干燥无损伤。图 18.13 显示了这种类型隔膜泵的典型性能。

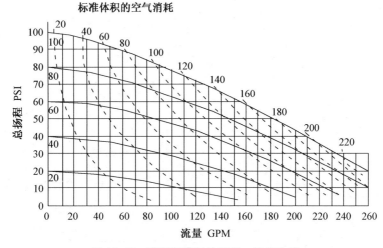

图 18.13　球形隔膜泵的扬程—流量曲线

小　结

这是对一个复杂课题的非一般性述评。虽然容积泵在这些水行业中消耗功率不多,但它们执行许多必要的任务以保持饮用水和污水的质量。这些泵在污水处理厂中的典型应用如第 20 章的表 20.1 所示。

第 19 章
应用于污水收集系统的泵

引　言

在人口稠密的大都市,污水收集系统极其复杂,则不仅要控制污水体积,还要从多个污水提升站加以控制。高效变速泵的出现是又一个错综复杂的事物,如果控制得当,高效变速泵对污水收集是有益的。控制变速污水泵时要极其细心,以此来保证运行过程的高效性,且不存在过多的水泵开停机。

污水提升站的基本配置

如图 19.1 所示,有三种基本类型的污水提升站。它们是:(a) 潜水泵(b)

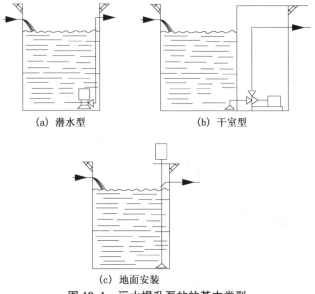

(a) 潜水型　　　　　　　(b) 干室型

(c) 地面安装

图 19.1　污水提升泵站的基本类型

干室型泵(c) 地面安装的泵。还有一些少见的特殊类型泵。在第 5 章有应用于这些提升站的水泵类型的例子。潜水泵通常是单吸进口且配备单叶或双叶旋桨，但它们也可以是螺杆或者扭矩流。干室泵几乎都是单吸、末端吸入、封闭的、灵活耦合、水平或垂直安装在基础以及内嵌的蜗壳泵，如图 5.18 所示。地面泵为立式混流、无堵塞叶轮或可以是无堵塞叶轮、地面安装的自吸泵。干室泵可配备在地面安装的真空启动系统。

恒速污水提升站

　　将污水从一处提升至另一处且无大量管道摩阻损失的污水提升站，十分适合采用恒速污水泵（如图 19.2）。水泵台数的增加或减少可以有效地应对流量变化。在设计过程中最关心的是对每日流量循环的全面了解。这将使水泵在最少开停机次数下以最高效率运行。

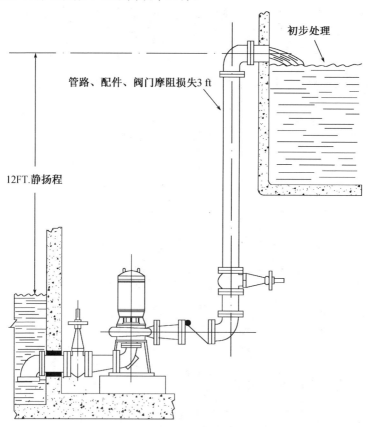

初步处理

管路、配件、阀门摩阻损失3 ft

12FT.静扬程

图 19.2　污水提升泵站

通过满足一些简单的公式可以避免恒速泵在湿井或进水池中的不必要循环。通常,湿井空间不充足或这些水泵的开停机水位设置不合理,这将引起水泵的频繁开停机,同时导致能源浪费和水泵及控制系统的过度磨损。图 19.3 描述了运行水泵的常用湿井控制程序。这就是所说的泵送循环或控制。当务之急是仔细调查特定装置设备的实际循环。图 19.3 提供了单台水泵的开停机工况。则在下一个泵循环开始与结束时,运转的水泵能继续运行。这需要高水位和低水位警报、八个设定点、浮动等。此过程存在很多变化。在数字控制系统的配合下,一些开停机工况可以消除。

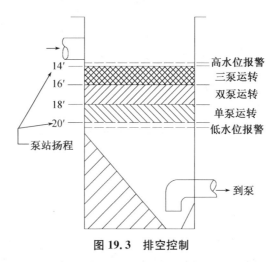

图 19.3　排空控制

如果水泵运行不合理,长压力干管和高摩阻水头(图 19.4)的恒速泵泵站运行效率会很低。如果流量是恒定的,这与许多单台水泵的小型进水池情况一致,水泵运行将不会偏离其性能曲线。如果污水泵站运行的水泵不止一台,则会严重偏离水泵性能曲线且水泵运行效率很差(图 19.5)。水泵会在 B 工况点运行,而不是设计工况。同时,蜗壳泵偏离性能曲线运行将增加水泵径向

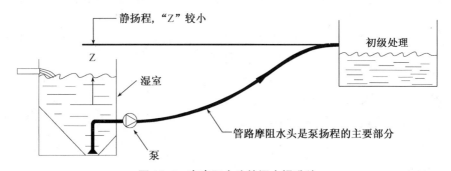

图 19.4　高摩阻水头的污水提升站

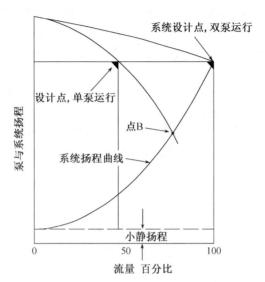

图 19.5　恒速双泵污水提升站性能曲线

力且因此而增加水泵维护。在水泵运行工况点未知的情况下,污水提升站会有大量不必要的维护。

恒速泵站的湿井尺寸

事实证明,恒速泵的最小周期时间发生在流入进水池的流量 Q_S 是泵流量 Q_P 的一半的时候,如图 19.6 中描述。基于这一事实,总周期时间、T_C、分钟,由以下公式计算:

$$T_C = \frac{4 \times V_S}{Q_P} \tag{19.1}$$

式中:V_S——进水池的体积,gal,泵启动和停止点之间体积差(见图 19.3)。

Q_P——泵流量 gpm。

例如,如果有 2 200 gal 湿井泵的启动和停止点之间体积差,泵流量是 800 gpm,周期时间为 $4 \times 2\,200/800 = 11$ 分钟,或大约每小时 5.5 次。

公式 19.1 的另一个版本是根据已知的容许周期时间计算所需的进水池体积:

$$V_S = \frac{15 \times Q_P}{C_{hr}} \tag{19.2}$$

式中:C_{hr} 是容许周期,是每小时允许的循环数。

T_C 在泵流量 Q_P 两倍于系统流量 Q_S 时有最小值。这被描述在下表中。

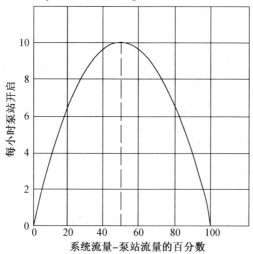

图 19.6　泵流量、系统流量和进水池体积的关系

例如,如果每小时允许的最大循环数是 6 且水泵流量为 1 000 gpm,则在开机与停机工况之间需要的进水池体积必须是 $15 \times 1\,000/6 = 2\,500$ gal。

每小时允许启动的最大循环数取决于装置的经济条件。相比大型水泵,小型水泵对能源消耗的影响较小。因此,小型水泵通常每小时开机次数更多。对于大型电动机驱动水泵的系统,当地的电力设施将准确确定特定装置的每小时允许开机次数。稍后介绍的水泵交替,其允许的每小时开机次数更多,但仍然限于单台水泵电机允许的每小时开机次数。

变速污水提升站

污水泵优质变频驱动器(VFD)的出现为泵流量与站流量一致提供了极大的优势。如此实现的可变流量平滑了污水处理厂的一级处理设施中的流量变化。许多控制问题,例如水泵在流量扬程曲线忽上忽下地运行,可以通过变速来消除。对于多数类型的蜗壳泵,应消除几乎全部的径向推力(见第 5 章)。这将在减少维护下延长水泵的有效生命周期。

必须再次强调的是大多数污水提升站周围存在硫化氢物质。由于大多数变频驱动器含有铜部件和通风扇,则必须将湿室开敞表面与驱动器的通风空气隔开。这可能需要特殊的通风设备或变频驱动器的特殊安装位置来避免腐蚀。在某些情况下,必须安装内置空调,保证硫化氢物质的分隔。不要错置,因为磁性起动器可以在某个位置运行,变速驱动器也可以在同样位置运行。恒速开关设备通常是不通风的,这不适合变频驱动器的情况。如果情况严重、老化、低效,则可能需要机械驱动。必须通过计算所考虑的驱动器的线—轴效率来进行能源分析。

多数变速污水提升站安装了多台水泵。小型泵站要求提供两台等于100%设计流量的水泵。显然,通常更好的解决方案是三台50%的水泵,这提供了更高的水泵效率,并且在完全故障之前提供三种运行方案。如果当地规范要求至少100%流量的备用,在2台100%流量的水泵之外,多数情况下会推荐采用3台67%或4台50%流量的水泵。

变速污水泵站的控制

如果控制不当,变速泵会和恒速泵一样偏离水泵的流量扬程曲线。最重要的控制工况是水泵在或接近最高效率工况时运行。如第6章图6.17描述,变速泵的最佳效率曲线是以最高效率点扩展且快速降至零点的抛物线。以下是如何实现这点的例子。

然而,首先要评估污水提升站的湿井控制。恒速泵湿井控制的实现类似于图19.7所示。由于我们不关心变速泵每小时的开停机次数限制,则式19.1与19.2并不适用。可以使用如图19.8所示的简单程序。这就是所谓的湿井恒水位控制。水泵各转速在同一水位下运行。唯一要感测的其他水位是高低水位警报点。当代水泵转速控制使得湿井的单级控制变化小于设定点0.5 ft的变化。

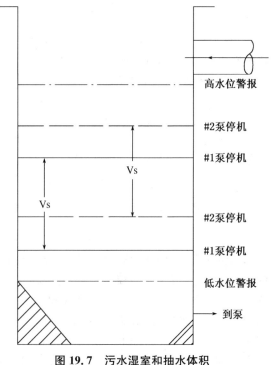

高水位警报

#2泵停机

#1泵停机

Vs

Vs

#2泵停机

#1泵停机

低水位警报

到泵

图 19.7　污水湿室和抽水体积

如图19.7所示的可变水位控制的抽水量从一个站点到另一个站点可以大不相同。这是最高和最低运行水位之间的距离。较小的湿井可以在3或4

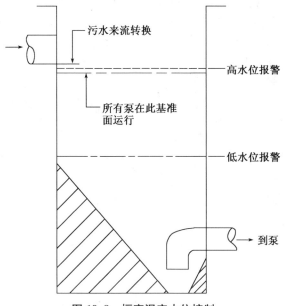

图 19.8 恒定湿室水位控制

ft 的情况下运行,而较大的井在两个水位之间可能有多达 10 ft 的差异。图 19.3 表示一个站的 6 ft 的抽空水量,在这种抽空控制下的总静态扬程从 14 ft 增加到 20 ft。

湿井恒水位控制的节能

下面的例子来自对特定装置的研究,且用于证明这两类控制之间的区别。这例子针对具体情况,下面的能源数据仅适用该例。需要对每个湿井进行评估,以确定因湿井控制实践产生的节能。

提升站示例

最大流量:13 mgd(9 028 gpm)
水泵运行台数:3
水泵设计流量:4.33 mgd(3 009 gpm)
静扬程(最高湿井水位):14 ft
静扬程(最低湿井水位):20 ft
4.33 mgd 下的水泵配件损失:5 ft
13 mgd 下的管道摩阻损失:15 ft
水泵设计扬程:40 ft

　　表19.1表明污水提升站通过配备湿井恒水位控制,可以节省能源。在现有污水提升站更换水泵是不经济的情况下,相同水泵采用两种不同类型的控制,以证明节能的可能性。由于低扬程需要,湿井恒水位控制的新泵站在设计时应选择更高效的水泵。其他泵站可以配备切削叶轮直径以节能的泵,结合湿井恒水位控制程序达到节能。

表 19.1　"抽空"和湿井恒水位运行能量的比较

流量 (mgd)	抽空控制			湿井恒水位控制			节省 (%)
	1泵	2泵	3泵	1泵	2泵	3泵	
0.7	6.7			5.0			25.4
1.3	7.9			5.3			33.0
2.0	9.3			6.2			33.3
2.6	11.2			7.8			20.4
3.3	13.6			10.2			28.4
3.9	16.3			13.2			19.0
4.5	19.2				15.4		19.8
5.2	24.4				17.6		27.9
5.6	28.7				19.2		33.1
5.8		24.5			20.3		17.1
6.5		27.5			23.6		14.2
7.2		31.2			27.2		12.8
7.8		35.0				31.1	11.1
8.5		40.0				34.7	13.3
9.1		45.0				38.7	14.0
9.8		50.8				43.2	15.0
10.4		56.8				48.1	15.3
11.0			56.5			53.3	5.7
11.7			61.9			59.5	3.9
12.4			67.6			65.9	2.5
13.0			72.8			72.8	0

　　表19.1中流量变化对节能产生波动有多种原因。能源计算应考虑水泵效率、电动机效率以及变速驱动器效率。同时,水泵运行台数随控制类型的不同而变化。图19.9是此数据的图形表示。流量范围在小于一半设计流量时是最节能的。这种类型的控制如此重要,在于这正是大多数污水提升站的流量运行范围。

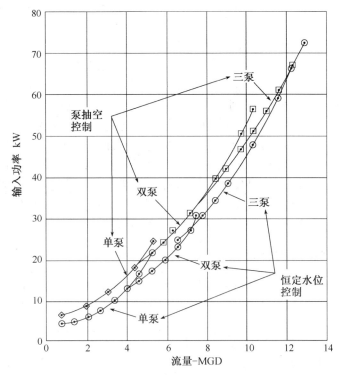

图 19.9　三台变速污水泵的功率曲线

表 19.1 中显示的第二种情况是具有恒定湿井控制的多泵运行。例如,通过这种控制,第二台泵在 4.5 mgd 启动,抽空控制为 5.8 mgd。同样,第三台泵在 7.8 mgd 启动,而抽空控制则为 11.0 mgd。这样做是为了实现更有效的运行并降低泵的总体运行转速。

表 19.2 阐述了湿井恒水位控制的一个运行优势以及最小转速。较小的水泵转速减少了水泵磨损,特别是以小轴向推力运行的蜗壳泵。同样,如果内部构造设计要求较高,则较小转速可能减少任何不利的影响。同时,旋涡产生的可能会减小,即使旋涡是由湿井设计其他因素引起的。

表 19.2　过渡转速常数湿井地面控制

泵的变化	泵转速(rpm)	
	抽空控制	恒水位控制
1 到 2	1 150	897
2 到 3	1 150	906

湿井恒水位控制的其他优势有:(1) 运行者明确污水提升站总是在插入

控制系统的湿井水位下运行。如果不在设定水位,运行就有问题。运行者不用检查水泵转速或水泵运行台数来验证控制。(2)在某一水位时湿井壁面出现污泥堆积。由于整个壁面不需要经常清理使维护更简单。(3)如果预期水位有大的变化,有必要更改湿井水位,这对于大多数控制器来说是很容易做到的。这种变换可以手动调整或每小时、每天适应。如果可能,分散污水的流入,避免过量水流进入污水处理厂的主要处理设备。运行水位没必要低于来流下水道的底部。实际水位显然取决于进入下水道的坡度和状况。

最后,湿井恒水位控制不仅是一种提出的控制程序,在过去十五年,它一直在许多污水提升站中投入使用。这督促着污水提升站的设计者和运行者考虑它的节能问题。它不是任何特定控制公司的财产。湿井底部的污泥堆积是湿井恒水位控制的一个客观问题。虽然现有的泵站尚未经历过,但是它可以通过相同的手段来去除,即在湿井中使用"抽空"控制。

水泵运行台数的增、减点

以上关于湿井恒水位控制的描述表明:在尽可能确保最低功率的前提下,改变水泵运行台数的过渡点是苛刻的。下面的例子证明了这一点,此例子取自于一大型泵站的评估,该站通过消除大量雨水渗透来明显减小流量。此研究用于确定现有泵站是否可以在系统流量减小的情况下高效运行。在变速和适当控制的条件下,水泵高效运行得到了证明。

图 19.10 描述了提升站单级水泵的性能,而 19.11 描述了所有水泵的性能和系统扬程曲线。后者阐明了新的系统扬程曲线的偏安全设计。

从最小流量 23.3 mgd 到最大流量 110 mgd,对一台、两台、三台或四台运行水泵进行计算,得出以上泵站的水泵性能。这些计算包括水泵流量、扬程和转速需要的水泵功率消耗。传动效率是

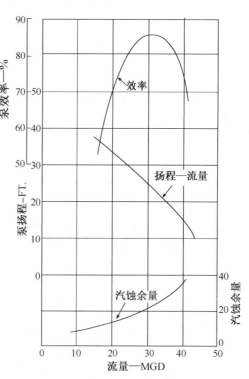

图 19.10　图 19.11 的单泵性能曲线

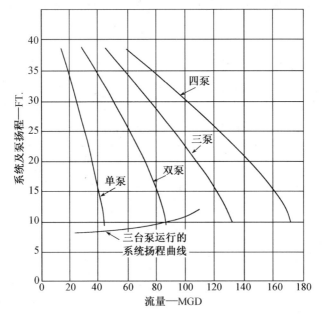

图 19.11　安装 4 台变速泵的污水提升站的多台泵系统曲线

变速驱动和电动机的综合功率。如第 8 章,此计算不包括单台驱动器和动力
机的效率。水泵总扬程包括静扬程以及压力总管和水泵配件的摩阻水头损
失。此研究的实际计算几页纸都写不全,这类似于第 11 章的变速计算。

　　水泵运行的总功率计算随着泵站一台、两台、三台和四台运行水泵的流量
变化而变化。应该指出的是,这个程序是基于湿井恒水位控制的过程,不需要
随着泵的增加而需要任何抽空。这些计算表明为避免大量的能源浪费,水泵
必须正确运行。根据系统流量绘制水泵功率的图 19.12 说明了这个事实。例
如,一些低扬程、单级水泵应在水泵失去保持湿井恒水位能力之前更换为两台
水泵。此过渡流量大约在 27 mgd。如果允许一台水泵持续运行至其无法满
足湿井水位时,水泵大约消耗 95 kW 而不是两台水泵运行需要的 62 kW。这
比高效运行多耗费 50% 的能源。表 19.3 提供了最高效运行的流量过渡点。

表 19.3　基于增减点的系统流量

泵运行台数	添加一台泵(mgd)	减去上台泵(mgd)
1	27	—
2	48	23
3	67	44
4	—	65

此数据还表明了另一个有趣的事实,在设计流量下运行四台水泵比运行三台水泵有明显优势。表 19.4 提供了在各系统流量下,不同水泵运行台数的单台水泵能耗。

根据此数据可以大胆推测,在各系统流量下的水泵运行台数以及四台水泵应在 68—110 mgd 流量下运行。表 19.3 和 19.4 的差异是由于水泵运行含有的空周期。

表 19.4　系统流量、千瓦/泵台数

系统流量 （mgd）	千瓦/泵台数			
	一台泵	两台泵	三台泵	四台泵
23.3	39.3	43.4	65.4	147.9
26.9	48.6	47.0	62.2	102.7
30.5	60.9	51.4	62.7	89.1
34.1	76.3	56.4	65.0	84.4
37.7	95.6	62.1	68.4	83.5
41.3	—	68.5	72.4	84.7
44.9		75.9	76.9	87.1
48.5		84.3	81.9	90.4
52.1		93.9	87.4	94.3
55.7		104.9	93.3	98.7
59.3		117.3	99.8	103.5
62.9		131.3	106.8	108.6
66.5		147.1	114.5	114.1
70.1		164.8	122.8	120.0
73.7		184.5	132.0	126.2
77.3		—	142.0	132.9
80.9			152.9	140.0
84.5			164.8	147.6
88.1			177.7	155.7
91.7			191.6	164.4
95.3			206.7	173.6
99.2			223.0	183.5
102.5			240.5	194.1
106.1			259.4	205.6
110.0			279.6	217.2

水泵过渡点的适应控制

如第 11 章讨论的,计算图 19.12a 的过渡点 A,然后运行者调节运行使水泵与实际系统流量相适应。适应控制可以用于这些污水站的传统控制程序。如第 11 章描述,如果一台水泵的开停机工况导致泵站的输入功率上升,则过渡点是不正确的。在过去,泵站运行者注意到这点且手动做出了改正。现在,配备适应控制后,水泵控制器的软件中含有此项适应能力。如果水泵流量变化时输入功率上升,则控制器监测到此情况且为下一次流量变化调整设定点。计算 A 点的过渡工况和基于实际系统条件需要的 B 工况点表明此情况,即图 19.12b。

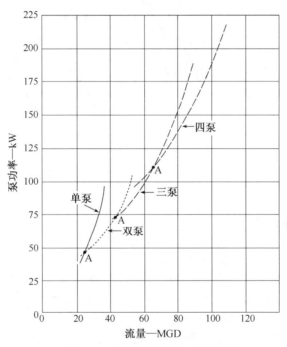

(a) 图 19.11 的污水泵功率—流量曲线

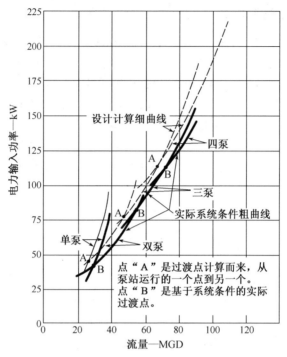

（b）计算和实际功率—流量曲线的差异

图 19.12

以流量计编程

　　流量计的精度和可重复性是水泵运行流量的一个问题。通常系统流量计的配备与位置是多级泵的一个不可靠变量。如果水泵出现这种情况,可以改变转速。表 19.5 类似于 19.4,除了基于水泵转速的过渡点。根据此表可以明显看出水泵在大多数时间运行时,均小于感应电动机最大的 710 rpm 转速。当水泵在较小的流量和转速下运行时,正确运行可以减小必需汽蚀余量。在低效率运行时,必需汽蚀余量可能接近 34 ft。通过此程序,必需汽蚀余量保持在 15 ft 以下,除了系统流量增加到 95 mgd 以上的情况,必需汽蚀余量从未达到 20 ft。这在图 19.13 上已经表明。

表 19.5　基于增减点的泵转速

泵运行台数	添加 1 台泵（rpm）	减去上台泵（rpm）
1	430	—
2	410	380
3	385	320
4	—	325

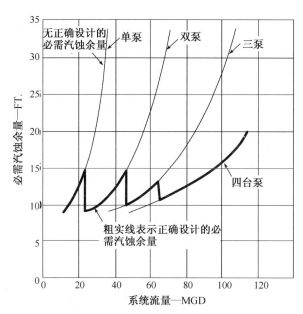

图 19.13　图 19.11 的泵必需汽蚀余量控制

　　总之，由于降低水泵转速以及必需汽蚀余量，正确运行程序不仅减小能耗，也延长了水泵寿命。也许，从运行者角度来看，最令人满意的情况是泵站使用此程序，运行将更流畅且水泵开停机时不会出现湿井振动。虽然在露天水池或水箱的旋涡是由其他因素引起的，但单台水泵流量的减小会帮助避免这种情况。对于有前池的泵站，单台水泵流量的减小有助于水流进入水泵。

复合污水提升站

　　到目前为止，一直开展着关于不在恒压下将污水输送至处理厂或污水管道、单级污水提升站的讨论。许多装置形成了单条摩擦输送管道的复合提升站。图 19.14 中三个相同泵站处于同一高度，在某一位置共用一条压力总管。由于某一提升站可以单独运行或它的流量不同于其他两泵站的设计流量，水泵运行变得更加复杂。它形成了系统扬程区域(图 19.15)。只要在此图的阴影区域内,任意泵站的水泵可以在任何工况下运行。这对于恒速水泵来说是极差的应用,因为不存在控制它们和避免偏离高效点运行的可行方法。图 19.16 说明了配备两台 100% 流量能力水泵的泵站可能出现的偏离工况。两台 100% 流量变速泵在适当控制下,可以确保合理运行。

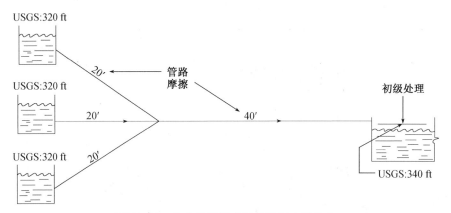

图 19.14 多个共有压力干管的污水提升站

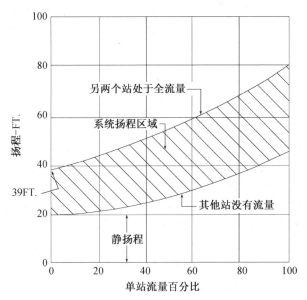

图 19.15 图 19.4 的三个污水提升站的系统扬程区域

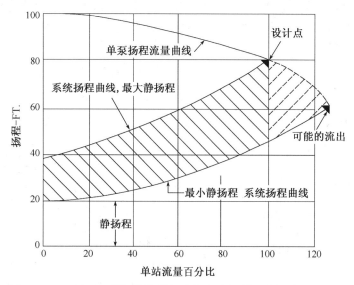

图 19.16　两台 100% 恒速泵的污水提升站扬程—流量曲线和区域

对于大流量的泵站来说，多台 50% 或 67% 流量的水泵会更加高效地运行（图 19.17）。第 11 章中 11.12 节中描述了利用控制输入功率的方法，可以确保水泵总在靠近高效区域的工况运行。

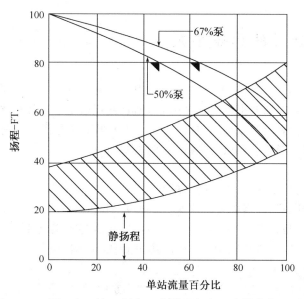

图 19.17　图 119.4 的 50% 和 67% 的泵扬程—流量曲线和区域

　　污水提升站建在不同的高程且在不同的位置与压力总管相连的情况比较常见(图 19.18)。建在低处且水泵扬程主要用于克服静扬程的恒速水泵能高效运行,例如此图的 3 号泵站。水泵扬程主要用于克服管道摩擦损失的 1 号泵站是变速备用站。单独分析 1 号泵站和 2 号泵站,确定系统扬程区域的形状。

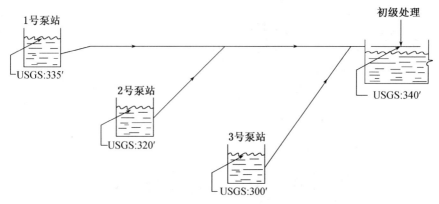

图 19.18　多个不同高程和连接点的污水提升站

　　集水系统的摩擦损失是极其复杂的,有必要利用网络分析来确定污水提升站的摩擦损失。此分析类似于第 3 章的饮用水分析。

污水提升站的摩擦损失

　　污水泵周围的管道、配件和阀门水力损失通常计算不充分或完全忽略。必须强调水泵制造商提供的水泵流量扬程曲线仅适用于水泵本身。没有包含配件、阀门、立式泵筒或扬程的损失。以下是计算各类型污水泵周围水泵扬程的一些建议。对于多台泵的泵站,应考虑总管损失。

　　潜水式:分水管道、止回阀和断流阀
　　立式:井筒和扬程损失以及排水管道、止回阀和断流阀
　　自吸式:吸水管道、排水管道、止回阀(如果需要)和断流阀
　　干室:吸水管道、吸水阀、排水管道、止回阀和断流阀

　　如果泵性能未考虑,必须包括从湿井到泵的入口损失。这特别适用于自吸和干室泵。

污水提升站的水泵类型

　　污水提升站的各类型离心泵可以列出很多,不仅仅是图 19.1 所示的基本类型,还包括从小型潜水泵到大型卧式干室泵和立式混流泵各种类型。具体泵站的水泵选型主要取决于流量、扬程、位置、设施服务、电动机质量、维护的便捷性、可靠性和业主要求。在设计污水提升站时必须考虑这些因素。

　　大多数污水提升站是电动机驱动的。在电力供给不可靠或可能断电的情况下,一些特定装置可能需要备用发电机或发动机驱动水泵。同样,在电力紧张的地区,发动机驱动水泵可能是经济的,能减小电力总成本。在当地燃料供应经济的情况下,可以采用发动机驱动水泵。

　　关于使用地下污水提升站的争论一直存在。图 19.19 描述了提升或多次抽吸污水的两种方法。混流固体处理式泵站提供了水泵和开关设备的地面装置,而地下泵站只有一个地面入口。两种型式都有人认可,但最受关心的是两种装置形式的安全问题。

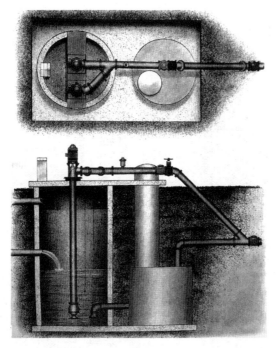

图 19.19　混流泵和地下站的比较

在生活污水收集方面,研磨泵是一种相对较新的应用。研磨泵通常是离心泵或容积泵,它们处理污水且有足够水泵扬程来克服管道摩擦损失,将污水输送至远处的污水提升站或污水处理厂。

图 19.20 描述了离心式研磨泵,它是一种进口安装刀具、单吸蜗壳、扭矩型水泵。图 19.21 是关于螺杆结构的容积泵。这些离心泵的典型流量扬程曲线如图 19.22 所示,容积泵的流量扬程曲线如图 19.23 所示。研磨泵配备刀具,故可以处理生污水。

图 19.24 描述了典型研磨泵的集水系统。离心式研磨泵与系统配合较好,流量扬程曲线相对平坦。而容积泵应用于污水集水系统时,曲线存在起伏和静扬程高。

图 19.25 描述了典型住宅区研磨泵的装置。水泵安装在屋外的湿井中,且配备控制系统和移动水泵机组装置的设施。

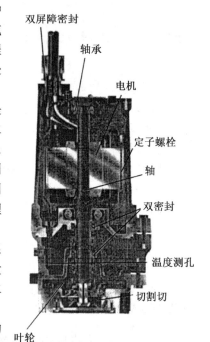

图 19.20　离心研磨泵

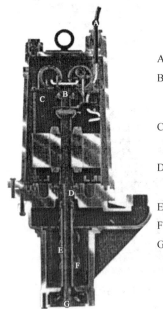

A. 防水电缆

B. 重载球轴承
　上为径向
　下为推力

C. 浸油电机
　冷却
　永久润滑

D. 机械密封
　陶瓷静面和
　碳旋转面

E. 300 系列单凸轮泵转子

F. 定子 合成橡胶-N 双螺旋定子

G. 研磨刀
　切碎固体物

图 19.21　推进腔螺杆研磨泵

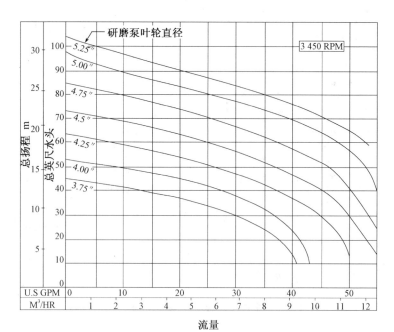

图 19.22　离心研磨泵的性能曲线

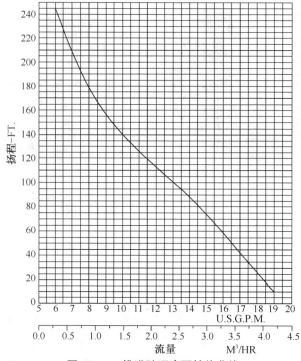

图 19.23　推进腔研磨泵性能曲线

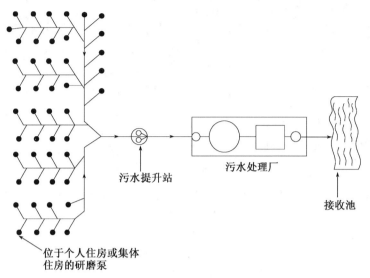

图 19.24　典型研磨泵布置

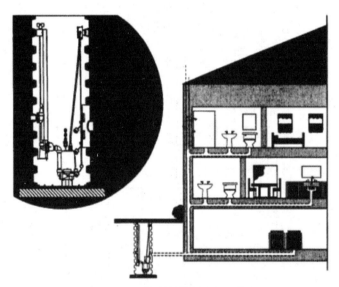

图 19.25　典型的住宅研磨泵装置

长压力总管的水击

　　压力总管的水力冲击或水锤类似于供水管中的液压冲击或水锤,如 14 章第 5 节所讨论的。污水压力总管存在同样的压力条件,但由于污水中含有固体颗粒和纤维材料,此情况更难控制。出于控制目的,采用水泵控制或气动控制安全阀和油封压力传感器。由于污染材料的存在,气缸很难应用。此领域的设计问题,留给熟悉实际安装条件的水力设计师。污水提升站业主的要求应充分体现解决特定装置的水力冲击问题。

变速污水泵取消了水泵控制阀的安装,以此来消除水泵开停机产生的水力冲击。由于可能存在泵站设备的电源故障,安全阀仍然需要。

污水湿井的特殊控制程序

如果污水提升站的湿井设计或运行不合理,后果是极其麻烦的。首先,湿井设计应符合 ANSI/HI 9.8-1998 水泵进口设计,如 12 章所述。尽可能的自净清理是很重要的。如果湿井采用陈旧设计,则在导引污水直接排入泵进水口或吸入管的墙壁上安装嵌条,将减少湿井底部固体的收集。

通过正确的配置,可以使用一些特殊的控制程序来提高污水提升站的性能。这些程序可以手动或并入泵控制器的软件中。

1. 抽空去除固体颗粒　泵送系统在夜间或最小进流时刻,可以将湿井水位抽至最低水位。为了避免常规污水泵的空蚀,这就需要小型固体颗粒处理泵。生产污水泵厂家应认可此程序。

2. 下水道的水流冲刷　在过程中,湿井水位上升直至充满整个下水道。然后水泵在大流量下开机,确保此下水道的水流速度尽可能大。显然,这应该在夜间或最小流量时刻进行。

3. 上升速率控制　大多数情况下,为了避免误启动,泵启动时有时间延迟。有时,这个延迟可能是 1 到 3 分钟。通常,进入湿井的流量迅速增加,这些浪涌可能给泵控制器带来问题。泵控制器的软件现在可以包括上升速率控制,在浪涌期间缩短这个时间延迟。这个特殊的软件是基于以下双曲线方程:

$$时间延迟,秒,y=\frac{a}{x}-bx \qquad (19.3)$$

式中:x——湿井水位的上升速率,每分钟英寸

a 和 b——每个装置常数

　　图19.26描述了一个典型的项目,式中 $a=90,b=2.5$。x 的值小于 1 可忽略。这个简单的方程可以调整任何理想的时间延迟,几乎任何湿井都适用。

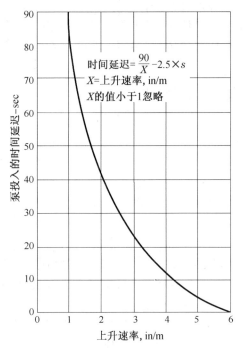

图 19.26　污水提升站的水位上升控制

小　结

　　很明显,应仔细评估对特定污水提升站设计有影响的所有因素。可靠变频驱动器的出现,使污水泵站的分析变得更加广泛,而不仅是选择所需扬程和流量的水泵。当代水泵与泵站可以为水系统设计师提供许多选择,这些选择应能推进高效和可靠的污水泵站系统建设。

第 20 章
用于污水处理厂的泵

引　言

　　污水处理厂使用的各种类型的水泵比起任何其他设施都要多。这是由于需要处理进入这些工厂的许多不同的固体和液体。通常使用离心式泵和容积式泵;这两种类型泵的使用因工厂而异。在这些设施中,关于离心式泵和容积式泵的选择没有明确的规定。一个区别在于水中固体物质的含量。离心式泵一般用于固体含量低于 8%,而容积式泵则用于高于 8%。然而,这取决于污泥的实际成分。另一个标准是对流量的控制;如果需要相当准确的流量,容积式泵是优先的选择。在污水处理厂一个特定的设施中还有许多其他因素,影响着使用何种类型泵的确定。

　　泵的类型和数量取决于很多因素,当然,主要在于处理污水的方法和工厂的水位,考虑到进水条件和排污条件。承接废水水流的质量和流量大小也可以确定用于将经过处理的污水从工厂排出的泵送设备。

污水处理厂的类型

　　有许多不同类型的污水处理厂,但是它们中的大多数都有(1) 预处理,(2) 初级处理,(3) 辅助处理。当排出物必须具有某些特性,例如悬浮固体的最大百分比时,将需要进行三级处理。比起那些排放污水进入河流或海洋的工厂,更小的接受污水的水体需要一个更高的污水质量标准。

　　所有污水处理厂都有一个水力梯度,决定通过工厂泵送主要水流的需要。整个污水处理厂的高程,取决于许多因素,如土地和可用性、工厂的总成本。另外,泵送系统初始投资成本和能源消耗是评价因素中不可缺少的。

　　关于泵的选择应该考虑一般原则:(1)高扬程比低扬程泵效率低。(2)使用无堵塞泵处理污水,泵效率比清水泵低。同时,无堵塞泵在进气结构和更多的维修方面成本更高。

　　理想的装置类似于图 20.1,其中来自下水道的重力流提供进入工厂的水力梯度。没有总流泵,因为有一个自由落差到接收池。第二个最可取的如图 20.2 所示,污水流经工厂没有经过泵送,但必须通过泵注入污水接收池。所有泵送水在最终处理后将是清洁的。由于污水管水位较低,一些工厂需要泵送未经处理的污水进入处理厂(图 20.3)。这需要配备较昂贵的进水结构和维修量较大的固体处理泵。典型的一个例子是辛辛那提市的中央污水处理厂(图 20.4)。污水必须从下水道提升到工厂,当俄亥俄河处于洪水阶段时,工厂的废水必须被泵入河中。由于接收池的体积(俄亥俄河),这是一个没有太多的三级处理的工厂。

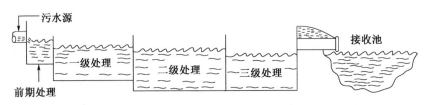

图 20.1　污水处理厂的理想水力梯度

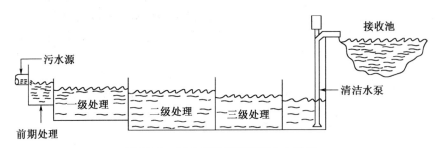

图 20.2　污水处理厂泵出的水力梯度

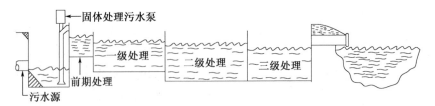

图 20.3　污水处理厂泵进的水力梯度

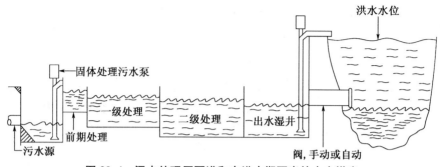

图 20.4　污水处理厂泵进和在洪水期泵出的水力梯度

污水处理厂可能需要经过额外的流程以使流出的水达到标准。例如,原始初级/二级设备现在可能需要某种形式的三级处理。由于不存在任何可观的微粒或纤维材料,如果第三级过程中产生额外的水头损失,则可以使用高效、清洁的清水泵。污水泵的安装如图 20.2。

主流泵

为污水处理厂抽水的泵是无堵塞类型,或者要在处理污水时进行清理。无堵塞泵装置是类似 19 章中描述的污水提升泵站,而清理处理类似于 14 章中的二级市政水泵。无论接收污水还是废水,特别重要的是进口结构。这些结构在 12 章详细讨论了。

处理污水的泵,如果位于污水处理厂附近,通常的低扬程,大多数水头被消耗在静态升力,而不是管和阀门摩阻。无论恒速或变速泵的选择都依赖于系统流态的日常变化,以及整体的安装成本。例如,一个特定的安装表明,泵站可以配备三个有效运作的变速泵和一个备用泵或者有六个小恒速泵和一个备用泵。可以从更加经济的角度考虑泵的配备问题。

通过数字控制,在流量相同的情况下,比起 7 台恒速泵,4 台变速泵需要的吸水井较小。要进行一个经济评估以确定降低的吸水井成本是否会大于增加的变速驱动器成本。这种假设形成一个高效泵循环,不管是对于变速泵,还是恒速泵。恒速泵需要一些抽空,增加运行的成本,而用变速泵在恒定的湿井水位下运行。变速泵节约的成本将抵消变速驱动器的能量消耗,而现在变速驱动器的满载效率在 97% 左右。

变速泵和恒速泵的实际能耗可以使用 11 章提到的线—水效率和功率输入计算。这必须进行污水处理厂从最小到最大流量的计算。

在选取泵时,处理厂电能的供应质量可能是一个考虑因素。如果电力供应只允许一定量的电机同时工作,变速泵有助于解决这个问题。

污泥和砂砾泵

在污水处理厂,为了处理砂砾、浮渣和各种类型的污泥,实施了许多不同于容积式泵的应用。一篇题为"污泥处理"的文章总结了这些泵的应用,刊登在 1994 年 6 月发行的《泵和系统》杂志上。本文表 20.1 来自这篇文章。

在污水处理厂污泥分布是不均匀的,而且不同的污水处理厂污泥分布也不同。一些污水处理厂的运营商将会质疑如表 20.1 所示的泵的选择,因为他们要选择不同的泵,满足特定的工厂条件。

由于污泥本身的差异,不同污泥条件下水泵扬程的计算变化没有一个精确的方法。图 20.5 也来自 1994 年 6 月的《泵和系统》的杂志,描述了在主管直径 4 英寸、静扬程为 10 英尺、等效长度为 1 000 英尺的条件下污泥的流量扬程曲线。文中指出,污泥作为非牛顿液体,不符合这本书第 3 章中的摩阻损失方程和其他一些规律。

关于污泥处理有两个原则:(1) 提供某种形式的速度变化,以使泵速度可以调整到符合实际的污泥和工厂条件。(2) 有一个具备这些污泥和工厂条件知识的专业工程师,以便为每个工程选择最合适的泵。

图 20.6 描绘了俄亥俄州辛辛那提市城市污物区的 Mill Creek 污水处理厂的污泥处理图。这个图描述了很多来自大型污水处理厂不同种类的污泥,这些污水处理厂每天要处理大约 120 000 000 gal。

缩略词如下所示:

DS:消化池污泥;

EAS:多余的活性污泥;

PS:初级污泥;

RAS:活性污泥返回;

TEAS:增厚多余的活性污泥;

TPS:主污泥增厚

表 20.1 中也列出其中一些污泥。必须强调,污泥池的设计应该遵循 12 章提到关于进水结构的规则。

表 20.1　污泥服务应用程序图

泵送服务	抽送到	固体%	静压头 ft	常规泵总扬程 ft	泵送循环一致性变化	泵选择	驱动方式和控制	首选运行模式	备用泵需要	服务记录
粗砂研磨	hydrogritter	0.5~10% 峰值	15~30	25~60	相对稳定	1a	三角皮带,SVS	计时器	1*	非常严重的 P-高 G-低
初沉污泥	hydrogritter	1%TS	15~30	25~80	常量	1a	三角皮带,SVS	连续	1*	非常严重
主要的污泥(水沉砂去除差)	消化池或增稠剂	2~5	10~40	40~60	3~4%	1a	三角皮带,SVS *1T MC*2	T TM. A	1	非常严重 P-High G-low
		5~8	10~40	40~60	3~4%	2a,4	三角皮带,MC *1 VSA*2	T TM,A	2	P-高
初级污泥(好的沉砂去除)		2~5	10~40	40~60	3~4%	2a,4	三角皮带,SVS	T		
		5~8	10~40	40~60	3~4%	2a,4	三角皮带,MC	T,TM	4	G-低
重力沉降澄清器(差的沉砂去除)	消化池	4~10	20~40	80~150	4%	1a,2a	VSM 或 VSA	TM,A		A-中等 P-高 G-低
重力脱水机(好的沉砂去除)	消化池	4~10	20~40	80~150	4%	2a,4	三角皮带,MC VSM	TM. A		A-中等 P-高 G-中等
浸煮器(有氧或无氧)	再循环	3~10	0~5	8~12	小	1a	三角皮带,SVS	连续		A-中等~光 P-高 G-中等~光
	混合	3~10	0~5	8~12	小	2a	三角皮带,SVS	连续		A-光 P-重 G-高
差的沉砂去除 好的沉砂去除	排水	3~10	0~20	50~100	小	2a	三角皮带,SVS	M,TM		A-严重~光 P-高 G-低
浮渣	浓缩机	3~10	5~40	30~60	宽	4, 1a, 2a	三角皮带,MC	T 或液位控制		A-光 P-高 G-低
导流水池活性污泥	浓缩机	$\frac{1}{2}$~1$\frac{1}{2}$	3~6	3~8 / 4~8	小	2a,3	三角皮带,SVS	连续 M		A-光 P-中等 G-低
空气增厚活性污泥漂浮	消化池	2~8%	10~40	40~60	—	4	三角皮带,MC	M		A-光 P-低 G-高

表 20.1（续）

泵送服务	抽送到	固体%	静压头 ft	常规泵总扬程 ft	泵送循环—致性变化	泵选择	驱动方式和控制	首选运行模式	备用泵需要	服务记录
混合或储存污泥	脱水设备	2—10	5—50	25—100	宽	4,1a+,2a+	三角皮带,MC,VSM 或 VS	M 或 A		A-严重-光 P-温和 G-高到低
脱水污泥	运输或焚烧	20—40	—	200—1 000	宽	5	水力传动	M	5	A-严重 P-高 G-高到低
脱水粗砂	运输或焚烧	40—65	—	200—1 000	宽	5	水力传动	M	5	A-严重 P-高 G-低
其他应用										
抽样	到实验室	1%	5—10	5—25	—	1a	紧密耦合	连续或手动		A-光 P-中等 G-低
污水·水槽 脱水·倒出		1%	5—50	20—100	—	2,3	三角皮带或导向	所有模式		A-光 P-中等 G-低
污水坑		1%—8%	5—20	15—50	在紧急情况下可以高	1a,2a,3	潜水防爆	液位控制		A-中间-光 P-中等 G-低

* 1 矩形澄清器（沉淀池）
* 2 循环澄清器
变速驱动
V-Belt-SVS=固定控制
V-Belt-MC=运动控制
VSM=变速,手动控制
VSA=变速,自动控制
泵选择要素
1. 涡轮
　a. 铁镍冷硬铸铁耐磨
　b. 铸铁
2. 螺旋离心
　a. 镀铬耐磨
　b. 铸铁

3. 无堵塞,铸铁
4. 传统的容积,即螺杆,叶泵,蠕动
5. 水力活塞驱动的容积式泵

+=根据气体夹带

服务说明:
A-磨损
　(S)严重
　(M)中
　(L)轻微
P-堵塞
　P-高(H)
　(M)中度
　(L)光

神经苯气夹带
高离心泵工作。
中等离心泵可以在除工厂紊乱条件外的所有工作
条件下工作。低离心泵适用于所有典型的应用。

首选的运行模式
第一列是正常运行;
第二列是高污泥一致性运行条件。
C=连续
M=手册。或需求
T=计时器的基础上。
TM=Timer. manual
偶尔必要调整泵的速度
A=自动控制,密度流量计反馈

变速驱动器在污水处理厂中的应用

如表 20.1,各种类型的变速驱动器广泛应用于污水处理厂的水泵。这些驱动器可以是机械或变频的型式,机械驱动器通常是三角皮带型。较小的驱动器一般用三角皮带型,而配有更大的电机的泵需要选择变频驱动器。

正如在本书的其他部分已经提到的,污水处理厂存在硫化氢,必须非常小心以确保它不进入变频驱动器(VFDs)。一些设施可能需要涡流耦合或流体耦合才能承受环境条件。比起现在的低变频驱动器,这些驱动器效率较低,但它们可以承受更高效的变频驱动器不能承受的条件。

这些运行中的许多是手动控制,而另一些是自动控制。在自动运行中,通常使用系统压力或湿井水位作为控制信号。用流量作为离心泵的控制信号可能会使流量变化难以达到理想的运行。

自动泵速控制的供应商应了解污水处理厂的运行情况,并了解在所有系统流量下提供稳定运行所需的响应速度。现在的数字控制器的响应速度高达十分之一秒,通常可以保证稳定运行,这对较小的湿井尤为重要。

变速离心泵在污水处理厂的一个典型的应用是抽送活性污泥。图 20.7是一种活性污泥池与立式的固体处理泵。通过手动控制 EAS 泵的速度,来处理过量活性污泥(EAS excess activated sludge),维持工厂的生物平衡。回收活性污泥(RAS)的泵可根据污泥池的水位自动控制变速。在 19 章提到的恒定水位法,可以用来减少施加于 EAS 和 RAS 水泵的静态水头。

运行人员排出 EAS,并调整 RAS 泵的转速,以保持污泥池的恒定水位。因此,运行员可以将时间用于管理工厂,而不必运行 RAS 泵。

通过数字控制,污泥池的水位应保持在±1/2 英尺内,控制器的供应商应保证这一能力,认识到由于工厂的负载增加,在一些设施中污泥池的尺寸可能会不足。可能需要在控制算法中包括定期抽空以控制可固化的固体和气味。

中水回用

石油是 20 世纪的液体,水预计是 21 世纪的液体。缺水带来了新的水的回收项目。可能最大的项目是佛罗里达州的"综合退伍军人恢复计划"。预计将安装水井和水泵,每天将 17 亿加仑水重新回注大沼泽地,而不是将其冲入海域。这等于 1700 mgd 或平均流量高达 1 200 000 gpm。

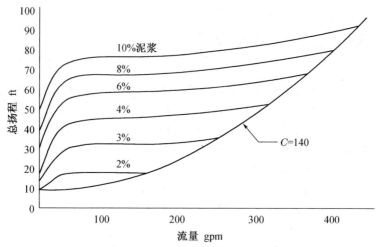

图 20.5　典型的污泥泵系统扬程曲线

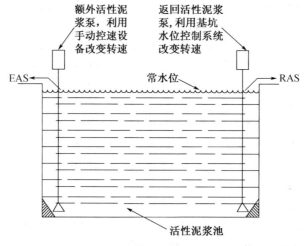

图 20.6　活性污泥流动控制

　　水的回收再利用提供了水源,也消除了通过其他小溪或河流处理它的麻烦。在"灰水"以及污水处理厂的废水的利用方面已取得显著进展。灰水是来自卫浴设备如洗手间、淋浴和有些水槽的水。在其他国家,这是一个常见的做法,在美国可能是一个未来的水的来源。这在第 15 章描述了。

　　由于可能会存在病毒,污水处理厂排出的水的使用曾经受到限制。由于近几年技术的发展,这些水得到了更好的使用;因此,只要这种水能符合当地、州和联邦法规的要求,排放污水现在可以用于农作物供水。

　　水环境联合会研究水的回收利用已许多年。他们编写了《实践手册

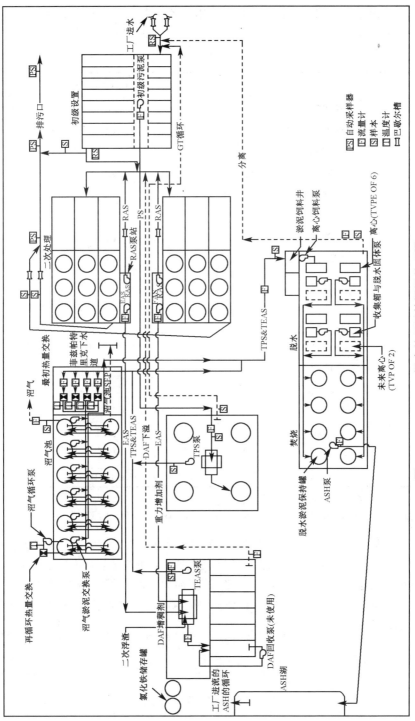

图 20.7　Mill Creek 污水处理厂的污泥处理图

SM-3:水的回收利用》。这本手册为使用从各种来源排放的废水提供了指南。以下是他们对 2000 年可用的国家废水排放量的估计。所有这些估计数都是以千升/秒(L/s)计。

来源	L/s×10³
农业灌溉	3 152.8
蒸汽电动装置	3 045.9
制造业	
主要金属	31.6
化学物质	50.0
纸	49.1
食物	16.5
石油	10.9
运输	4.9
纺织厂	2.9
所有其他的	217.9
自治市	1 209.1
矿产行业	
非金属	223.5
燃料	77.5
金属	37.1
其他	32.0
总	7 995.8×10³ L/s

注意:L/s×2.283×10⁻²=1 mgd

来自:《实践手册 SM-3:水的回收利用》,2 版。水环境联合会,1989 年,p.8。

　　很明显,上表显示了在水的回收利用方面存在很大的可能性。这些水的质量取决于它们的实际位置,因此,关于使用这些水的当地和州的法规产生或者发展了。这水的主要用途是:粮食作物、果园和葡萄园,生产饲料和种子、牧场的哺乳动物、景观灌溉。各方面的使用对水质有不一样的要求,具体由当地或者国家确定。

回　注

回注是一个将水注入地下蓄水层的过程。可以用湿井泵抽蓄水层的水，用于各种途径。然后抽回而不是让水流入一个溪流或河。其他来源的回注已经在上面列出。

有很多因素决定回注的可行性。第一个要求是水的质量。水里必须没有任何会污染含水层的化学物质或微粒。第二，必须评估泵的成本以确定这个过程的总成本。只有有经验的水利工程师和生物学家才能进行回注，因为他们在回注启动之前就已经充分了解当地情况。一些当地水利局规定它在注入地上之前要通过一系列的程序，如反渗透过程。

如图 20.8 所示，是一个典型安装流程。这个图在 p.54 介绍的关于水的回收利用的水环境联合会手册中详细描述了。这是加州水区奥兰治县安装的一个先进的水处理厂，用于处理 15 mgd（660 L/s）的市政活性污泥废水。注入水是海水屏障系统需要的。它有"水工厂 21"之称。如图所示，总回注 15 mgd 中只有 3 mgd（130 L/s）注入了海水屏障。

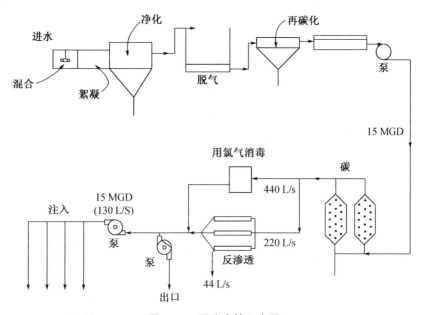

图 20.8　回注水的示意图

现在的泵控制的优点之一是能够通过使用可变转速精确地控制泵送额定

值。任何理想的控制参数如地面压力或流量可用于控制泵的转速,进而控制水回注进入地下地层的速率。

小　结

从上面可以很明显地看出,在污水处理厂应用泵的人员,需要在厂里的特定作业方面具有广泛的知识。这些泵的应用流程应该由在这方面有经验的工程师设计,能正确选择符合需求的泵和驱动。

水的回收利用和回注开启了额外水资源的可能性。只有经验丰富的、熟悉当地情况和需求的工程师和微生物学家能够评估、设计和运转这些设施。

第 21 章
雨水泵简介

引　言

　　对于这些泵应用来说,"雨水"有点用词不当。它们可以是"地下室排水泵"也可以是每分钟数十万加仑流量的防洪泵。这些水系统的设计非常依赖于安装条件。必须对这些条件进行非常仔细的评估,以确保实现泵正确的选型和安装。显然,设计用于保持地下干燥的小型地下室排水泵或集水池排水泵在选择或安装中并不复杂。

设计参数

　　在大型设备中,以下是一些必须评估的设计条件。

1. 最大流量(加仑每分钟或立方英尺每秒)
2. 雨水的来源
3. 泵扬程
4. 每年运行的时间
5. 未来发展的趋势
6. 无暴雨条件下有无其他支流
7. 供电条件
8. 所需设备的可靠性水平
9. 是否需要备用发电机或发动机驱动的泵?
10. 能源消耗有多重要?

最大流量

雨水站有许多计算最大流量的来源。水环境联合会发布了一个标题为"污水和雨水泵站设计"的手册。这本手册描述了用于雨水站进口水位的测算的不同的方法。

以下是本手册中描述的常用的泵站最大流量计算的方法。

推理计算方法

本程序利用一个经验公式(式21.1),试图通过使用一个系数,将其与降雨和径流联系起来。这一系数包括渗透、蒸发和表面损失等在交界面的所有损失。

$$Q=C \times i \times a \tag{21.1}$$

式中:Q 是最大径流(cfs)

$\quad$ C 是径流系数

$\quad$ i 是平均降雨强度(in/hr)

$\quad$ a 是集水面积(英亩)

推理计算方法可以用于小于5平方英里的小流域。下面描述的其他方法,可以用于较大的地区。

通过这种方法开发最大径流的难度通过表21.1中的径流系数C列出来证明。

暴雨的持续时间取决于当地情况,应由市、县或州工程师担保。

水土保持方法

考虑到推理计算方法的不精确性,水土保持SCS法的开发基于降雨、径流体积参数和时间参数。径流总量的确定,以及集中时间、流动时间、滞后、洪峰流量等,都可以从SCS表中确定。

计算机化径流模型

现在可以使用计算机模型确定进水位。商业软件是可用的,可以解决复杂的模型和模拟。

现在可以从这个软件导出规划模型和模拟模型。美国环保署雨水管理模型就是一个可用的设计级模型的例子。

用于特定的领域的实际模型,应该由具有收集、转移和处理雨水的,有管辖权的当地政府决定。

水的来源

大多数雨水来自以英寸水计量的降雨量。一些所谓的雨水其实是地下排水。通常，这个体积是不明显的，但是必须认识到，特别是当可用结构低于等级时，测量可能很困难，并且可以从遇到问题的附近设施中获得最佳数据。在大多数情况下，它可以通过一个根据集水池水位自动启动和停止的泵来处理。较大的设施可能需要一个地下泵站。

表 21.1　径流范围的系数，C 代表支流地区和表面

面积	系数
业务	
市区	0.70—0.95
社区	0.50—0.70
住宅	
独户（栋）	0.30—0.50
多单元,分离	0.40—0.60
多单元,连着	0.60—0.75
公寓	0.50—0.70
工业	
轻的	0.50—0.80
重的	0.60—0.90
公园、墓地	0.20—0.35
操场上	0.20—0.35
铁路的院子里	0.20—0.35
未被利用的	0.10—0.30
表面的特征	
人行道上	
柏油和混凝土	0.7—0.95
砖	0.7—0.85
屋顶	0.75—0.95
草坪、砂土	
平地,2%	0.05—0.10

表 21.1(续)

面积	系数
表面的特征	
平均 2—7%	0.10—0.15
陡峭的,7%	0.15—0.20
草坪、粘重土	
平地,2%	0.13—0.17
平均 2—7%	0.18—0.22
陡峭的,7%	0.25—0.35

雨水泵

这里介绍的几乎所有的离心、单级泵,都可用于暴雨雨水。泵的类型要保证可以在最大流量成千上万加仑每分钟的情况下应急。对于较小的工程来说,立式蜗壳泵是一个经济的选择。大型雨水站,通常采用立式轴流泵,电机可以安装在最大洪水水位之上。对于中等的泵扬程和非常大的流量,螺旋泵(阿基米德原理)可能是一个好的选择。这些螺旋泵在第 7 章和第 18 章介绍了。

"工程承包"泵

这些泵被命名为"工程承包",是因为它们通常是被承包商购买,并用于排水沟渠、管道、建筑物的地下室或其他建设设施。一般用的是固体处理、自动回注的单吸蜗壳泵。通常情况下,它们是汽油发动机驱动的,利用滑动或者轮子滚动提供机动性。

这些泵的设计重点在于可靠性而不是效率。它们必须在各种各样的天气运行,所以易于启动和运行是考虑的重点。

通常,它们连接吸水管,从水淹地区抽走了水,并将雨水排到下水道或排水沟。因此,必需汽蚀余量(NPSHR)要求相对较低。泵重复使用的能力非常重要,因为大部分的水被排除时,运行可以是间歇的。图 21.1 描述了这样一个泵的装配。

图 21.1　排水用的"工程承包"泵

泵扬程

在拓宽雨水站的泵扬程时,必须非常小心。这对它们来说特别重要,因为在抽送数千加仑水的同时扬程经常在 10 到 30 英尺的范围内。

如果是轴流式,应进一步努力评估泵的内部损失;这也适用于泵前后的管件。需要抽水时,泵站的控制水位应尽可能接近流域最大允许扬程。可以减少的每 1 英尺泵扬程都会降低初始成本以及运行成本。控制算法应围绕流域的可接受水位开发,而不是泵控制。利用目前的数字电子技术,可以产生几乎任何所需的湿室水位控制。

地上、平原排涝泵站

许多雨水站旨在防止河流或者溪流附近出现洪水。这些泵站很少运行,因为洪水的发生每年不到 10 次。因此,可靠性是基本设计参数,而不是能源消耗。

这些泵站大多数都是在洪水多发的平原之上恒速运行的,带有电机和电机柜。图 21.2 是一个典型的雨水泵站的正视图,从一条河支流回注到主流。

图 21.3 是到河边的排泄管的一个侧视图。请注意,为了防止泵虹吸作用,应用了组合空气/真空阀。图 21.4 是有八个立式泵的一张照片,每个都有底部排水管、润滑油柜,以及空气释放阀管道。泵双底座是一个典型结构。一块底

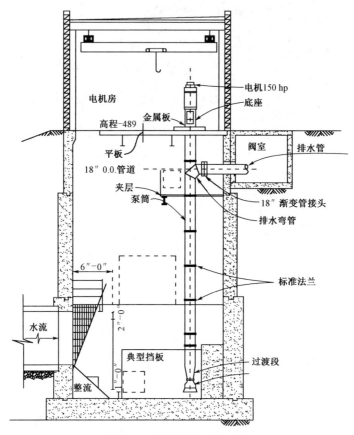

图 21.2　高位排水的雨水泵

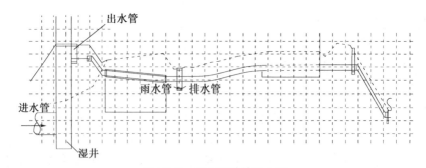

图 21.3　雨水泵站的出水管

图 21.4　雨水泵装置

图 21.5　雨水泵站进水结构

板焊接泵机组,另一个通过螺栓连接灌浇混凝土基础。图 21.5 是这样的泵站的照片,展示了进水结构和应急发电机的安装。

　　控制这个站的四个泵的主要变送器是一个电子水位传感器。紧急备用控制是由图 21.6 所示的一系列浮标完成的。这些信号提供给泵站管理人员,用以水泵运行的编程。

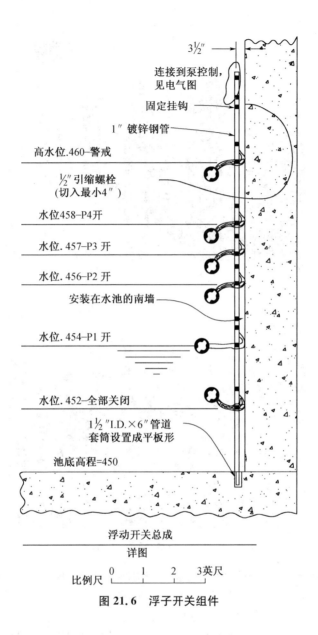

图 21.6　浮子开关组件

地下泵站

　　位于冲积平原的大型建筑下可能有较大的地下水流,因此需要一个雨水泵站系统,实际上更像一个井。地下水长流不断,在暴雨条件下流量可能会变大。这些站比起平原的排水泵站运行得更频繁。因此,能源消耗是一个值得考虑的因素。

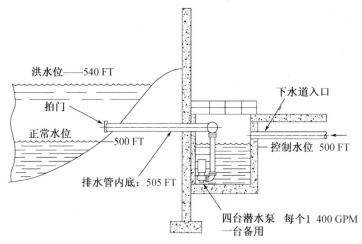

图 21.7　排地下水的雨水泵站

由于能量消耗和扬程可变,这些站中使用变速泵。图 21.7 描述了这样一个站,在正常运行条件下和在承接水体处于水位高峰期间的情形。通常,静态扬程是 5 英尺;在洪水条件下,当河流水位可能处于顶,静扬程提升为 45 英尺,如果假设泵配件损失为 8 英尺,并且除了备用泵之外,所有泵都在运行时系统摩擦损失为 5 英尺,设计总扬程部为 58 英尺,系统扬程区域如图 21.8 所示。设计流量为 4 200 gpm 时需要 3 台泵。

表 21.2 描述了在正常阶段和洪水阶段河流运行之间的输入功率差异。这表明在长时间运行的站点上需要变速泵送。

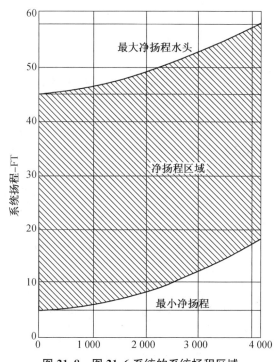

图 21.8　图 21.6 系统的系统扬程区域

表 21.2 图 21.4 的泵站 kW 输入

系统流量	泵扬程	泵速度	泵效率	系统功率	驱动效率	输入千瓦
河正常阶段						
一台泵在运行						
210	5.2	478	63.1	0.4	32.8	1.0*
420	5.7	544	83.0	0.7	43.3	1.3*
630	6.6	643	81.9	1.3	55.3	1.7*
840	7.8	768	76.3	2.2	65.2	2.5*
901	8.2	809	75.1	2.5	67.9	2.7
两台泵在运行						
210	5.1	463	40.1	0.7	27.5	1.8
420	5.2	483	62.7	0.9	33.1	2.0
630	5.5	510	76.5	1.2	38.6	2.2
840	5.9	549	82.9	1.5	44.2	2.6
901	6.1	564	83.6	1.7	46.1	2.7*
1 050	6.4	601	84.0	2.0	50.1	3.0*
1 260	7.1	656	82.5	2.7	56.6	3.6*
1 470	7.8	719	80.1	3.6	62.0	4.3*
1 680	8.6	788	77.9	4.7	66.6	5.3
1 890	9.6	858	75.9	6.0	70.7	6.3
1 988	10.0	892	75.1	6.7	72.7	6.9
三台泵在运行						
1 050	5.9	535	78.6	2.0	41.1	3.6
1 260	6.3	564	82.3	2.4	45.6	4.0
1 470	6.7	599	82.8	3.0	49.5	4.5
1 680	7.2	637	83.9	3.6	54.1	5.0*
1 890	7.8	676	83.2	4.5	57.9	5.8*
1 988	8.1	699	82.8	4.9	59.8	6.1*
2 100	8.4	721	82.1	5.4	62.0	6.5*
2 310	9.1	768	81.0	6.6	65.2	7.5
2 520	9.9	814	79.7	7.9	68.8	8.5

表 21. 2(续)

系统流量	泵扬程	泵速度	泵效率	系统功率	驱动效率	输入千瓦
三台泵在运行						
2 730	10. 7	863	78. 6	9. 4	71. 4	9. 8
2 940	11. 5	911	77. 4	11. 1	74. 2	11. 1
3 150	12. 5	964	76. 6	12. 9	76. 2	12. 7
四台泵在运行						
1 890	7. 2	608	83. 2	4. 1	50. 3	6. 1
1 988	7. 4	622	83. 6	4. 4	52. 0	6. 4
2 100	7. 6	640	83. 8	4. 8	54. 0	6. 7
2 310	8. 2	670	84. 0	5. 7	57. 5	7. 4*
2 520	8. 7	704	83. 8	6. 6	60. 2	8. 2*
2 730	9. 4	742	83. 4	7. 7	63. 4	9. 1*
2 940	10. 0	778	82. 9	9. 0	65. 8	10. 2*
3 150	10. 7	813	82. 2	10. 4	68. 6	11. 3*
3 360	11. 5	853	81. 7	11. 9	70. 5	12. 6*
3 570	12. 3	892	81. 1	13. 7	73. 0	14. 0*
3 612	12. 5	897	80. 8	14. 1	73. 4	14. 3*
3 780	13. 1	931	80. 4	15. 6	74. 5	15. 6*
3 990	14. 0	968	79. 8	17. 7	76. 6	17. 2*
4 200	14	1 012	79. 4	20. 0	78. 4	19. 0*
河洪水阶段						
一台泵在运行						
210	45. 2	1 376	29. 6	8. 1	83. 4	7. 2*
420	45. 7	1 406	48. 9	9. 9	85. 4	8. 7*
630	46. 6	1 435	63. 1	11. 8	86. 9	10. 1*
840	47. 8	1 479	73. 3	13. 8	87. 7	11. 8*
1 050	49. 4	1 555	79. 6	16. 5	88. 8	13. 8*
1 260	51. 3	1 631	83. 0	19. 7	89. 8	16. 3*
1 470	53. 6	1 721	84. 0	23. 7	90. 5	19. 5*
1 594	55. 1	1 775	83. 8	26. 5	90. 7	21. 8*

表 21. 2(续)

系统流量	泵扬程	泵速度	泵效率	系统功率	驱动效率	输入千瓦
两台泵在运行						
1 470	47.8	1 471	68.2	26.0	87.3	22.2
1 594	48.3	1 487	71.0	27.4	87.7	23.3
1 680	48.6	1 497	72.9	28.3	87.9	24.0 *
1 890	49.6	1 525	76.6	30.9	88.5	26.0*
2 100	50.6	1 570	79.3	33.8	88.9	28.4*
2 310	51.7	1 599	81.5	37.0	89.4	30.9*
2 520	53.0	1644	82.9	40.7	89.9	33.7*
2 730	54.4	1 688	83.7	44.8	90.4	36.9*
2 940	55.8	1 744	84.0	49.3	90.6	40.6*
3 098	57.0	1 775	84.0	53.1	90.7	43.7
三台泵在运行						
2 310	49.1	1 490	69.6	41.2	87.7	35.0
2 520	49.9	1 516	72.4	43.8	88.2	37.1
2 730	50.7	1 533	75.0	46.5	88.6	39.2
2 940	51.5	1 567	77.0	49.7	88.9	41.7
3 098	52.2	1 580	78	52.0	89.2	43.5*
3 360	53.5	1 618	80.4	56.4	89.6	47.0*
3 570	54.5	1 650	81.5	60.3	90.0	50.0*
3 780	55.6	1 682	82.4	64.4	90.4	53.1*
3 990	56.8	1 714	83.1	68.8	90.5	56.7*
4 200	58.0	1 746	83.6	73.6	90.6	60.6*

注:星号表示最有效的泵在给定的系统条件下运行。来源:经由 TeK worx、LLC 提供

图 21.9 描述了在两个河流水位,即正常阶段和洪水阶段该站的输入功率。两者能源消耗差别很大,这是由于当河水到达洪水水位时,静扬程大量增加。表 21.2 中的数据表明需要仔细编程。在正常的河流水位,运行 4 台泵而不仅仅是满足设计条件的 3 台泵更有效率。星号表示站中所有流量下应运行的最有效泵的数量。应该指出的是,正常工况下一到两台泵的转换发生在流量 901 gpm 时,但在洪峰情况下流量增加到 1 594 gpm。可能很难利用自动程序完成这个转换。

插图 21.6(原稿 21.9 页)

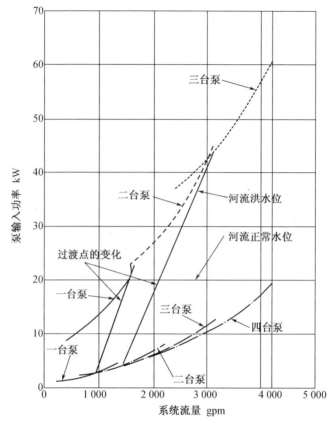

图 21.9　雨水泵站变水位时的输入功

　　这取决于运行者设置控制以实现最佳能量输入。如果在正常工况下一天有好几个小时都在低负荷下运行,这个转换应该设定在 900 gpm 左右。如果控制器提供输入总功率的数据,运行员可以使用该信息对泵进行编程。

小　结

　　雨水泵站可以代表保护生命和财产的规模可观的投资。它们的设计参数和水行业的其他基金一样是很难确定的。为了减少投资和运营成本,必须仔细审核设计流量和扬程。

第六部分

泵的安装、试验和运行

第22章
水泵和泵系统的安装

引　言

　　泵的使用寿命取决于其安装而不是其制造质量。水泵的磨损更多情况是由于不当的安装和运行，而不是其他因素。正如这本书中已经多次提到的，与泵的其他应用相比，水泵的职能在泵的职能中比较简单。当然，固体处理泵比起清水泵需要更多的维护。

　　大多数水泵不需要特别的维护。避免维护的方法是正确安装泵或泵系统。几乎所有的泵和泵系统的制造商都有详细的安装说明，应该仔细阅读。

　　安装此设备的基本要点在于这个安装不对泵或泵送系统产生外力。通过正确设置水泵基础，正确连接管道和电线，以使完成的装配不受外力。

预安装程序

　　如果在安装之前仔细检查所有泵，很多危险和隐患都可以消除。在一些工程中，可以有许多不同尺寸的泵。任何泵在安装到基础之前，应该非常仔细。以下是需要注意的具体细节。

　　1. 每个泵都应该标记上项目编号和特定的功能。

　　2. 每个泵都应该检查型号、叶轮直径，双吸泵还要检查叶轮的旋转情况。

　　3. 为了防止泵被建筑设备、瓦砾、冰冻等损坏，在泵房建造完成前，不应该把泵安放进泵房。工厂测试可能会留一些水在水泵泵体里；为了防止有水冻结在泵体里，排水栓应该拆除。

　　4. 泵应该从专门的吊点吊起，而不是从泵或电机的底座。在离心泵上，制造商必须指定吊装点。

　　5. 泵的驱动如电机或发动机的马力应该检查评级。

6. 对于电动泵,应检查电源电压是否正确,以及在多相应用中从相到相的电压变化。在三个不同相中,较大的电压变化可以引起电动机功率明显降低。关于相间电压不平衡引起的降额量,请参见表8.1。

这对于潜水电机特别重要,因为它们可能无法承受各相电压的变化。

泵和泵系统基础

很明显,提供正确的泵及其配件是成功的泵安装的开始。泵安装的问题是由底座设计不当造成的。泵的基础开始依赖它的环境,基础设计必须适应周围的环境。泵基座可以牢固连接到泵房地板上,或者可以浮在振动式基础上。各种类型的泵和泵系统的基础如图22.1所示。

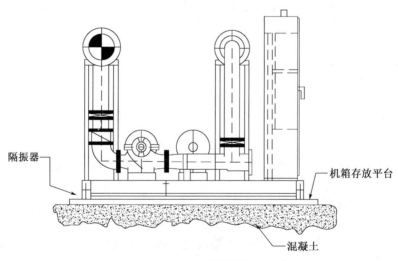

图 22.1　泵的基础

这是第一个必须问的问题:一个振动型底座是否需要防止源自水泵或其电机的任何振动传到地面? 如果泵送设备是被安装在一个下面被占用的上部楼层上,很有可能需要振动类型基础。即使泵基座安装在建筑物的第一高程处,浇注在岩石上的混凝土上,也存在需要振动基座的情况。当建筑物中的活动具有敏感性时,例如实验研究,振动基座能防止不利的振动和噪声从泵送系统基座通过建筑物传输。

　　所有的基座都应该设计成让积水远离任何金属。带有泵及其金属基座的实心混凝土基座不需要辅助垫,但泵系统基座应安装在 2 英寸高的混凝土垫上,以防止水弄湿金属。(图 22.2)。

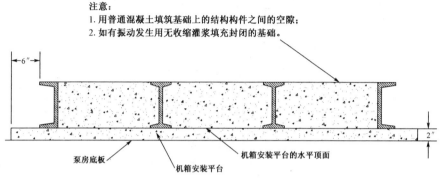

注意:
1. 用普通混凝土填筑基础上的结构构件之间的空隙;
2. 如有振动发生用无收缩灌浆填充封闭的基础。

6"

泵房底板　　　机箱安装平台　　　机箱安装平台的水平顶面　　2"

图 22.2　泵系统基础的安装

　　水封环一度被广泛使用;它们在装配时就需要,不是机械密封,安装在填料函内。来自填料的漏水被包含在水封环内并通过管道输送到排水管。现在,大多数泵制造商在填料或机械密封下面设置一个螺纹的排水孔,以方便连接排水管。这提供了一种比水封环更清洁的外观,并且消除了会引发军团菌病的积水。

　　大多数泵公司提供将钢或铸铁基座连接到混凝土上的安装图。这些图包括使用锚定螺栓、垫片和非收缩灌浆,以将泵正确地安装在混凝土基座上。无论泵的类型,基本上有两种类型的泵基础。泵一般配有平板或成形基础。如图 22.3 是具有平板型基座的泵的基本安装要求,图 22.4 是具有铸铁或钢的

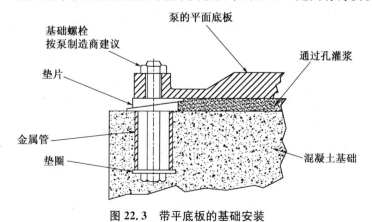

基础螺栓
按泵制造商建议

垫片

金属管

垫圈

泵的平面底板

通过孔灌浆

混凝土基础

图 22.3　带平底板的基础安装

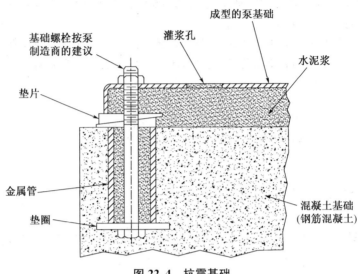

图 22.4　抗震基础

成形基座的泵的安装要求。这两个图形对于较小的泵是最基本的。大型泵将在安装之前,会有对于开发基础的非常具体的说明。这将包括地下、混凝土强化和混凝土本身的评估。

　　将泵及其电机结合起来可能需要确保泵和电机在一条直线上对中。这对大的泵来说可能是必需的,但对大多数水泵来说不是这样。同样,变速泵在减速运行时产生径向推力,因此很少需要销接到钢铁基础。如果需要销钉定位以保持泵与其驱动器对中,则安装可能会出现问题,例如泵连接处的管道力。

抗震泵基础

　　地震的持续性,要求许多泵在其基座和其他支撑结构中安装有抗震装置。统一建筑规范(UBC)将美国划分为几个区域,并给出了可用于设计泵基座和支撑设备的横向力水平。振动、冲击和声音控制设备的制造商,拥有可以为特定工程开发所需的抗震措施的计算机程序。

　　关于抗震设备的一篇很好的文章出现在 2001 年 7 月的 *ASHRAE* 杂志上;作者是梅森工业公司的 Patrick Lama。虽然本文涉及 HV AC 设备,但它适用于所有类型的泵。这篇文章提供了充分的证据,证明正确锚定的设备可以承受大多数地震冲击的影响。文章还提供了 BOCA、UBC 97、2000 IBC 和 CNBC 的建筑规范地震需求公式的概要。

以下图片:图 22.5,图 22.6,来自这篇文章:

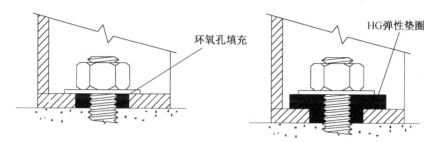

图 22.5　底板螺栓的抗震安装

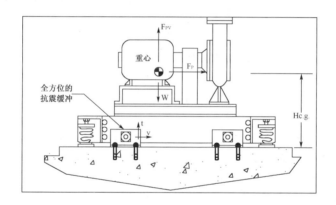

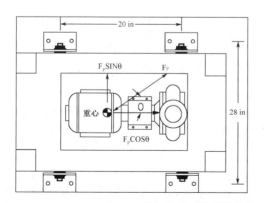

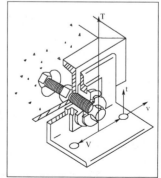

图 22.6　泵基础的抗震安装

泵的连接管道

有两种类型的管道严重影响泵的效率和维修水平。它们是(1)泵前后的配件管道和(2)总管或系统管道。它们都可能在泵上产生能量损失和机械应力。

泵安装尺寸

如前几章所强调的,泵配件的尺寸必须适当,否则会造成相当大的能量损失。通过泵配件的摩擦损失合并计算,确保在设计流量时有可接受的摩擦损失。在非常大的系统中,损失在3或4英尺以上可能是不可接受的,这些损失应该注意:

1. 入口损失从总管到泵吸水管系统
2. 吸入截止阀
3. 吸入或排出过滤器(如果需要)
4. 吸水管系统
5. 吸入弯头
6. 吸入异径管
7. 排水扩管
8. 流量止回阀
9. 排水管道
10. 排水截止阀
11. 泵排水管到总管道的入口损失

不是所有的泵装置都会有这些损失,但每个装置都必须检查。显然,过小的配件可能会有相当大的和意料之外的损失。在泵周围必须尽可能避免一些配件,如任何类型的衬套、异径法兰和平衡阀。只有在别无选择或规范要求的情况下,才能在离心水泵上安装安全阀!

泵配件安装

泵吸入弯管的正确安装需要注意。带吸入弯头的双吸式泵必须安装弯头,以使通过弯头的水流垂直于泵轴。如果不是,则双叶轮一侧的负担会比另一侧大,并且泵的水力和机械完整性将被削弱。这可以通过在泵上安装吸入扩散管来避免。这对于一些水泵系统是可接受的,然而可以通过适当的管道尺寸和布置来避免。

　　任何采用吸力提升的泵必须在吸水处有一个偏心渐缩管或长渐缩肘管，以避免泵吸水时进气。

　　有些泵和吸入弯头之间有很长的管道。这适用于实际设计可能不确定的现场安装。泵送系统的制造商已经证明，在设计受控的情况下，大多数蜗壳式泵可以把弯头安装在吸入口运行而无损害，不影响效率。事实上，许多泵例如管线泵和一些石油泵就是将弯头集成到其壳体中的。

　　这里列出的一些文本是关于泵周围配件的正确布置的资料的很好来源。这些书提供了许多例子来改进泵的安装。

泵膨胀规定

　　水系统中的管道膨胀包括管道中的热膨胀和由于沉降或其他运动导致的水系统变化引起的膨胀。这两种可能性必须在许多水系统中得到确认。

　　在泵行业中最危险的做法之一是没有在泵周围提供足够的热膨胀设备。这对于冷水泵不重要，因为它们在接近 50°F 的环境中运行并且在管道中没有太多膨胀。对于在水中具有温度变化的系统来说，拥有正确的膨胀设备是重要的。

　　热膨胀必须同时考虑横向和轴向方向。系统管道的安装必须确保泵不会发生过度膨胀。长管道系统必须包括膨胀装置，例如膨胀接头、波纹管组件或偏移管道。泵送行业中的一个常见错误是用软管进行泵连接。它只能处理横向运动，而非轴的运动。

　　水泵必须通过管道与泵连接安装，而不产生任何推力。安装完成后，应拆除泵连接上的法兰螺栓，如果管道法兰完全移动，必须重新配置管道。最糟糕的做法是在泵和管道法兰之间留有间隙，然后用法兰螺栓将它们拉在一起。其他必须注意的问题是管道法兰的移动，从而导致法兰孔不能对中，或者管道法兰面与泵法兰面之间的角度略有偏差。所有这些情况都可以在泵壳体中产生应力，并且将最终导致泵无法对中。不要使用柔性接头来消除管道法兰的这些偏差。膨胀节和泵法兰必须在没有任何强制或任何膨胀规定的移动的情况下连接到一起。如果法兰存在间隙或偏差，则应拆卸和重新组装管道，使得法兰没有间隙或偏差。

泵的电气规定

泵的电气规定包括与泵电机的连接和泵的安全控制。国家电气规范有各种要求,应严格遵守。该规范的最新版本应该提供给泵系统设计者,以确保电气设计符合要求。通常,本地规范对电气设备的安装和运行有特殊要求,包括接线、电机、变速驱动器和其他开关设备。

泵电机的电气连接

对于电机的电气连接有一些简单的规则,只要遵循规则,安装就不会有问题。一般来说,电源线与电机接线盒的连接应符合国家电气规范和特定应用的所有特殊规定。电源连接应该用螺栓固定到电机引线上,而不要使用接线螺母。与电动机的最终连接必须是柔性的,以允许在电力导管和电动机之间的一些移动。一般推荐该柔性导管的长度不超过 5 英尺。

电动机不在视野范围或距离断电装置超过 50 英尺,可能需要在电动机处安装手动开关。如果可能在运行中手动停止电机,则该断电设备应该配备有能在主电源开关断开之前打开电机控制电路的控制触点。

大多数水泵依靠电机过载来保护其电机。较大的电机应配备温度和振动传感器,可用于在高温或过度振动的情况下提醒运行人员。

泵的安全控制

通常小水泵安装时没有任何安全控制。现在某些检查机构需要在泵的入口和出口安装差压开关。这种开关检测泵已经产生压力;如果在特定时间段内没有发生,则停止泵的运行,并发出报警信号。有吸程的泵通常配备有关闭启动阀的压力开关。如果在正常启动后压力异常,该开关可用于停止泵。

泵、电机和驱动器的对中

在尝试启动泵之前,应仔细检查泵及其电机或其他驱动器的对中情况。所有泵和柔性联轴器制造商都有不允许超过的对中公差。应检查偏移和角度的对中。

通过连接件的直边对中一度是被接受的。今天,对于大多数水泵,应该通过 Ames 拨号盘或等效物进行对中。激光技术已应用于机械对中,现在也可用于离心泵。

泵的初始运行

第 25 章专门讨论与效率有关的泵运行。泵的初始运行是安装过程的一部分,因为它很快反应实际安装的质量。

泵及其驱动器的初次运行将反应许多事情。

1. 意外的噪声将提供有关泵对中、汽蚀或夹带空气的信息。

2. 变速泵上的泵转速变化将提供关于泵控制的充分性的信息。

3. 电机或泵中的热量可能是对中或不正确运行问题的指示。

4. 如果提供线—水效率或输入功率指示,它将提供关于泵控制系统是否充分的信息,以及泵、驱动器和泵配件是否具有预期的质量和尺寸。

泵的旋转方向

如果在初始启动时仔细检查泵的旋转,可以避免许多不必要的运行流程。离心泵将产生具有反向旋转的扬程,但是它不会反应到其设计条件。旋转很容易检查;同样,在三相电力运行时,反接两个电力线可以改变旋转方向。

小　结

正确安装水泵将使这些泵具有较长的使用寿命,而不需要太多的维护。最后,在运行的最初几个小时内,应仔细观察泵送系统,以确保该设备符合规格要求。

第 23 章
水泵系统仪器介绍

引　言

　　抽水系统高效运行的能力取决于用来运行水泵及其供水系统的装置的品质。通过数字电子产品提供的工具，我们可以保障装置高效的运行，但是如果没有精确的仪器，我们不知道我们在实际运行中取得的成果。

　　这些仪器包括变送器、指示器和控制器。变送器测量的数值包括：水泵转速、温度、温差、压力、压差、水位和电气特性，如电压、电流，功率和功率因数。指示器显示类似的运行值，如温度、压力、水位和电气值。控制器能计算水泵系统的数值如输入功率、线—水效率，能启动和停止水泵，如果配备了变速驱动器则还能控制它们的转速。数额可观的能量消耗在水泵仪器上，其中所有变送器都应该查阅国家标准与技术研究所（NIST）的标准。获得了由 NIST测试和认证的制造商才可以提供仪器。其他供应商若能保障产品来自仪器获得认证测试的制造商，则可以提供仪器。

定义和术语

　　以下是一些定义和术语，可能有助于仪器的评估。

　　精度　显示值相对于一个公认的标准值的符合程度。精度通常用百分比表示跨度或测量速率。后一种测量速率的方法更可取。精度通常有线性、滞后性和可重复性。

　　对于数字具有各自精度的系统，如今还没有公认的计算总体精度的程序。只有实际的系统校准可以可靠地确定仪器系统的精度。把各自所有的精度加到一起，将提供一个非常保守的、可能有过多的系统误差。另一个程序是使用具有最大误差的仪器作为系统精度。这可能更接近，但它仍然比不上实际系统的估值。

模拟信号　代表一个变量的信号,如压力、温度或水位。它们通常是量程在 4 至 20 mA 的直流电,其中 4 mA 是最小的量程,20 mA 的最大的量程。如果一个压力控制回路读数从 10 psig 至 150 psig,则模拟信号在 10 psig 时读作 4 mA,在 150 psig 时读作 20 mA。

数字信号　执行动作时的离散值。数字信号是具有开和关两个不同状态的二进制信号。打开或关闭状态通常是由条件决定的,如:打开对应失败,关闭对应运行,这是典型的报警信号。运行的数字信号是一个压力开关,在 75 psig 以上时打开,在低于 73 psig 时关闭。数字信号的状态通常是由仪器信号决定,比如电压电平为 0 伏特时关闭,为 5 伏特时打开。

死区(不工作区)　可以在不启动可观察到的响应的情况下改变输入的范围。

偏差　任何与期望值或预期值或模式的偏离。例如:如果实际压力为 101 psig,选点为 100 psig,则偏差为 1 psig。

过冲　表示系统在负载变化过程中超过设定值的数量的控制项。

P-I 控制(ANSI/IEEE Std 100‒1977)　比例积分控制系统。控制动作,其中输出正比于输入和输入的时间积分的线性组合。

P-I-D 控制(ANSI/IEEE Std 100‒1977)　比例积分微分控制系统。控制动作,其中输出正比于输入、输入的时间积分和输入的时间变化率的线性组合。

过程值　控制回路中的实际值。例如,如果实际测出压力为 101 psig,则过程值为 101 psig。

重复性　对于相同输入的仪器或过程的输出变化。

响应时间　询问变送器的速率。这在变速泵的控制中是非常关键的。如果水泵不断改变它们的转速,响应时间可能有问题。在连续运行中,水泵转速的变化不应该可听或可见,除非该阶段系统负载有很大的变化。

定位点　输入变量,可设置控制变量的期望值。例如,在上面的控制回路中,如果需要压力为 100 psig,则定位点为 100 psig。

量程　仪器的范围;例如,如果压力计读数从 10 变化到 150 psig,则其量程为 140 psig。

这些是在本书中可能遇到的一些仪器术语。许多优秀的书籍上有仪表和控制。

本章回顾了抽水系统的运行仪器,测试水泵和抽水系统的仪器将在第 24 章中讨论。

变送器

变送器能感应运行中抽水系统的实际值。因此,在抽水系统的运行中,变送器的准确性是非常重要的。从经济方面来看,降低仪器质量是短视的。水系统的推荐质量来自下文所列出的每个类型的变送器的耐久性和特点。

流量计

流量计是这一领域内最容易被误解和误用的仪器。导致其精度和可靠性有待商榷。流量计可以分为(1) 差压式流量计,(2) 旋桨式流量计,(3) 电子流量计。

差压式流量计　　差压式流量计通过自行测定水头损失来测量流量。这类流量计包括孔板流量计、文丘里流量计、毕托管、插入管、特种阀门以及任何使用摩擦或流速水头损失来测量流量的冲量式流量计。这类流量计可以测量微小变化的稳定的水系统。这样的原因是因为事实上水流的流速水头随流量的平方变化(见第 6 章)。对于具有流速 1 到 10 ft/秒流量范围的可变水量系统中的流量测量是不可接受的。据说这种系统具有 10 比 1 的下调比。

例如,一个通过 1 200 gpm 的 8″管有流速水头 0.920 ft。在 400 gpm 时,流速水头已经下降到了 0.102 ft。这表明这些流量计的精度会随着较大的流速变化而迅速下降。大多数差压式流量计不用于下调比大于 3 比 1。这些流量计中电子变送器的发展可能会扩展一些它们的使用范围。

旋桨式流量计　　旋桨式流量计使用了一个插入设备,此设备包含了一些类型的旋转元件来测量流量。螺旋桨的转速随流量变化。多年来这些工具在水利行业中发挥了良好的作用,比差压式流量计适用的流量范围更广。一个特定的流量计的实际流量范围和精度应该由制造商确认。这些流量计不能是电磁的,因为磁铁的使用将导致焊渣和其他金属碎屑在水中紧缚住它们,造成清洁问题。旋桨式流量计可以是"全喉"式的(跨整个管道区域)或插入式的。

由于旋桨式流量计有移动部件,所以应该经常校准以保证其精度。水携颗粒的冲击可能损坏它们;同样,螺旋桨转轴会由于失去润滑或污垢而磨损。

电子流量计　　由于电子仪器的发展,流量测量已经取得长足的进步。这些流量计发出电子信号穿过水流,当接收到时使用某种方法评估信号的质量或数量。这些流量计可以是"全喉"式、插入式,或可捆绑连接到管道的外表面。

在可能的精度内，"全喉"式的电磁流量计（图 23.1）提供的流量范围最大，1—30 ft/秒。一些制造商声称从 1 到 30 ft/秒的转速的精度可高达±0.5%。

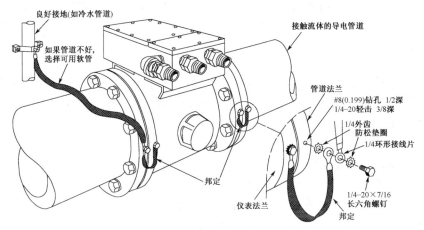

图 23.1　"全喉式"电磁流量计

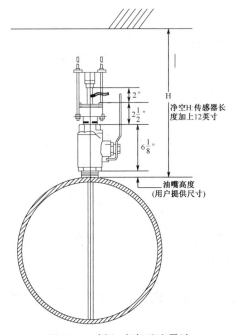

图 23.2　插入式电磁流量计

插入式流量计(图 23.2)的制造商也为他们的产品提供类似的声明。之所以称这些为电磁流量计,是因为用于测量流量的信号类型;它们中不存有收集金属碎片的磁性。

许多表带式流量计有多种要求和结果。其中一些流量计配备有精心设计的电子产品和适当的应用,可以趋近于"全喉"式电磁流量计的性能。

现在流量计适用于明渠流量和部分满管流量的测量。电磁流量计特别适应这些应用。

流量计的精度评估。流量计的精度可以用两种方式表示:(1) 完整量程的百分比或(2) 流量的百分比。量程的百分比意味着精度表示必须作为仪器满刻度的百分比。例如,如果一个流量计可测的最大流速为 1 000 gpm 和满刻度百分比精度为 1%,在任何流量其精度为 ±10 gpm。在 10 到 1 下降或 100 gpm 时,精度变为 10/100 或 ±10%。因此,大多数可变体积水系统不应使用精度为标准百分比的流量计。

对于大多数可变容积暖通空调水系统,流量计的精度作为引用百分率提供给合适的装置。如果这样一个流量计最大流量为 1 000 gpm,而且 100 gpm 时的引用精度为 ±1%,其流量变化 ±1 gpm。

某些流量计用于不需要高精度的特定服务,但重复性很重要。对于需要在水系统中保持特定流量的流量计安装,重复性是必要的。流量计制造商可以在各种流量范围内给出精度和重复性。

流量计的校准。流量计的校准过程必须独立于除了流量计内部测量的压力损失或流速水头以外的任何现场条件。使用水泵曲线校准的流量计应该核查,否则检查它们的精度。有两个原因:(1) 泵制造商通常只有在扬程曲线的一两个点能保证性能,(2) 大多数水泵的流量扬程曲线是在恒定转速下的测功器曲线。如果使用实际电机运行了认证的泵曲线,泵曲线可用于某些校准工作。图 23.3 描述了两个扬程—流量曲线之间的差异,一个是恒速测功器曲线,另一个是感应电机转速下的实际扬程—流量曲线。另一个问题是泵和电机行业不一致,以建立泵曲线的标准测功器转速。例如,四极电机的泵产品目录曲线的测功器转速从 1 750 rpm 到 1 790 rpm 不等。特定泵的产品目录曲线可能为 1 750 rpm,并且可以配备在满载时具有 1 770 rpm 的额定转速的电动机。泵的实际性能可能与其公布的产品目录扬程—流量曲线有很大差异。很明显,泵曲线不应该用于校准。

流量计的安装。流量计应始终严格按照制造商的说明进行安装。一些公司在流量测量点之前仍然需要 10 倍管径长度的管道,并且在下游有 5 倍管道直径长度。通常情况下,很难得到 15 倍管径长度的没有阀门、弯头或其他管道配件的直管道。如果必须考虑长度较短的情况,一些流量计制造商建议考

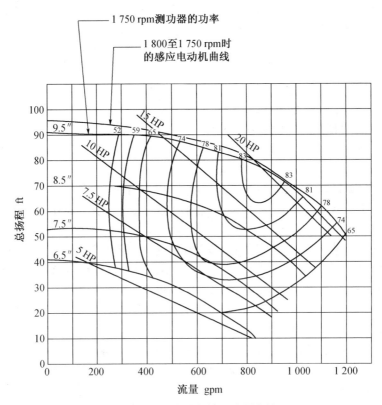

图 23.3　泵变速扬程—流量曲线

虑由较短距离引起的对精度的影响。若忽略流量变送器前后的直管长度,可对变送器精度产生灾难性的影响,所以在没有与流量变送器制造商沟通的情况下是不应该测量的。其他制造商已经开发出不受由阀门或管道配件引起的湍流的影响的流量变送器,因此,它们不需要传统的 15 倍管径长度。在距上游和下游距离较短时,它们可能证明自身的精度和可重复性。

如果流量计的上游有两个弯管,在管道的短跨度上两次改变了流动的方向,扭转效应将传递给水流,可能需要整流叶片或其他设备,以防止流量计精度的损害。当扭转效应发生时,流量计制造商必须提供安装流量变送器的建议。

当在污水中使用时,电磁流量计不受水中污垢的影响。旋桨式流量计可能被水性污垢破坏,所以应该护理以确保这些流量计免受物理伤害。

插入式流量计有几种不同的类型,它们应该配备热接头组件,使流量计在检查、清洁或不排水修复时拆除。大多数插入式流量计的制造商有热接头组件,包括闸阀和其他管道配件,以使有压管道时能移除变送器。

在流量计变送器周围的空隙是非常重要的,特别是对于插入式流量计。插入式流量计应该安装在管道的上半部分,必须提供在不排水的情况下拆除变送器的空间。

流量计类型的选择
1. 管道内流动的校验
2. 粗略计算的近似流速
3. 精确计算的精确流速

一些流量计严格用作流量开关来验证管道中的流量。由于它们的坚固性和没有任何运动部件,可以选择它们而不是选择流量开关。此外,开关功能发生的地方流量可能变化。

其他流量计用于近似计算;不需要高精度。与这些应用相反,在线计算能源消耗的发展需要高精度和宽量程。典型数值现在正使用精确的流量计算:(1) 泵性能,(2) 水泵线—水效率,(3) 系统流量和(4) 计算每百万加仑的功率。

用于精确计算的流量计必须检查其控制程序,以确保流量计能够提供所需的结果。当水泵转速与流量计的输出关联时,这可能变得至关重要。应尽可能避免使用流量计输出。流量输出的变化速度不够快,就不能用流量作为控制泵速的手段。

连同上面的用途,管道尺寸决定流量计的类型。例如,一个小管径管道如2″直径,要求在管中保持 50 gpm 的流量,将最适合压差式流量计或旋桨式流量计。如果流量范围在 300—2 000 gpm 并要求合理的精度,测 10″ 管的流量计可以用插入式旋桨式流量计。如果能量评估,如 kW/mgd 或线—水效率,需要精确的流量,"全喉"式电磁流量计可能是最好的选择。如果 36″ 管的流量变化很大,插入式电磁流量计是经济且有效的。应该明确流量计的具体责任来保证正确选择的流量计类型。

流量计的选择还应考虑到流量计的耐用性,易于使用,清洁频率,安装位置以及制造商提供在预期用途下正常工作的仪器的一般信誉。

压力和压差变送器

压力和差压变送器测量和传输在水系统的特定点提供关于这些数值信息的信号。在许多情况下,它们是一台泵送系统运行中最重要的工具或报告整个水系统运行的质量。它们提供计算单台泵性能或完整泵送系统所需的信息。

压力和差压变送器必须坚固耐用,以安装在大多数水系统上。这是由于系统初期充满空气或空气在系统中聚集,当其突然释放时,有可能发生水锤。一些制造商正在提供高达 1 000 psig 的壳体设计压力。差压变送器不需要仪器上两个压力开关之间的均压阀。仪器中的隔膜必须足够坚固以承受仪器受到的任何压差。维修人员可能忘记打开均压阀,当两个水龙头之一无意中关闭时,隔膜将被破坏。

该仪器的制造商引用在校准量程的 ±0.25% 范围内的精度。这种精度包括线性、滞后和重复性的组合效应。

这些变送器应位于易于拆卸的地方。所有压力变送管线上应安装一个手动截止阀,以便在无需水系统排水的情况下移除。在污水和其他非清水的设施中运行的压力和差压变送器应在变送管线上装有油封,以免污染变送器本身。

温度指示器和信号变送器

温度指示器和信号变送器是由精度评定,流量和压力也是这样;通常,精度在 ±0.25%。温度变送器有一个额外的要求,即关于环境温度变化和变送器电源中电压变化的稳定性。温度变送器的稳定性应在环境温度变化每摄氏度 ±0.01% 左右和电压变化每伏特 ±0.001% 左右。

温度变送器应安装在可接近的位置,并配有不锈钢热电偶套管,便于拆卸。

水位变送器

水位变送器用于测量水系统的水箱、清水井和污水井中的水深。它们的安装非常专门,无法定义精度、重复性和耐用性,但必须满足安装要求。供应商应证明仪器的准确性和结构能力确实符合实际应用要求。

水位变送器在水行业中很重要,因为许多泵从湖泊、河流、溪流、水箱和湿洼池中取水。水位控制可以通过各种类型的变送器,如电容或电导率探头、起泡器、隔膜式、压力计和超声波探测器来进行。

露天水池如湿坑或湿井中可能存在的一些情况是雾、泡沫,甚至是冰。所选变送器的类型不得受这些条件的影响。淹没式变送器必须能够避免在变送器本身或湿井底部产生严重的材料或污泥积聚。设计用于污泥运行的淹没隔膜已被证明是污水湿井以及液体清水位的有效手段。图 23.4 描述了一个典型的水下隔膜变送器。它在上部外壳上具有补偿膜片,可消除影响运行水位的大气压力的变化。恒定湿井控制过程的优点,在第 19 章要求湿井变送器的精度将确保运行水位保持在所需的设定值。控制污水提升站水位的传统方法是使用如图 23.5 所示的起泡器控制系统。该系统配有双压缩机和空气蓄能器,提供了可靠的控制系统,可用于许多泵站。

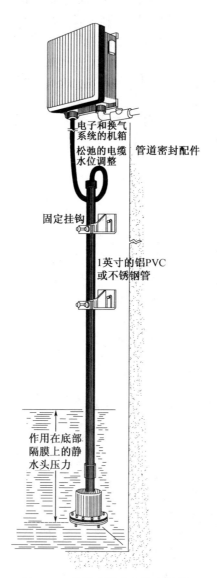

电子和换气
系统的机箱

松弛的电缆
水位调整

管道密封配件

固定挂钩

1英寸的铝PVC
或不锈钢管

作用在底部
隔膜上的静
水头压力

图 23.4 潜没式膜片水位变送器

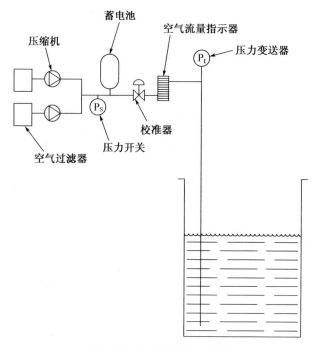

图 23.5　气泡型水位变送器

瓦特变送器

由于监控水泵能耗的需要,瓦特变送器在水利行业正变得越来越受欢迎。瓦特变送器包括变送器本身和安装在三相电源的三根线中的至少两根上的电流互感器。

变压器和变送器之间的连接需要非常小心。如果这些电线与变送器断开连接,则可能在这些电线之间存在高电压。在安装和维修这些单元时,应该仔细遵循制造商的说明。只有合格的电工或仪器技术人员才能操作这些变送器。

由于这个担忧,一种新型的瓦特变送器可作为仪器本身的一部分与电流互感器一起使用。这种模式降低了电流互感器的电线中高压的危险。这些变送器的大小从 4 到 1 000 安培。

瓦特变送器的精度范围应在 ±0.25%。这应该是电流互感器和仪器的总精度。

瓦特变送器应安装在电源柜中,只能由经过培训的电气人员维修。由于这些变压器产生非常高的电压,人们可能因为接触电流互感器的未连接的导线而受伤。

指示器

指示器一度很简单，大多数是压力计上的模拟类型。如今，指示器的范围从简单的模拟类型发展到彩色平面屏幕，包括开关和控制功能。

模拟指示器包括使用表盘和用来校准变送器模拟或过程的量程的垂直条的所有类型的测量仪。

数字指示器具有显示数字和字母过程的数字字母类型。有许多不同类型的指示器，如(1) 七段霓虹灯号，(2) 液晶，(3) 等离子，(4) 真空荧光。必须根据应用条件选择这些指示器。其中一些必须直接在前面读；这限制了它们必须在直接从仪器前面的角度读取显示器的情况下使用。阳光和室内照明会对其中一些数字指示器的可读性造成不利的影响。

控制器

控制器可以从简单的开关到复杂的可编程逻辑控制器，带有或没有指示或运行的界面。这个主题如此广泛以至于在本章中只能包括水行业中使用的控制器的概要。

简单控制器

简单的电气控制器包括手动开关或与机械继电器和定时器连接在一起，以做出一些基本的控制决策的自动开关。手动开关包括可由运行者改变以启动或关闭水泵的开关，而自动开关基于离散过程值来启动或关闭。压力、差压、温度、温差、水位、流量、转速、伏特和安培是自动开关的示例。它们大多数都有一个内部调整来控制设定值，控制打开或关闭一个电路。

基本机械控制器还包括压力调节器、泄压阀、平衡阀和温度自动控制器。压力释放阀保护供水系统免受过高的压力。因为可能产生能量损失，应当小心使用压力调节器和平衡阀。

其他基本控制器是输入模拟类型的，其中要么是直接与控制压力，要么与遵循相对于控制压力的已知曲线的输出成正比。这些控制器使用基本的电子元件，如电阻、电容器、电感器，基于输入值来驱动输出值。

电子控制器

今天，一些形式的电子控制器在大多数的供水系统运行。有许多不同的电子控制器，从简单的单功能的控制器到完整的通用控制器来处理供水系统询问和控制的所有功能。电子控制器可以是模拟或数字的，但是以今天的标准来看，几乎所有的电子控制器都是数字的。甚至连简单的流行的"可编程逻辑控制器 PLC"都是一种基于微处理器的类型控制器，其将模拟信号转换成实数，然后可以在控制程序内使用。

这些控制器大多数可以利用 PI 或 PID 控制来运行供水系统，而更复杂的控制器将利用处理器并使用数字算法。控制回路的发展必须识别出供水系统的反应速率和所需的响应速率。通常，水泵的控制系统不提供必要的反应速率，结果是水泵转速波动和水泵不必要的开启和关闭。

基本控制理论认为，控制器的反应必须比其试图控制以保持稳定的过程快两倍。在水泵领域，正被控制的通常过程是系统内的压力。这些压力瞬间变化，要求控制器反应非常快。通常，控制器应至少以 500 ms 的速率反应，这对于如今的标准相对较慢。目前市场上的许多市售控制器调查在 10 到 20 ms 范围内的数据，并且高速设备可以更快速地反应。

控制器的质量

测试设施，比如美国保险商实验室或电气测试实验室，应当为水泵运行建立控制器的质量和可靠性。这种控制器的制造商应该能够确定品质等级，用于特定的仪器的发展。例如，规范 MIL-STD-810D 给很好的测试仪表和控制器的过程提供了稳定的环境，包括温度、湿度和振动。

控制线

控制接线应按照美国仪器协会的建议进行设计和安装。控制线应符合本社推荐的尺寸；变送器和泵控制器之间的电线尺寸见表 11.9。

特别重要的是保持仪器和控制电线远离电源线。电磁干扰（EMI）和射频干扰（RFI）应保持在涉及特定项目的仪器和控制器制造商推荐的水平内，即使这些干扰并不像过去那样麻烦。

控 制 阀

由于可能浪费能源,本书非常重视尽可能避免使用控制阀。然而,必须应用这样的控制阀的情况确实存在,以避免部分水系统的过压。

这些控制阀及其执行器的质量对其运行非常重要。阀门本身应该是应用所需的冶金产品,并且应该是可以验证设计和制造质量的制造商的产品。在将阀用于特定应用之前,应该知道控制阀的特性,即流量与阀位置的关系。例如,蝶阀的特性在某些应用而不是其他应用中是可接受的。

用于水系统的阀门执行器可以是气动或电子的。具有电子巡航功能的气动执行器已经证明对于一些具有仪表气源的供水系统是非常可靠的。现在有质量的电子执行器可以提供多年的连续运行,无需持续的服务和维修。由于流量变化导致阀(板)位置连续变化,使用水压作业的气动操作器或隔膜式阀门优于电子阀门。

小　结

因为要提高水系统的整体效率,质量检测变得越来越重要。每个系统的设计人员都应建立规范和其他要求,确保安装所需的仪器。

参　考

除了图 23.2,本章没有直接引用,但下面的手册是仪器信息很好的来源。
Liptak,Bela G,《仪 器 工 程 师 手 册》,Chilton Book 公司,Radnor,PA,1982。

第 24 章
水泵测试

引　言

　　对供水系统高效运行的持续需求,水泵或水泵系统的实际性能测试很必要。必须测试它们的流量、扬程和效率。

　　水力学会(HI)制定了已由美国国家标准学会(ANSI)批准的水泵的测试标准。这些标准是用于离心泵测试的 ANSI/HI 1.6-2000,用于立式泵测试的 ANSI/HI 2.6-2000,用于旋转泵测试的 ANSI/HI 3.6-2000,用于往复泵测试的 ANSI/HI 6.6-2000 和用于往复泵测试的 ANSI/HI 11.6-2001 潜水泵试验。这些标准应由供水系统的设计者和水泵或泵送系统的买方拥有。联系 HI 可以通过他们的电子邮件地址 www.pumps.org。

　　这里只包括这些标准的概要。测试泵的方法和程序必须符合标准本身。本文档不提供对这些 ANSI/HI 标准中描述的结果进行评估的替代方法。

目　标

　　任何水泵测试标准的目的是"为泵的水静力学、水力学和机械测试提供统一的程序,并记录测试结果"。在水利行业中,这些标准允许设计者确定质量和性能的水平,并使泵和水泵系统制造商证明他们已经达到这些水平。HI 标准也是"为了公共利益,旨在帮助消除泵制造商、购买者和用户之间的误解"。

　　其他 ANSI/HI 美国国家标准可用于水泵的一般安装和检查其汽蚀余量(NPSH)、振动和声音。它们中典型的是用于离心和立式泵的振动测量和允许值的 ANSI/HI 9.6.4-2000,其包括可接受的振动水平和水泵振动的测量程序。这些对于现场测试很有用处。

测试的类型

确定泵的完整性和性能所需的测试是：

1. 性能测试，以证明液压和机械可接受性。测量流量、总扬程、功率和速度。

2. 对泵的液体容器的压力进行静水压试验，即湿端、蜗壳或叶轮室。

根据 ANSI/HI 测试标准，以下测试是可选的，但是它对于从开敞式水池吸水或有吸上高度的泵是非常必要的。

3. 必需汽蚀余量（NPSHR）测试。

4. 自吸泵的启动时间试验。

静水压测试

静水压试验表明："当受到静水压力时，泵不会在结构上泄漏或失效。"以上每一个 ANSI/HI 标准都规定了所有主要类型泵的静水压试验程序和结果。

离心泵：蜗壳式和轴流式（包括立式水泵）

根据 ANSI/HI 1.6—2000 离心泵测试标准：

当水泵在额定工况下运行时，该部分将产生 150％的压力。

当水泵在额定转速下运行但排出阀关闭时，该部分将产生 125％的压力。

在 ANSI/HI 离心泵试验标准中，泵制造商详细说明了静水压试验的条件。

容积泵

在 ANSI/HI 3.6—2000 中定义了用于旋转泵试验的静态试验。测试列为可选项，"正常测试压力为最大允许工作压力的 150％，但不低于 50 psig"。

往复泵的静水压试验在 ANSI/HI 6.6—2000 中定义。该标准建议："在压力下含有液体的泵的每个部分应能够耐受静水压试验，该压力试验应在泵在给定应用的额定条件下工作时，在该部分产生的压力的 150％以上。"

应仔细审查每种类型泵的具体 ANSI/HI 测试标准，以确保对泵的测试采用足够的静水压力程序。

性能测试

　　性能测试程序为每种主要类型的水泵提供了测试结果的验收水平。以下是这些 ANSI/HI 标准的概要，以使供水系统设计者或水泵的用户通过它们了解测试结果。如果没有从水力学会获得适用试验标准的副本，则不应启动泵的实际试验。

蜗壳型离心泵

　　ANSI/HI 1.6—2000 提供了具有两个公差等级（即 A 和 B）的性能测试程序。A 级测试是为了符合泵的购买者建立的实际合同值。B 级测试用于产品目录、CD-ROM 或磁盘中的公布性能，例如扬程、泵效率、制动功率和必需汽蚀余量的泵曲线。通常，如果未指定工厂测试，一些制造商将确保其水泵符合 B 级公差。其他水泵公司保证他们的水泵将总是满足流量、扬程和 A 级验收的水效率要求，即使没有规定 A 级的测试性能。如果供水系统的所有者关注其泵的能量消耗，则设计者应规定所有水泵根据 ANSI/HI 1.6—2000 进行 A 级测试。

　　在标准中，在额定容量和转速下的 A 和 B 试验都提供了蜗壳泵的总扬程和效率公差。或者，类似的测试可以在额定的总扬程和转速下运行。

　　这些 ANSI/HI 测试标准允许扬程、流速和效率的变化，提供离心泵制造商必须具有的公差以实现泵的合理生产。使用这些 ANSI/HI 测试标准将确保正确测试蜗壳式泵的精度和效率。例如，这些测试允许蜗壳泵以比公开的泵曲线高 8% 的转速运行。这可能对泵驱动器（例如电动机）的负载具有显著的影响。

　　为了表明这点，假设指定具有 100 ft 扬程的 1 000 gpm 的水泵具有 85% 的泵效率。该泵的设计制动功率为 29.7 bhp。实际泵允许具有 108 ft 的扬程。同样，该泵在 100 ft 的扬程上可以具有 1 080 gpm 的流量。因此，在任一情况下的实际水泵功率将是 32.1 bhp，并且这可能使额定 30 hp 电机过载。

　　这个评价引出两个事实：(1) 泵应具有认证测试，以确保更接近项目规格；(2) 变速泵提供快速灵活性，以适应实际运行条件，而不会使泵动力机过载。在上述情况下，如果真实条件在 100 ft 时流量为 1 000 gpm，则流量 1 780 rpm 泵将在满载时运行在 1 648 rpm 附近。

　　蜗壳泵制造商应通过提供类似于图 6.1 的泵性能图来验证其系统总曲线和效率数据的质量。制造商应证明数据来自根据 ANSI/HI 1.6—2000 离心泵测试标准进行的测试。此外，应该说明数据是否符合该标准第 1.6.5.3 段所述的接受水平 A 或 B。

立式泵测试

ANSI/HI 2.6—2000 立式泵测试已经开发用于轴流式或扩散式泵。它可用于带涡轮的轴流泵、混流泵或旋桨式叶轮。该标准提供了这些泵的效率的性能测试验收容差。这些效率公差基于额定流量和转速以及适用的总扬程和效率。作为替代，泵测试的结果可以在额定的总扬程和转速下判断。在这种情况下，标准提供了流量容差率。

这些轴流泵的泵效率必须被理解为叶轮本身的效率，而不是泵总成的效率。该 ANSI/HI 标准强调了这一点，并且展示了由泵的叶轮产生的实际扬程。这些泵的大多数制造商仅列出其产品目录中的叶轮的效率。重要的是要认识到这一点，因为泵装置的其他损失，例如筒管和泵扬程损失，必须被添加到泵附件损失以计算总系统扬程。

这些类型的泵的测试需要仔细评估此 ANSI/HI 标准，因为这些泵可以安装在管道或开敞的湿井。

潜水泵的测试

由于认识到潜水泵具有特定的应用，ANSI/HI 已经制定了潜水泵测试的具体标准。它是 ANSI/HI 11.6—2001 潜水泵测试。该标准具有具体扬程下流量容差表和具体流量下的效率公差表。

容积泵测试

ANSI/HI 3.6—2000 旋转泵测试建立了测试旋转型容积泵的程序。该标准与其他一些标准一样，提供了两个层次的验收：

A 级是该标准试验的正常验收水平，除非另有规定，否则适用。

B 级将由买方指定。

该标准对于各种测试水平，其"独立测试数量与指定值的可接受偏差"的指南和表格很有用。

往复泵根据 ANSI/HI 6.6—2000 美国国家标准进行往复泵测试。本测试标准不建立其他标准提供的两个验收等级。

必需汽蚀余量（NPSHR）测试

该测试在每种类型的泵的 ANSI/HI 标准中提供。它们使得泵制造商能够开发包括在离心泵的扬程曲线中的汽蚀余量曲线。

为泵制造商提供了非常详细的程序，以确定各种流量下每台泵尺寸的必需汽蚀余量。这些专利对供水系统设计者来说都不重要；对设计者重要的是，为离心泵提供的必需汽蚀余量曲线是从已经根据适用的 ANSI/HI 测试标准进行的必需汽蚀余量测试得出的。

旋转式容积泵有一个特定的吸入压力测试被称为必需进口压力余量。推荐的测试程序包含在 ANSI/HI 3.6‐2000 中。

自吸式离心泵的启动时间测试

ANSI/HI 1.6—2000 启动时间测试，用于确定自吸式离心泵在启动后产生稳定排出压力所需的时间。该测试还使得泵制造商能够向供水系统设计者证明该泵是真正的自吸式。吸入管的尺寸应与泵本身的吸入口连接的尺寸相同。与必需汽蚀余量测试一样，向泵制造商提供详细的测试程序以验证对各种流量下每个尺寸的泵进行灌注所需的时间。

如上所述，启动时间是泵在启动之后变为动态所需的时间。泵的吸入叶轮室充满水，而不是吸入管。供水系统设计人员应细详说明根据 ANSI/Hl 1.6—2000的要求确定的自吸泵的启动时间。

测试程序

ANSI/HI 测试标准建立了预测试数据、测试台配置、仪表、记录、计算和报告的要求。所有这些科目对泵的制造商很重要，以确保它的泵符合应用标准中提供的性能水平。这些事项对于泵的设计者或购买者来说并不重要，只要通过按照上述标准进行泵测试的认证，就使泵的性能得到保证。

泵的现场测试

测试装置和测试仪器对于水系设计人员和泵用户来说是非常重要的，因为通常建议在有问题的条件下在现场对泵进行测试。ANSI/HI 测试标准的调查显示在没有广泛测试安排的情况下尝试在现场测试泵，将是徒劳的。

在该领域中测试水泵的一个重要问题是在没有昂贵的管道用于测试期间产生足够流量的情况下达到设计流量。在一些系统中水力消耗相当多变，以至于当测试计划完成时可能难以实现设计流量和系统扬程。此外，许多水泵具有设计到其中的未来流量，这可能在设计流量和扬程条件可用之前几年。

例如,即使现有负载仅为 1 000 gpm,水泵可以被设计用于 1 500 gpm 的容量,以备将来添加到水系统中,在 1 500 gpm 条件下,在现场对泵进行认证将是困难的。

测试仪器

泵的现场测试的困难之一是测试仪器的质量。通常认为现场仪器在近期没有校准也是准确的。

现在 NIST(国家标准和测试研究院)的仪器测试程序几乎强制所有测试仪器都可追溯到 NIST。这意味着仪器制造商已经在 NIST 上测试了主仪器,并经过认证具有一定的精度。所有生产仪器可以与主仪器进行比较,并经认证具有同等的精度。

仪器精度

随着电子仪器的出现和上述参考 NIST 的建立,仪器精度已经大大提高。不再需要提供绝对精度(不准确)或校准间隔。

许多新型仪器的发展使得市场能够为特定类型的仪器建立所需的精度水平。例如,流量计一次测量的精度为量程的 1% 至 2%。它们是压差式流量计,其最大调节比为 3 比 1。这意味着低流量时的不准确度可能高达 18%,并且在涉及变速泵的设备上几乎无用。现在,大多数现代流量计的精度低至 0.5 至 1.0% 的速率,调节比为 10 至 15 比 1。

对于压力和差分压力变送器以及对于功率表,也可以获得类似的精度。不能用于验证大多数水泵性能的温度变送器没有类似的精度。它们的用途是确保在特定测试完成期间测试台的水温没有大幅增加。

总的来说,现在用于水泵试验台的组合精度比过去好得多。任何泵的购买者应要求所有泵测试为已用 NIST 可追溯仪器的测试认证。

同步记录

泵测试的一个很大的改进是与计算机和记录器同时读取测试台值的能力。而过去不是这样的,当测试台运行员观察到所有测试值时,手动记录该值。泵的测试现在应该用计算机或记录仪,同时记录这些值。即使在可以达到"稳定状态"的带有手动记录值的测试台上,也应该这样做。

仪器校准间隔

在一次测量中,有必要在测试仪器的校准之间建立间隔。这不再需要 NIST 校准。NIST 可追溯性认证要求测试设施的运行员确定所有测试仪器所需的校准间隔,以便维持认证。

还没有用于测试此仪器的精确间隔。其位置、使用频率和测试工程师提供的维护将确定仪器何时需要重新校准。试验台的高水压条件可能需要更频繁地对仪器进行校准。

仪器安装

如今的仪器通常提供有关其安装的具体说明。例如,一次测量中,所有流量计的正常净距离在流量变送器的安装点之前为 10 倍直径,在直径之后为 5 倍直径。现在,流量计制造商将确认在变送器前后为几倍直径的确定的精度。需要维护 NIST 可追溯的精度保证了测试仪器的充分安装。

测试报告和记录

所有 ANSI/HI 测试标准都提供了用于组织泵或泵送系统测试数据的表格。此外,在这些测试标准中完全描述了从这些数据开发泵或泵系统性能的计算。

泵扬程—流量曲线的精度

泵制造商产品目录中包含的泵曲线的准确度如何？一些离心泵制造商将其曲线设置在接受 A 级上,允许泵扬程在额定流量和转速下有 -0、$+8\%$ 的变化;其他使用 B 级,允许在额定流量和转速下泵扬程的 -3、$+5\%$ 变化。尚不清楚所有的泵制造商是否按照 ANSI/HI 标准公布测试得出的曲线,因为标准的采用是自愿的。因此,建议水系统设计人员和泵用户指定泵曲线应说明拟议泵的接受程度。

重申一下,没有那种泵(小泵例外)可以不使用图 6.1 所示的流—量扬程和流量—效率曲线运行。对于小循环器,必需汽蚀余量曲线不是必需的,除非它们从开敞水池吸水。

理解水泵的工厂测试

泵制造商使用大多数由水力学会定义的测试来验证其泵的性能。当购买泵时,如果没有指定具体的测试,通常制造商会假定数据所示的性能对于购买者是可接受的。应当理解这意味着泵的原型已经使用测功计以特定转速(例如 1 770 rpm)测试。这并不意味着客户的泵将被测试。

如果需要认证测试,应指定测试 A 级或 B 级。这通常意味着泵将在指定
条件下使用测功计进行测试,例如在 100 ft 的扬程处的流量为 1 000 gpm。其
他可指定的条件,例如(1) 在关闭或不流动条件下,(2) 在指定流量的 150%;
这样的测试将与感应电动机一起运行,以便在这两个条件下实现实际转速。
任何这些额外的测试通常伴有额外费用。

一些泵的购买者要求用它们的电动机来运行泵测试。对于泵/电机组合
需要线—水效率的非常大的泵来说,这是合理的。对于大多数水泵,这是一个
不必要的昂贵的测试。当今的仪器将在泵和电机安装于供水系统后进行整体
效率测试验证。

小   结

为了保证水泵的质量,这些供水系统的设计者应该规定所有的泵都按照
水力学会的标准进行测试。小型泵应至少满足 B 级性能,而大型泵应进行工
厂测试和认证达到 A 级性能。

泵可以由泵系统的制造商认证,测试整台泵系统的流量、扬程、功率和效
率。应对整台泵系统的线—水效率或输入功率进行测试。这将在第 26 章中
描述。

ANSI/HI 测试标准对于泵测试和结果的解释是如此完整,以至于现在有
一个用于水利行业的泵或泵系统的完整评估的规范。

第 25 章
水泵运行和维护

引　言

　　水泵的良好运行包括高效的性能,而不会产生泵、电机和附件的过度磨损。本书中强调了有效的运行,并将在此总结。本章的很多内容可以在本书的其他部分找到。这里重申,是为了强调高效运行的需要,不仅从能量的角度,而且从维护的角度。此外,审查将包括如何适应供水系统的整体节能。

　　通过泵的优化选择和可变转速的出现,泵的维护明显减少。然而,泵的管护仍然是一个重要的课题。

校核水泵的高效选择

　　高效运行始于在靠近其扬程—流量曲线的最佳效率点选择水泵。很难想象在这些行业中往往选择劣质泵。很多时候,选择的泵远离最佳效率点,因为一个特定的制造商没有适当的尺寸或类型的泵以满足系统的所有不同的泵送条件。一个泵制造商可能具有用于低压供水泵的最佳泵选择,但不具有用于高压供水泵的泵。在另一个项目中,一个泵制造商可能拥有用于单吸蜗壳泵的最佳选择,而另一个泵制造商可能有更好的双吸蜗壳泵。

　　水系统设计者的失败使之意识到一个泵制造商不能真正满足复杂工程对各种泵的设计条件,导致泵的选择不当。设计者应评估几个泵制造商的泵,以确保为每个泵的任务选择最高效的泵。太过于重视所有泵来自同一制造商。同样,现在泵维护的减少使得业主能够让几个泵制造商响应需要的有限服务。过去,对泵维修的重视十分关注。由于使用恒速泵并使其在高径向推力点运行,泵的维护量很高。泵轴承和机械密封快速磨损,需要持续维护。今天,通过正确选择和使用变速泵,本文所述系统中的水泵维护应该是最小的。如果水泵需要持续维护,则应检查其应用,以确保泵在最佳效率点附近运行。这个规则的例外可能是非堵塞泵或井泵泵送水中的沙子。正如本书所提到的,大多数水泵的任务并不困难。因此,这些泵应该连续运转而不会过度磨损。应该有一点噪音,没有振动,没有热量。任何这些迹象的证据都应该关注,并且需要检查泵来确定原因。泵维护将在本章后面进一步讨论。

在本书中,重点是让泵在最佳效率点附近运行,以避免径向推力并导致故障。机械密封配件的制造商比任何其他设备制造商都认识到这一点。一篇杂志文章估计,在泵中更换的机械密封件中有 85% 失效了,并没有完全磨损。这些故障是由于泵的不当运行,而不是密封件本身。本文还指出将泵运行在最佳效率点流量的 20% 以内的重要性。此外,本文还提供了有关延长机械密封和离心泵使用寿命的附加信息。

恒速泵或变速泵

如上文所述,恒速泵应在恒定容积系统中运行,变速泵应在可变容积系统中运行。在研究现有泵的运行时,应特别注意确保恒速泵不在泵扬程—流量曲线的左侧运行。在大多数供水系统上,恒速泵不应在可变容积系统上运行。在轻负载下,这使得蜗壳式泵运行在径向推力高的扬程—流量的上侧部分,径向推力磨损密封环、轴承和机械密封!参见第五章和图 5.6,其中径向推力显示随着通过恒速蜗壳泵流量的减少而增加。

可变容积系统应配备变速泵,以节省能源和延长使用寿命。这适用于本文所述的许多供水系统。变速泵和恒速泵之间的成本差异随着变速驱动器成本的降低而下降。事实上,我们知道,在我们有合理设计的可变容积系统的今天,在许多情况下,变速系统应该比恒定容积恒定转速系统更便宜,恒定转速系统通过设置阀门来克服恒速泵的过压。

变速泵的正确选择和运行

与很多人把泵看作一个制造压力的简单的机械相反,变速泵的正确选择和运行节省了巨大的能源和维护。下面是关于这两个重要主题的一个简单介绍:

变速泵的选择

1. 选择最佳效率点右侧的泵。

2. 确定泵的最佳台数。记住,3 台每台容量等于系统容量的 50％的泵通常是最好的泵台数。如果安装需要 100％的备用容量,请考虑安装 4 台 50％或 3 台 67％的泵。这使得系统非常高效,特别是如果使用线—水效率或输入功率来确定顺序。

3. 从最小到最大负载,确定所建议的水系统的系统扬程曲线或面积。

4. 从最小到最大系统流量,进行线—水效率或输入功率计算,以确定泵选择的可接受性。

变速泵的运行

1. 验证系统的实际最大流量和最小流量(以 gpm 计)。系统经常被设计用于未来负载;如果是这样,泵送程序应该调整到初始运行。

2. 在最大和最小流量下确认系统扬程(以 ft 计)。在调整初始泵的运行时应考虑这些因素。

3. 如果线—水效率或输入功率计算已经完成,并且线—水效率或输入功率指示和控制可用,则将实际运行效率与计算的运行效率进行比较。如果尚未进行计算,则根据可用的仪器,可使用以下等式来确定系统运行的效率。

$$\eta_s = \frac{\text{Flow(gpm)} \times \text{Pump head}}{53.08 \times \text{Pump kW}} \tag{25.1}$$

式中：η_s——泵送系统的实际线—水效率,用百分比表示
　　　flow——流量计的信号
　　　head——泵送系统顶部测量的压差,以 ft 为单位
　　　kW——泵送系统的输入功率。

这个公式使得当系统中的流量变化时,水系统的运行人员能够确定泵送系统的效率。这在几乎所有个人电脑上都是很容易计算和演示的。

对于线—水的效率指示和控制,可以通过流量计测量泵流量,通过来自图 11.15 中安装的差压变送器来测量泵扬程,以及通过水泵系统控制中心上的瓦特变送器来测量泵功率。

4. 另一个可能有趣的公式是产生每天 1 000 000 gal 的流量所需的实际功率。

$$\text{kW/mgd} = \frac{16\,667 \times P_{kW}}{Q} \tag{9.4}$$

5. 如上所述的另一个过程是输入功率指示和控制(图 11.16)。这简单得

多,因为所需的唯一仪器是泵系统的电源上的瓦特变送器。

变速泵的控制包括对应当运行的泵的台数和泵的转速进行编程。通常,在变速泵的运行中仅考虑转速。

检查泵的性能

第24章中讨论了泵的试验,给出了仪器和程序的安装细节。泵性能可以用最少的仪器检查,无需大量的程序。恒速泵和变速泵都可以按如下方式进行检查。

在设计流量下检查泵

该测试应使用相当准确的流量计。此外,应该有一个转速表来验证转速。在变速泵的情况下,确保泵以全速运行。

可以使用单个压力计,如图25.1所示。该图中的三通阀使得能够检查吸入和排出的压力,而不用考虑这两个压力计的精确高度。如果泵有正吸程,计量器必须是带有真空计和压力计的复合型。如果真空度以英寸汞柱读取,因为汞的密度是冷水的13.6倍,那么读数可乘以13.6/12或1.13,将读数改为水的ft。压力计的接口应在泵的壳体上。

对于如图25.1所示的蜗壳泵,应将吸入和排出接头之间的流速头的差值加到计量读数上。例如,假设 $6'' \times 4''$ 泵抽送700 gpm的流量;对于 $6''$ 水管和 $4''$ 的排水管,吸力的流速水头分别为0.94 ft和4.84 ft,因此应当将3.9 ft增加到表压差以确保总扬程由泵产生。

如果是潜水泵,则压力计应尽可能靠近从泵出口的排放管。湿室水位和压力计高度之间的距离必须加到压力计读数上。

应该对泵和压力计接头之间的管道和配件的摩擦损失进行合理的估计,并将其添加到读数中。

如果是轴流泵,则泵本身内的损失应加到泵读数上。如果泵从水池或井中取水,则水池水位或井的含水层与压力计高度之间的差值应添加到压力计读数中。

电机的满载电流应由电机数据确定,并与电机消耗的实际安培数进行比较。同样,应该读取泵的速度并将其与泵制造商的流量—扬程曲线上面列出的电机转速进行比较。如果实际转速较大,则应将设计流量和扬程调整到该转速。例如,如果上述蜗壳泵的设计条件为在90 ft,在规定的1 750 rpm下为700 gpm,并且泵以1 780 rpm的转速运行,则流量和扬程可以做如下调整:(1)流量随转速直接变化,因此新流量应为1 780/1 750×700或712 gpm。

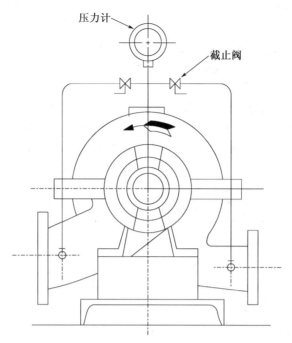

图 25.1　检测泵性能的单压力计

（2）扬程随转速的平方变化，因此校正的扬程应为 $(1\,780/1\,750)^2 \times 90$ 或 93 ft。因此，泵校正工况是扬程在 93 ft 时流量为 712 gpm。

如果实际系统扬程小于设计扬程，实际流量超过设计流量或校正流量，则应缓慢关闭排水阀，直到实际流量减少到设计流量。包括压力读数以及上面列出的高度和转速差值计算的扬程应与设计扬程进行比较。如果转速实际上是 1 780 rpm，则校正的扬程是 93 ft，而不是 90 ft。

泵在关闭或无流量条件下运行

这是一种快速确定叶轮和密封环状况的方法。不要在小流量条件下不知晓泵马力是多少时运行此测试。不要在高比转速泵运行此试验，例如在这种小流量条件下具有大功率要求的混流和旋桨式叶轮上。

缓慢关闭泵排水截止阀，直到泵输送的流量小于 5%。快速读取压力计，并仔细重新打开此截止阀。摩擦损失非常小，因此实际压力读数将是泵的闭阀扬程。将其与泵制造商的流量曲线上显示的闭阀扬程进行比较。如果闭阀扬程远小于泵曲线上显示的值，则应检查泵叶轮和密封环。

图形观察泵的性能

如果供水系统配备有可记录泵的扬程和流量的现代计算机,则很容易维持泵运行的图形指示。对于变速泵,一台泵的最佳效率曲线类似于图 25.2,两台泵的图 25.3 的泵最佳效率曲线可以显示在个人计算机屏幕上。这是一个简单的抛物线方程,没有恒定扬程,在全速下使用泵设计点的指数为 2。在这种情况下,对于一台泵,在 100 ft 下流量为 5 000 gpm,对于两台泵为 10 000 gpm。图 25.2 所示的泵转速曲线是不必要的,它们包括在该图中以提供泵的典型转速变化。

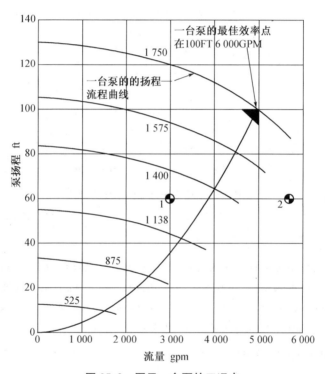

图 25.2 图示一台泵的工况点

实际流量和泵扬程由(1)流量计和(2)跨接泵送系统总管的差压变送器确保。当前运行点可以像这些图上的圆圈一样显示。例如,如果是在图 25.2 上,泵在点 1 运行,这是令人满意的运行。然而,如果运行点是点 2,则应考虑增加和减少泵。类似的,点 1 在图 25.3 上是可接受的,而点 2 不可接受。这些显示器为运行者提供了连续观察泵运行的简单方式。这些泵运行指示器的刷新取决于安装,可以是一分钟或更长时间。

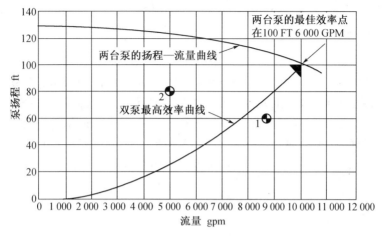

图 25.3　图示两台泵的工况点

振　动

泵的振动来源较多,如机械和水力。机械源可以是轴承或旋转的其他部件。它可能来自未对中的泵或驱动器。水力源可以由通过泵密封环的空蚀或流动引起。

没有实际标准可以判断所有泵的振动。当泵送系统投入使用时,应对中设备,并在其设计条件下运行后建立一定的声音和振动等级。经验丰富的泵技术人员可以判断泵中的噪声和振动是否过大。应调查调试后声音和振动水平的变化,并确定其来源。

有可用于振动检测的多种类型的振动分析装置。它们可以是多通道分析仪上的简单的手持式部件,能够同时测量不同的振动。

在泵送系统中存在多种不同的振动。用于振动测量和允许值的 ANSI/HI 9.6.4-2000 离心立式泵描述了它们,并建立了不同类型泵的振动等级。这些数值需要由本领域的专家仔细评估。泵公司在其泵的开发中利用这种材料。同样,使用该标准中包含的程序可以仔细检查大型泵的振动。

应咨询的另一个标准是 ANSI/HI 9.6.5-2000 美国国家标准离心和立式泵的状态监测。它提供了在调试泵送系统时应该检查的许多科目。

如上所述,对于恒速泵,在其最佳效率点附近运行,以及变速泵的靠近最佳效率曲线运行,应提供最佳的运行,包括最小的噪声和振动。

转速控制的控制信号

对变速泵已经尝试了各种转速控制方法。对于加压供水系统,最成功的是使用位于供水系统中需要将压力保持在特定值的压力变送器。在湿室、清水池或其他水位,带泵转速数字控制器的水位控制器非常准确。

流量和温度已经证明在数值的变化上太慢,以致于对泵转速的控制不够灵敏。它们可用作报警设定值。流量可用于启动或关闭泵,但不用于调速。

排序和交替

水泵最被忽视的两个控制程序是并行运行的泵的顺序和交替。在这里,再次使用数字电子技术,为这两个程序编写正确的程序是非常容易的。在决定交替和排序方法之前,必须评估从最小到最大的总负载循环。这里不考虑泵的加泵和减泵点,因为加泵和减泵点由能量评估和保持水系统的物理特性确定。

排　序

变速泵的泵排序在本书的几个部分已经讨论过。发生这种情况的点取决于系统的负载特性。这是运行中的排序;没有讨论在运行泵的故障下的排序。

在过去,当泵失效时,发出警报,并且备用泵在系统条件检测到流量或压力减小之前不启动。使用数字电子设备,可以编写程序,以在泵故障时立即启动备用泵,而无须等待系统条件恶化。此外,在泵故障时应启动报警。这些程序保护水系统并且提前告知运行者泵已经失效。

交　替

泵交替已在第 2 章讨论。这是一个重要的运行程序,正在这里进行检查。交替是对先导泵和滞后泵做出选择。例如,如果 3 台泵并联运行,则存在几个序列,例如 1 号泵为先导泵,2 号泵为第一次滞后泵,和 3 号泵为第二次滞后泵;另一个序列是 2 号泵为先导泵,3 号泵为第一次滞后泵,和 1 号泵为第二次滞后泵。

有许多不同的泵排序方法。下面是大多数的描述。

1. 手动交替。运行者选择先导泵和滞后泵的顺序。

2. 工作交替。每当泵停止时,程序指向下一台泵,因此泵自动更换。这被称为先开的先关,这意味着先导泵停止,而不是最后一台泵启动。正如第 8 章所讨论的,这是符合电机每小时仅一定启动次数要求的良好过程。

3. 定时交替。使用该方法,泵与时钟同步,例如每天或每周。

4. 相等的运行时间。这些泵配备有运行时间的回路,并且泵被排序,使得对于所有泵实现相等的运行时间。

设计上述三种自动交替方法以实现泵磨损相同。水泵的交替在过去不是一个重要问题,因为在正确选择和控制的情况下泵的磨损应该很小。此外,已经发现,"相等磨损"是一种危险的做法。如果泵将被磨损,应该知道哪台泵应该首先磨损。如果所有的泵都有相同的磨损,它们将同时磨坏!相反,运行员应该对泵进行编程,使得在每台泵之间存在 2 000 至 4 000 小时的运行时间差。

这些自动交替程序都不应用于本文所述的大多数供水系统。

手动更换是运行大多数水泵的最佳方法。对于从开敞结构进水的泵,存在湿室尺寸设定的情况。如果设备具有小的湿室,这将导致泵电动机的启动和停止太频繁,则先导泵和第一滞后泵可以自动交替,第三泵作备用。运行员将改变排序,使得备用泵变成先导泵或滞后泵。大多数泵安装应使用以下手动程序。

1. 运行员应每一个月左右更换一次先导泵,并且在泵从停机到加入运行时都在场,以观察泵达到额定转速。任何意外的噪音、振动或热量,可以即时被检测到,而不是在泵运行一段时间后。

2. 较大的泵或供应关键过程的泵应配备运行时间计,并且如上所述,运行者应当手动选择泵,使得在泵运行时间之间保持 2 000 至 4 000 小时的时间差。如果发生磨损,运行时间最长的泵应该是第一个需要维护的泵。

高效率维护泵设备

一旦泵送系统已经证明以最优效率运行,在大多数情况下保持在那应该不难。一个显而易见的事实是在许多装置中缺乏永久性仪器。任何消耗大量能量的泵都应配备必要的仪器,以确保其高效运行。以下是一些建议:

1. 安装带截止阀的排气压力计,以便检查此压力。检查泵压力后,关闭截止阀,以确保压力计不会持续受到压力。

2. 如果泵是抽吸进水,汽蚀余量是一个因素,可安装一个带截止阀的吸入压力计和正确的真空/压力计。

3. 对于相当大的泵,瓦特变送器是一种非常方便的用于监测泵性能的仪器。同样,如果流量计的成本合理,则流量计是非常有用的。

4. 应定期检查泵的异常噪音、振动或热量。检查的频率取决于安装类型。超大型泵及其电机配有振动和热探测器,可以报告异常情况。

5. 应该像泵一样检查为泵提供电力的开关设备是否处于正常状态。开关柜应防止潮湿和由此产生的腐蚀。特别是应按规定定期检查接地情况,以确保它们是足够的。

许多当代泵送装置的优点是可以测量线—水效率、输入功率和单位流量的功率等,其中泵送系统的效率是连续监测。对运行人员确认这些系统的泵是否高效运行是容易的。

维护日程

泵系统的计划维护不应该是随意的事情。标准维护计划在许多计算机程序中可用。具体泵安装所需的实际程序取决于许多因素,例如泵的润滑类型或供水系统的关键性质。泵的可靠性是否为重要因素?

一旦建立了维护计划,就应建立清单和服务日期。出现日期和报警类型应记录在计算机中,以协助进行维护、修理或更正。

小　结

通常,水泵被看作是简单的设备,不需要考虑它们的运行。如果你需要一些更多的流量或压力,只需开启另一台泵。要记住应该始终处于运行状态的泵的正确台数。在任何负载条件下,泵的能耗应予以认真考虑。

在本书中提供了典型的输入功率或线—水效率。水系统运行的实际线—水效率应在与本文所述相同的一般范围内。

参　考

1. Burke,William,"*Doc*"、"延长密封和泵维护间隔",《工厂工程杂志》,Cahners 出版、Des Plaines, II,1995 年 7 月 10 日,第 83 页。

第 26 章
工厂装配泵的简介

引　言

传统的泵系统在水利行业都是现场安装的。数控泵站系统的发展和计算机辅助绘图和制造,使这些系统的工业生产更经济。和其他预制设备一样,组装泵系统自然有同样的发展。

显然,泵、电动机和管道大小的因素决定了泵系统采用组装还是现场安装。当今最大的组装泵和电动机的马力似乎在 300 hp。尽管有例外,但管道直径大于 36 in 的系统一直采用组装方式。

工厂装配泵系统的应用

许多不同的泵系统几乎适用于所有的泵站。这些系统的主要限制是系统的大小。根据公路运输或进入到建筑物最终位置的空间大小限制制造系统。通常系统的宽度是决定因素。14 ft 宽的系统在运输时应当添加宽度负载。通常将更大单位的系统一分为二进行运输。

在水系统中的主要应用有:建筑物的饮用和热水供应、建筑物的污水排放、消防泵、污水提升站、水处理厂和水资源分配的升压站。其他建筑物或者整个公共事业建筑物也会安装这些系统。

典型的工厂装配泵站

以下是不同类型组装泵系统的列举和数据描述。填料泵系统的描述在本书的其他章节。

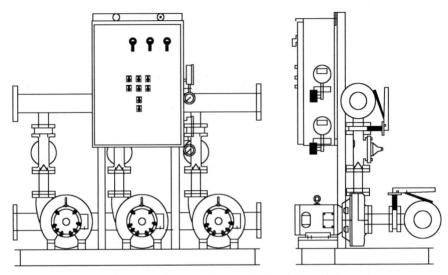

图 26.1 带调压阀的单吸蜗壳泵的多泵系统

图 26.2 小型立式轴流泵系统。这类系统通常适用于高扬程小负载的情况，主要为小高层建筑物。

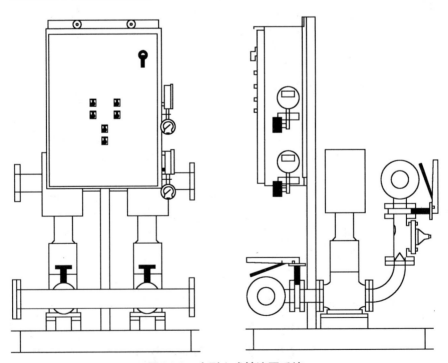

图 26.2 小型立式轴流泵系统

图 26.3 典型的双吸泵系统。立式泵轴安装的吸入弯头，提供给每个叶轮吸入口相等的流量。在建的这类系统流量范围在 1 000 到 15 000 gpm 之间。通常该系统含有一个移动水泵和起吊动力机的带链单轨。通常，这就免去了大型桥式起重机的需要。

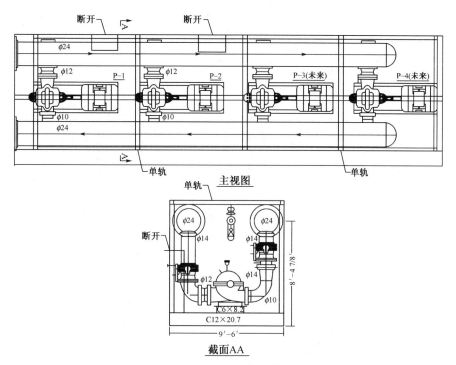

图 26.3　典型的双吸泵系统

图 26.4 这类系统是为增加大型高层建筑物的水压力而设计的。立式涡

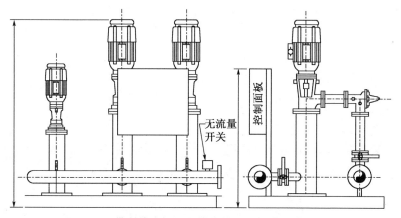

图 26.4　带有筒式泵和中等荷载小泵的高压管道系统

轮泵和多级泵安装在管筒中,同时提供克服高层建筑物的高静扬程。调压阀安装在建筑物的底部进行控制压力。

图 26.5 立式管道的小型防火泵。

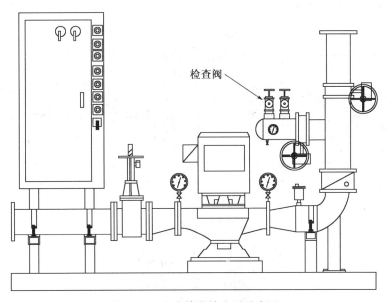

图 26.5　立式管道的小型防火泵

图 26.6 大型仓库的整套机动消防泵。

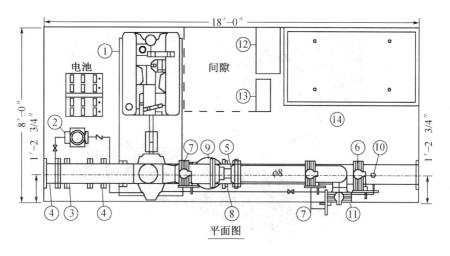

平面图

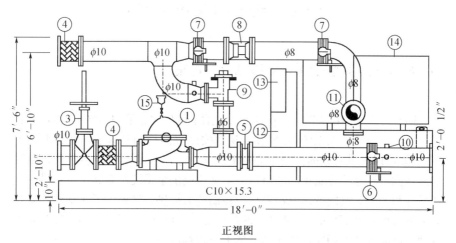

正视图

图 26.6　大型仓库的发动机驱动消防泵

　　图 26.7 由两个电动驱动自吸泵和一个备用发电机组成的整套小型污水提升泵站。

图 26.7　发动机驱动小型污水提升泵站

在现有泵站控制中心的工厂装配

　　通常情况下,在改造项目或对进入泵站主体厂房有限制的装置,不可能提供一个工厂组装的泵系统,其泵和管道都安装在结构钢基座上。在这些情况下,仍然可以提供完整的控制中心(图 26.8),这提供了工厂组装的泵送系统的许多优点。这些控制中心的供应商应能够提供泵系统制造商正常提供的支持服务和调试。泵的变速驱动器应由该制造商提供。这提供了驱动器和泵控制器的组件,确保泵和控制器之间的最佳配合。此外,工厂接线和组装免除了其他供应商提供变频驱动器时所需的大量现场协调。

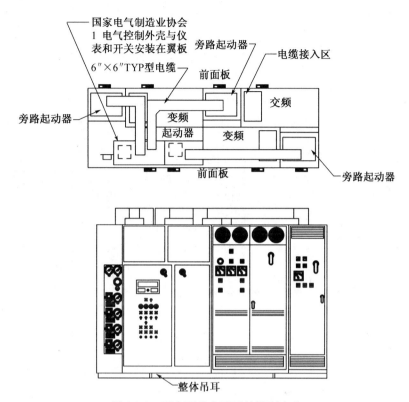

图 26.8　现有泵站变速泵的控制中心

完整泵房

组装泵系统的泵房应配备以下设备:

1. 泵房基础上用于安装全部组装设备的基座
2. 泵系统
3. 必要的制热、通风和空调设备
4. 泵机组的电器开关、照明、制热、制冷和通风设备

以下是描述泵房的数据：

图 26.9 包括配有公共事业设备消防室的电动机驱动消防泵装配。

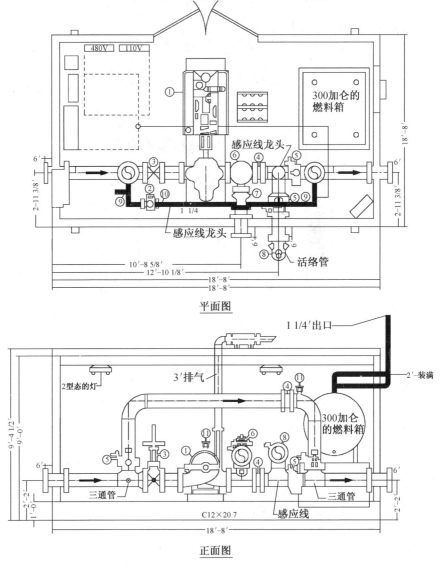

平面图

正面图

图 26.9　发动机驱动消防泵带有房屋及设施

图 26.10 同时配有柴油动力和电力驱动消防泵的消防屋。这类组装系统太宽,因此拆分为两部分运输。

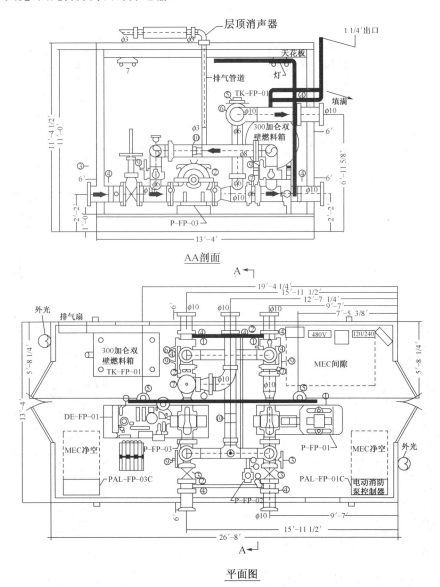

AA剖面

平面图

图 26.10　发动机和电动机驱动的消防泵房

图 26.11 配备泵房、动力发电机和校准间的市政水增压站。这类装置拆分为三部分运输。

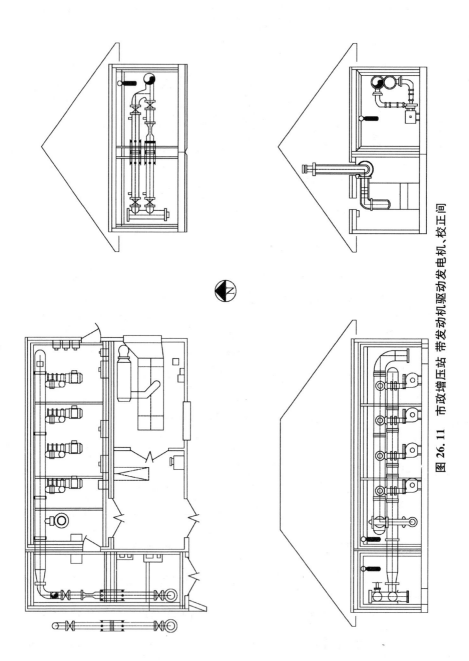

图 26.11　市政增压站 带发动机驱动发电机、校正间

　　图 26.12 地铁、市政水增压站。这些设施都有外观要求,但必须以控制板前有足够空间和安全出口为前提。

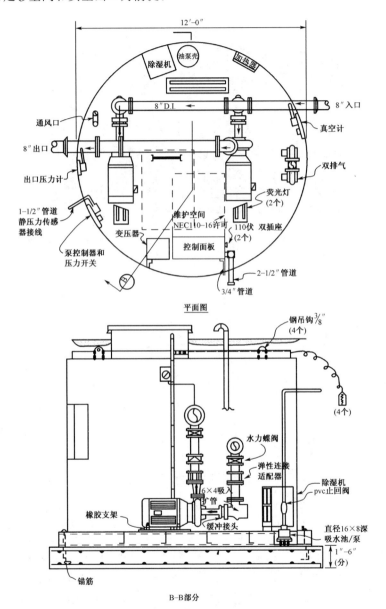

平面图

B–B部分

图 26.12　地下市政增压站

图 26.13 在吸储罐边上的市政增压站图。这幅图表明组装系统一样具有外观功能。

图 26.13 市政水泵房

一些应用中,水泵安装远离主楼,或者在现有中央动力间没有多余的空间用于安装新泵。出现这种情况,在独立的厂房安设水泵和开关设备可能会更经济。泵房内完整的泵系统应当配备所有连接和完整的内置管道,并安设在厂房基础上。唯一的连接有电源、信息界面、供水和回水管道。

厂房应配备特殊设备,如发电机、应急电源转换开关和水处理设备。

组装泵系统的优点

组装泵系统的优点随安装位置、竣工时间和劳力成本的变化而变化。曾经的创新想法在许多类型的系统和市场上已经变成了实践标准。现场劳动力成本的增加、缩短完工时间的要求和更加复杂控制算法的应用增加了工厂制造、组装和测试系统的需求。

初次成本

对于大多数的新系统安装,组装泵系统提供了最小成本的设计、建造和安装程序。相比现场安装设计和水泵、管道、控制系统安装,组装泵系统需要更少的时间。当然,这取决于设备间自由进出通道的限制,许多除险加固工程就不存在这样的进出通道。

组装泵系统厂商的生产能力与降低泵系统设计、制造和安装整个程序的总支出有关。以下是一些需要强调的详细过程:

1. 工程师应绘制一份完整泵系统的目录或图纸,包含基座上水泵、电动机、管道、阀门、控制和开关设备的安装。同时图纸应表明计算机处理复杂系统设计和制造的能力。在泵系统的细节设计方面,泵系统厂商和其他设备厂家承担相同的责任。所有现代电子传输手段可以为水系统设计者提供图纸。设计者或工程师可以依靠专业泵系统厂商来设计一个适当配置的泵系统。设计者可以花更多时间对水系统的需求和运行进行全面评估。这样可以确保业主获得水系统设计运行初衷的服务。

2. 对于组装泵系统安装,承包商可以承接一个总项目而不是上百个分包的小项目。只提交一组系统进行检查。对于泵系统的启动和运行,承包商只能依靠这一组系统提供的资源。

3. 通常在泵站设备方面,组装泵系统为业主减少了大约 30％~50％ 的空间。在工程师和承包商完成各自的工作后,运行人员只有一个供应商协商运行和调整。

节省时间

组装泵系统在设计、施工和安装方面节省时间。

1. 在设计阶段,泵系统厂商提供图纸,因此工程师能在未参与管道和水泵详细设计下选择完整的系统。在快速完成的项目上,这种设计程序能加快设备间的其他管道布置。

2. 在加速施工方案中,泵送系统可以在现场准备好接收之前进行制造,测试和准备安装。当适当的时间到来时,可以将泵送系统设置到位。消除了由于各行业之间的协调引起的大部分工作延迟。

3. 由于泵系统制造商与其他控制公司之间的预先规划,启动和调试加速;事实上,由一家公司负责整个泵送系统的运行也加速了调试。

单位职责

单位对组装泵系统的责任如上所述。由于特殊责任的大为减轻,这类责任更值得强调。泵系统的启动只有一个单位参与。工程师、承包商和业主只有一个单位来处理问题,使泵系统如预期一样运行。

泵送系统制造商在营销方面有如此多的关注,因此与最终所有者建立持续的关系是至关重要的。以下是泵送系统制造商在调试泵送系统时应履行的一些职责:

1. 验证流量和扬程下的系统流速,保证满足工程师和业主的需要。

2. 检查设备间,确保有足够的空间,并且环境空气不与泵送系统的电子设备相抵触。这在排污设备中尤为重要。

3. 验证系统周围的空间,确保有足够的空间进行正确系统运行并满足现行规范。

4. 检查运行的电气设备和通风设备是否足够。

5. 检查所有连接到系统的管道,确保它们的支撑是否适当且没有支撑在泵系统上。

6. 在系统开始启动时,业主代表、工程师和承包商应现场观察泵系统的最初运行。

7. 系统应该在所有的性能下运行,以此来验证系统是否符合规定。水系统在初始运行时出现的小负载,在现场是不可能达到的。

8. 应当测试警报与安全电路并向业主代表验证。

9. 应当给予系统运行人员完整的运行说明。

10. 系统厂商的服务代表应进行常规检查,确保系统运行令人满意。

减少水泵维修

在正确的泵系统设计下进行组装时,组装泵系统比现场安装系统需要更少的修理。通过组装泵系统多年的现场运行,这已被证实。水泵修理次数减少的几个原因:

1. 泵系统制造商承担了泵环境全部责任。

　　a. 泵进水和出水管道的连接是相互独立的,没有强行连接任何管道。

　　b. 水泵安装在承重钢结构基座上,该基座不随着建筑物的沉降而移动。这对于现场安装水泵来说未必能做到。在泵系统投入运行后,水泵和动力机的位置很少会发生偏差。

2. 泵系统制造商可以对运行范围内每个泵进行评估,确保不在大轴向力、大径向力或低效率的工况点下运行。

3. 泵系统制造商应该承担清污泵上所有差压开关设备的安装,确保水泵在错误运行时能发出警报以及水泵不在危险工况持续运行。

水系统中正确安装的组装泵系统应能够在没有重大维修和失误下运行多年。

遵从规范

遵从规范是组装泵系统的一个重大优点。制造商可以证明员工依据这些规范来理解和组装泵系统,这样做的结果是形成遵从规范的泵系统。

下面是属于组装泵系统的审批和规范清单。材料规范不包含在内。

1. 电器

　　a. 控制面板:UL508,4级

　　b. 常规接线实践:国家电器代码(NFPA 70)

　　c. 电器与电子控制器：MIL－STD－810D
2. 普通组装
　　a. 钢管焊接：AWS 5.5
　　b. 普通泵系统：ULQCZJ，打包泵系统
　　c. 消防泵包：NPFA 20
　　d. 消防泵泵房：ULQRNZ，预制建筑

组装泵系统的组成

　　组装泵系统由许多设备组成。以下列出的是主要组成设备。为满足具体安装的需要，在组装泵系统上安设了许多特定的设备。

水泵

　　组装泵系统的水泵通常由单吸离心泵、双吸离心泵或者立式涡轮泵组成。水泵的数量由 1—12 不等，泵数量的唯一限制是运送泵送系统的能力。
　　若恒速泵和变速泵不在同一时间运行，泵系统可以由恒速泵和变速泵组成。
　　水泵电动机的动力从小马力到 300 hp 不等。相比同型号的现场安装泵，电动机和水泵一体化的系统通常需要更大马力的电动机。

泵系统配件

　　下面是泵系统的标准配件：

　　1. 吸水干管和排水干管；从进水池取水和利用立式涡轮泵的系统不装备吸水干管。
　　2. 每台水泵的分支管路及其关闭阀、止回阀、过滤器（如果需要）；系统可以用电动阀代替止回阀；在管道分支和笼式滤水器处安装吸水扩管。
　　3. 当系统的供压能力足够时，在增压系统处安装泵系统支管。
　　4. 所有管道均应由钢结构支撑，以消除泵法兰上的任何应力；支撑件可能需要在热水系统上配备鞍座和绝缘垫片，以减少管道的导热性。
　　5. 起重机和导轨可以作为泵系统的组成部分，用于拆卸主要部件。
　　6. 管式热交换器可以在热水系统上进行安装。
　　7. 用于封闭水系统的膨胀罐。
　　8. 机械式排气器（空气净化器）。
　　9. 化学进料器和控制。
　　10. 结构钢基座，标准和振动类型。

电气设备

组装泵系统通常配备许多电气设备,它们将泵系统与水系统的其他部分连成一个整体。下面是这些通用设备的清单:

1. 开关柜

　　a. 电源可以包括主断路器、功率变送器、自动转换开关和供电给变频驱动器和泵送系统上的磁起动器。

　　b. 用于恒速泵的组合起动器。

　　c. 变速驱动器。

2. 泵转速控制和排序

3. 流量计、温度变送器、压力或差压变送器等仪器。

4. 运行员界面以及信息显示,报警和累加器。

5. 能量计算,如 kW/mgd,总输入功率 kW 和线—水效率。

6. 自动化控制接口,这提供了与水系统的管理系统制造商的简单互连,无需特殊的软件和现场协调。

以上是可以配备工厂组装的泵送系统的设备的简要概述。具体安装可能需要本文未列出的设备。

组装泵系统试验

工厂组装的泵送系统的测试包括对第 1 章所述的泵的单独测试。而且,整个泵送系统的流量和摩擦损失试验应该完成,以便为泵送系统的设计人员或用户提供对泵送系统性能的总体评估。等于初始和最终系统流量的测试条件应在出厂测试设施进行。

完整泵送系统的流量测试应包括输入功率或线—水效率评估,如第 4 章所述。这使得设计者和最终用户能够在离开制造商的工厂之前对泵送系统进行全面评估。就像第 24 章所述的单个泵的测试一样。由于需要使用其校准和正确安装的仪器来复制工厂测试设备所需的努力,因此难以在现场测试泵送系统。

小　结

像其他设备一样的工厂组装的泵送系统为有效的泵送设备提供了经济答案。在进口净空和经济条件允许、经济因素有利于安装的地方,应使用工厂组装泵。上述优点证明了它们的价值。

第 27 章
现有泵系统改造

引　言

此前已经有关于现有水系统能源浪费的讨论,例如:查阅泵出口平衡阀冷却系统的资料,每年的能源浪费超过 90 000 kWH。通过这方面的各种系统分析来消除阀门,同时对减少阀门安装的水系统进行节能研究。应通过使用本文提供的各种系统分析,来消除任何具有减压阀占多数的水系统,以节省能源。

系统评估

这一章节将尝试建立一种对现有系统的全方位评估方法,高度突出在节能和维护方面存在巨大潜能的系统。最主要的对象是恒速泵和减压阀系统。

水系统率先以控制旧系统流量和水压的机械设备数量来进行评估。大多数这类系统会在水分配系统中存在,水分配系统通过变化的流量和泵扬程输水。

系统中以下机械设备的出现为节能指出了方法。

1. 泵出口的调压器
2. 泵出口的手动平衡阀
3. 系统任何位置的减压阀
4. 管道系统分叉口的平衡阀

所有这些设备都会浪费能源,它们的存在是系统应该评估的一个指标。

现有系统流量的图形表示

图 27.1 描述了一台恒速泵在现有泵站的安装,该泵的设计标准为 100 ft 扬程下流量 1 000 gpm。控制水系统流量的减压阀和自动平衡阀用于调整系统流量和压力。在系统投入使用之后,发现实际的工况设计点应该是 85 ft 扬程下流量 800 gpm。通过对水系统适当的系统分析以及水泵控制器代替机械设备,图 27.1 中的阴影区域是可能节省的能量。

本图中系统扬程曲线描述的是典型变流量水系统。在任何过载情况下,完善的泵站和控制系统都将遵循该曲线规律,换句话说,该系统在任何过载情况下运行都不会产生过压。

评估现有水系统最好的程序应是设立一种典型的系统,生成系统扬程曲线和建立节省现有系统能源的方法。首先,一个典型的系统需要建立。

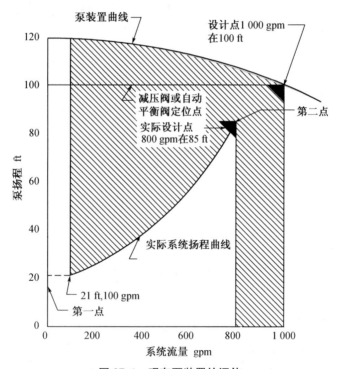

图 27.1 现存泵装置的评估

假定:

1. 系统中只有一台水泵在运行,以此来简化接下来的程序(实际系统正常情况下会配备 2 台或者 3 台 500 gpm 的水泵)。原设计水泵的叶轮直径为 10 in,水泵在 100 ft 扬程下 1 000 gpm,在 1 770 rpm 转速下运行。

2. 用流量计来测量实际系统的流量(注:如果没有安装流量计,在没有排水系统的管道中,插入式流量计会是最好的选择)。流量计是监控系统运行的必要仪表,也是系统中永久仪表的一部分。

系统扬程曲线能通过以下方式计算:

1. 确定系统的静水头或维持的恒定压力,这可能从几英尺到几百英尺不等。即图 27.1 中指出的点 1 或者系统在 20 ft 扬程并且零流量的工况。系统可能没有静态水头或者不维持恒定压力。在这种情况下,起点就变成了一个点。

2. 点 2 是系统最大流量和扬程的工况点。通过流量计读取满载工况的最大流量。读取泵总管处的吸入和排出压力,确保满载工况的系统扬程。检查现有压力表的精度。如果没有安装压力表,则应安装新的校准压力表。需要检查精确输入总功率或者线—水效率的较大系统,如图 11.15 所示,应在泵送系统的集管之间安装差压变送器。为了便于讨论,点 2 的流量和扬程假定为 800 gpm 和 85 ft,如图 27.1 所示。

3. 确定系统的最小流量。此时流量为 100 gpm。

4. 若难以测量点 2 的水压,则应在实际系统运行和已知水量消耗的基础上,重新计算系统扬程和水头损失。

5. 一旦已知点 1 和点 2,根据公式 27.1 可以绘成大致的系统扬程曲线

$$H_a = Z + (H_2 - Z) * \left(\frac{Q_a}{Q_2}\right)^{1.9} \tag{27.1}$$

其中:H_a——系统扬程曲线上任意点 a 的扬程

Z——曲线上点 1 的静水头或者恒定水压(ft)

H_2——曲线上点 2 的扬程(水系统的最大扬程)或者图 27.1 中的点 2

Q_a——系统扬程曲线上任意点 a 的流量

Q_2——在点 2 的流量(水系统的最大流量)或者图 27.1 的点 2

注:指数 1.9 比指数 2.0 更接近遵循达西—威斯巴哈公式

由此产生的系统扬程曲线并不代表水系统扬程区域,如第 11 章所述的,其只能大致表示系统扬程区域。

　　将当前水泵工况的实际输入功率与经过计算的变速泵能量消耗做比较，验证提出的系统扬程曲线。如果在能源消耗上有巨大的不同，按照摊销成本的要求，能量消耗计算可以用来确定切割叶轮或者安装变速驱动及其控制系统的时间。

现有程序评估

　　一旦系统的扬程曲线或区域形成，即可形成类似于图 27.1 的图表。如果能够预估阴影区域，那就有了节能的可能性。系统设计和运行的工程师应继续评估水系统，并通过几个程序确定实际节省的能量；一些系统可能需要做到以下几点：

1. 去除部分或者全部现有机械设备，如平压阀、减压阀。
2. 切割现有水泵叶轮。
3. 更换为变速泵。
4. 确定水泵运行程序是否正确，在系统负载下，运行的水泵数量是否正确？

　　最小流量工况点发生的过压大小将有助于确定水泵运行程序。图 27.1 中最小流量点的过压为 120 减去 21 即 99 ft。现有的平衡阀和调压阀已用于控制系统过压。在没有优化水泵的情况下，拆除它们也会引起运行问题。

切割水泵叶轮

　　首先应该考虑的是切割叶轮来保证最大流量和 85 ft 扬程下 800 gpm 的工况。切割叶轮后，将会形成新的流量扬程曲线。如图 27.2 所示。

　　切割叶轮时应足够小心。由于系统存在 20 ft 的恒静水头，现行的相关规范无法保证叶轮切割。公式 11.2 可以用来计算叶轮直径。该公式是根据已有水泵性能曲线的相似运行工况得出的。

$$Q_3^2 = \frac{Q_2^2}{H_2} \times H_3 \qquad\qquad (11.2)$$

其中：Q_2 和 H_2 是最大的流量与扬程，即 800 gpm 和 85 ft
　　　Q_3 和 H_3 是未知的，是水泵流量与扬程曲线的相似工况点

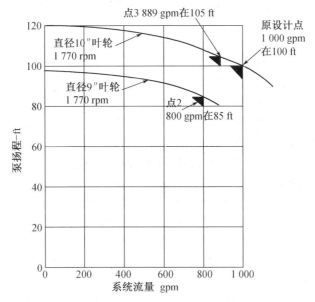

图 27.2　切割叶轮直径的计算

通过反复试算,将 H_3 的值插入上述等式中,直到 Q_3 和 H_3 落在已知的泵扬程—流量曲线上,用于以 1 770 rpm 运行的 10″直径叶轮(见图 27.2),根据上式等效工作点确定为 Q_3＝889 gpm 和 H_3＝105 ft。

由于叶轮直径变化与流量直接相关,则新的叶轮直径为 800/889×10,即 9″。如果相关规范在系统扬程曲线不被认可的情况下直接运用,那么叶轮直径为 800/1 000×10 in,即 8 in。因此,叶轮将会被切割,同时无法满足 85 ft 下 800 gpm 的工况点。公式 11.2 始终应用于切割叶轮,而不是根据比例律的流量比。同样,如果日后系统达到 100 ft 下 1 000 gpm 的最初设计工况点,切割后的叶轮必须更换。

叶轮切割将压力从 120 ft 水头降低到 98 ft 水头。在最小 100 gpm 下,扬程为 98 ft 以及 98 减去 21 的超压即 77 ft 的水头。切割后的叶轮能节省能量,但大部分节省的能量是通过变速泵的使用。将原直径为 10 in 的叶轮更换为变速的方法,可以为切割后的泵站节省虚线以下阴影区域的所有能量。

更换为变速泵

切割叶轮需要精确的计算,保证叶轮直径的准确性。变速泵则不需要这些计算。水泵会以一个更小的转速运行而不是通过切割叶轮来保持设计的

85 ft、800 gpm 的工况点。根据以上计算,在本工况点下,水泵转速为 800/889×1 770,即 1 593 rpm。

相比切割叶轮,变速泵以下有几个优点:

1. 原先 10 in 的叶轮会被保留。

2. 由于 10 ft 的叶轮被保留,如果日后确实发生了 100 ft 1 000 gpm 的工况,水泵也能达到该工况。

3. 由于水泵将缓慢降到所需的转速,保持系统扬程曲线所需的扬程,则系统在任何过载下都不会出现过压。

4. 假如系统存在更广的难以计算的系统扬程范围,如果控制得当,变速泵将自动适应扬程变化。

5. 图 27.1 阴影区域表示节省的所有能量。由于变速泵线—水效率比恒速泵在负载小于原先 100 in、1 000 gpm 的工况点下更高,则可节省额外的能量。

与切割叶轮的水泵相比,设计师对变速泵的计算、能量确定和维护成本的节省起决定作用。

在 1990 年代,美国的一些公共事业单位对节能项目提供退税福利。变速驱动设备的安装依旧考验着业主能否获得退税福利的资格。退税内容必须包含变速泵更换的费用。

在系统中必须考虑水泵叶轮是否切割或者更换为变速泵的其他情况。

1. 根据第 11 章,应安装压力控制传感器来控制变速泵。

2. 在新的系统中,应该安装足够的仪器来确保节能计划的实现。应当调查 NIST 追踪仪器的成本,以此来保证获得精确仪器。

评估现有水泵和电动机

仅仅因为水泵脏污、破旧的外观,并不能表示它们应当被替换。就如经常所说的,水泵承担的任务通常是最基本的任务。在考虑更换现有水泵之前,应当拆开水泵并且检查水泵的叶轮和密封环。应当检查密封环内径来确保密封环直径接近于原先的密封环直径。若不满足,则应更换密封环。更换密封环的花费远小于更换水泵!

电动机制造已经取得巨大成就,要对现有泵站的电动机进行仔细的检查。主要的电动机厂商和其他公司提供了准确检查这些动力机的程序。这可能包括对电动机的实际测试。在能源基础上的摊销评估证明了替换现有电动机的价值。

不要仅仅因为变速泵更换而更换现有电动机。在现代变速驱动器下,大多数现有电动机运行得很好。这包括旧式的 T 型、U 型动力机,甚至是通过缩短转子绕组而由转子式电动机转换为感应式电动机。变速驱动器的厂商可以验证在驱动器运行下老式电动机的适用性。出现问题的通常是能源而不是机械条件,这就为新的电动机安装提供了支持。

我们必须记住变速驱动器是额定电流设备,因此为现有电动机选择变速驱动器时,必须考虑电动机的满载额定电流。同样需要记住的是,当代许多可以获得的新式驱动器都有电流运行限制,这就阻碍了电动机的服务运行。此限制为新电动机的安装制定标准。

水泵数量评估

现有水系统通常配备了相对较大的水泵。在许多情况下,系统配备了能够承担 100％流量的水泵。对现有泵站的评估必须包括系统需求的审查。在许多情况下,通过用 3 个 50％流量的水泵替换这些水泵来提高整个线—水效率以及减小输入功率。本书之前提供的线—水效率或者输入功率评估,是确定更换为多个小型水泵的价值的极好程序。

现有水泵控制

它是评估现有系统最容易忽略同时也是最艰巨的任务。必须确定水泵控制类型,从手动到最完善的控制,例如水流连接段效率以及输入功率。

水系统的手动控制是历史留下的产物,它通常暗示着通过满足系统要求的运行程序,达到改善水泵能量消耗的可能。恒速泵运行应尽可能持续地与系统扬程曲线或区域相匹配。这将减小水系统低载下的过压。

变速泵同样需要持续运行,同时控制转速来达到最高水流连接段效率或最小输入功率。先前的章节涵盖了大多数这部分内容。在正确的水泵型号和控制方法下,现有系统改造能为变速系统达到新系统一样的效率。

以下是一些值得对变速泵系统适当控制的细节:

1. 在最小到 100％系统满载下,水系统会有一点点超压。
2. 在水泵转速方面没有明显的波动。如果运行人员听到或者看到水泵转速的变化,那么这就是水泵控制问题。控制系统的反应速度可能很慢。当系统流量在预期下发生巨大变化时,则不需要监测水泵转速变化。

3. 对于所有大小相同的水泵,它们之间的转速差应控制在 15rpm 以内,如果不是,则又是控制问题。

4. 对变速泵而言,压力控制传感器应能承受传感器位置±1 ft 的水头压力。除了系统负载在快速变化的情况下,选点位置超过 1 ft 的压力波动都表明系统的控制不充分。

改造系统的变速控制和驱动

当现有水系统的水泵增加了变速驱动时,评估电力系统安装必须注意以下几点:

1. 必须对每个电动机的功率进行研究,保证每个新电动机的功率在物理上是足够的。如果电动机能够重新使用,尤其是那些埋设在水泥板内的电动机,这将节省一笔可观的开支。

2. 在变速驱动起动失败的情况下,应当评估作为紧急备用的磁起动。这就消除了新备用起动机的需要。

3. 由于变速驱动器存在部分功率损失,并且它的效率在 96%—98% 之间,驱动器的总功率消耗应满足现有动力供应能力。在评估时应考虑驱动器的最大电流。

如图 26.8 所描述,应为现有泵站考虑完整的集成控制和动力中心。这就为变速泵发挥适当作用所需的开关以及控制设备提供了一个集中位置。

现有系统实际产生的扬程区域

在现代计算机技术的支持下,我们面前摆着一个巨大的机遇,即为现有系统追踪和生成系统扬程区域。图 27.3 描述的是系统所需仪器,即安装在水泵系统前端的流量计和差压计。计算机能同时读取这两个信号并在实际的系统扬程区域绘点。对于特定安装的设备,这可以一分钟做一次,一小时做一次,或者在任何需要的时候。一段时间后,实际系统扬程区域会根据所有所绘在流量扬程图上的流量扬程点发生变化。结果可能类似于图 27.4 所述,即实际的系统扬程区域覆盖了原先的系统扬程区域。

这种情况的价值是什么? 本图为变速泵系统提供了一个真实的流量扬程关系。由此,可以分析实际泵系统对水系统的兼容性。

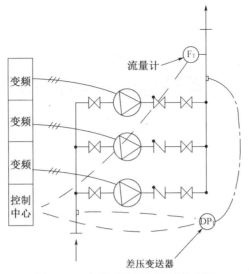

图 27.3　生成系统扬程区域的仪器

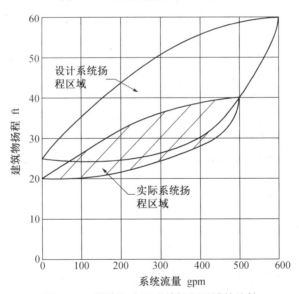

图 27.4　设计和实际系统扬程区域的比较

小　结

通过现代数字电子程序在水系统中的应用,可以节省大量的能源。以上例子仅是现有水系统应当改造的一部分。值得重申的是,应当评估以上列举的控制系统压力或者使水流流过水系统各个组件的系统。

第 28 章
水系统能源评估总结

引　言

在水系统的设计和运行方面的很多资料已经提供。这些系统的配置以及所提供的运行方法应有助于实现它们的最佳能量消耗。虽然不能为具体系统提供最终设计,但是已经针对水系统的各种效率描述了许多公式。这些公式已经保持在代数级别,而不是更高的数学,以便轻松地将该信息转换为适合读者最熟悉的语言和格式的个人计算机程序。如第 1 章所述,现在可以使用几乎任何公式的计算机程序,并提供对它们的操控。

很明显,这本书只是制造更有效的水系统的一个方向。包括的一些效率公式是用于设备,而其他方面是用于部分或全部的水系统。单个设备的效率是电机、泵和变速驱动器的效率。该设备的所有实际效率在很大程度上由制造商决定。

泵系统效率

包括多种效率,即设备效率的组合;这些是第 2 章抽水系统的线—水效率和输入功率。其中,输入功率公式似乎是最实际的。

$$kW_{input} = \frac{Q \times h}{5308 \times \eta_P \times \eta_E \ or \ \eta_{WS}} \tag{11.8}$$

显然,监控输入功率的一个简单方法是记录能量消耗。将其与运行中的泵的流量和数量相匹配,提供了用于监测泵送系统运行效率的简单过程。

线—水效率可能在需要确定泵送系统的实际效率的情况下具有优势。以下公式可用于确定水系统运行的实际效率。

$$\eta_s = \frac{流量(gpm) \times 泵扬程(ft)}{53.08 \times 泵动率(kW)} \tag{25.1}$$

其中通过测量系统流量、泵送系统总管上的净泵头和向电动机的输入功率来计算线—水效率(以百分比计)。

水 系 统 效 率

对水系统而言,本书最重要的效率之一是总体运行效率或 kW/mgd。这种效率使工厂运行人员和管理人员能够全面了解工厂运行的高效性。中型和大型水系统的这种测量仪器的成本相对较小。对水系统的运行,从这种效率可以比任何其他系统或设备效率获得更多。

$$kW/MGD = \frac{16\ 667 \times P_{kW}}{Q} \tag{9.4}$$

在具体装置中应使用的实际公式取决于可提供所需模拟信号的仪器。

效 率 公 式 的 目 的

所有这些公式都有两个目的:(1) 帮助设计人员开发高效的水系统;(2) 为水系统经理提供确保最佳系统运行的运行工具。

并非所有这些公式式对于每一个水系都是适用的。每个应用的规模和经济性将决定其价值。具有高能耗成本的系统将比其能源成本较低的系统更有利于其使用。确定其中哪一个将有助设计和运行特定的水系统是设计师的职权。显然,仪器仪表和电子设备的初次成本将会影响具体装置的效率。

一般来说,获得一个水系统的总体效率是不可行的,因为在这样一个系统中有几种能源的使用。第9章的公式和"有用的"摩阻的确定应有助于开发高效的抽水系统。设计师的目标应该是确定这些效率表达中哪一个能建立和维持其水系统的运行效率。

持续的系统和设备效率

运行效率的保持与原始设备或系统效率一样重要。过去,维护模拟仪表的难度常常导致设备运行失效。有时,仪器仪表不是运行员的友好型,因而被忽略而不予维护。当代数字仪表实现了相对免维护;在开始时有适当的指示,该仪器应为水系统和工厂的经营者和经理提供持续的运行条件指示。

现代计算机系统的大量数据存储容量使运行人员能够保持有关运行参数的详细记录,例如线—水效率或泵的输入功率,kW/mgd。通过对这些信息的解释,现在可以实现持续、高效率运行。

小   结

本书的重点是向系统设计者和运行人员提供各种有用的效率表达式。应该持续督促消除水系统陈旧落后的流量控制设备,例如调压阀和减压阀,引导设计者利用有助于快速高质量设计水系统的数字化流程。从这些简单代数公式可以很明显地看出,它们是一种容易录入计算机程序且有助于水系统高效设计和运行的工具。

应评估水系统建议安装的每个耗能装置,确定是否可以通过改变水系统的设计去除这些耗能装置。现在获得的信息、软件、专业设计和设备可有助于水行业实现高效水系统。